中国高技能人才楷模对本书读者的殷切寄语

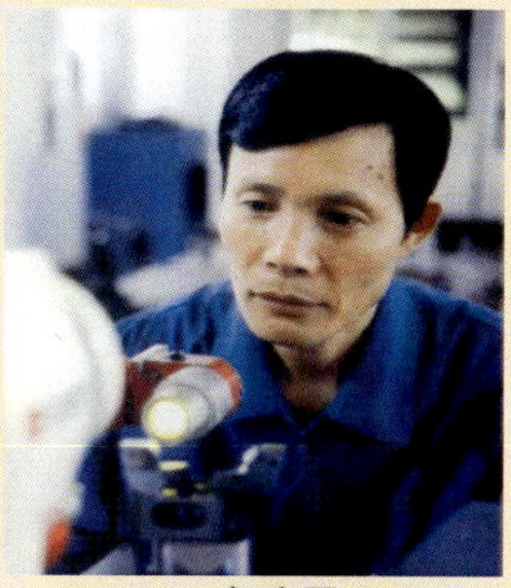

唐建平

- 中国航天科技集团公司第八研究院加工中心操作高级技师，全国劳动模范，全国五一劳动奖章、中华技能大奖获得者，中国高技能人才楷模。

寄语：让学习成为生活习惯，把学习作为终身需求，成功的未来属于勤奋而谦虚的年轻一代。

唐建平

罗东元

- 广东省韶关钢铁集团有限公司电工高级技师，全国劳动模范，中华技能大奖获得者，中国高技能人才楷模。

寄语：用“享受”的心态对待学习和工作。象完成艺术作品一样精雕细刻地干技术活。成功，往往就在于再坚持一下的努力之中。

罗东元

栗俊平

- 山西焦煤集团公司采煤机维修高级技师，全国劳动模范，全国五一劳动奖章、中华技能大奖获得者，中国高技能人才楷模。

寄语：用你们的坚强为生命唱一首赞歌，用你们的洒脱开创人生的辉煌，用你们的奋进书写历史新篇章！

愿你们：树立远大目标，不断充实自我，勇攀知识和技能高峰，活出自己的精彩！

栗俊平

- 中国第一汽车集团公司铸造公司模具钳工高级技师，全国五一劳动奖章、中华技能大奖获得者，中国高技能人才楷模。

寄语：

挫折对于意志薄弱的人，恰似拦路猛虎；
但对于意志坚强的人，那是走向成功的阶梯。
万丈高楼的筑成，靠的是一砖一瓦的搭建；
骄人业绩的取得，源于平时点点滴滴的积累。
一时的投机取巧，可以让你得到短暂的安逸；
永远的求真务实，可以成就你一生的辉煌。

李凯军

李凯军

中国高技能人才楷模对本书读者的殷切寄语

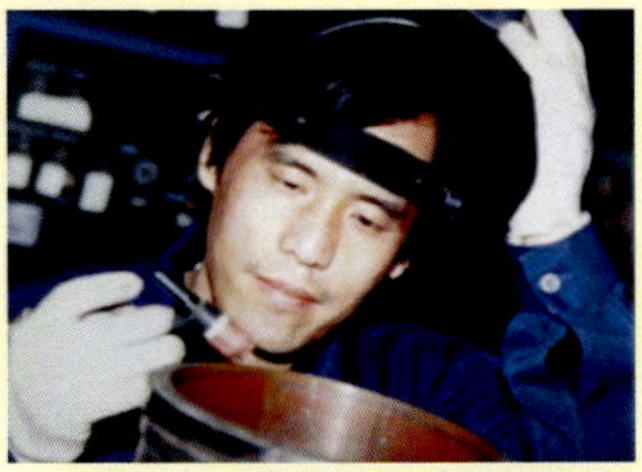

高凤林

• 中国航天科技集团公司第一研究院特种熔融焊接特级技师，全国十大能工巧匠，中华技能大奖获得者，中国高技能人才楷模。

寄语：祖国的发展，时代的重托，现代新型工业国家的建设，都要用我们的双手去描绘和创造。期望同学们认真学习，努力实践。坚定信心，完善心智。国家的未来将在你们手中变得更加繁荣昌盛！

高凤林 2009.06.06.

• 青岛港前湾集装箱公司电动装卸机械公司技师，电动装卸机械修理高级技师，全国劳动模范，全国五一劳动奖章、中华技能大奖获得者，中国高技能人才楷模。

寄语：希望同学们勤于学习，善于思考，以致力于祖国的强盛为奋斗目标，以劳动最光荣为自豪.勇于实践，甘于奉献，勇攀高峰！

许振超

许振超

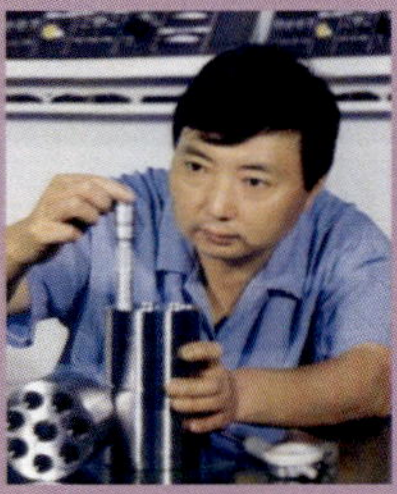

李　斌

• 上海电气液压气动有限公司加工中心操作高级技师，全国劳动模范，全国五一劳动奖章、中华技能大奖获得者，中国高技能人才楷模。

寄语：从书本中学习人类文明的成果，从实践中提高我们的创新能力。希望你们今后成为各行各业优秀的高技能人才！

李斌

• 中国航空工业第一集团公司空空导弹研究院加工中心操作高级技师，中华技能大奖获得者，中国高技能人才楷模。

寄语：知识改变命运，岗位成就事业。愿你们快乐生活、快乐学习、快乐工作！

鲁宏勋

2009年4月于河南洛阳.

鲁宏勋

束滨霞

• 中国石油辽河油田公司采油高级技师，全国五一劳动奖章、中华技能大奖获得者，中国高技能人才楷模。

寄语:

勤奋学习，掌握技能，苦练技术，用技能铸就辉煌！

束滨霞

教育部职业教育改革创新示范教材

电弧焊技能项目教程

主　编　杨　跃　扈成林

副主编　孙学杰　冉传海

参　编　陈云祥　白天喆　周飞霓

　　　　窦红强　龙昌茂

主　审　高凤林

机械工业出版社

本书是经过出版社初评、申报，由教育部专家组评审、教材遴选工作领导小组审定的“教育部职业教育改革创新示范教材”。本书根据职业教育对焊接技能的要求，参考国际焊工培训标准和《焊工国家职业标准》中级等级标准，由校企专家合作共同编写。全书除电弧焊基本知识外，焊接技能强调基本功的训练，焊接接头实作项目按照平、立、横、仰四种空间位置，由浅入深、循序渐进地进行编排；在相关训练项目中采集编入了企业专家在多年实践中总结提炼出的焊接技能绝招和精粹，以帮助学生快速提高技能水平。

本书还穿插编入了“榜样的故事”，将“中国高技能人才楷模”、“全国技术能手”等焊接高技能人才的业绩和人生感悟以故事的形式编入其中，以激发学生对焊接技术的学习热情，并从中感悟做人、做事的道理，增强趣味性和生动性，以期达到“教书”和“育人”的双重目的。

本书可作为职业院校焊接专业的实训课教材，也可作为企业职工的焊接技能培训教材。

图书在版编目（CIP）数据

电弧焊技能项目教程/杨跃，扈成林主编．—北京：机械工业出版社，2013.8（2025.8 重印）

教育部职业教育改革创新示范教材

ISBN 978 -7 -111 -35938 -8

Ⅰ.①电…　Ⅱ.①杨…②扈…　Ⅲ.①电弧焊 - 中等专业学校 - 教材　Ⅳ.①TG444

中国版本图书馆 CIP 数据核字（2011）第 192216 号

机械工业出版社（北京市百万庄大街 22 号　邮政编码 100037）

策划编辑：齐志刚　责任编辑：齐志刚

版式设计：霍永明　责任校对：胡艳萍

责任印制：刘　媛

北京富资园科技发展有限公司印刷

2025 年 8 月第 1 版·第 7 次印刷

184mm×260mm·15.75 印张·1 插页·387 千字

标准书号：ISBN 978 -7 -111 -35938 -8

定价：45.00 元

电话服务

客服电话：010-88361066

010-88379833

010-68326294

网络服务

机　工　官　网：www. cmpbook. com

机　工　官　博：weibo. com/cmp1952

金　　书　　网：www. golden-book. com

机工教育服务网：www. cmpedu. com

卧薪尝胆学技术

——给同学们的一封信（代序）

亲爱的同学们：

在本教材的创意和编写过程中，我始终有一种强烈的冲动，想给同学们写点心里话。

传说历史上有这样一个故事：公元前500年左右，越王勾践在一次战争中被吴国打败。在吴王的威逼之下，勾践还到吴国宫廷中服了三年的苦役，过着牛马不如的生活。勾践被释放回国以后，为了奋发图强，他睡觉躺在硬柴上，坐卧饮食都要尝一下苦胆，以激励自己和民众的勇气和斗志。最后越国打败了吴国，实现了强国之梦……。后人蒲松龄为了自勉，将此写成对联并张贴于书房——聊斋中：有志者事竟成破釜沉舟百二秦关终属楚；苦心人天不负卧薪尝胆三千越甲可吞吴。

2006年9月，我有幸在人民大会堂结识了一批全国技术能手，其中就有本教材的主审“中国十大高技能人才楷模”之一的高凤林。他是在“神五”、“神六”焊接工作中做出突出贡献的特级熔焊技师，曾攻克了近百项焊接技术难题！

两年多来，我一直在思考和研究高凤林等人成长的历程和内因，是什么原因使他们从一个普通工人成长为令人佩服、受人尊敬的国家栋梁？我的结论是：他们不仅练就了过硬的操作技能，还积淀了厚实的文化理论基础与专业知识，更可宝贵的是，他们在成长过程中培养起了强烈的社会责任感和爱岗敬业、刻苦钻研、锐意创新的精神！尤其重要的是，他们将自己人生价值的实现和奋斗目标与企业、国家和民族的利益紧密地结合了起来，所以才能淡泊名利、不畏艰辛而取得了骄人的成绩，谱写出了灿烂的人生华章！在实现强国之梦的征程中，他们不愧为“新时代卧薪尝胆的勾践”！

我们的理想，就是要通过职业教育，为国家培养一大批像“中国十大高技能人才”一样的高素质的劳动者！

本教材是众多院校教师和企业焊接技师经验的总结。书中既遵循了焊接技能训练的认知规律，又编入了“能工巧匠”们在多年工程实践和焊工培训中的“绝招、绝活”，此外，还插入了许多在焊接工程中卓有贡献的高技能人才成长的小故事，值得大家品味、博采、慎思与笃行……

需要提醒大家的是，掌握焊接操作技法只是做好焊接工作的必要前提。在工程实践中，我们还必须综合、灵活运用系统的基础理论和工艺技术知识，才能真正解决实际问题。这正是各种“技术精粹”和“绝招、绝活”产生的真谛，这也正是高凤林在技校毕业后，不仅自学了大学课程，还要攻读研究生的原因。由此可见，技能人才必须具备良好的理论和文化修养，才能做到高端，实现自己的可持续发展。

同学们，今天的中国，虽已是世界制造大国，但还远不是制造强国！我国的许多关键技术还受制于人。随着技术的进步、产品的升级换代，装备制造业正飞速发展，新产品、新材料、新技术、新工艺不断涌现，客观上对焊接技能人才的要求也越来越高。但是，只要我们卧薪尝胆、刻苦钻研，就一定能够在本领域建立功勋，就一定能够将“中国制造”改写为“中国创造”！

我坚信，终有一天，你们会登上焊接技术的高峰！

杨跃

前 言

本书是经过出版社初评、申报，由教育部专家组评审、教材遴选工作领导小组审定的“教育部职业教育改革创新示范教材”。

本书是根据职业教育特点，参考国际焊工培训标准和《焊工国家职业标准》中级等级标准，注重焊工基本功的训练，对焊条电弧焊、CO_2焊、TIG焊、埋弧焊的操作技能按照制造业焊接接头实际生产过程和认知规律，将焊接接头按照平、立、横、仰四种空间位置，由浅入深、循序渐进地编排教学内容。在相关训练项目中，以“关键技术点拨”和“工程实践及应用案例”等形式，采集编入了企业专家在多年实践中总结提炼出的焊接技能绝招和精粹，以帮助学生快速提高技能水平，拓展工程应用能力。本书在强调良好职业素养、安全教育、团队合作精神的同时，还穿插编入了“榜样的故事”，将“中国高技能人才楷模”、“全国技术能手”等焊接高技能人才的业绩和人生感悟以故事的形式插入其中，通过榜样的力量激发学生对技能和技术的学习热情，并从中感悟做人、做事的道理，增强趣味性和生动性，以期达到“教书”和“育人”的双重目的。

本书由杨跃、扈成林任主编，高凤林任主审。杨跃负责整体策划、设计和编写榜样的故事等，扈成林负责编写第二、三、四单元中训练项目的详细操作部分。第一单元由孙学杰编写；第二单元［相关知识］、［工程实践及应用案例］由冉传海编写；第三单元［相关知识］、［工程实践及应用案例］由白天喆编写；第四单元［相关知识］、［工程实践及应用案例］由陈云祥编写，第五单元由周飞霓和窦红强联合编写；第六单元由龙昌茂编写。全书由杨跃统稿。书中各“关键技术点拨”和“工程实践及应用案例”由中国高技能人才楷模、中国航天科技集团公司特级熔焊技师高凤林负责修改、把关。

在编写过程中，本书参阅了有关同类教材、书籍和网络资料，并得到了参编学校和企业的大力支持，在此一并致以深深的谢意！由于编者水平有限，书中缺点和错误在所难免，恳请广大读者批评指正。

编 者

目　录

电弧焊基本知识

第一节 焊接方法概述

在金属加工工艺领域中，焊接是一种发展非常迅速的加工方法。目前焊接已在能源、交通、建筑，特别是在机械制造行业中得到了广泛的应用。早在远古的铜、铁器时代，当人类刚开始掌握金属冶炼技术并用来制作简单的生产和生活器具时，火烙铁钎焊、锻接等简单的金属连接方法就已为古人所发现并得到应用。电弧焊、电阻焊、高能高速焊等为代表的现代焊接工程技术则是在19世纪末到20世纪初的世界第一次工业革命时期孕育，并在20世纪30年代后逐渐发展起来的。它既是现代工业和科学技术发展的产物，又是现代工业制造技术的一个重要的基本组成部分。据统计，目前，各种门类的工业制品中，半数以上都采用了一种或多种焊接与连接技术。汽车和铁路车辆、舰船、航空和航天飞行器、原子能反应堆及水力或火力发电站、石油化工设备、机床和工程施工机械、电机电器、微电子产品、家电等众多现代工业产品，以及桥梁、高层建筑、城市高架桥或地铁、石油或天然气的远距离输送管道、高能粒子加速器等许多重大工程建设中，焊接技术占据着十分重要的地位。

一、焊接的概念、特点及分类

焊接是一种工业上常用的形成永久性连接的工艺方法，是通过加热或加压，或两者并用，并且用或不用填充材料，使工件达到原子结合的一种方法。所用能源可以是电能、机械能、化学能、声能或光能等。

焊接制造具有下列优点：

（1）节省材料与工时　在金属结构制造业中，用焊接代替铆接一般可以节省金属材料15%～20%，图1-1所示是铆接结构与焊接结构截面的比较。用焊接代替铆接制造运输设备，可减轻自重，这就相对地提高了运输效率。由于铆接工序较多，需几个人同时操作，若用焊接代替铆接，便可节省大量的工时与劳动力。

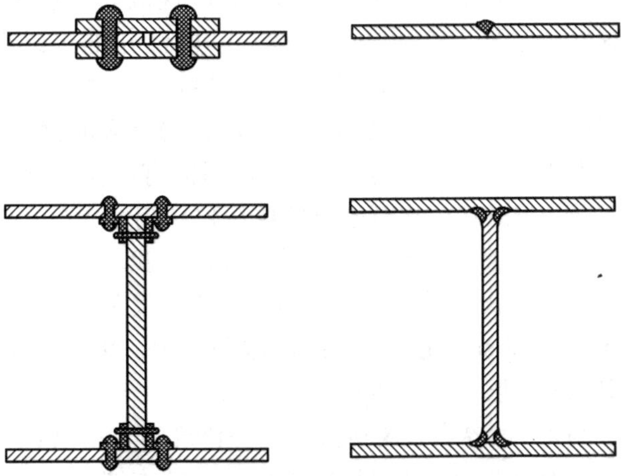

图1-1　铆接结构与焊接结构截面的比较

（2）能化大为小，拼小成大　在制造大型结构或复杂的机器零部件时，可以用化大为小、化复杂为简单的办法来准备坯料，然后用逐次装配焊接的方法拼小成大。此外，还可以采用焊接和铸造、锻造组成的复合工艺，用小型铸、锻设备生产大的零部件，以减轻铸、锻工作量并降低成本。

（3）可实现不同材料间的连接成形　铜-铝连接，高速钢-碳钢连接，碳钢-合金钢连接都可以通过焊接实现。因此，焊接可优化设计，节省贵重材料。

（4）可制造密封性构件　可焊接锅炉、高压容器、储油罐、船体等密封性好、工作时不渗漏的空心构件。

按照焊接过程的特点，把焊接技术分为熔焊、压焊和钎焊三大类。每类依据工艺特点又分成若干不同方法，如图1-2所示。

焊接方法分类
- 熔焊
  - 电弧焊
    - 焊条电弧焊
    - 埋弧焊
      - 自动
      - 半自动
    - 气体保护焊
      - CO_2气体保护焊
        - 细丝
        - 粗丝
      - 氩弧焊
        - 钨极
        - 熔化极
  - 等离子弧焊
  - 电渣焊
    - 丝极电渣焊
    - 板极电渣焊
    - 熔嘴电渣焊
    - 管状电极电渣焊
  - 电子束焊
  - 激光焊
    - 深穿透激光焊
    - 传热激光焊
- 压焊
  - 电阻焊
    - 点焊
    - 缝焊
    - 对焊
  - 冷压焊
  - 摩擦焊
  - 爆炸焊
  - 扩散焊
  - 超声波焊
- 钎焊
  - 软钎焊
    - 烙铁钎焊
    - 火焰钎焊
  - 硬钎焊
    - 火焰钎焊
    - 烙铁钎焊
    - 电阻钎焊
    - 盐浴钎焊
    - 感应钎焊

图1-2　焊接的分类

二、焊接技术应用的成就

科学技术发展到今天，焊接技术已广泛应用于工农业生产、航空、航天交通运输、日常生活等领域。例如，我国自行生产的锻造水压机上、下横梁和活动横梁及四根立柱，大型汽轮机转子及大型轧钢机机架都是数十吨或数百吨重的大件，若采用铸造或锻造方法生产，则受设备能力限制，生产困难，甚至无法制作。而采用铸、焊或锻、焊结构，先分段制造再焊接成整体，则不需过大的设备，简化了工艺，也降低了成本。我们日常使用的自行车、手机、计算机、电视机都离不开焊接工艺。至于现代化的交通工具，更是以焊接为主要生产手段。例如，一艘油轮的焊缝总长达1000km；一辆小汽车上的焊点有5000～12000个；一架美国制造的F4U型飞机上的焊点多达100多万个。以下四个实例列举了焊接技术在一些高端领域中所取得的巨大成就。

例1　2009年6月19日，我国拥有完全自主知识产权的大型原油船（VLCC）“新埔洋”号（图1-3）在新落成的珠江口广州龙穴岛造船基地出坞，此举标志着我国超大型船舶设计与制造迈上新台阶，同时也标志着我国三大新兴造船基地之一的珠江口龙穴岛造船基地生产能力全面形成。“新埔洋”号总载重30.8万吨，满载总排水量35万多吨，甲板长333m，宽60m，比3个标准足球场还大，甲板面上设有直升机停降平台，甲板面至船底型深29.8m，服务航速可达15.7节。

例2　世界最长跨海大桥——港珠澳大桥（图1-4），跨越珠江口伶仃洋海域，是连接香港、珠海及澳门的大型跨海通道。大桥主体工程采用两桥一隧的桥隧组合方式。港珠澳大桥全长为49.968km，主体工程“海中桥隧”长35.578km，大桥主体工程全长约29.6km，海底隧道长约6km。成为世界最长的跨海大桥。作为中国建设史上里程最长、投资最多、施工难度最大的跨海桥梁项目。

图1-3　“新埔洋”号超大型原油船（VLCC）雄姿

图1-4　港珠澳大桥效果图

例3　“神舟”号载人系列飞船和长征系列运载火箭的燃料箱，都是全焊接的铝合金结构（图1-5、图1-6）。神舟七号载人飞船（Shenzhou-Ⅶ manned spaceship）是中国神舟号飞船系列之一，用长征二号F运载火箭发射升空。是中国第三代载人航天飞船。神舟七号飞船全长9.19m，由轨道舱、返回舱和推进舱构成。神七载人飞船重达12t。长征二号F运载火箭和逃逸塔组合体整体高达58.3m。

图1-5　“神舟”一号

图1-6　“神舟”三号

例4　2008年夏季奥运会开闭幕式举办地——国家体育场“鸟巢”（图1-7、图1-8）钢结构工程是奥运工程的突出代表，建筑造型独特新颖，顶面为双曲面马鞍型结构，长轴为332.3m，短轴为297.3m，最高点高度为68.5m，最低高度为40.1m；屋盖中间开洞长度为185.3m，宽度为127.5m；箱形桁架结构形式，结构用钢总量约53000t，涉及6个钢种，100%国产；且为全焊接结构，应力应变控制复杂，工程实现了Q460E钢焊接性、冬季低温焊接，大量使用仰焊等 14 项焊接专利技术。该体育场占地 220000m²、建筑面积 25000m²、能容纳 100000 名观众；当年，国家体育场“鸟巢”钢结构工程评为全世界十大建筑之首。

图 1-7　从外部远眺国家体育场“鸟巢”

图 1-8　从内部近观国家体育场“鸟巢”

三、焊接结构的制造过程

焊接结构的制造过程是指采用焊接的工艺方法把毛坯、零件和部件连接起来制成焊接结构的生产过程。焊接结构的加工工艺过程如图 1-9 所示。

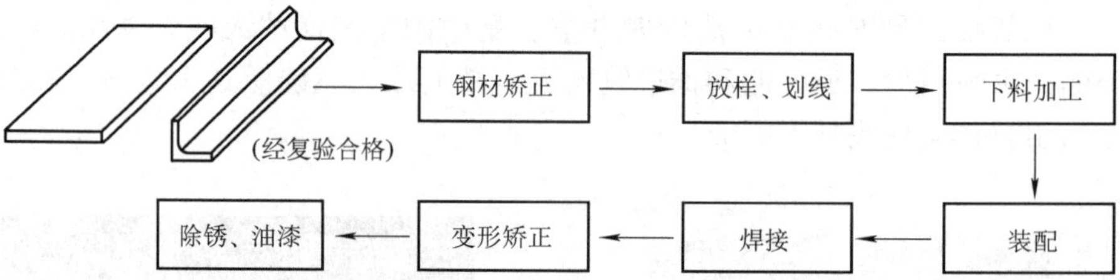

图 1-9　焊接结构的加工工艺过程

由图 1-9 可见，在焊接结构的整个制造过程中，焊接只是其中的一个工序，但它是最主要、最关键的一个工序，前面的各工序都是为它作铺垫和服务的，后续工序又是对它的补充和完善。焊接的目的是为了获得各种优质的焊接接头，而焊接结构的整个制造过程是为了获得具有一定功能的产品或部件。

第二节　焊接接头与焊缝

焊接接头是整个焊接结构的最小单元。任何焊接结构都是由焊接部件组成，焊接部件由不同的焊接接头组成，焊缝是焊接接头的一个区域。根据接头在焊接中所处的位置不同分为各种不同位置的焊缝。

一、焊接接头的分类

用焊接的方法连接的接头称为焊接接头，简称接头。焊接接头包括焊缝区、熔合区、热影响区和邻近的母材组成，如图 1-10 所示。

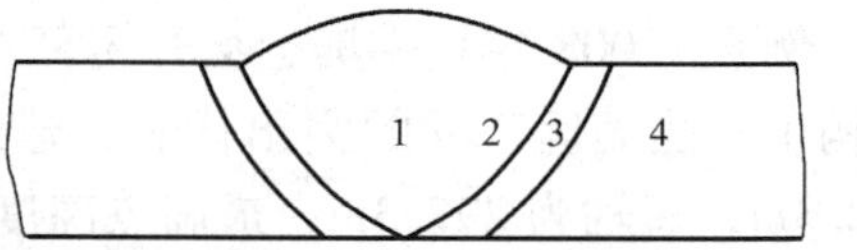

图 1-10　焊接接头
1—焊缝区　2—熔合区　3—热影响区　4—母材

焊接接头是焊接结构最基本的要素，一个焊接结构总是由若干个构件通过焊接接头连接而成的。焊接接头可分为对接接头、T 形接头、角接接头、搭接接头、端接接头等，如图 1-11 所示。

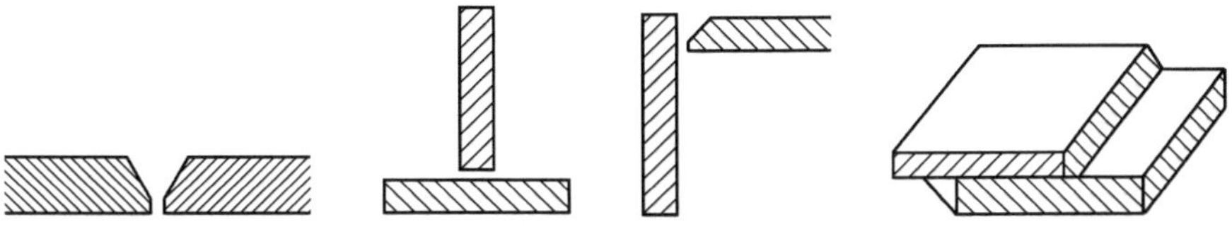

图 1-11　焊接接头
a）对接接头　b）T 形接头　c）角接接头　d）搭接接头

1. 对接接头

两焊件表面构成大于或等于 135°，小于或等于 180°夹角的接头称为对接接头。它是各种焊接结构中采用最多的一种接头形式。

对接接头的形式如图 1-12 所示。不开坡口（I 形坡口）的对接接头，用于较薄钢板的焊件。开坡口的对接接头，用于钢板较厚而需要全焊透的焊件；根据钢板厚度不同，可开成各种形状的坡口，其中常用的有 V 形、X 形和 U 形坡口。

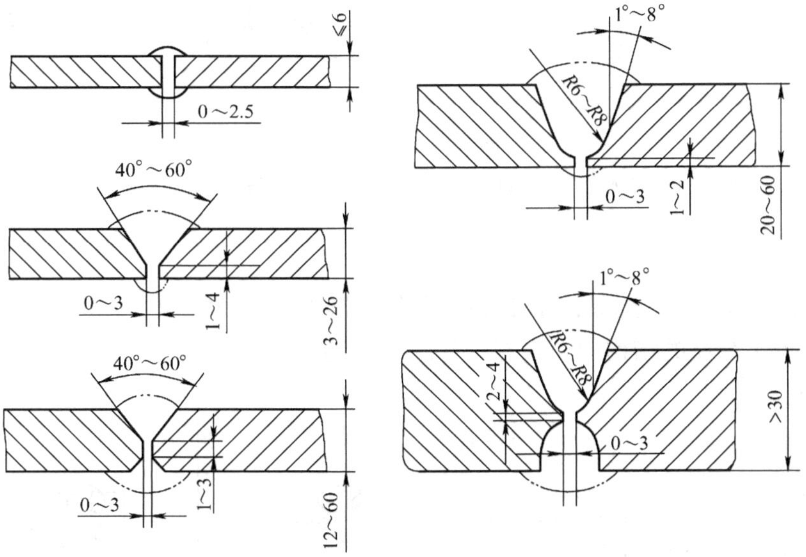

图 1-12　对接接头

对重要的焊接结构，如压力容器、不等厚度钢板的对接接头，应对厚板进行削薄。通常规定，当薄板厚度不大于 10 mm，两板厚度差超过 3 mm；或当薄板厚度大于 10mm，两板厚度差大于薄板厚度的 30%，或超过 5mm 时，对厚板边缘进行削薄，如图 1-13 所示。不同厚度焊件对接时允许不作削薄的厚度差见表 1-1。

2. T 形接头

焊件的端面与另一焊件的表面构成直角或近似直角的接头称为 T 形接头，如图 1-14 所示。

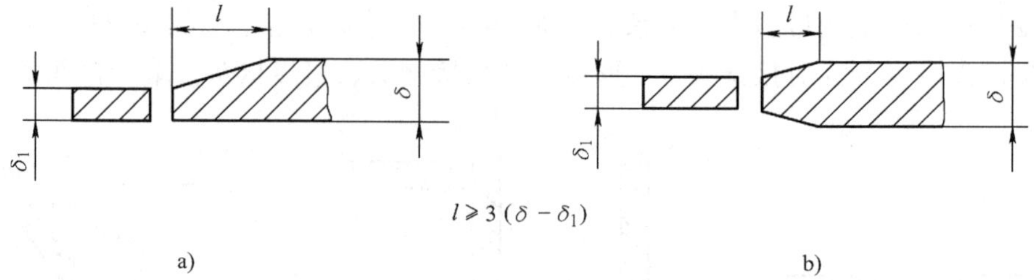

图 1-13　不同厚度焊件的对接接头

a）单面削薄　b）双面削薄

表 1-1　不同厚度焊件对接时允许不作削薄的厚度差　（单位：mm）

较薄焊件的厚度 δ_1	2～5	5～9	9～12	>12
允许厚度差 $\delta-\delta_1$	1	2	3	4

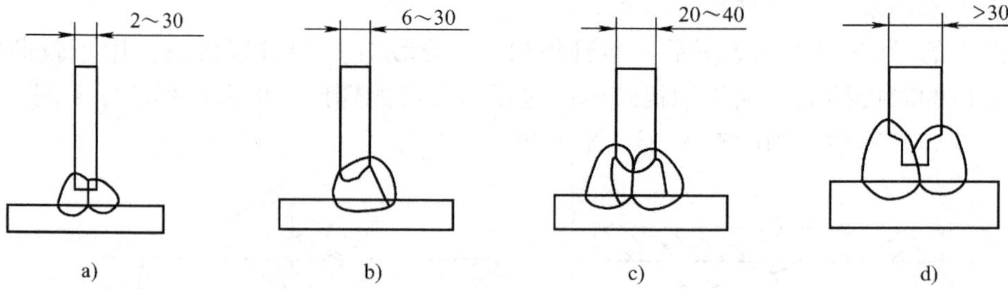

图 1-14　T 形接头

a）I 形坡口　b）带钝边 V 形坡口　c）带钝边双单边 V 形坡口　d）带钝边双 J 形坡口

3. 角接接头

两焊件端面间构成大于 30°，小于 135°夹角的接头称为角接接头。这种接头的受力状况不太好，常用于不重要的结构中。根据焊件厚度不同，接头形式也可分为开坡口和不开坡口两种，如图 1-15 所示。

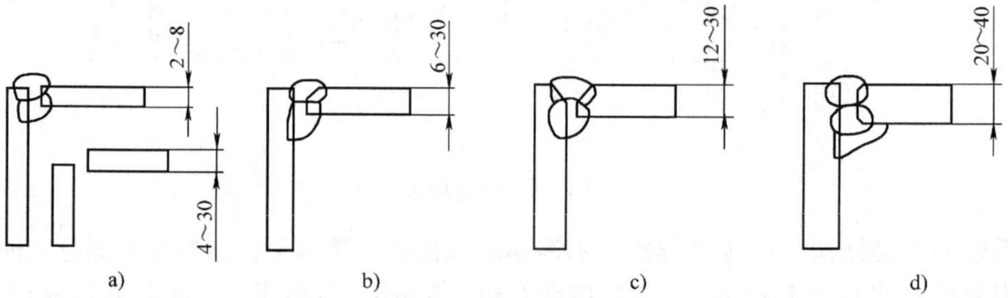

图 1-15　角接接头

a）I 形坡口　b）带钝边单边 V 形坡口　c）Y 形坡口　d）带钝边双单边 V 形坡口

4. 搭接接头

两焊件部分重叠构成的接头称为搭接接头。根据结构形式对强度的要求不同，可分为不开坡口I形、圆孔内塞焊和长孔内角焊3种形式。不开坡口的搭接接头采用双面焊接，这种接头强度较差，很少采用。当重叠钢板的面积较大时，为保证结构强度，可分别选用圆孔内塞焊和长孔内角焊的形式，这两种接头形式特别适用于被焊位置狭小的焊接结构，如图1-16所示。

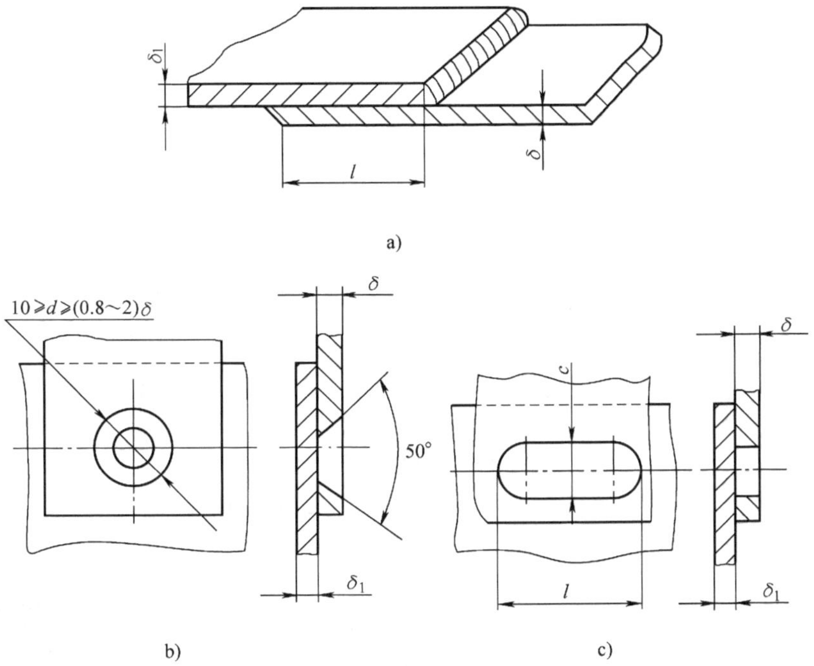

图1-16　搭接接头

a）I形坡口　b）圆孔内塞焊　c）长孔内角焊

从受力的角度看，对接接头是比较理想的接头形式，其受力状况好，应力集中较小。T形接头能承受各种方向的力和力矩。搭接接头的应力分布不均匀，疲劳强度较低，不是理想的接头类型，但由于其焊前准备及装配工作简单，在焊接结构中应用较广，而对于承受动载荷的接头不宜采用。角接接头多用于箱形构件上，承载能力随接头形式不同而不同。

二、焊缝形式

焊缝就是焊件经焊接后所形成的结合部分。焊缝可按下列方式分类。

1. 按焊缝在空间位置的不同分类

分为平、立、横、仰四种焊缝，如图1-17所示。

2. 按焊缝接合形式的不同分类

分为对接焊缝、角焊缝和塞焊缝，如图1-18所示。

3. 按焊缝断续情况不同分类

（1）定位焊缝　焊前为装配和固定构件接缝的位置而焊接的短焊缝称为定位焊缝。

（2）连续焊缝　即沿接头全长连续焊接的焊缝。

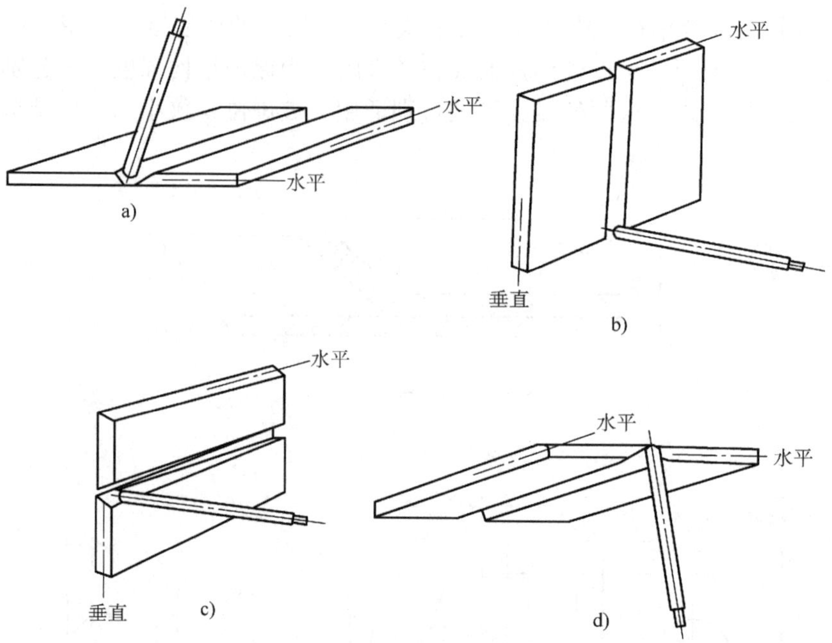

图 1-17　空间位置的焊缝

a）平焊缝　b）立焊缝　c）横焊缝　d）仰焊缝

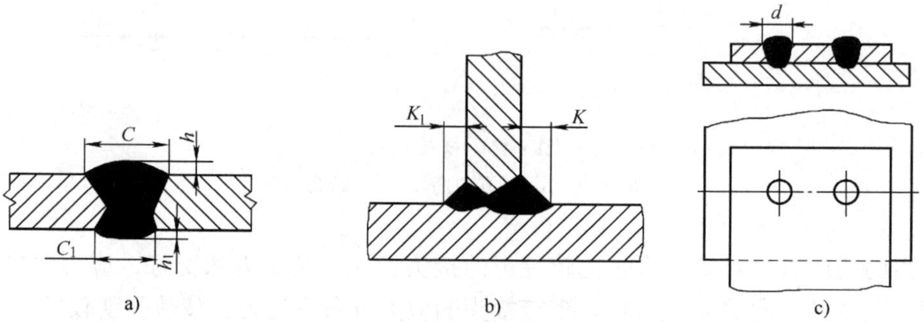

图 1-18　焊缝形式

a）对接焊缝　b）角焊缝　c）塞焊缝

（3）断续焊缝　沿接头全长焊接成具有一定间隔的焊缝称为断续焊缝。它又可分为并列断续焊缝和交错断续焊缝。

三、焊缝符号

设计人员设计的结构或制品要由生产人员准确无误地制造出来，就必须把结构或制品的施工条件等内容详细地在设计文件即设计说明书和设计图样中表述清楚。把焊接接头的焊接加工要求和注意事项用图形或文字详细地加以说明是非常复杂的，而采用各种代号和符号，可以简单明了地指出焊接接头的类型、形状、尺寸、位置、表面形状、焊接方法及与焊接有关的各项条件。国家标准 GB/T 324—2008《焊缝符号表示法》对设计图样上使用的焊缝符号、焊接方法代号等已做出明确规定。

四、焊接坡口

开坡口是为了保证电弧能深入焊缝根部，使根部焊透，以及便于清除熔渣，获得较好的焊缝成形，而且开坡口的大小和形状能起到调节母材金属与填充金属比例的作用。

1. 选择坡口应遵循的原则

1）能够保证工件焊透，且便于焊接操作。如在容器内部不便焊接的情况下，要采用单面坡口并在容器的外面焊接。

2）坡口形状容易加工。

3）尽可能提高焊接生产率和节省焊接材料。

4）尽可能减少焊后工件的变形。

2. 坡口形式及选择

焊接接头的坡口形式，按形状不同分为基本型、组合型及特殊型 3 类。基本坡口形式有 I 形坡口、V 形坡口、X 形坡口和 U 形坡口；其他类型的坡口是在基本坡口形式上发展起来的，如图 1-19 所示。应根据焊件的厚度、接头类型选择适当的坡口形式和坡口尺寸，选择时参见国家标准 GB/T 985. 1—2008《气焊、焊条电弧焊、气体保护焊和高能束焊的推荐坡口》及 GB/T 985. 2—2008《埋弧焊的推荐坡口》。

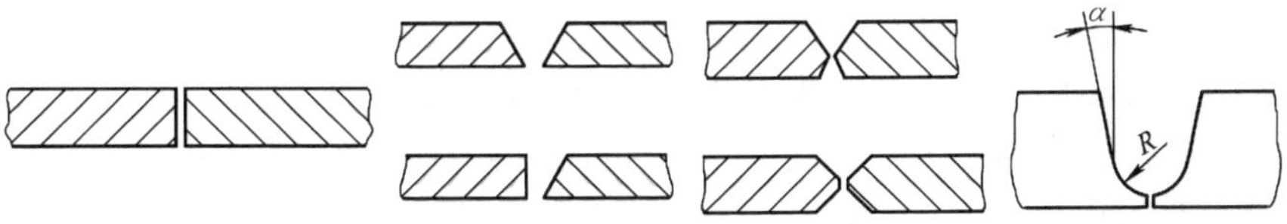

a)　b)　c)　d)

图 1-19　坡口形式

a）I 形坡口　b）V 形坡口　c）X 形坡口　d）U 形坡口

坡口的几何尺寸如图 1-20 所示。

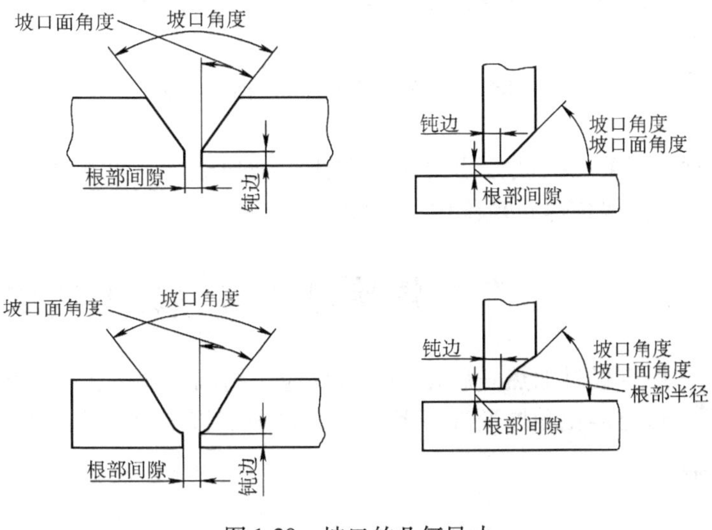

图 1-20　坡口的几何尺寸

（1）坡口面　焊件上的坡口表面叫坡口面。

（2）坡口面角度 α 及坡口角度　焊件表面的垂直面与坡口面之间的夹角叫坡口面角度，两坡口面之间的夹角叫坡口角度。开单面坡口时，坡口角度等于坡口面角度，开双面对称坡口时，坡口角度等于两倍的坡口面角度。

（3）根部间隙　焊前在接头根部之间预留的空隙叫根部间隙。

（4）钝边　焊件开坡口时，沿焊件接头坡口根部的端面直边部分叫钝边，它在焊接时能避免焊件烧穿。

（5）根部半径　在J形、U形坡口底部的圆角半径即根部半径。

为适应焊接工艺的特殊要求，可将基本坡口进行组合，以形成比较特殊的焊缝坡口。如厚壁圆筒形容器的环缝采用内壁焊条电弧焊、外壁埋弧焊的焊接工艺，为减少焊条电弧焊的工作量，筒体内壁可采用较浅的V形坡口，而外壁为减少埋弧焊的工作量，采用U形坡口，如图1-21所示。

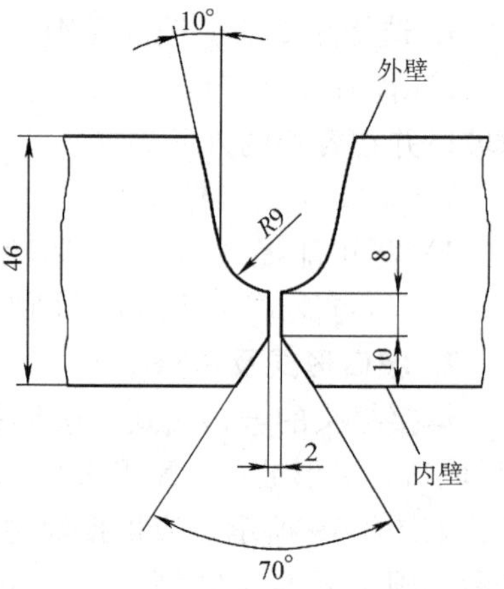

图1-21　组合坡口

3. 坡口制备

坡口制备质量的高低，对后续装配和焊接的影响很大，必须高度重视。坡口制备可用刨边机、坡口机、车床等冷加工方法来完成，也可用气割或等离子弧切割等热加工方法来完成。在用热加工方法开坡口时，最好采用自动或半自动切割机，以保证坡口面的光滑平整，有利于后续的焊接工序。用手工气割开坡口时，应使用角向磨光机打磨予以修整。

碳素钢和标准抗拉强度下限值不大于540MPa的低合金钢，可采用冷加工或热加工方法制备坡口。

耐热型低合金钢和高合金钢，标准抗拉强度下限值不大于540MPa的强度型低合金钢，宜采用冷加工方法制备坡口。坡口的形式和尺寸确定以后，坡口的加工精度对接头的焊接质量与焊接经济性的影响很大。要确保加工精度，应避免因坡口加工精度造成的焊接缺陷。

4. 坡口的清理

1）清理坡口的目的是为了清除坡口表面上的油、铁锈、水分及其他有害杂质，以保证焊接质量。

2）清理坡口时，可采用机械方法或化学方法将坡口表面及两侧10mm（焊条电弧焊）或20mm（埋弧焊、气体保护焊）范围内的污物清理干净。

第三节　焊接电弧与焊缝的形成

电弧焊接时，一般都经过加热—熔化—冶金反应—结晶—固态相变—形成接头。简单地讲，在电弧作用下，母材熔化和焊丝（焊条）熔化形成焊接熔池，熔池冷却形成焊缝。

一、焊接电弧

由焊接电源供给的，具有一定电压的两电极（电极和母材）间，在气体介质中产生的强烈而持久的放电现象，称为焊接电弧。

1. 焊接电弧产生的条件

一般情况下，气体的分子和原子是中性的，气体中没有带电粒子（电子、正离子），因此，气体不能导电，电弧也不能自发产生。要使电弧产生和维持稳定燃烧，两极（电极和母材）之间的气体中就必须要有导电的带电粒子，而获得带电粒子的方法就是气体电离（中性气体分子和原子电离成带电粒子）和阴极电子发射（阴极金属表面的分子或原子，接受外界的能量而连续地向外发射出电子）。所以，气体电离和阴极电子发射是焊接电弧产生和维持的两个必要条件。

2. 焊接电弧的构造和各区温度

焊接电弧按构造可分为阴极区、阳极区和弧柱 3 部分，如图 1-22 所示。

（1）阴极区　电弧紧靠负电极的很窄区域，为 $10^{-6} \sim 10^{-5}$cm，在阴极区的表面有一个明亮的斑点，称为阴极斑点。它是阴极发射电子的发源地，也是阴极温度最高的地方，一般达到 2130～3230℃。

（2）阳极区　电弧紧靠正电极的区域，较阴极区宽，为 $10^{-4} \sim 10^{-3}$cm，在阳极区的表面也有一个明亮的斑点，称为阳极斑点。它是正电极表面集中接收电子的区域，一般达到 2330～3930℃。

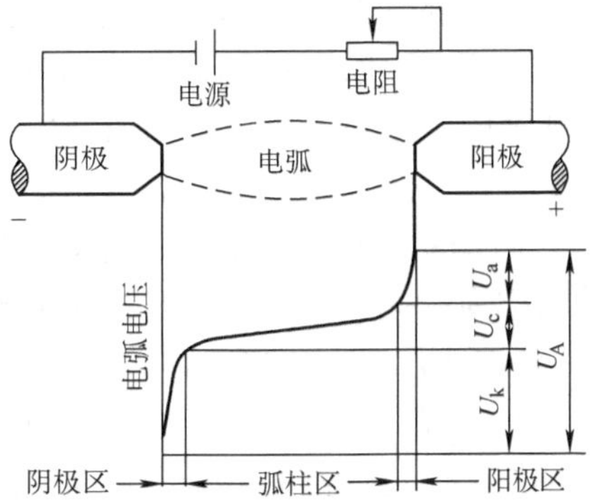

图 1-22　电弧组成

（3）弧柱　电弧阴极区和阳极区之间的部分称为弧柱。由于阴极区和阳极区都很窄，因此，弧柱的长度基本上等于电弧长度。弧柱中心温度可达 5370～7730℃。

3. 焊接电弧的温度分布

焊接电弧中，轴向三个区域的温度分布是不均匀的。阴极区和阳极区的温度较低，弧柱区温度较高。阴极区、阳极区的温度因焊接方法的不同而有所差别，见表 1-2。

表 1-2　常用焊接方法的阴极区与阳极区的温度比较

焊接方法	焊条电弧焊	钨极氩弧焊	熔化极氩弧焊	CO_2 气体保护焊	埋弧焊
温度比较	阳极区温度 > 阴极区温度		阴极区温度 > 阳极区温度		

由于直流电弧焊时，焊接电弧正、负极上的热量不同，所以采用直流电源时有正接和反接之分。例如，对于焊条电弧焊，直流正接时焊件接电源正极，此时焊件获得热量多，温度高，熔池深，易焊透，适于焊厚件；直流反接时焊件接电源负极，此时焊件获得热量少，温度低，熔池浅，不易烧穿，适于焊薄件。

如果焊接时使用交流电焊设备，因电流每秒钟正负变换达 100 次，两极加热一样，不存在正接和反接的问题。

电弧径向温度分布的特点是：弧柱区轴线温度最高，沿径向由中心至周围温度逐渐降低，如图 1-23 所示。因此，在电弧加热作用下，焊接熔池的中心温度高，四周温度快速降低。这在焊接操作中对熔池的控制将产生重要影响。

4. 焊接电弧的偏吹

在正常情况下，电弧的轴线总是沿着电极中心线的方向，然而，电弧是由气体电离构成的柔性导体，因此，受外力作用时，容易发生偏摆。使电弧中心偏离电极轴线的现象称为电弧的偏吹。电弧偏吹使电弧燃烧不稳定，影响焊缝成形和焊接质量。造成电弧偏吹的主要原因有以下几种：

（1）焊条偏心度过大　焊条偏心度是指焊条药皮沿焊芯直径方向偏心的程度。若焊条因制造工艺不当产生偏心，在焊接时，电弧燃烧后药皮熔化不均，电弧将偏向药皮薄的一侧形成偏吹。所以，为防止由此引起电弧偏吹，焊条的偏心度应符合国家标准的规定。

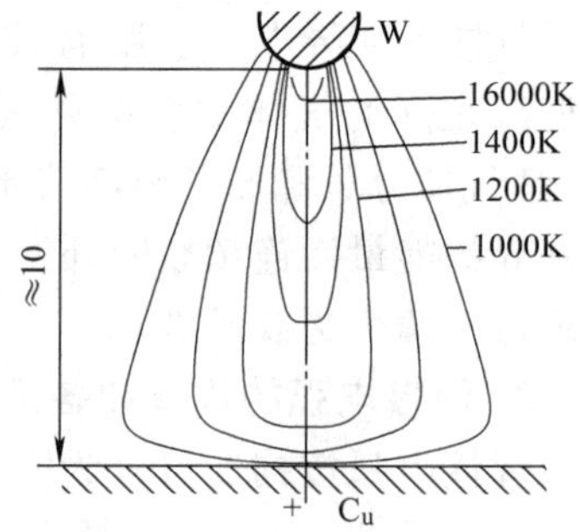

图 1-23　电弧径向温度分布

（2）气流的干扰　在室外进行焊接作业时，电弧周围气体的流动会把电弧吹向一侧而造成偏吹。因此，在气流中进行焊接作业时，电弧周围应有挡风装置；进行管道焊接作业时，应防止管内有较大的气流出现。

（3）磁偏吹　进行直流电弧焊时，电弧因受到焊接回路所产生的电磁力作用而产生的电弧偏吹称为磁偏吹。引起磁偏吹的主要原因如下：

1）接地线位置不正确。焊接时，由于接地线位置不正确，使电弧周围的磁场强度分布不均，从而造成电弧的偏吹，如图 1-24a 所示。在进行直流电焊接时，除了在电弧周围产生自身磁场外，通过焊件的电流也会在空间产生磁场。导线接在焊件左侧，则在焊件左侧是两个磁场叠加，而在焊件右侧为单一磁场，电弧两侧的磁场分布失去平衡，因此，磁力线密度大的左侧对电弧产生推力，使电弧偏离轴线向右侧倾斜，即向右偏吹；反之，将向左偏吹。焊接中可采用改变焊件上接地线的部位，尽可能使弧柱周围的磁力线均匀分布；也可调低焊接电流，或在操作中适当调节焊条角度，使焊条向偏吹一侧倾斜等方法减小磁偏吹的影响。

2）铁磁物质。由于铁磁物质的导磁能力远远大于空气，因此，当焊接电弧周围有铁磁物质存在时（如焊接 T 形接头角焊缝），如图 1-24b 所示，在靠近铁磁体一侧的磁力线大部分都通过铁磁体形成封闭的曲线，使电弧同铁磁体之间的磁力线变得稀疏，而电弧另一侧显得密集，因此，电弧就向铁磁体一侧偏吹。

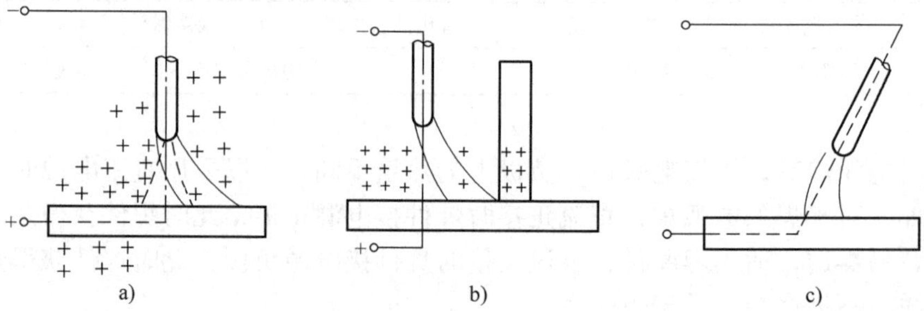

图 1-24　电弧磁偏吹

a）接地线位置不正确　b）磁场引起　c）焊条与焊件的位置不对称

3）焊条与焊件的位置不对称。当在焊件边缘处进行焊接时（如始焊或终焊处），由于焊条与焊件的位置不对称，造成电弧周围的磁场分布不均衡，再加上热对流作用，便产生了电弧偏吹，如图 1-24c 所示。可采用在焊缝两端各加一小块附加钢板（引弧板、引出板）的方法减小磁偏吹的影响。

二、焊丝金属的熔化及熔滴过渡

熔化极电弧焊时，焊丝一方面作为电极传导电流，另一方面受热熔化后作为填充金属与熔化的母材共同形成焊缝。因此，焊丝的加热熔化及熔滴过渡将对焊接的过程和焊缝的质量产生直接影响。

1. 焊丝加热、熔化的热源和焊丝的熔化

（1）焊丝加热、熔化的热源　熔化极电弧焊时，加热并熔化焊丝的热量主要有电阻热和电弧热。

1）电阻热。当电流在焊条中通过时，将产生电阻热。电阻热的大小取决于焊条长度或焊丝的伸出长度、电流密度和金属的电阻率。焊条或焊丝伸出长度越长、电流密度越大、电阻率越高，则电阻热越大。

2）电弧热。电弧产生的热量仅有一部分用来熔化焊丝，而大部分热量用来熔化母材、药皮或焊剂，另外还有相当一部分的热量消耗在辐射、飞溅和母材传热上。

（2）焊丝的熔化　焊丝金属受到电阻热和电弧热加热后，便开始熔化。衡量焊丝熔化的主要指标是熔化速度，即单位时间内焊丝的熔化长度或质量。焊丝或焊芯的熔化速度主要取决于焊接电流的大小。就焊条电弧焊而言，由于电阻热对焊芯强烈的预热作用，使焊条后半部的熔化速度比前半部要快 20% ~30% 。

2. 焊丝金属的熔滴过渡

熔滴即焊条或焊丝端部形成的向熔池过渡的液态金属滴。熔滴通过电弧空间向熔池转移的过程称为熔滴过渡。

（1）熔滴上的作用力　影响熔滴过渡的主要因素是熔滴上的作用力。根据熔滴上作用力的来源不同，可将其分为重力、表面张力、电磁收缩力、斑点压力和电弧气体的吹力。

1）重力。焊接时，熔滴由于本身所受重力而具有下垂的倾向。平焊时，重力起促进熔滴过渡的作用。

2）表面张力。金属熔化后，在表面张力的作用下形成球滴状，使液态金属不会马上脱离焊条。表面张力的大小与熔滴的成分、温度、环境有关，另外，与焊丝直径成正比。平焊时，表面张力阻碍熔滴过渡，而其他位置有利于熔滴过渡。

3）电磁收缩力。在任何焊接位置，电磁收缩力的作用都是促使熔滴向熔池过渡的。

4）斑点压力。在焊接电弧中，斑点压力是阻碍熔滴过渡的。直流正接时，阳离子的压力阻碍熔滴过渡；直流反接时，电子的压力阻碍熔滴过渡。由于阳离子的质量大，阳离子流的压力也就比电子流的压力大，所以采用直流反接可以减小熔滴过渡的阻碍作用，减少飞溅，更容易产生细颗粒熔滴过渡。

5）电弧气体的吹力。在焊条电弧焊时，焊条药皮的熔化稍微落后于焊芯的熔化，在焊条的末端便形成一小段未熔化的喇叭形套管。此套管内含有大量的气体，并顺着套管方向形成挺直而稳定的气流，进而把熔滴送到熔池中去。不论焊接的空间位置如何，电弧气体的吹力都将有利于熔滴金属的过渡。

（2）熔滴过渡的形式　金属熔滴向熔池过渡大致可分为以下几种形式：

1）喷射过渡。细小的熔滴颗粒以喷射状态快速通过电弧空间向熔池过渡的形式称为喷射过渡，如图1-25a所示。一般在熔化极惰性气体保护焊中，当焊接电流很大（超过临界电流），且电压较高时，形成喷射过渡；此时熔滴过渡频率高，电弧稳定，飞溅小，熔深大，焊缝成形美观，可全位置焊接，生产效率高，但易形成指状熔深。

2）滴状过渡。当电弧长度超过一定值时，熔滴依靠表面张力的作用自由过渡到熔池，而不发生短路，即为滴状过渡。滴状过渡又可分为粗滴过渡和细滴过渡。粗滴过渡时飞溅大，电弧也不稳定，成形不好，如图1-25b所示。滴状过渡一般在较大的焊接电流和较高的焊接电压条件下形成，熔滴尺寸的大小与焊接电流的大小和焊丝的成分有关。

3）短路过渡。焊丝端部的熔滴与熔池短路接触时，由于强烈的热和磁收缩的作用使熔滴爆断，直接向熔池过渡，这种形式称为短路过渡，如图1-25c所示。短路过渡的形成条件是小电流、低电弧电压，电弧功率较小。它能实现稳定的金属熔滴过渡和稳定的焊接过程。短路过渡适合于薄板或需要低热输入情况下的焊接。

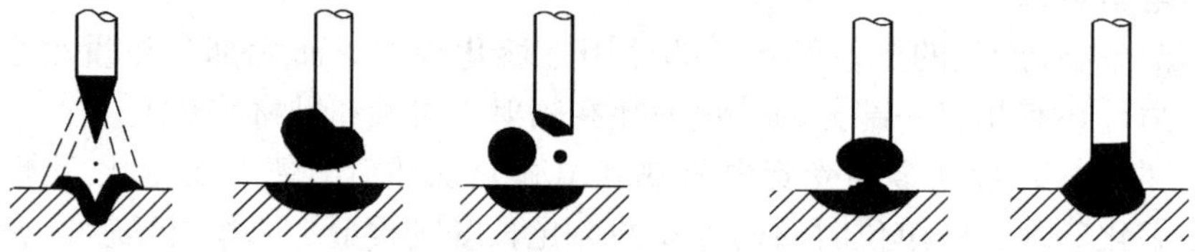

a) b) c)

图1-25 熔滴过渡的形式

a）喷射过渡 b）滴状过渡 c）短路过渡

（3）熔滴过渡的飞溅 熔焊过程中，熔化的金属颗粒和熔渣向周围飞散的现象称为飞溅。飞溅不仅影响焊缝成形和美观，更严重的是它降低了单位电流、单位时间内焊芯（或焊丝）熔敷到焊缝中的金属量（即熔敷系数），从而降低了焊接生产效率和效益。引起飞溅的主要原因有以下两种：

1）气体爆炸引起的飞溅。由于冶金反应时在液体内部产生大量的CO气体，气体的析出十分猛烈，造成液体金属（熔滴和熔池金属）发生粉碎性的细滴飞溅。

2）斑点力引起的飞溅。短路过渡的最后阶段，在熔滴与熔池之间发生烧断的瞬间，液态“金属小桥”的电流密度太大，从而引起强烈的飞溅。

三、母材熔化与焊缝成形

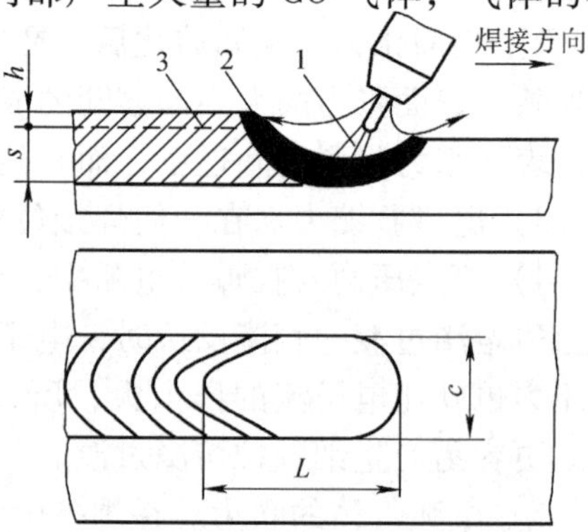

图1-26 熔池形状与焊缝成形示意图

1—电弧 2—熔池金属 3—焊缝金属

s—熔池深度（熔深） c—熔池宽度（熔宽）

L—熔池长度 h—余高

在电弧热的作用下，母材被熔化，进而在焊件上形成一个具有一定形状和尺寸的液态熔池。随着电弧的移动，熔池前端的焊件不断被熔化进入熔池中，熔池后部则不断冷却结晶而形成焊缝，如图1-26所示。熔池的形状不仅决定了焊缝的形状，而且对焊缝质量有重要的影响。熔池的体积和形状主要取决于电弧的热量和电弧对熔池的作用力。

1. 焊缝形状与焊缝质量的关系

焊缝的形状是指焊件熔化区横截面的形状，它可用熔深 s、熔宽 c 和余高 h 三个参数来描述。图 1-27 所示为对接和角接接头的焊缝形状及各参数的意义。合理的焊缝形状要求 s、c 和 h 之间有适当的比例，生产中常用成形系数 $\phi = c/s$ 和余高系数 $\psi = c/h$ 来表征焊缝成形的特点。

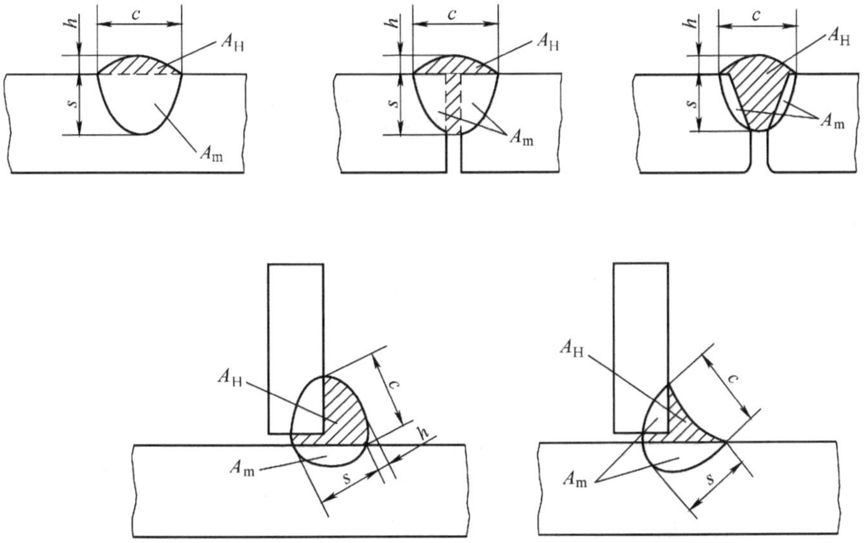

图 1-27　对接和角接接头的焊缝形状及各参数的意义

成形系数是衡量焊缝质量优劣的主要指标之一。ϕ 小，表示焊缝深而窄，既可缩小焊缝宽度方向的无效加热范围，又可提高热效率和减小热影响区。但若 ϕ 过小，焊缝截面过窄，则不利于气体从熔池中逸出，容易在焊缝中产生气孔，且使结晶条件恶化，增大产生夹渣和裂纹的倾向。因此，实际焊接时，成形系数的大小应根据焊缝产生裂纹和气孔的敏感性合理控制，不同焊接方法的成形系数应控制在一定范围内。

余高系数也是衡量焊缝质量优劣的指标。理想的焊缝成形，其表面应该是与母材平齐的，即余高 h 为零。因为有余高，焊缝和母材在连接处不能平滑过渡，焊接接头承载时在突起处形成应力集中，降低了焊接结构的承载能力。但是理想的无余高又无凹陷的焊缝是不可能在焊后直接获得的。为了保证焊缝的强度，对一般焊缝允许具有适当的余高。

表征焊缝横截面形状特征的另一个重要参数就是焊缝的熔合比。所谓熔合比，即是指单道焊时，在焊缝横截面上母材熔化部分所占的面积与焊缝全部面积之比（$\gamma = A_m/(A_m + A_H)$）。熔合比越大，则焊缝的化学成分越接近于母材本身的化学成分。在电弧焊工艺中，焊件的坡口形式、焊接参数都会影响焊缝的熔合比。

2. 焊接参数对焊缝成形的影响

焊接参数决定焊缝输入的能量，是影响焊缝成形的主要工艺参数。

（1）焊接电流　焊接电流主要影响焊缝的熔深。其他条件一定时，随着电流的增大，焊缝的熔深和余高增加，而熔宽几乎不变，成形系数减小。

（2）电弧电压　电弧电压主要影响焊缝的熔宽。其他条件一定时，随电弧电压的增大，熔宽显著增加，而熔深和余高略有减小，熔合比稍有增加。

不同的焊接方法对成形系数有自身的特定要求。因此，为得到合适的焊缝成形，一般在改变焊接电流时，对电弧电压也应适当地调整。

（3）焊接速度　焊接速度的快慢主要影响母材的热输入。其他条件一定时，提高焊接速度，单位长度焊缝的热输入及焊丝金属的熔敷量均减小，故熔深、熔宽和余高都减小，熔合比几乎不变。

第四节　焊机及焊接辅助工具

一、焊机

不同的焊接方法所采用的焊机有很大差别，本节以较为简单的焊条电弧焊焊机为例作简单介绍。

1. 对焊机（焊接电源）的要求

在焊条电弧焊焊接过程中，影响焊接质量的因素除操作者以外，焊接电源也是一个重要的因素。为保证焊接质量，对焊接电源提出如下要求：

（1）具有适当的空载电压　为保证焊接电弧的顺利引燃和电弧的稳定燃烧，焊接电源必须有一定的空载电压。所谓空载电压，是指焊接电源接通电网而焊接回路断开没有引燃电弧时，焊接电源输出端的电压。有关标准规定：弧焊整流器的空载电压一般在90V以下，弧焊变压器的空载电压一般在80V以下。

（2）具有陡降的外特性　焊接电源在稳定的工作状态下，输出端焊接电压和焊接电流之间的关系称为焊接电源的外特性。具有陡降外特性的焊接电源不但能保证电弧稳定燃烧，而且能保证短路时不会产生过大的电流而烧毁焊机。所谓陡降的外特性，是指焊接电流越大时焊接电压却越低。焊接电源的外特性可用曲线来表示，称为外特性曲线。

（3）具有良好的动特性　在焊接过程中，由于操作者和外部因素，电弧长度总在不断变化之中。焊接电源的动特性是指弧焊电源对电弧这样的动负载所输出的电流、电压和时间的关系。它表示弧焊电源对负载瞬变的快速反应能力，对电弧的稳定性、熔滴过渡、飞溅和焊缝成形都有影响。

（4）具有良好的调节特性　在焊接过程中，要面对不同的结构、材质、厚度、焊接位置和焊条直径，所以要求弧焊电源能提供合适的焊接参数，即在一定的电压范围内能均匀、连续、方便地进行调节。

2. 焊接电源的种类和型号

（1）焊接电源的种类　这里的焊接电源指的是焊条电弧焊电源，主要有弧焊变压器、弧焊整流器（包括逆变弧焊电源）、直流弧焊发电机。其中直流弧焊发电机现在用得较少，只少量用于野外施工。常用焊接电源的分类见表1-3。

（2）弧焊电源的型号　弧焊电源的型号表示如图1-28所示。常用焊机型号的意义见表1-4。

表 1-3　常用焊接电源的分类

设备名称	大类名称	焊机结构形式	典型产品型号
弧焊电源	弧焊变压器	动铁式	BX1—300
		动圈式	BX3—500
		同体式	BX2—1000
	弧焊整流器	硅整流式	ZXG7—300
		晶体管式	—
		逆变式	ZX7—400
		晶闸管式	ZX5—500

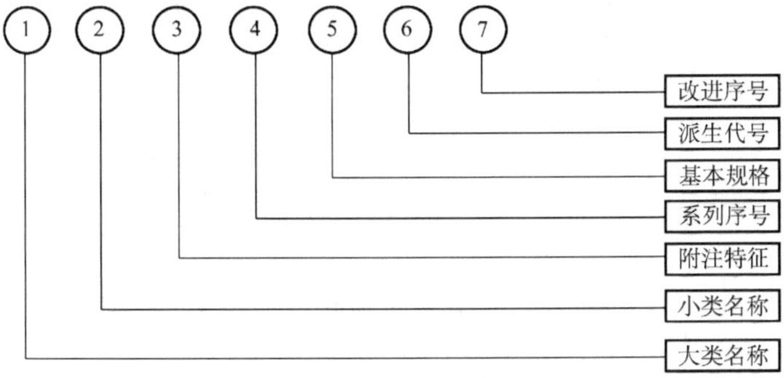

图 1-28　弧焊电源的型号

表 1-4　常用焊机型号的意义

序号	第一字位		第二字位		第三字位		第四字位		第五字位	
	代表字母	大类名称	代表字母	小类名称	代表字母	附注特征	数字序号	系列序号	单位	基本规格
1	A	弧焊发电机	X P D	下降特性 平特性 多特性	省略 D Q C T H	电动机驱动 单纯弧焊发电机 汽油机驱动 柴油机驱动 拖拉机驱动 汽车驱动	省略 1 2	直流 交流发电机整流 交流	A	额定电流
2	Z	弧焊整流器	X P D	下降特性 平特性 多特性	省略 M L E G	一般电源 脉冲电源 高空载电压 交、直流两用电源 硅整流	省略 1 3 4 5 6 7	磁放大器或饱和电抗器 动铁心式 动线圈式 晶体管式 晶闸管式 变抽头式 变频式	A	额定电流

（续）

序号	第一字位		第二字位		第三字位		第四字位		第五字位	
	代表字母	大类名称	代表字母	小类名称	代表字母	附注特征	数字序号	系列序号	单位	基本规格
3	B	弧焊变压器	X P	下降特性 平特性	L	高空载电压	省略 1 2 3 6	磁放大器或饱和电抗器 动铁心式 串联电抗器 动线圈式 变抽头式	A	额定电流
4	M	埋弧焊机	Z B U D	自动焊 半自动焊 堆焊 多用	省略 J E M	直流 交流 交、直流 脉冲	省略 2 3 9	焊车式 横臂式 机床式 焊头悬挂式	A	额定电流
5	W	TIG 焊机	Z S D Q	自动焊 手工焊 定位焊 其他	省略 J E M	直流 交流 交、直流 脉冲	省略 1 2 3 4 5 6 7 8	焊车式 全位置焊车式 横臂式 机床式 旋转焊头式 台式 焊接机器人 变位式 真空充气式	A	额定电流
6	N	MIG/MAG 焊机	Z B U D G	自动焊 半自动焊 堆焊 多用 切割	省略 M C	氩气及混合气体保护焊 直流 氩气及混合气体保护焊 交流 CO_2 气体保护焊	省略 1 2 3 4 5 6 7	焊车式 全位置焊车式 横臂式 机床式 旋转焊头式 台式 焊接机器人 变位式	A	额定电流

（3）焊机铭牌　焊机铭牌有时不止一块，它标明了焊机的名称、型号、主要技术参数、绝缘等级、适用标准以及可供安装、使用、维护等工作参照。同时标明制造厂家、生产年月、出厂编号、出厂日期等。

铭牌中的主要参数有：

1）负载持续率。通过负载持续率来表示焊机的工作状态。因焊机工作时的温升不仅与焊接电流有关，而且与焊机的工作状态有关，而焊机连续和断续焊接时的温升是不同的。在焊条电弧焊的断续负载工作（需要换焊条、清理等）时，负载持续时间 t 对整个的工作周期 T 的百分比称为负载持续率。即

$$负载持续率 = t/T \times 100\%$$

对于500A以下的焊机，工作周期定为5min，断续工作时，负载持续（电弧燃烧）3min，负载持续率＝3/5×100%＝60%。有关标准规定，焊条电弧焊焊机的额定负载持续率为60%，轻便型焊机的额定负载持续率可取15%、25%、35%。

实际工作时的负载持续率称为实际负载持续率。

2）额定电流。焊机在额定负载持续率下工作时，允许使用的最大焊接电流为额定电流。额定电流与额定负载持续率成反比。由于实际负载持续率与额定负载持续率往往有出入，故实际焊接电流与额定电流不同，可按以下公式计算：

$$许用焊接电流 = 额定电流 \times \sqrt{额定负载持续率} / \sqrt{实际负载持续率}$$

铭牌中一般会列出几种不同负载持续率时的许用焊接电流。

3）一次电压。指焊机的输入电压，即焊机需要的电网电压，一般是380V，少量是220V。

4）功率。指焊机工作时单位时间内输入焊机的电能，即单位时间内焊机的输入电压和输入电流的乘积，单位是kW。额定功率是焊机在额定状态下的输入功率。

3. 焊条电弧焊焊机的选择及使用

（1）焊机形式的选择　主要根据焊接构件来选择。一般构件用酸性焊条焊接，可选弧焊变压器（一般用梯形动铁心式）和整流器；重要构件必须使用碱性焊条焊接，选用弧焊整流器，最好使用逆变式弧焊整流器。

（2）焊机容量的选择　焊机容量大小的选择应根据实际所需焊接电流的大小来确定。焊接电流的调节范围应满足使用要求，即按所需焊接电流和实际负载持续率核定焊机的额定电流。

（3）焊条电弧焊焊机的安全操作规程

1）焊机的输入动力线的截面积应足够大，其允许的电流值应大于或稍大于焊机的一次额定电流；导线长度适宜，一般不超过3m。焊机的接线柱等导电或带电部分不得外露，应有良好的安全防护。

2）焊机安装使用前应清除灰尘，检查绝缘电阻，确保绝缘良好，并有良好的接地或接零装置。安放要平稳，使用环境要干燥，通风良好，焊机应与技术说明书的规定相符。焊机在使用、搬运中要防止剧烈碰撞、振动；露天使用时必须防止沙尘、雨、雪。

3）在室外临时使用时，应按临时动力线架设要求布线，且不得沿地面拖拉，高度不低于2.5m。临时工作完毕应立即拆除动力线。

4）安装焊机时，必须有单独使用的开关，其位置应便于操作，通道应畅通无障碍物。当开关电路超负荷时，能自动切断焊机。工作完毕，必须立即切断电源。

5）要注意防止焊接时的飞溅或漏电引起的电火花造成火灾或爆炸。焊接场地如果有粉尘飞扬、易导电的气体或腐蚀性气体、湿度大，必须作好隔离防护。

6）焊机外壳上禁止放置工具和其他物品。焊钳不得放置于工件和电源上，以免起动电源时发生短路。焊机应定期检查保养。焊机的安装、检修应由专业电工负责。

二、其他焊接工具

1. 电焊钳

电焊钳是用来夹持焊条，并把焊接电流传送至焊条进行电弧焊的工具，如图1-29所示。

对电焊钳的总体要求是安全、轻便和耐用。钳口材料要有高导电性和一定的机械强度；焊钳与焊接电缆的连接必须紧密牢固；夹紧焊条的弹簧压紧装置要有足够的夹紧力，并且操作方便；焊工手握的胶木手柄及钳口外侧的耐热绝缘保护片，要求有良好的绝缘性能和强度。在使用时，要保证电焊钳与电弧焊电源配套，防止电焊钳或焊条和焊接工作台发生短路；避免使用剩余长度过短的焊条，以避免电弧烧坏电焊钳。

2. 焊接电缆

焊接电缆是电弧焊机和电焊钳及焊条之间传输焊接电流的导线。专业焊接软电缆是用多股阴极铜细丝制成的导线，并外包橡胶绝缘。使用时，焊接电缆和电焊钳、电缆接头的连接必须紧密可靠。焊接时不可将电缆盘绕成圈状，以防止产生感抗，影响焊接电流。

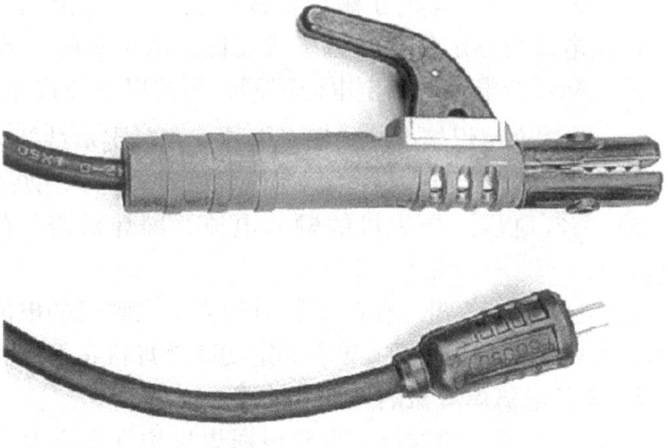

图 1-29　焊钳和快速接头

3. 面罩

面罩是焊工焊接时防止面部灼伤，便于观察焊接状态的一种遮蔽工具，有手持式（图 1-30）及头盔式两种。面罩上的滤光玻璃分为 6 个型号，即 7～11 号，号数越大，颜色越深。焊条电弧焊一般选用 8～10 号为宜。

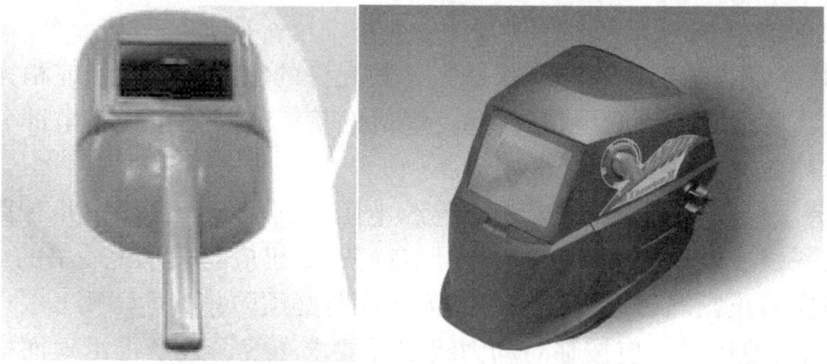

a)　b)

图 1-30　面罩

a）手持式面罩　b）头盔式面罩

4. 焊工手套，绝缘胶鞋，工作服和平光眼镜

焊工手套、绝缘鞋和工作服（图 1-31）是为防止弧光、火花灼伤和防止触电所必须穿戴的劳动保护用品。清渣时，为防止熔渣损伤眼睛，必须配戴平光眼镜。

5. 辅助工具

焊接的相关辅助工具如图 1-32 所示。

（1）角向磨光机　用于清除焊件坡口的锈蚀物、打磨焊缝等。

（2）錾子　用于清除焊渣、飞溅物和焊瘤。

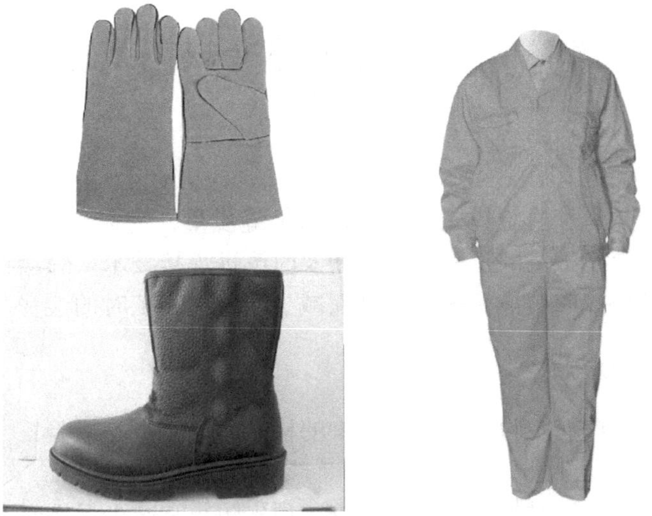

图 1-31　焊接防护用品

图 1-32　辅助工具

（3）钢丝刷　用于清除焊件表面的铁锈、污物和焊渣。

（4）锉刀　用于修整焊件坡口的钝边、毛刺和焊件根部的接头。

（5）烘干箱　烘干焊条的专用设备，其温度可按需要调节。

（6）焊条保温筒　焊工现场携带的保温容器，用于保持焊条干燥度，可以随焊随取。

（7）敲渣锤　两端制成尖铲形和扁铲形的清渣工具。

（8）焊缝万能量规　焊缝万能量规是一种精密量规，用于测量焊前焊件的坡口角度、装配间隙、错边量及焊后焊缝的余高、焊缝宽度和角焊缝尺寸等，如图 1-33 所示。

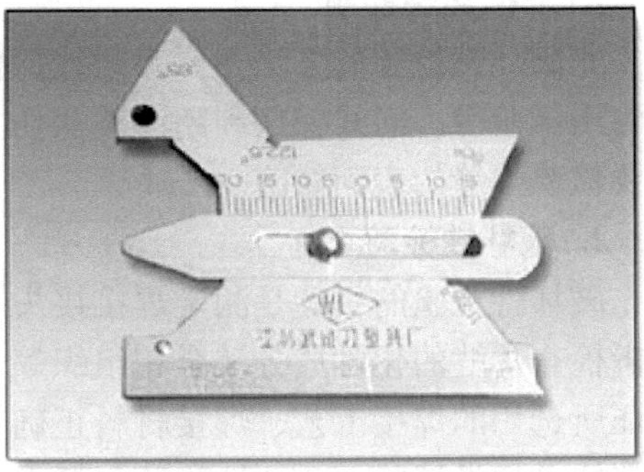

图 1-33　焊缝万能量规

使用焊缝万能量规时，应避免磕碰划伤，保证尺面清洁，用完后应放入封套内保存。

第五节 常见焊接缺陷及检验

一、焊接检验的意义

焊接检验的目的是为了检验焊接缺陷，判断焊缝质量，为避免不合格品出厂提供依据；焊接检验也可以评定焊接工艺的正确性，方便及时改进焊接技术。焊接检验应贯穿于焊接生产的全过程，以避免焊接产品最后报废，进而减少原材料和工时的浪费。

二、焊接检验的过程

焊接检验的过程由焊前检验、焊接过程中的检验和焊后产品检验三个阶段组成。

1. 焊前检验

焊前检验的目的是通过对焊前准备的检查，预先防止和减少焊接时产生缺陷的可能性。

焊前检验的主要内容有：焊接产品图样和焊接工艺规程等技术文件是否齐备；母材及焊条、焊丝、焊剂、保护气体等焊接材料是否符合设计及工艺规程的要求；焊接坡口的加工质量和焊接接头的装配质量是否符合图样要求；焊接设备及其辅助工具是否完好；焊工是否具有上岗资格等。

2. 焊接过程中的检验

焊接过程中的检验目的是防止缺陷的形成和及时发现缺陷。主要检验内容有：焊接设备的运行情况是否正常；焊接参数是否正确；焊接夹具在焊接过程中的夹紧情况等是否牢固；多层焊过程中对夹渣、气孔、未焊透等缺陷进行自检；焊接顺序及施焊方向是否正确；热处理工艺参数是否运用得当等。

3. 焊后产品检验

焊后产品检验的目的是确保产品的焊接质量，以保证其安全服役。主要检验内容有：焊缝外观质量及内部质量是否符合要求；产品（结构）的整体形状、尺寸及承载能力是否达到要求等。

三、焊接检验的分类

焊接检验可分为破坏性检验和非破坏性检验两类。

1. 非破坏性检验

非破坏性检验的方法主要有射线探伤、超声波探伤、磁粉探伤、渗透探伤、密封性检验和耐压试验等。射线探伤和超声波探伤主要检验焊缝内部的焊接缺陷，磁粉探伤和渗透探伤主要检验焊缝的表面缺陷。

2. 破坏性检验

破坏性检验的目的是测定焊接接头、焊缝金属的强度、塑性和冲击吸收功等力学性能；分析检查焊缝的化学成分及金相组织等，以确定它们是否可以满足产品设计或使用要求，并验证所选用的焊接工艺、焊接材料正确与否。检验所用的试件是从焊件上切取的，或以产品的整体破坏做试验。破坏性检验包括力学性能试验、化学分析及试验、金相检验、焊接性试验等。

四、焊接缺陷的概念

焊接过程中，在焊接接头中产生的金属不连续、不致密或连接不良的现象称为焊接缺陷。在焊接产品中要获得无缺陷的焊接接头，在技术上是相当困难的，也是不经济的。为了满足焊接产品的使用要求，应该把缺陷控制在一定的范围之内，使其对焊接产品的运行不致产生危害。

焊接缺陷的种类很多，按其在焊缝中的位置不同，可分为外部缺陷和内部缺陷。外部缺陷位于焊缝表面，用肉眼或低倍放大镜就可以看到，或用着色等探伤方法能够显示出来；内部缺陷位于焊缝内部，可用超声波、射线探伤或破坏性检验方法来发现。

金属熔焊焊缝缺陷可分为六大类，即裂纹、孔穴、夹渣、未熔合和未焊透、形状缺陷及其他缺陷（其定义参见标准 GB/T 3375—1994）。常见焊接缺陷及特征见表 1-5。常见焊接缺陷的影响因素见表 1-6。

表 1-5　常见焊接缺陷及特征

缺陷种类	特　　征
焊缝外形尺寸及形状	焊缝外形尺寸（如长度、宽度、余高、焊脚等）不符合要求，焊缝成形不良
咬边	焊件表面上焊缝金属与母材交界处形成凹下的沟槽
焊瘤	焊缝边缘或焊件背面焊缝根部存在未与母材熔合的金属堆积物
凹坑	焊缝末端收弧处的熔池未填充满，在凝固收缩后形成凹坑
气孔	即存在于焊缝金属内部表面的孔穴
夹渣	即残存在焊缝中的宏观非金属夹杂物
未焊透	焊接接头根部未完全熔透
未熔合	在母材与焊缝金属或焊缝层间有局部未完全熔化结合的部分（与裂纹等同对待）
裂纹	即存在于焊缝金属或热影响区内部或表面的缝隙

表 1-6　常见焊接缺陷的影响因素

<table>
<tr><th>类别</th><th>名称</th><th>材料因素</th><th>工艺因素</th><th>结构因素</th></tr>
<tr><td rowspan="3">热裂纹</td><td>结晶裂纹</td><td>①焊缝金属中的合金元素含量高
②焊缝金属中的 P、S、C、Ni 含量较多
③焊缝金属中 Mn、S 的含量比不合适</td><td>①焊接热输入过大，使焊缝区的过热倾向增加，晶粒长大，引起结晶裂纹
②熔深与熔宽比过大
③焊接顺序不合适，焊缝不能自由收缩</td><td>①焊缝附近的刚度较大，如大厚度、高拘束度的构件
②接头形式不合适，如熔深较大的对接接头和各种角焊缝（包括搭接接头、T 形接头和外角接焊缝）抗裂性差
③接头附近的应力集中（如密集、交叉的焊缝）</td></tr>
<tr><td>熔化裂纹</td><td>母材中的 P、S、B 含量较多</td><td>①热输入过大，使过热区晶粒粗大，晶界熔化严重
②熔池形状不合适，凹度太大</td><td rowspan="2">①焊缝附近的刚度较大，如大厚度、高拘束度的构件
②接头附近的应力集中，如密集、交叉的焊缝</td></tr>
<tr><td>高温失塑裂纹</td><td>—</td><td>热输入过大，使温度过高，容易产生裂纹</td></tr>
</table>

（续）

类别	名称	材料因素	工艺因素	结构因素
冷裂纹	氢致裂纹	①钢中的碳或合金元素含量增高，使淬硬倾向增大 ②焊接材料中的含氢量较高	①接头熔合区附近的冷却时间小于出现铁素体（800～500℃）的临界冷却时间，热输入过小 ②未使用低氢焊条 ③焊接材料未烘干，焊口及焊件表面有水分、油污及铁锈 ④焊后未进行保温处理	①焊缝附近的刚度较大，如材料的厚度大、拘束度高 ②焊缝布置在应力集中区 ③坡口形式不合适，如 V 形坡口的拘束应力较大
	淬火裂纹	①钢中的碳或合金元素含量增高，使淬硬倾向增大 ②对于多组元合金的马氏体钢，焊缝中出现块状铁素体	①对冷裂倾向较大的材料，其预热温度未作相应的提高 ②焊后未立即进行高温回火 ③焊条选择不合适	—
	层状撕裂	①焊缝中出现片状夹杂物（硫化物、硅酸盐和氧化铝等） ②母材基体组织硬脆或产生时效脆化 ③钢中的含硫量过多	①热输入过大，使拘束应力增加 ②预热温度较低 ③由于焊根裂纹的存在导致层状撕裂的产生	①接头设计不合理，拘束应力过大（如 T 形角焊、角接头和贯通接头） ②拉应力沿板厚方向作用
再热裂纹		①焊接材料的强度过高 ②母材中 Cr、Mo、V、B、S、P、Cu、Nb、N 的含量较高 ③热影响区粗晶区域的组织未得到改善（未减少或消除马氏体组织）	①回火温度不够高，持续时间过长 ②焊趾处形成咬边而导致应力集中 ③焊接顺序不对，使焊接应力增大 ④焊缝的余高导致近缝区的应力集中	①结构设计不合理，造成应力集中（如对接焊缝和角焊缝重叠） ②坡口形式不合适，导致较大的拘束应力
气孔		①熔渣的氧化性增加时，由 CO 引起气孔的倾向增加；当熔渣的还原性增加时，则氢气孔的倾向增加 ②焊件或焊接材料不清洁（有铁锈、油类和水分等杂质） ③与焊条、焊剂的成分及保护气体的气氛有关 ④焊条偏心，药皮脱落	①当电弧功率不变、焊接速度增大时，增加了产生气孔的倾向 ②电弧电压太高（即电弧过长） ③焊条、焊剂在使用前未进行烘干 ④使用交流电源易产生气孔 ⑤气体保护焊时，气体流量不合适	仰焊、横焊易产生气孔

（续）

类别	名称	材料因素	工艺因素	结构因素
夹渣		①焊条和焊剂的脱氧、脱硫效果不好 ②熔渣的流动性差 ③在原材料的夹杂中硫含量较高及硫的偏析程度较大	①焊接电流大小不合适，熔池搅动不足 ②焊条药皮成块脱落 ③多层焊时，层间清渣不够 ④操作不当	立焊、仰焊易产生夹渣
未熔合		—	①焊接电流小或焊接速度快 ②坡口或焊道有氧化皮、焊渣及氧化物等高熔点物质 ③操作不当	—
未焊透		焊条偏心	①焊接电流小或焊接速度太快 ②焊条角度不对或运条方法不当 ③电弧太长或电弧偏吹	坡口角度太小，钝边太厚，间隙太小
形状缺陷	咬边	—	①焊接电流过大或焊接速度太慢 ②在立焊、横焊和角焊时，电弧太长 ③焊条角度和摆动不正确或运条不当	立焊、仰焊易产生咬边
	焊瘤	—	①焊接参数不当或电压过低，焊接速度不合适 ②焊条角度不对或电极未对准焊缝 ③运条不正确	坡口太小
	烧穿和下塌	—	①焊接电流过大，焊接速度太慢 ②垫板托力不足	①坡口间隙过大 ②薄板或管子的焊接易产生烧穿和下塌
	错边	—	①装配不正确 ②焊接夹具质量不高	—
	角变形	—	①焊接顺序对角变形有影响 ②在一定范围内，热输入增加，则角变形也增加 ③反变形量未控制好 ④焊接夹具质量不高	①角变形程度与坡口形状有关，如对接焊缝 V 形坡口的角变形大于 X 形坡口 ②角变形与板厚有关，板厚为中等时，角变形最大；厚板、薄板的角变形较小

（续）

类别	名称	材料因素	工艺因素	结构因素
形状缺陷	焊缝尺寸形状不符合要求	①熔渣的熔点和粘度太高或太低都会导致焊缝尺寸、形状不合要求 ②熔渣的表面张力较大，不能很好地覆盖焊缝表面，使焊纹粗、焊缝高、表面不光滑	①焊接参数不合适 ②焊条角度或运条手法不当	坡口不合适或装配不均匀
其他缺陷		—	①坡口外引弧 ②接地不良或电气接线不好	—

五、焊缝外观检查

1. 检查的标准或依据

焊缝外观质量检查的依据，主要包括有关的国家标准、专业标准、产品技术条件以及考试规则等文件。在上述几类标准或文件中，对焊缝外形尺寸的容许范围、各种表面缺陷的大小和数量，是否允许存在，以及检测手段都有明确的规定。

2. 外形和尺寸的检查

通常借助于焊工常用的测量工具对焊缝的外形尺寸进行检查。常用的焊缝外形测量工具有焊缝万能量规（又称焊口检测器）、钢直尺、游标卡尺、样板及通用量具。检查时，用肉眼或用低倍（5 ~ 10 倍）放大镜观察焊件，以发现焊缝表面的缺陷，如气孔、表面裂纹、咬边、焊瘤、烧穿及焊缝尺寸偏差、焊缝成形等。检查前须将焊缝附近 10 ~ 20mm 范围内母材的飞溅及污物清除干净。对于淬硬倾向比较大的合金钢，应检查两次，即焊接之后检查一次，经过 15 ~ 30 天以后再检查一次，以便查看是否有延迟裂纹出现。

3. 形状缺陷的评定

经外观检查的焊缝，应能达到以下要求：

1）焊缝外观尺寸的要求须符合国家标准 GB/T 985.1—2008 的规定，见表 1-7。

表 1-7　焊缝外形尺寸的要求　（单位：mm）

焊接方法	焊缝余高		焊缝余高差		焊缝宽度	
	平焊	其他位置	平焊	其他位置	每边比坡口增宽值	宽度差
手工焊、半自动焊	0 ~ 3	0 ~ 4	≤2	≤3	0.5 ~ 2.5	≤3
自动焊	0 ~ 3①	0 ~ 3	≤2	≤2	2 ~ 4	≤2

① 对于厚度≥24mm 的埋弧焊试件，可取 0 ~ 4mm。

对于 I 形坡口焊件，焊缝的直线度误差（指焊缝中心线扭曲或偏斜）应不大于 2 mm，焊缝宽度差应不大于 2mm，每边比坡口增宽值可不测量。

管状试件的焊缝凸度或凹度应不大于 1.5mm；骑坐式管板件的焊脚尺寸为 $\delta+(3\sim6)$mm；插入式管板件的焊脚尺寸为 $\delta+(2\sim4)$mm，如图 1-34、图 1-35 所示。

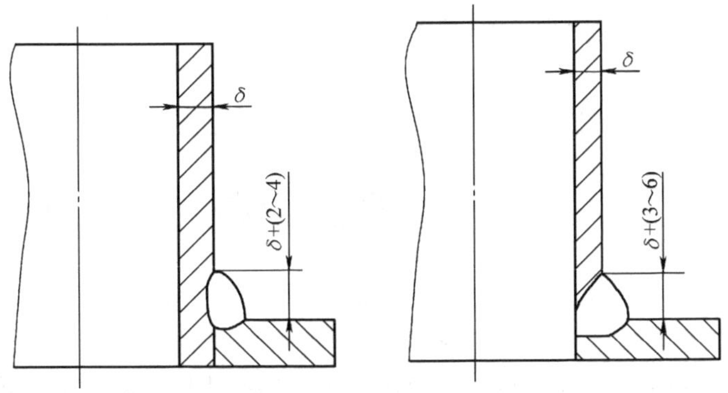

图 1-34 管板试件焊脚尺寸示意图

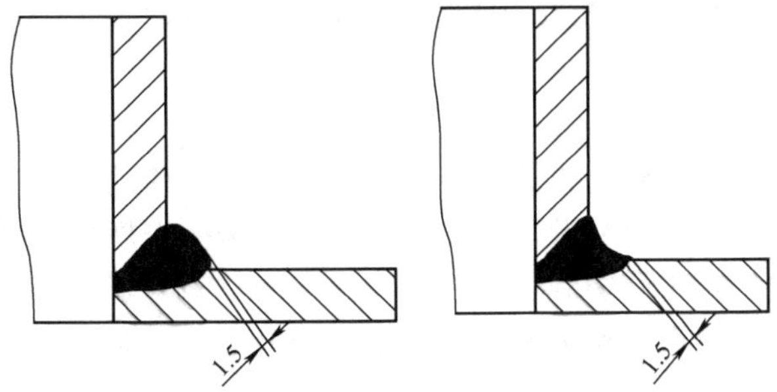

图 1-35 管板试件焊缝凹凸度示意图

2）焊件焊后的变形角度应不大于3°，错边量应不大于 10%δ，如图 1-36 所示。

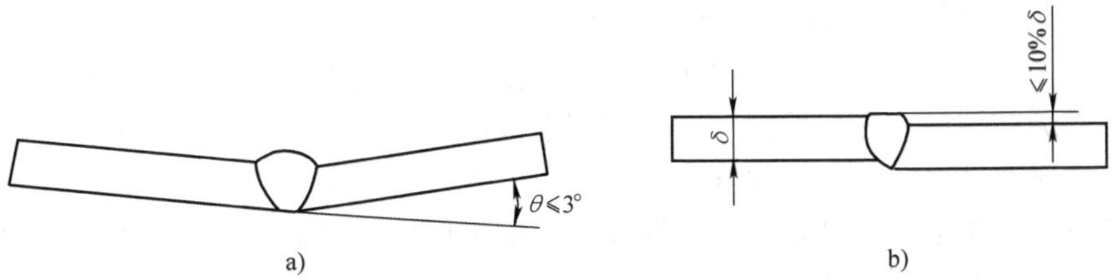

图 1-36 板状试件的变形角度和错边量

a）试件的变形角度 b）试件的错边量

3）焊缝表面不允许存在裂纹、未熔合和焊瘤等。焊条电弧焊表面的咬边、未焊透和背面凹坑应不超过表 1-8 中的规定。

表 1-8 手工焊和半自动焊焊缝关于咬边、未焊透和凹坑的规定

缺陷名称	允许的最大尺寸
咬边	深度≤0.5mm；焊缝两侧咬边总长度：板状试件不超过焊缝有效长度的 15%，管状试件或管板试件不超过焊缝长度的 20%

（续）

缺陷名称	允许的最大尺寸
未焊透	深度≤15%δ，且深度≤1.5mm；总长度不超过焊缝有效长度的10%（氩弧焊打底的试件不允许未焊透）
背面凹坑	当δ≤6mm时，深度≤25%δ，且深度≤1mm；当δ>6mm时，深度≤20%δ，且深度≤2mm；除仰焊位置的板状试件不做规定外，总长度不超过焊缝有效长度的10%

第六节 焊接安全和文明生产

在焊接过程中，焊工要与电、可燃及易爆的气体、易燃的液体、压力容器等接触，有时还要在高处、水下、容器设备内部等特殊环境中作业；而焊接过程中还会产生有害气体、烟尘、电弧光的辐射、焊接热源（电弧、气体火焰）的高温及高频磁场、噪声和射线等一些污染。如果焊工不熟悉相应的安全操作规程，不注意污染控制，不重视劳动保护，就可能引起触电、灼伤、火灾、爆炸、中毒、窒息等事故，这不仅会给国家造成经济损失，而且直接影响焊工及其他工作人员的人身安全。因此，必须高度重视焊接安全和文明生产。

一、安全用电常识

在电弧焊时，作业人员接触电的机会多，如更换焊条，移动、调节焊接设备、焊钳、电缆等。在进行焊条电弧焊时，若绝缘防护不好或违反安全操作规程，则容易发生触电伤亡事故，特别是在潮湿情况下或梅雨季节、夏季、在狭窄的空间内焊接等；而等离子弧焊、切割等更容易发生触电事故。因此，预防焊接时发生的触电事故，对保护工作人员的安全具有十分重要的意义。

1. 触电事故及原因

触电事故是电弧焊操作的主要危险。因为电弧焊设备的空载电压一般都超过安全电压，而且焊接电源与380V/220V的电力网路连接。一般我国常用的焊条电弧焊电源的空载电压：弧焊变压器为55～80V，弧焊整流器为50～90V。在移动和调节电焊设备、更换焊条或者设备发生故障时，较高的电压就会出现在焊钳或焊枪、焊件及焊机外壳上，尤其是在容器、管道、船舱、锅炉和钢架上进行焊接时，周围都是金属导体，触电危险性更大。

按照人体触及带电体的方式和电流通过人体的途径，触电的类型可分为低压单相触电、低压两相触电、跨步电压触电等类型。焊接时，发生低压单相触电、低压两相触电的事故较多。触电事故发生的主要原因如下：

1）更换焊条、电极和焊接操作时，手或身体某部位接触到焊条、焊钳或焊枪的带电部分，而脚或身体其他部位对地和金属结构之间无绝缘防护。在金属容器、管道、锅炉、船舱或金属结构上工作，或当身上大量出汗，或在阴雨天、潮湿地点焊接，或焊工未穿绝缘胶鞋的情况下，尤其容易发生这种触电事故。

2）在接线、调节焊接电流和移动焊接设备时，手或身体某部位碰触到接线柱、极板等带电体而触电。

3）在登高焊接作业时触及低压线路或靠近高压网路而引起触电。

4）电焊设备的机壳漏电，人体碰触机壳而触电。

机壳漏电的原因主要有：线圈潮湿，绝缘部分损坏；焊机长期超负荷运行或短路时间过长，致使绝缘性能降低、焊机烧损而漏电；焊机遭受振动、碰击，使绝缘部分损坏；工作现场混乱，掉进金属物品造成短路。

5）由于电焊设备或线路发生故障而引起的事故。如焊机火线与零线接错，使机壳带电，人体碰触机壳而触电。

2. 电流对人体的伤害形式

电流对人体的伤害形式有电击、电伤、电磁场生理伤害。电击是指电流通过人体内部，破坏心脏、肺部及神经系统的功能，严重时可导致死亡。电伤是指电流的热效应、化学效应或机械效应对人体的伤害，主要是间接或直接的电弧烧伤、熔化金属溅出烫伤等。电磁场生理伤害是指在高频电磁场的作用下，使人呈现头晕、乏力、记忆力减退、失眠和多梦等神经系统失调的症状。严重的触电事故基本上是指电击，绝大部分触电死亡事故是由电击造成的。对于低压系统来说，在电流较小和通电时间不长的情况下，电流引起人的心室颤动是电击致死的主要原因。

3. 影响电击严重程度的因素

影响电击严重程度的因素主要有：流经人体的电流强度；电流通过人体的持续时间；电流通过人体的途径；电流的频率；人体的健康状况等。

（1）流经人体的电流强度　流经人体的电流强度越大，引起心室颤动所需的时间越短，致命危险性越大。工频交流约50mA的电流流经人体时，在较短的时间内就会危及生命。因此，在有防止触电的保护装置条件下，人体允许的电流一般按30mA考虑。通过人体的电流强度的大小取决于外加电压和人体电阻。当皮肤潮湿多汗、带有导电性粉尘、加大与带电体的接触面积和压力、皮肤破损时，人体的电阻都会下降。由于人体电阻的不确定性，流经人体的电流强度不可能事先计算出来，为确定安全条件，不按安全电流而以安全电压来估计。对于比较干燥而触电危险性较大的环境，安全电压为30～45V，我国规定安全电压为36V；对于潮湿而触电危险性较大的环境，安全电压为19.5V，我国规定安全电压为12V；对于水下或其他由于触电会导致严重二次事故的环境，安全电压为3.25V，国际电工标准会议规定为2.5V以下。安全电压能限制触电时通过人体的电流在较小的范围之内，从而保障人身安全。

（2）电流通过人体的持续时间　电流通过人体的持续时间越长，触电危险性越大。人的心脏每收缩扩张一次，中间有0.1s的间歇时间，在0.1s的间歇时间里，心脏对电流最为敏感，如果通过电流的持续时间超过1s，则必然与心脏的间歇时间重合，从而引起心室颤动，造成触电事故。另一方面，电流通过人体的时间越长，人体电阻由于出汗等原因而降低，触电危险性越大。

（3）电流通过人体的途径　手到脚是电流通过人体的危险途径，因为从手到脚电流通过心脏、肺部、中枢神经系统，电击危险性最大。其次是手到手的电流途径，再其次是脚到脚的电流途径。

（4）电流的频率　电流的频率不同，对人体的伤害程度也不同。通常采用的工频电流对人体的伤害最大。频率偏离这个范围，则电流对人体的伤害减小，如频率在1000Hz以上时，伤害程度明显减轻。但高压高频电的危险性还是很大的，如6～10kV、500Hz的设备也有电击致死的危险。

（5）人体的健康状况　不同的身体状况及精神状态对于触电伤害承受的程度是不同的。

患有心脏病、结核病、精神病及内分泌器官疾病及醉酒的人，触电引起的伤害程度更加严重。

4. 触电的预防和急救常识

1）焊工要掌握有关电的基本知识，以及预防触电和触电后的急救方法等知识，并严格遵守安全操作规程，防止触电事故的发生。

2）遇到焊工触电时，应先迅速切断电源，不可空手去拉触电者，如果切断电源后触电者呈昏迷状态，应立即对其实施人工呼吸，直至送到医院为止。

3）推拉电源开关或接触带电物体时，手应干燥，且必须单手进行，以防止电流通过双手构成回路而造成触电事故。

4）在光线昏暗的场地或容器内操作时，使用的工作照明灯的安全电压应不大于36V；高空作业或在特别潮湿的场所作业时，其安全电压不超过12V。

5）焊工的工作服、手套和绝缘鞋应保持干燥。

6）在潮湿场地工作时，应用干燥的木板或橡胶板等绝缘物作垫板。

二、预防火灾和爆炸的安全知识

焊接操作需要与可燃、易爆物质和压力容器接触，同时又使用明火，因此存在着发生火灾和爆炸的危险性。这类事故不仅能炸毁设备、容易造成重大伤亡事故，有时甚至引起厂房倒塌，影响生产的顺利进行，造成生命、财产的重大损失。因此，预防焊接时发生的火灾和爆炸事故，对保护人身安全和国家财产具有重要意义。

焊接作业时，火灾和爆炸的主要事故对象为焊接设备、生产检修中的焊接动火对象、动火点附近周围的易燃、易爆物品等。因此，焊接作业时，为了防止火灾及爆炸事故的发生，必须采取以下一些安全措施：

1）焊接前应认真检查工作场地周围是否有易燃、易爆品（如棉纱、油漆、汽油、煤油、木屑等），如有易燃、易爆的物品，应将其搬离焊接场地10m以外或采取有效的隔离措施。

2）在焊接作业时，应注意防止金属火花飞溅而引起火灾。

3）严禁设备在带压时焊接或气割，带压设备要先解除压力（卸压），并打开所有孔盖后方可焊接或气割；未卸压的设备严禁焊接操作；常压而密闭的设备也不允许进行焊接作业。

4）凡被化学物质或油脂污染的设备，都需清洗后再进行焊接。如果是易燃、易爆或者有毒的污染物，更应彻底清洗，经有关部门检查，并填写动火证后，才能进行焊接或气割。

5）在进入容器内工作时，焊接或气割工具应随焊工同时进出，严禁将焊接或切割工具放在容器内而焊工擅自离去，以防止混合气体燃烧和爆炸。

6）焊条头及焊后的焊件不能随便乱扔，要妥善管理，更不能扔在易燃、易爆物品的附近，以免发生火灾。

7）离开施焊现场时，应关闭电源、气源，并将火种熄灭。

三、预防有害气体和烟尘中毒的安全知识

焊接作业时，焊工周围的空气常被一些有害气体及烟尘所污染，如氧化锰、氧化锌、氟化氢、一氧化碳和金属蒸气等。焊工长期呼吸这些烟尘和气体，对身体健康是不利的，因此

应采取下列措施：

1）焊接场地应有良好的通风，以便及时排出焊接形成的烟尘和有毒气体。可通过正确调节车间的侧窗和天窗加强自然通风，或利用风机进行强制机械通风。

2）合理组织劳动布局，避免多名焊工拥挤在一起操作。

3）在容器内或狭小的地方进行焊接作业时，应充分注意通风排气工作。通风应用压缩空气，严禁使用氧气。

4）尽量扩大埋弧焊的使用范围，以代替焊条电弧焊。

四、预防辐射的安全知识

焊接作业时，接触的辐射主要包括可见光、红外线、紫外线 3 种辐射。过强的可见光耀眼炫目；眼部受到红外线辐射时，会感到强烈的灼伤和灼痛，发生闪光幻觉；紫外线对眼睛和皮肤有较大的刺激性，能引起电光性炎眼。电光性炎眼的症状是眼睛疼痛，有沙粒感，多泪，畏光，怕风吹等，但电光性炎眼经治愈后一般不会留任何后遗症。皮肤受到紫外线辐射时，先是痒、发红、触痛，以后变黑、脱皮。如果工作时注意防护，以上症状是可以避免的。焊接作业时，应采取以下措施预防弧光辐射：

1）焊工必须使用有电弧防护玻璃的面罩。

2）面罩应轻便、成形合适、耐热、不导电、不导热、不漏光。

3）焊工工作时，应穿白色帆布工作服，防止弧光灼伤皮肤。

4）操作引弧时，焊工应注意周围的工人，以免强烈的弧光伤害他人的眼睛。

5）在厂房内和人多的区域进行焊接时，尽可能地使用防护屏，避免周围的人受弧光伤害。

6）重力焊或装配定位焊时，要特别注意弧光的伤害，因此要求焊工或装配工应戴防光眼镜。

五、劳动保护知识

焊接劳动保护就是指为保障职工在劳动生产过程中的安全和健康而采取的一些相应措施。焊接劳动保护应贯穿于焊接工作的各个环节。针对劳动保护采取的措施很多，但主要应从以下几方面着手：

1. 改进工艺

提高焊接机械化、自动化程度；推广采用单面焊双面成形工艺；采用水槽式等离子弧切割台或水射流切割技术；用无污染或污染较少的焊接方法（如埋弧焊和电阻焊等）来代替污染较严重的焊接方法（如焊条电弧焊、二氧化碳气体保护焊、氩弧焊和等离子弧焊等），这些方法对消除或减少污染，避免或减轻职业危害都是十分有利的。

2. 改变焊条

焊条电弧焊产生的烟尘和有害气体都来自焊条的药皮，即焊条药皮是该焊接方法的污染源。因而，改变焊条、减少发尘量和烟尘中致毒物质的含量应从焊条药皮着手，这对减少或消除焊接污染，提高劳动保护是有直接意义的。例如，用低锰焊条代替高锰焊条，可减少烟尘中致毒物质（锰）的含量；采用低尘、低毒的碱性焊条代替普通焊条，可减少总发尘量和烟尘中致毒物质的含量。

3. 实行密闭化生产

所谓密闭化生产，就是将污染源控制在一定的空间里，不让污染物向周围散发，从而起到劳动保护的作用。例如，可将等离子弧堆焊工艺置于密闭罩内进行，密闭罩可用屏蔽材料制成，并连接排风系统，将弧光、有害气体、电焊烟尘限制在罩内，防止任意散发，再通过排风除尘系统进行妥善处理。

4. 使用个人防护用品

在焊接过程中，焊接操作人员必须穿戴个人防护用品，例如工作服、工作帽、电焊面罩（或送风头盔）、护目镜、电焊手套、专用口罩、绝缘鞋及套袖等。进行高空焊接作业时，还需要戴安全帽、系安全带等。所有的安全防护用品必须符合国家标准。焊接操作人员要正确使用这些防护用品，不得随意穿戴，这也是加强焊工自我防护、加强焊接劳动保护的主要措施。

5. 采用通风除尘系统

在焊接过程中，焊接烟尘和有害气体是危害焊工健康的主要因素之一。因此，切实地作好施焊现场的通风除尘是焊接劳动保护的极为重要的内容。焊接的通风除尘是通过通风系统向车间送入新鲜空气，或将作业区域内的有害烟尘排出，从而降低作业区域空气中的烟尘及有害气体的浓度，使其符合国家卫生标准，进而达到改善作业环境、保护焊工健康的目的。

六、焊接作业“九不焊割”

1）要害部门和重要场所未经批准不焊割。

2）不了解焊接地点周围情况不焊割。

3）用可燃材料作保温隔音的部位不焊割。

4）装过易燃易爆物品的容器不焊割。如有需要，需用碱水等彻底清洗或处理消除火灾爆炸危险的，方能焊割。

5）不了解焊接物内部情况不焊割。未经有关部门同意，车间、部门擅自拿来的物件，以及在不了解其焊接物过去的使用情况和内部构造情况下，不能焊割。

6）密闭或有压力的容器管道（如空气压缩机、高压气瓶、高压管道、带气锅炉等）不焊割。

7）没有12V低压照明和通风不良及无人在外监护不能焊割。

8）附近有与明火作业相抵触的作业（如汽油擦洗、喷漆、灌装汽油等）不焊割。

9）禁火区内（防爆车间、危险品仓库附近）未办理动火审批手续不焊割。

【榜样的故事】

“我一定要让五星红旗高高飘扬在世界技能大赛颁奖现场。”——（第41届世界技能大赛焊工项目银牌获得者——裴先峰）

“庆阳石化是拉动陇东革命老区经济的引擎。我手中焊接的不再是试件，而是事关百年大计的装置。我只能成功不能失败。”

2011 年 10 月 5 日至 8 日，在英国伦敦举办的第 41 届世界技能大赛上，中国石油工程建设公司第一建设分公司 21 岁的焊工裴先峰，在与 51 个国家、944 名顶级选手的激烈角逐中脱颖而出，一举摘得焊接项目银牌，为中国代表团首战这项有 60 年历史的世界青年技能顶级赛事就取得总平均分第二的好成绩做出突出贡献。

时任中共中央政治局委员、国务院副总理张德江闻讯后欣然批示："技能人才的数量和水平，关系国家的综合竞争能力。我国要大力培养技能人才，宣传技能人才的典型事迹，在全社会形成尊重劳动、尊重技能人才、争做技能人才的良好氛围。"

2006 年 9 月，裴先峰就读中油一建技校焊接专业。要想把焊工专业学好，一方面要认真听讲并多看参考书，把理论学好；另一方面要多上手练习，在操作中用心琢磨。每天下午放学，他都留在教室里静静地看书。晚上巡视宿舍的老师也发现，这孩子晚上多数时间都在伏案苦读。每次操作集体讲评结束后，裴先峰都要把自己的试件拿给老师点评，然后把学到的点滴收获整理成学习笔记。就这样，裴先峰做得一次比一次好，焊接水平从班上中等到优秀直到遥遥领先，并最早通过考核领到焊接中级资格证。

2009 年 8 月，裴先峰凭借优异成绩进入国家石油化工施工总承包特级企业中油一建。裴先峰进入中油一建后知道，电焊工是石油工程建设的主力工种，不少老师傅都是在这里成长为国内一流焊工，一大批代表行业最高难度的世界级工程就是中油一建建成的。裴先峰暗暗下定决心：不辜负家人和老师的期望，早日成为焊接能手。

2010 年 8 月，中国石油集团人事部技能开发处把裴先峰选送到"中国石油焊接安装技术培训中心（洛阳）"强化培训。进入培训中心，他白天练习操作，晚上学习理论，辛苦不亚于在工地上挥汗如雨。规范要求焊道坡口要用扁铲和铁锤把多余的部分剔掉。铁锤砸肿了手，裴先峰一声不吭。双手磨出了血泡，裴先峰咬牙坚持。好几次仰脸焊接时，由于精神太集中，铁液顺着棉工作服口袋往下流，衣服被点着了，裴先峰才发现。周末回家，母亲发现裴先峰胳膊上烫了一个个核桃大的水泡，心疼得要命。

2011 年 10 月 5 日至 8 日，在第 41 届世界技能大赛中国代表团专家和教练组的指导下，裴先峰沉着冷静地参加了焊接项目 22 小时的比赛。他不惧怕由突尼斯、葡萄牙、印度尼西亚、日本和泰国五国专家出的高难度考题和外国强手，把心思和技能融进焊接熔池里，娴熟地运用不锈钢焊接、铝合金焊接、低碳钢板与管道焊接操作技能，以及健康安全防护技能，按照国际焊接标准精心操作，高水平完成了组合件、压力容器、铝合金结构和不锈钢结构等四个模块的焊接。焊件一次性通过焊缝 X 射线探伤、折断、弯曲和水压等试验，质量优秀，成形美观，赢得 30 名国际裁判的一致好评。裴先峰以高分夺得银牌。裴先峰的成绩与从 4 年前就开始投入赛前特训的韩国选手仅差 3 分。

裴先峰弘扬大庆精神铁人精神，坚持立足岗位、技能报国，在艰苦环境中磨炼自己，始终保持昂扬向上的精气神，永不放弃，闯出一条青年技能工人攀登世界技能高峰的闪光之路。

第二单元

焊条电弧焊

【相关知识】

一、焊条电弧焊

1. 基本概念

焊条电弧焊是指用手工操纵焊条进行焊接的电弧焊方法。它是各种电弧焊方法中发展最早、目前仍然应用最广、也是最基础的一种焊接方法。

焊接回路组成如图 2-1 所示。

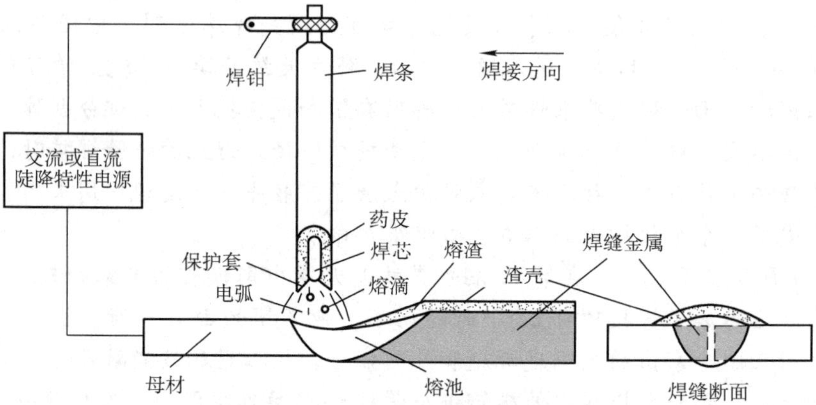

图 2-1　焊条电弧焊示意图

2. 焊条电弧焊的优点

（1）设备简单，维护方便　焊条电弧焊可用交流电焊机或直流电焊机进行焊接，装卸设备都比较简单，投资少，而且维护方便。

（2）操作灵活　在空间任意位置的焊缝，凡是焊条能够达到的地方均能够进行焊接。

（3）应用范围广　选用合适的焊条不仅可以焊接低碳钢、低合金钢、高合金钢、非铁金属等同种金属，而且还可以焊接异种金属；同时还可以在普通碳素钢上堆焊具有耐磨、耐腐蚀等特殊性能的材料，在造船、锅炉及压力容器、机械制造、矿山机械、化工设备等方面得以广泛应用。

（4）工艺使用性强　对不同种类的焊条及不同厚度的焊件，可以选择不同的焊接参数进行焊接。

3. 焊条电弧焊的缺点

（1）对焊工要求高　焊条电弧焊的焊接质量除了与选择合适的焊条、焊接参数及焊接设备相关外，主要靠焊工的操作技术和经验来保证。在相同的工艺条件下，一名操作技术水平高、经验丰富的焊工能焊出外形美观、质量优良的焊缝；而一名操作技术水平低、没有经验的焊工焊出的焊缝可能不合格。

（2）劳动条件差　焊条电弧焊主要依靠焊工的手工操作控制焊接的全过程，所以在整个焊接过程中，焊工处在手脑并用、精力高度集中的状态，而且受到高温烘烤，在有害的烟尘环境中工作。过多吸入焊接过程中的烟尘对焊工的健康不利，因此，必须加强劳动保护。

（3）生产效率低　焊条电弧焊是手工劳动，辅助时间较多，如更换焊条、清理焊渣、打磨焊缝等，焊材利用率不高，熔敷率较低，难以实现机械化和自动化，所以生产效率较低。

二、焊条电弧焊的操作程序

焊条电弧焊的操作程序如图 2-2 所示。

在焊接技能实训中，应认真按照操作程序进行，养成良好的职业习惯，培养严格的工艺纪律。

三、焊条

涂有药皮的供手弧焊用的熔化电极称为焊条。

1. 焊条的作用和组成

焊条电弧焊时，焊条既作为电极传导电流而产生电弧，为焊接提供所需热量；又在熔化后作为填充金属过渡到熔池，与熔化的母材金属熔合，凝固后形成焊缝。

焊条的优劣是决定焊条电弧焊焊缝质量的主要因素之一。焊条不仅影响电弧的稳定性，而且直接影响焊缝的化学成分和力学性能。因此，焊条必须具备以下特点：引弧容易，稳弧性好，对熔化金属有良好的保护作用，便于形成满足要求的焊缝。

焊条由药皮和焊芯组成。焊条的构造如图 2-3 所示。焊条前端药皮有 45°左右的倒角，以便于引弧；尾部有 15～25mm 长的裸焊芯，叫做夹持端，用于焊钳夹持并利于导电。焊条直径系指焊芯直径，是焊条的重要尺寸，一般有 ϕ1.6mm、ϕ2.0mm、ϕ2.5mm、ϕ3.2mm、ϕ4.0mm、ϕ5.0mm、ϕ6.0mm、ϕ8.0mm 八种规格。焊条的长度由焊条直径而定，在 200～650mm 之间。生产中应用最多的是 ϕ3.2mm、ϕ4mm、ϕ5mm 三种，长度分别为 350mm、400mm 和 450mm。

（1）焊芯　焊芯的作用，一是传导电流，维持电弧；二是熔化后作为填充金属进入焊缝。

焊条电弧焊时，焊芯在焊缝金属中占 50%～70%，焊芯的成分直接决定了焊缝的成分与性能。

（2）药皮　焊条药皮是指压涂在焊芯表面上的涂料层。药皮在焊接过程中起到如下作用：

1）帮助电弧引燃，促进电弧稳定燃烧。

2）通过产生的气体和熔渣，保护焊缝金属不被氧化和不受空气的影响。

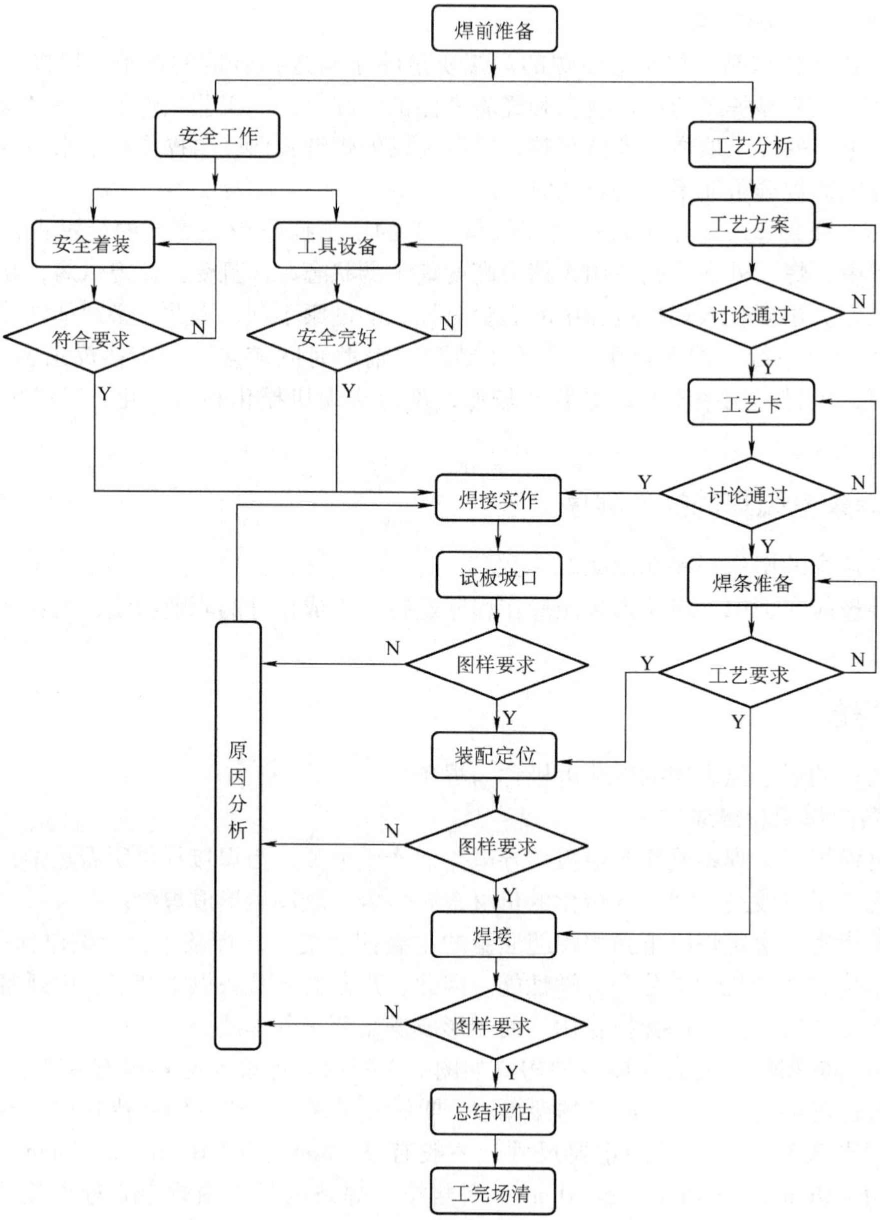

图 2-2　焊条电弧焊的操作程序

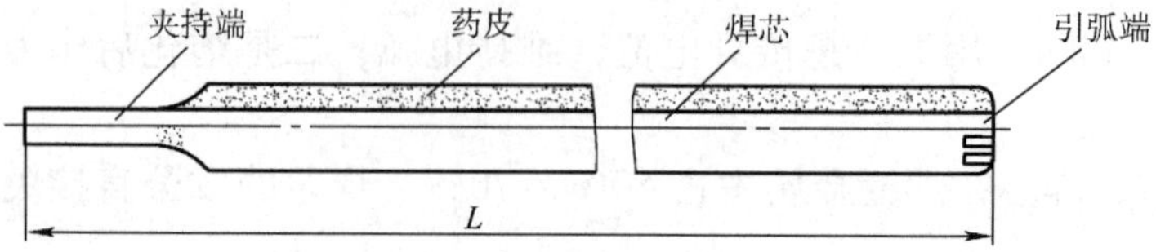

图 2-3　焊条的构造

①气体保护。药皮中的有机物及碳酸盐在电弧高温下产生中性或还原性气体并笼罩着电弧和熔池区，避免其与空气接触。

②熔渣保护。在电弧的高温下，药皮中的某些物质熔化，形成一层熔点低、粘度适中、密度小的熔渣覆盖在焊缝表面，避免其与空气接触，防止其氧化，并能使焊缝缓慢冷却，有利于焊缝中的气体逸出，减少气孔产生的可能性。

3）冶金反应。熔化焊接的过程就是一个小冶炼的过程。焊条电弧焊时，药皮中的合金元素在熔池中能起到脱氧、脱硫、脱磷、脱氮等精炼作用，从而改善焊缝金属的性能；同时，药皮中添加的合金元素能补充一部分被烧损的合金元素；利用药皮中的合金元素过渡到焊缝中，可改善焊缝成分，提高焊缝性能。

2. 焊条的分类及型号

（1）焊条的分类

1）按焊条的用途分类。根据国家标准，焊条可分为碳钢焊条、低合金钢焊条、不锈钢焊条、堆焊焊条、铸铁焊条、铜及铜合金焊条、铝及铝合金焊条、镍及镍合金焊条等，见表2-1。

表2-1　焊 条 分 类

类　型	代　号	类　型	代　号
碳钢焊条	E	堆焊焊条	ED
低合金钢焊条	E	铜及铜合金焊条	E（T）
不锈钢焊条	E	铸铁焊条	EZ
铝及铝合金焊条	T（L）	镍及镍合金焊条	ENi

2）根据药皮熔化后的熔渣特性，可将焊条分成酸性焊条和碱性焊条两类。这两类焊条的工艺性能、操作注意事项和焊缝质量有较大的差异，因此，必须熟悉它们的特点。

①酸性焊条：焊接时形成的熔渣的主要成分是酸性氧化物。酸性焊条突出的优点是价格较低、焊接工艺性好、容易引弧、电弧稳定、飞溅小、对弧长不敏感、对油锈不敏感、焊前准备要求低、焊缝成形好等。但这类焊条形成的熔渣的氧化性比较强，容易使合金元素氧化；不能有效地清除熔池中的硫、磷等杂质；焊缝金属产生偏析的可能性较大；出现热裂纹的倾向较高；焊缝金属的冲击韧度较低。因此，此类焊条广泛用于一般的焊接结构。此类焊条的典型型号有E4303、E5003。它可用于交、直流焊接电源。

②碱性焊条：碱性焊条形成的熔渣的主要成分是碱性氧化物。焊缝金属中合金元素较多，硫、磷等杂质较少，因此，焊缝的力学性能，特别是冲击韧度较好，故这类焊条主要用于焊接重要的焊接结构。碱性焊条突出的缺点是价格稍贵、焊接工艺性较差、引弧困难、电弧稳定性差、飞溅大、必须采用短弧焊、焊缝外形稍差、鱼鳞纹较粗等。另外，此类焊条对油、水、铁锈等很敏感。如果焊前焊接区没有清理干净，或焊条未完全烘干，在焊接时就会产生气孔。此类焊条的典型型号有E4315、E5015。碱性焊条不加稳弧剂时只能采用直流电源焊接。

3）根据药皮的主要化学成分，可将焊条分为钛型焊条、钛钙型焊条、钛铁矿型焊条、氧化铁型焊条、纤维素型焊条、低氢型焊条、石墨型焊条、盐基型焊条等。

（2）碳钢焊条型号的表示方法

碳钢焊条的型号以国家标准GB/T 5117—1995《碳钢焊条》为依据，根据熔敷金属的力学性能、药皮类型、焊接位置和焊接电流种类来划分。具体表示方法如下：

1）用字母“E”表示焊条。

2）用前两位数字表示熔敷金属抗拉强度最小值的1/10，单位为MPa。

3）第三位数字表示焊条的焊接位置。“0”及“1”表示焊条使用于全位置焊接（平、立、横、仰），“2”表示焊条适用于平焊及平角焊，“4”表示焊条适用于向下立焊。

4）第三位和第四位数字组合时，表示药皮类型和焊接电流种类。

5）第四位数字后面附加“R”表示耐吸潮焊条，附加“M”表示耐吸潮和力学性能有特殊规定的焊条，附加“－1”表示冲击性能有特殊规定的焊条。

例如：E4315

其中　E——焊条；

43——熔敷金属抗拉强度的最小值为420MPa；

1——焊条适用于全位置焊接；

15——焊条涂层为低氢钠型，采用直流反接焊接。

3. 碳钢焊条的选择和使用

（1）碳钢焊条的选用原则

1）等强度原则。碳钢焊条一般按焊缝与母材等强度的原则选用，但是要注意以下问题：

①应按照母材的抗拉强度等级来选择抗拉强度等级相同的焊条。

②对于焊接结构刚性大、受力情况复杂的工件，选用焊条时，应考虑焊缝的塑性，可选用比母材低一级抗拉强度的焊条。

2）焊条药皮性质的确定（药皮的酸、碱性）。在焊条的抗拉强度等级确定后，再决定选用酸性焊条或碱性焊条，一般要考虑以下几方面的因素：

①当接头坡口表面难以清理干净时，应采用氧化性强、对铁锈和油污等不敏感的酸性焊条。

②在容器内部或通风条件较差的条件下，应选用焊接时析出有害气体少的酸性焊条。

③当母材中的碳、硫、磷等元素含量较高，而焊件形状复杂、结构刚性大且厚度大时，应选用抗裂性好的碱性低氢型焊条。

④当焊件承受振动荷载时，除保证抗拉强度外，应选用塑性和韧性较好的碱性焊条。

⑤在酸性焊条和碱性焊条均能满足性能要求的前提下，应尽量选用工艺性能较好的酸性焊条。

3）焊条的焊接位置。焊接部位为空间任意位置时，必须使用能进行全位置焊接的焊条；焊接部位始终是向下立焊时，可以选用专门向下立焊的焊条或其他专门焊条。

4）经济性和效率。在满足焊接工艺要求的前提下，尽可能选择价廉物美和能提高效率的焊条。

（2）碳钢焊条的使用　为了保证焊缝的质量，在使用碳钢焊条前须对其烘干处理并进行外观检查。

1）焊条的外观检查。对焊条进行外观检查是为了避免由于使用不合格的焊条而造成的焊缝质量不合格。外观检查包括是否偏心、焊芯是否存在锈蚀、药皮是否有裂纹和脱落，若出现上述情况，则该焊条不宜或不能使用。

2）焊条的烘干

①烘干的目的。受潮的焊条在使用中是很不利的，不仅会使焊接工艺性能变差，而且也影响焊接质量，容易产生氢致裂纹、气孔等缺陷，造成电弧不稳定、飞溅增多、烟尘增大等。因此，焊条在使用前必须烘干，特别是碱性焊条。

②烘干温度。不同品种的焊条要求不同的烘干温度和保温时间。碳钢焊条的烘干温度和时间见表2-2。

表2-2　碳钢焊条的烘干温度和时间

碳钢焊条类型	烘干温度/℃	保温时间/h
酸性焊条	75～150	1～2
碱性焊条	350～400	1～2

③烘干方法及要求。焊条应放在正规的远红外烘干箱内进行烘干，而不能在炉子上烘烤，也不能用气焊、火焰直接烧烤。烘干焊条时，禁止将焊条直接放入高温炉内或从高温炉中突然取出冷却，以防止焊条因骤冷骤热而产生药皮开裂、脱落，应缓慢加热、保温、缓慢冷却。经烘干的碱性焊条最好放入另一个温度控制在80～100℃的低温烘箱内存放，随取随用。烘干焊条时，焊条不应成垛或成捆堆放，应铺成层状，ϕ4mm焊条不超过三层，ϕ3.2mm焊条不超过五层，否则，焊条叠起太厚将造成温度不均匀或局部过热而使药皮脱落，而且也不利于潮气排除。焊接重要产品时，每个焊工应配备一个焊条保温筒，施焊时，将烘干的焊条放入保温筒内；筒内温度保持在50～60℃，还可放入一些硅胶，以免焊条再次受潮。焊条烘干一般可重复2～3次。

（3）碳钢焊条的保管　焊条管理的好坏对于焊接质量有直接的影响。因此，焊条的储存、保管也很重要。

1）各类焊条必须分类、分型号存放，避免混淆。

2）焊条必须存放在通风良好、干燥的库房内。重要焊接工程使用的焊条，特别是低氢型焊条，最好储存在专用库房内。库房要保持一定的湿度和温度，建议温度为10～25℃，相对湿度为60%以下。

3）储存焊条时必须垫高，与地面和墙壁的距离均要大于0.3m，使上下左右空气流通，以防受潮变质。

4）为防止破坏包装及药皮脱落，搬运和堆放时不得乱摔、乱砸，应小心轻放。

5）为防止焊条受潮，尽量做到现用现拆包装，并且做到先入库的焊条先使用，以免存放时间过长而受潮变质。

四、焊接参数

焊条电弧焊的焊接参数包括：焊条的种类、牌号和直径，焊接电流的种类、极性和大小，电弧电压，焊道层次等。选择合适的焊接参数，对提高焊接质量和生产效率十分重要。

1. 焊条种类和牌号的选择

主要根据母材的性能、接头的刚性和工作条件来选择焊条。焊接一般的碳钢和低合金钢结构时，主要是按等强度原则选择焊条的强度级别，一般可选用酸性焊条，重要结构选用碱性焊条。

2. 焊接电源种类和极性的选择

通常根据焊条的类型选择焊接电源的种类，除低氢型焊条必须采用直流反接外，所有酸性焊条通常采用交流或直流电源均可以进行焊接。当选用直流电源时，焊厚板宜采用直流正接（即工件接正极），焊薄板时宜采用直流反接（即工件接负极），如图 2-4 所示。

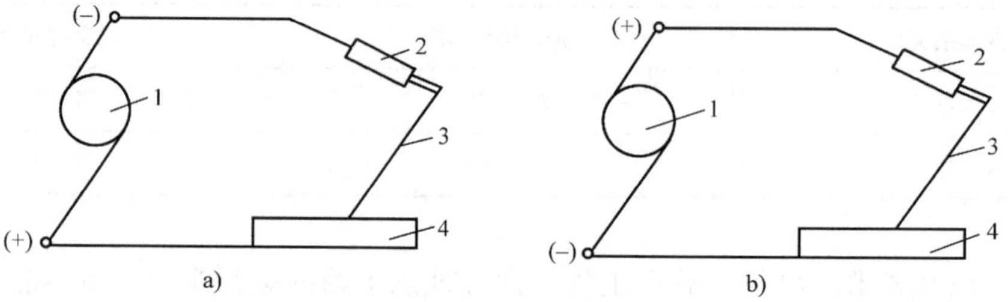

图 2-4　直流电源极性

a）直流正接　b）直流反接

1—电源　2—焊钳　3—焊条　4—工件

3. 焊条直径的选择

为提高生产效率，尽可能地选用直径较大的焊条；但用直径过大的焊条焊接时，容易造成未焊透或焊缝成形不良等缺陷。选用焊条直径时应考虑焊件的位置及厚度，平焊位置或厚度较大的焊件应选用直径较大的焊条，较薄焊件应选用直径较小的焊条。另外，焊接同样厚度的 T 形接头时，选用的焊条直径应比焊对接接头选用的焊条直径大。

4. 焊接电流的选择

焊接电流是焊条电弧焊最重要的焊接参数。焊接电流越大，熔深越大（焊缝宽度和余高变化均不大），焊条熔化快，焊接效率高。但焊接电流太大时，飞溅和烟尘大，药皮易发红和脱落，而且容易产生咬边、焊瘤、烧穿等缺陷；若焊接电流太小，则引弧困难，焊条容易粘连在焊件上，电弧不稳，熔池温度低，焊缝窄而高，熔合不好，且易产生夹渣、未焊透等缺陷。

选择焊接电流时，主要考虑的因素有以下几方面：

（1）焊条直径　焊条直径越粗，焊接电流越大。每种直径的焊条都有一个最合适的电流范围，可以根据选定的焊条直径用下面的经验公式计算焊接电流，即

$$I = (35 \sim 55)d$$

式中　I——焊接电流（A）；

d——焊条直径（mm）。

（2）焊接位置　在平焊位置焊接时，可选择偏大些的焊接电流。横、立、仰焊位置焊接时，焊接电流应比平焊位置时的小 10% ~20%。

（3）焊道层次　通常焊接打底焊道时，特别是焊接单面焊双面成形的焊道时，使用较小的焊接电流才便于操作和保证背面焊道的质量；焊接填充焊道时，为提高效率，保证熔合好，通常都使用较大的焊接电流；而焊接盖面焊道时，为防止咬边和获得较美观的焊道，使用的电流应稍小些。

关键技术点拨

以上所述只是选择焊接电流的一些基本原则和方法，在实际焊接过程中，焊工应根据焊接工艺试验的结果，并结合自己的实践经验来选择焊接电流。通常焊工根据焊条直径推荐的电流范围，或根据经验选定一个电流，通过试焊，看熔池的变化、熔渣和金属液的分离情况、飞溅大小、焊条是否发红、焊缝成形是否美观、脱渣性是否好等，从而选定焊接电流。当焊接电流合适时，焊接引弧容易，电弧稳定，熔池温度较高；熔渣比较稀且漂浮在表面，并向熔池后面集中；熔池较亮，表面稍下凹，且很平稳地向前移动；焊接过程中的飞溅较少，能听到很均匀、柔和的“嘶嘶”声；焊后焊缝两侧圆滑地过渡到母材，鱼鳞纹均匀漂亮，两侧熔合良好。当焊接电流太小时，根本不能形成焊道。如果选用的焊接电流太大，焊接时的飞溅和烟尘很大，焊条药皮成块脱落，焊条发红，电弧吹力大，熔池有一个很深的凹坑，表面很亮，容易烧穿、产生咬边；由于焊机负载过重，可听到明显的“哼哼”声，且焊缝鱼鳞纹粗糙。

5. 电弧电压

电弧电压主要影响焊缝的宽窄，电弧电压越高，焊缝越宽。但是在采用焊条电弧焊时，焊缝的宽度主要靠焊条的横向摆动幅度来控制，因此电弧电压的影响不明显。

当焊接电流调好后，电焊机的外特性曲线就确定了。实际上，电弧电压由弧长来决定。

电弧越长，电弧电压越高；电弧越短，电弧电压越低。但电弧太长时，电弧燃烧不稳，飞溅大，容易产生咬边、气孔等缺陷；若电弧太短，容易粘焊条。通常，电弧长度等于焊条直径的0.5～1倍，相应的电弧电压为16～25V。碱性焊条的电弧长度应为焊条直径的一半；酸性焊条的电弧长度应等于焊条直径。

6. 焊接速度

焊接速度就是单位时间内完成的焊缝长度。焊条电弧焊在保证焊缝具有所要求的尺寸和外形且熔合良好的原则下，焊接速度由焊工根据具体情况灵活掌握。重要结构的焊接常常要规定每根焊条的最小焊接长度。

7. 焊接层数的选择

在厚板焊接时，必须采用多层焊或多道焊。多层焊的前一条焊道对后一条焊道起预热作用，而后一条焊道对前一条焊道起热处理作用（退火和正火），有利于提高焊缝金属的塑性和韧性。每层焊道的厚度不能大于5mm。

五、焊接电弧的引燃

1. 引燃电弧的条件

条件是：存在两个电极，且两个电极之间存在一定的电流和电压。

2. 引弧操作分析

操作时，姿势很重要，需找准引弧位置，身心放松，精力集中；操作时的动作主要是手腕运动，动作幅度不能过大（影响引弧位置的准确性）。

3. 引弧的操作技术

焊条电弧焊常用的引弧方法为接触引弧，即先使电极与焊件短路，再迅速拉开电极引燃电弧。根据操作手法不同，又可分为以下两种：

1）直击法。使焊条与焊件表面垂直地接触，当焊条的末端与焊件表面轻轻一碰，便迅速提起焊条，并保持一定距离（3～4mm），即可引燃电弧，如图2-5所示。操作时，必须掌握好手腕上、下动作的时间和距离。

2）划擦法。先将焊条末端对准焊件，然后将焊条在焊件表面划擦一下，当电弧引燃后趁金属还没有开始大量熔化的瞬间，立即使焊条末端与被焊表面的距离维持在3～4mm的距离，电弧就能稳定地燃烧，如图2-6所示。操作时，手腕顺时针方向旋转，使焊条端头与焊件接触后再离开。

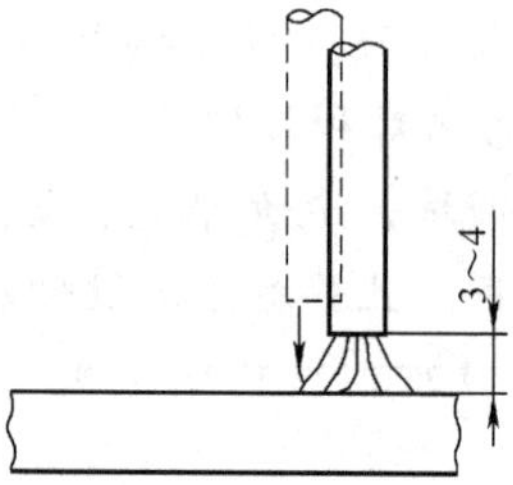

图2-5　直击法

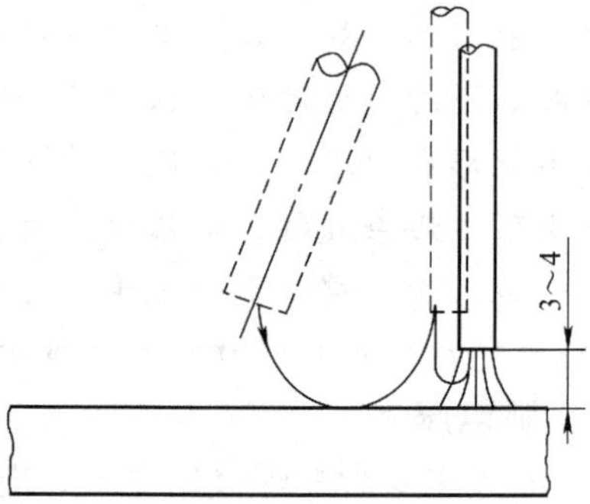

图2-6　划擦法

引弧时，如果发生焊条和焊件粘在一起的情况时，只要将焊条左右摇动几下，就可使焊条脱离焊件；如果这时还不能脱离焊件，就应立即将焊钳放松，使焊接回路断开，而不能立即用手去拔下焊条，待焊条稍冷后再拆下。如果焊条粘住焊件的时间过长，则会因过大的短路电流而使电焊机烧坏。引弧时，手腕动作必须灵活和准确。引弧要求准确率和成功率，所以练习时最好设定引弧的位置，而不能随意在钢板上乱划。

六、运条

在焊接过程中，焊条相对焊缝所做的各种动作的总称叫运条。常用的运条方法见表2-3。

表2-3　常用的运条方法

运条方法	运条示意图	适用范围
直线形运条法		1）厚度3～5mm、不开坡口对接平焊 2）多层焊的第一层焊道 3）多层多道焊
直线往返形运条法	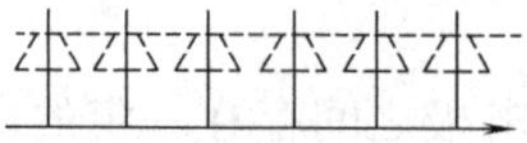	1）薄板焊 2）对接平焊（间隙较大）
锯齿形运条法		1）对接接头（平焊、立焊、仰焊） 2）角接接头（立焊）
月牙形运条法		

（续）

	运条方法	运条示意图	适用范围
三角形运条法	斜三角形	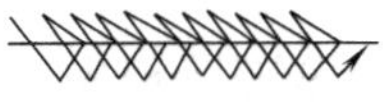	1）角接接头（仰焊） 2）对接接头（开坡口横焊）
	正三角形	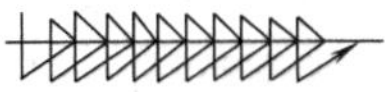	1）角接接头（立焊） 2）对接接头
圆圈形运条法	斜圆圈形		1）角接接头（平焊、仰焊） 2）对接接头（横焊）
	正圆圈形	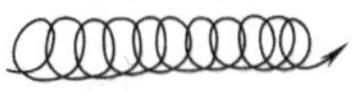	对接接头（厚焊件平焊）
八字形运条法		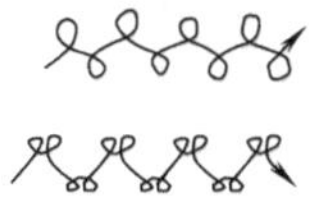	对接接头（厚焊件平焊）

七、焊缝的连接

焊条电弧焊时，对于一条较长的焊缝，一般都需要多根焊条才能焊完；每根焊条焊完后更换焊条时，焊缝就有一个衔接点。在焊缝连接处如果操作不当，极易造成气孔、夹渣以及外形不良等缺陷。后焊焊缝与先焊焊缝的连接处称为焊缝的接头，接头处的焊缝应当力求均匀，防止产生过高、脱节、宽窄不一致等缺陷。焊缝的连接有四种形式，如图 2-7 所示。

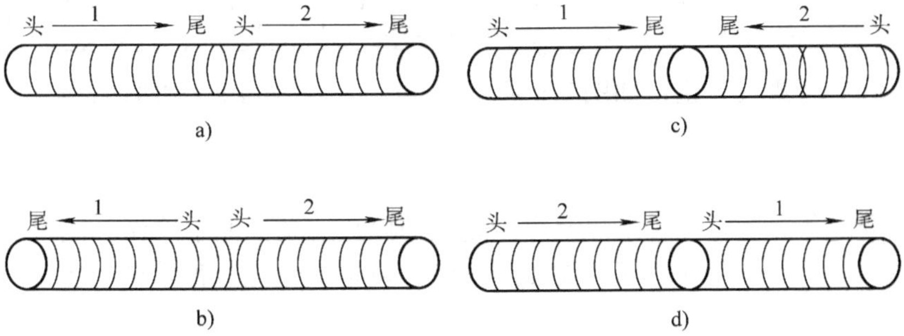

图 2-7　焊缝的连接方式

a）头、尾连接　b）头、头连接　c）尾、尾连接　d）尾、头连接

1—先焊焊缝　2—后焊焊缝

1. 中间接头（头、尾连接）

后焊焊缝从先焊焊缝收尾处开始焊接。这种接头最好焊，操作适当时几乎看不出接头。一般在前段焊缝弧坑前 10mm 附近引燃电弧，把弧坑里的熔渣向后赶并略微拉长电弧，预热连接处，然后回移至弧坑处，压低电弧，等填满弧坑后再转入正常焊接并向前移动。换焊条的动作要快，不要使弧坑过分冷却，因为在热态衔接可以使衔接处的外形美观。

2. 相背接头（头、头连接）

两段焊缝在起焊处接在一起。要求先焊焊缝起焊处稍低，后焊焊缝在先焊焊缝起焊处前 10mm 左右引弧，然后稍拉长电弧，并将电弧移至衔接处，覆盖住先焊焊缝的端部，待熔合好后再向焊接方向移动。焊前段焊缝时，在起焊处焊条要移动快些，使焊缝在起焊处略低一些。为使衔接处平整，可将先焊焊缝的起焊处用角向磨光机磨成斜面后再进行焊接。

3. 相向接头（尾、尾连接）

两段焊缝在收尾处接在一起。当后焊焊缝焊到先焊焊缝的收尾处时，应降低焊接速度，将先焊焊缝的弧坑填满后，以较快的速度向前焊一段，然后熄弧。这种衔接同样要求前段焊缝收尾处略低些，使衔接处焊缝的高低、宽窄均匀。若先焊焊缝在收尾处太高，为了保证衔接处平整，可预先将收尾处的焊缝打磨成斜面。

4. 分段退焊接头（尾、头连接）

后焊焊缝的收尾与先焊焊缝的起焊处接在一起。要求先焊焊缝起焊处较低，最好呈斜面；后焊焊缝至先焊焊缝始端时，改变焊条角度，将前倾改为后倾，使焊条指向先焊焊缝的始端；然后拉长电弧，待形成熔池后，再压低电弧并往返移动，最后返回至原来的熔池收弧处。

八、焊缝的收尾

焊缝的收尾不仅是为了熄灭电弧，还要将电弧坑填满。收尾一般有以下三种方法。

1. 划圈收尾法

在焊接厚板时，当焊条焊至焊缝终点，应使焊条末端做圆圈运动，直到熔滴填满弧坑再拉断电弧，如图 2-8 所示。

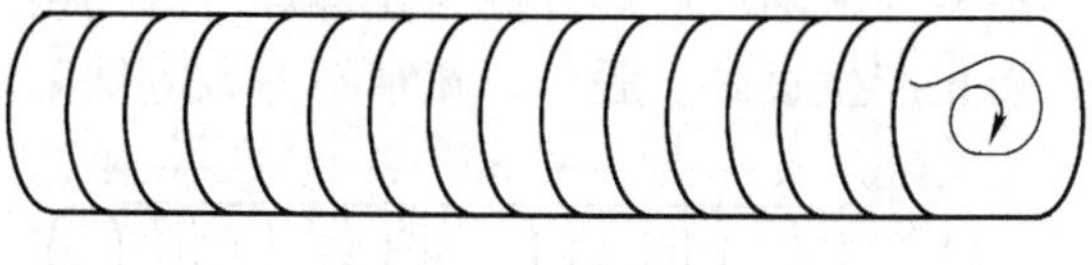

图 2-8　划圈收尾法

2. 反复断弧收尾法

在大电流焊接和薄板焊接时，当焊条焊至焊缝终点，应在弧坑上做数次反复熄弧、引弧，直到填满弧坑为止，如图 2-9 所示。此法不适用于碱性焊条。

3. 回焊收尾法

在使用碱性焊条焊接时，焊条焊至焊缝终点即停止运条，但不熄弧，此时适当改变焊条角度，如图 2-10 所示，焊条由位置 1 转到位置 2，待填满弧坑后再转到位置 3，然后慢慢地拉断电弧。

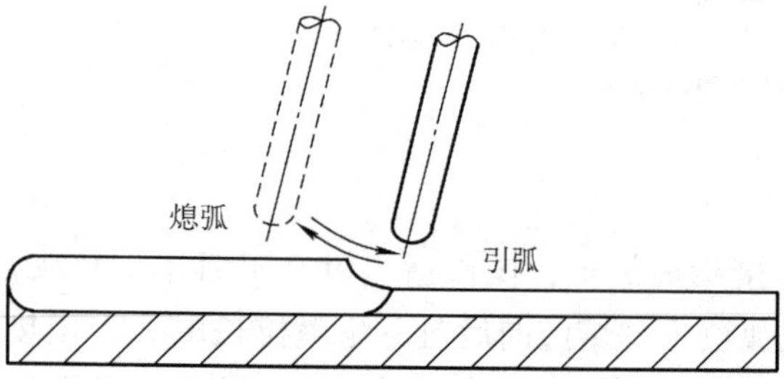

图 2-9　反复断弧收尾法

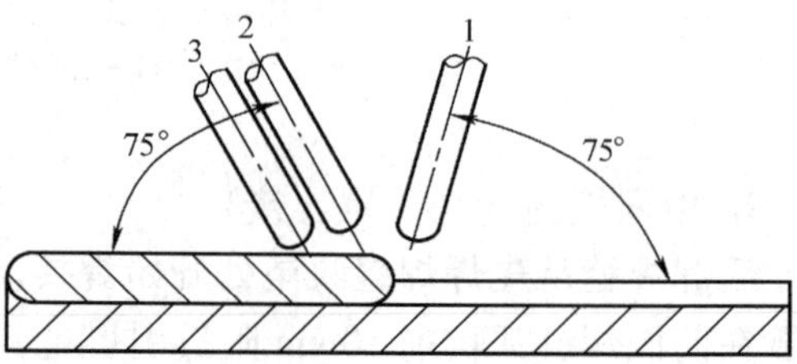

图 2-10　回焊收尾法

在熟练掌握引弧、运条、焊缝连接以及收尾等基本技能的前提下，再实施后面的各训练项目。

【基础训练】

项目一　焊条平敷焊

一、项目任务

按照图 2-11 的要求，学习焊条平敷焊的基本操作技能，完成工件实作任务。

具体要求：掌握焊条平敷焊的操作要领；会选择焊接参数，并制订简单的工艺卡（附录 B）。会使用焊接设备，会调节焊接电流；能区分熔池和熔渣，掌握控制熔池温度、大小和形状的技能；掌握焊缝起头、收尾和接头的基本技能和操作要领；掌握酸性焊条的焊接特点和操作技能；初步掌握焊条角度、焊接电流对焊缝成形的影响；正反面反复练习，使原试件厚度增加到 50mm，并使敷焊表面光滑平整。

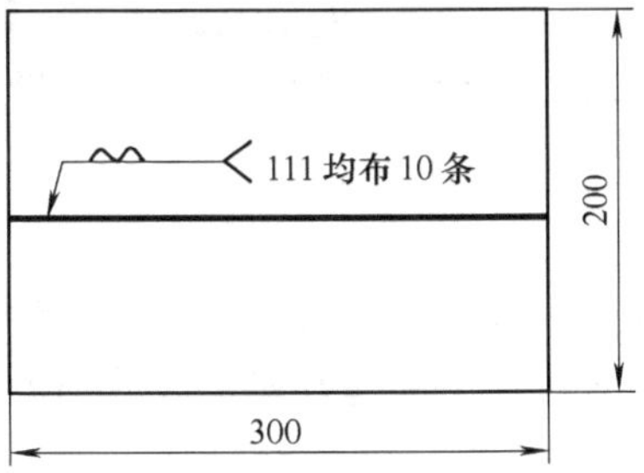

技术要求

焊接方法：焊条电弧焊；接头形式：敷焊；焊接位置：水平位置；试件材质：Q235；焊接材料：E4303（J422）/E5015（J507）ϕ3.2mm、ϕ4.0mm；焊接层数：多层多道。

图 2-11　平敷焊施工图

二、项目分析

平敷焊是所有焊接项目的基础，用于训练操作者对电弧的认识，及对熔池熔渣的认识和控制能力，训练引弧、接头和收尾的操作方法技能，对于初学者来说具有一定的难度。平敷焊时，由于焊缝处于水平位置，熔滴主要靠自重过渡，所以操作比较容易。允许使用直径较大的焊条和较大的焊接电流，所以生产效率较高。若焊接参数选择不当和操作不当，容易在焊趾形成未熔合和余高超标的缺陷。若运条不当和焊条角度不正确时，会出现熔渣和液态金属混合在一起分不清的现象，甚至形成夹渣的缺陷。

Q235 钢属于低碳钢，强度等级较低，一般用在普通结构上，焊接性良好，无需采取特殊工艺措施。选用 E4303（J422）酸性焊条施焊即可。

填写焊缝分析表（附录 A）。

三、项目实施

1. 安全检查

焊工必须穿戴好棉质或皮质工作服、工作帽，焊工绝缘鞋（防砸绝缘鞋），工作服要宽松，裤脚盖住鞋盖（护脚盖），上衣盖住下衣，禁止扎在腰带里。并戴平光防护眼镜，防尘卫生口罩，绝缘工作手套不要有油污，不可破漏，必要时佩戴耳塞等。选用合适的遮光面罩护目玻璃色号。牢记焊工操作时应遵循的安全操作规程，在作业中贯彻始终。

检查设备状态，电缆线接头是否接触良好，焊钳电缆是否松动破损，确认焊接回路地线连接可靠，避免因地线虚接线路降压变化而影响电弧电压稳定；避免因接触不良造成电阻增大而发热，烧毁焊接设备。检查安全接地线是否断开，避免因设备漏电造成人身安全隐患。

2. 焊前准备

（1）焊机及辅具　本项目可选 BX1—350（动铁心式）、BX3—300（动圈式）弧焊变压器、ZX7—400 弧焊逆变器。酸性焊条可交直流两用，交流焊机无所谓正反接，直流焊机采用直流正接，即焊件接电源正极、焊钳接电源负极，如图 2-12 所示；碱性焊条采用直流反接，即焊件接电源负极、焊钳接电源正极，如图 2-13 所示。

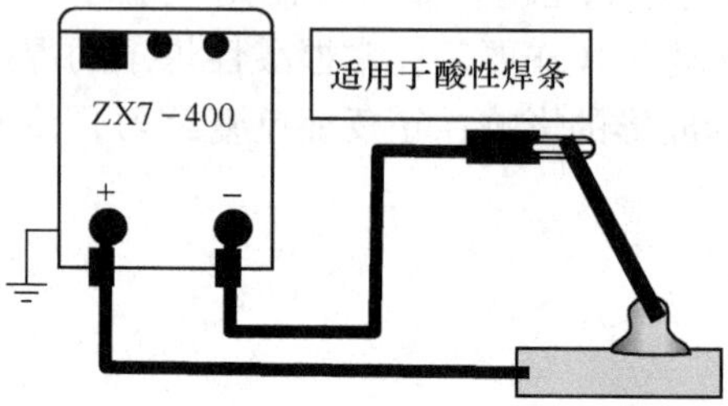

图 2-12　直流正接

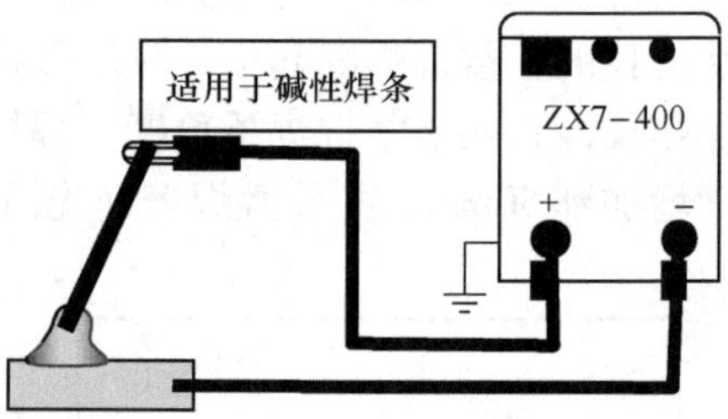

图 2-13　直流反接

在焊工操作作业区附近应准备好錾子、清渣锤、锤子、凿子、锉刀、钢丝刷、砂纸、钢直尺、直角尺、活动扳手、直磨机、角磨机、钢丝钳、钢锯条、焊缝万能量规等辅助工具和量具。

（2）试件及焊接材料

1）母材准备。检查钢板平直度，并修复平整。为保证焊接质量，需打磨试件表面，去除锈蚀、油污，露出金属光泽，避免产生气孔、裂纹、难以引弧。酸性焊条对油锈不敏感，药皮中含有大量的酸性氧化物，可对油锈产生作用，有效消除气孔的产生。所以酸性焊条对焊件清理要求不严，如果焊件的锈不严重，且对焊缝质量要求不高时，可不用清理。

2）焊条准备。选用 E4303，直径为 ϕ3. 2mm、ϕ4mm 两种规格的焊条。严格要求时进行 150～200℃烘干，1h 保温，去除焊条药皮中的水分，降低氢含量，避免产生气孔和冷裂纹。

3. 选择焊接参数

平焊时为提高焊接效率，尽量选用较大焊接参数。实际焊接中应根据焊接位置、试件厚度选择焊条直径，再根据焊条直径选择焊接电流。焊接参数的选择见表 2-4。

表 2-4　焊接参数

试件厚度/mm	焊条直径/mm	焊接电流/A	运条方法
10	3. 2	90～120	直线
	4. 0	160～180	直线
>20	4. 0	180～200	直线

4. 装配与定位焊

本项目为平敷焊，不需要装配，也不需要定位焊。只对母材进行矫平，除锈即可。可在试件上用石笔或记号笔画出若干距离相等的平行直线，作为焊接方向的参考。为避免夹渣，可将试件焊缝倾角倾斜2°~3°，熔渣自动下流，不易与熔池液态金属混杂，如图2-14所示。

平敷焊一般采用蹲姿，且距工件的距离较近，有利于操作和观察熔池，两脚成70°~80°角，距离250mm左右，自然蹲下，左手握面罩，右手握焊钳，操作中持焊钳的胳膊应悬空。正确控制焊条角度，使熔渣与液态金属分离，防止熔渣前流，尽量采用短弧焊接。

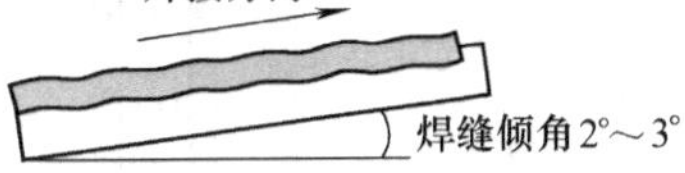

图2-14　平敷焊的位置

5. 焊条的装夹

夹持焊条时，可根据焊缝与操作者的相对位置来决定焊条与钳口的夹持角度，如图2-15所示，既便保证焊条与焊缝的相对位置，又使操作者方便操作。一手握持遮光面罩，另一手握持焊钳，蹲位平焊时，选择合适的操作位置，焊接方向可以从左到右（右焊法），也可以从右到左（左焊法）。而不是从远到近。

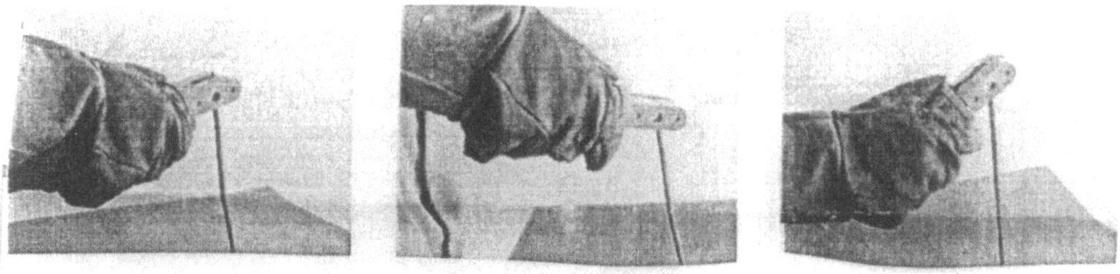

a)　　b)　　c)

图2-15　焊条的夹持（焊条与焊钳的夹角）

a）90°　b）135°　c）45°

6. 引弧

酸性焊条引弧较容易，同时为保证焊接表面质量，可采用直击法引弧。先将焊条对准距试件左边缘15~25mm焊缝，然后将手腕向下弯，轻轻触碰焊件，随后将焊条提起，产生电弧后，迅速调整手腕，控制电弧长度5~6mm。焊条垂直于试件平面，如图2-16所示。

7. 焊接

引弧后，稍微拉长电弧（大于焊条直径即可），手臂向试件边缘移动（相当于对焊缝起头部分进行电弧预热），当电弧到达试件边缘时，预热结束，压低电弧（小于焊条直径），稍作停顿，同时扭动手腕调整焊条角度，焊条向行进方向的倾角80°~90°角，工作角90°。工作角即焊条轴线与焊缝轴线组成的平面与焊件表面的夹角。匀速移动电弧，并观察电弧燃烧情况，液态熔渣流动情况，如图2-17所示。为保证焊接质量，电弧要适当的运动即运条，焊条的运动同时有三个方向：朝熔池方向逐渐送进；沿焊接方向移动；沿焊缝横向摆动。

根据任务要求，初学者采用直线运条，以训练手臂控制电弧稳定匀速前进的能力。直线运条中，焊条同时有两个运动方向，即朝熔池方向逐渐送进；沿焊接方向移动。焊接中手腕一边匀速缓慢下压，以保证电弧长度，手臂一边匀速向右移动，以保证焊缝宽窄高低一致。

焊接过程中注意观察电弧燃烧情况、熔池长大情况，熔渣和铁液流动情况，并及时调整手臂动作，控制熔池、熔渣。正常情况下，熔池在电弧下后方，在熔渣下前方，呈蛋圆形紧跟电弧向前移动，而熔渣呈上浮状覆盖在熔池的后面紧跟熔池向前移动，如图2-18a所示。

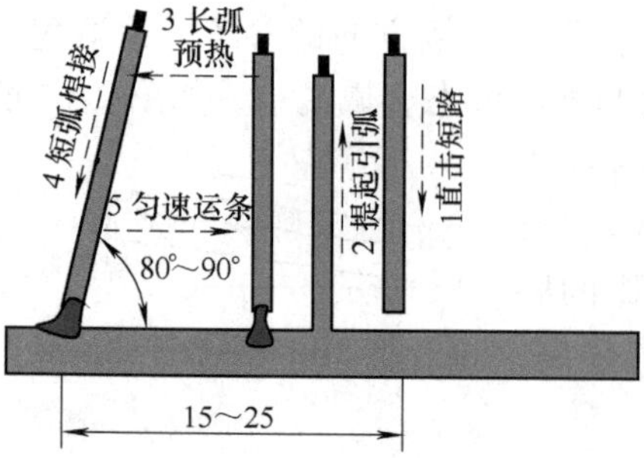

图 2-16　焊缝起头操作

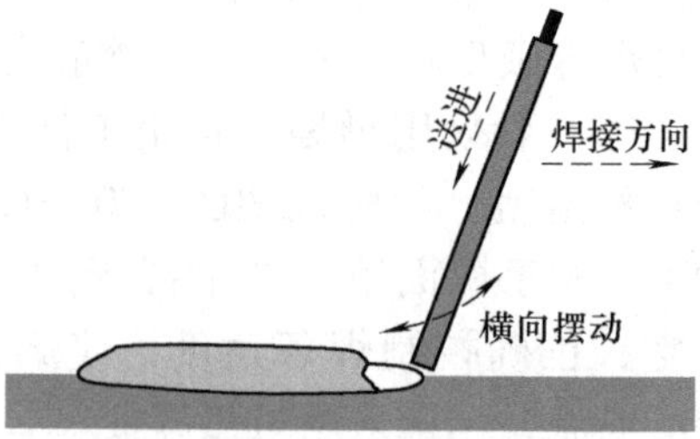

图 2-17　焊接运条

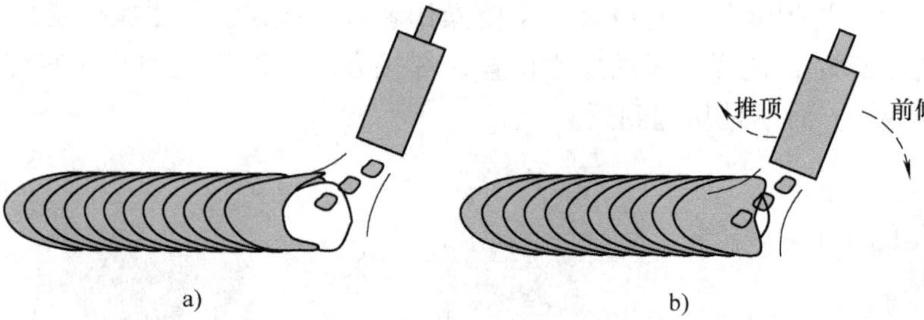

图 2-18　运条方法

a）正常熔渣和熔池位置　b）熔渣超前熔池位置

若出现熔渣超前，应将焊条前倾，并将焊条端部向后推顶，利用电弧力，将熔渣推后，如图 2-18b 所示；若熔池与熔渣混合不清，说明熔池温度不足，应该放慢前移速度，调大焊条角度，甚至调大焊接电流；若出现熔渣后拖，熔池变长完全暴露，说明熔池温度过高，或焊条角度太小，应加快前移速度，或调大焊条角度减小电弧力向后作用。

8. 收弧

一根焊条即将焊完时，需要收弧处理。即在完成最后一两个熔池长度的焊道时，稍加快焊接速度，以使最后焊道低一些，断弧时应果断。

9. 接头

常用接头方法有热接头和冷接头两种方法。

（1）冷接头　适于初学者，将焊缝收弧处的渣壳清除，在弧坑前方 10～15mm 处引弧，拉长电弧回焊，至弧坑处覆盖原弧坑 2/3，压低电弧稍作停顿，转入正常焊接，如图 2-19 所示。

（2）热接头　不去渣壳，更换焊条动作要迅速，已焊的焊缝收弧处熔池还没有冷却，处于红热状态时，焊条端部对准原熔池直接引弧，引弧后稍微停顿，即转入正常焊接。此方法适于熟练焊工，初学者由于动作不能协调，引弧不能一次成功，焊条易粘结。

10. 结尾

当焊接到达试件边缘时，试件整体温度升高，应采取合适的收尾方法，否则，焊缝结尾将产生弧坑裂纹、缩孔甚至烧穿。酸性焊条收尾的方法是反复断弧收尾或划圆圈收尾。对于本任务，可采用划圈收尾，在最后一个熔池长度的范围内控制电弧原地划圈，并逐渐提高电弧长度，待填满弧坑拉断电弧，如图 2-20 所示。

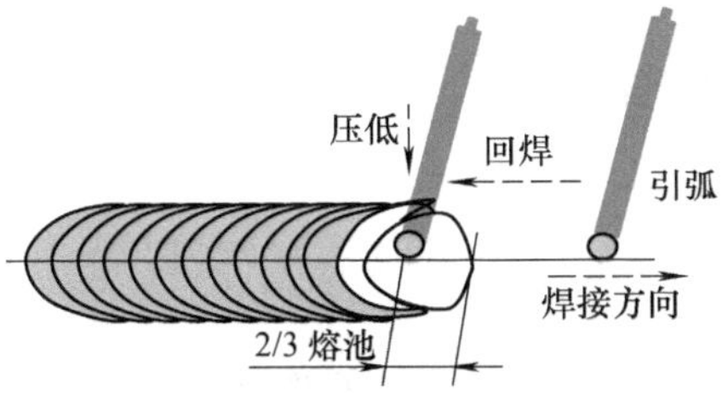

图 2-19　冷接头方法

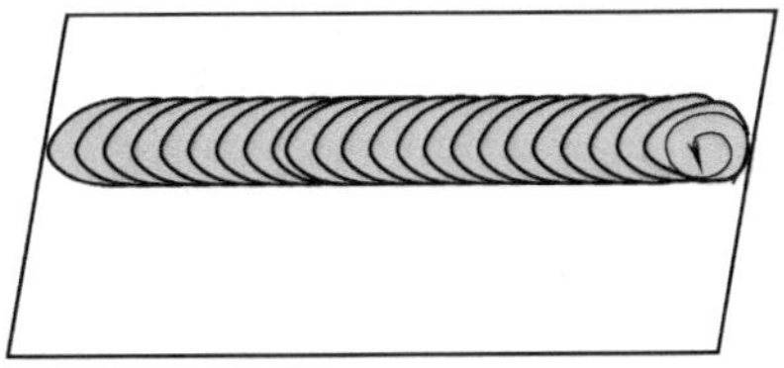

图 2-20　划圈收尾法

11. 清理现场

练习结束后，必须整理工具设备，关闭电源，清理打扫场地，将电缆线盘好，做到安全文明生产，并填写交班记录。

关键技术点拨

每焊一根焊条，应该仔细观察电弧燃烧、焊条熔化的不同状态，静听电弧爆裂的不同声音，细看熔渣、铁液的流动情况；反复调节焊接电流，改变焊条角度，变换电弧长度，变换焊接速度，比较焊缝成形的优劣，从而得出正确的选择。

四、项目评价与总结

参照表 2-5 选择不同焊接参数进行焊接，并记录各参数，填写焊道宽度、焊道余高、焊道波纹、接头测量结果，进行比较总结，领会焊接参数对焊缝成形的影响。每天留出部分时间分小组交流讨论，分享各自的学习成果，共同进步。

表 2-5　平敷焊反馈与评价

焊条直径 /mm	焊接电流 /A	电弧长度 /mm	运条方法	焊接速度 /(mm/min)	焊道宽度 /mm	焊道余高 /mm	焊道接头	焊道波纹	比较总结
2.5									
2.5									
2.5									
2.5									
3.2									
3.2									
3.2									
3.2									
4.0									
4.0									
4.0									
4.0									

项目二　焊条立敷焊

一、项目任务

按照图 2-21 的要求，学习焊条立敷焊的基本操作技能，完成工件实作任务。

具体要求：掌握焊条立敷焊的操作要领；会选择焊接参数，并制订简单的焊接工艺卡（附录 B）。会使用焊接设备，会调节焊接电流；能区分熔池和熔渣，掌握控制熔池温度、大小和形状的技能；掌握焊缝起头、收尾和接头的基本技能和操作要领；掌握焊条角度、焊接电流对焊缝成形的影响；掌握碱性焊条的焊接特点和操作技能；正反面反复练习，使原试件厚度增加到 50mm，并使敷焊表面光滑平整。

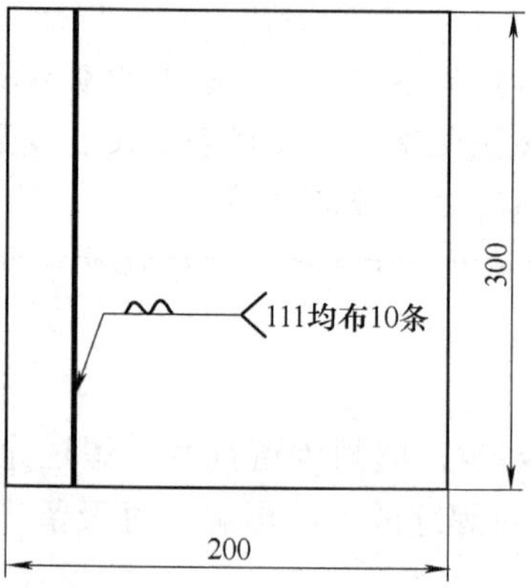

技术要求

焊接方法：焊条电弧焊；接头形式：立敷焊；焊接位置：水平位置；试件材质：Q345；焊接材料：E5015（J507）/E4303（J422）ϕ3.2mm、ϕ4.0mm；焊接层数：多层多道焊。

图 2-21　焊条立敷焊施工图

二、项目分析

立敷焊也是其他焊接项目的基础，目的是训练操作者的臂力，及对熔池熔渣的判断控制能力和立焊接头的方法技能，对于初学者来说具有一定的难度。

立焊时，由于焊缝处于垂直位置，熔滴主要靠电弧吹力、电磁力过渡，所以操作相对困难。因而需要采用短弧、较小直径的焊条和较小的焊接电流施焊，生产效率相对较低，但在生产中特别是在维修修复中经常遇到。若焊接参数选择不当或操作不当，容易形成未熔合、夹渣、咬边和焊缝余高超标，甚至产生焊瘤。同时，又由于熔池和熔渣受重力影响下坠，熔渣和熔池清晰可见，使焊接操作易于控制。根据焊件焊接过程中熔池温度的情况，灵活变换焊条角度和运用适当的运条法。

Q345 钢属于低合金钢，强度等级较 Q235 钢高，一般用在重要结构上，碳当量小于 0.4%，焊接性良好，无需采取特殊工艺措施。选用 E5015（J507）低氢碱性焊条施焊可保证焊缝强度要求。

填写焊缝分析表（附录 A）。

三、项目实施

1. 安全检查

焊工必须穿戴好棉质或皮质工作服、工作帽、焊工绝缘鞋（防砸绝缘鞋），工作服要宽松，裤脚盖住鞋盖（护脚盖），上衣盖住下衣，不要扎在腰带里。并戴平光防护眼镜，防尘卫生口罩，绝缘工作手套不要有油污，不可破漏，必要时佩戴耳塞等。选用合适的遮光面罩护目玻璃色号。牢记焊工操作时应遵循的安全操作规程，在作业中贯彻始终。

检查设备状态，电缆线接头是否接触良好，焊钳电缆是否松动破损，确认焊接回路地线连接可靠，避免因地线虚接线路降压变化而影响电弧电压稳定；避免因接触不良造成电阻增大而发热，烧毁焊接设备。检查安全接地线是否断开，避免因设备漏电造成人身安全隐患。

2. 焊前准备

（1）焊机及辅具　本项目可选 ZX5—400 弧焊整流器、ZX7—400 弧焊逆变器。低氢碱性焊条采用直流反接，即焊件接电源负极、焊钳接电源正极，如图 2-22 所示。

在焊工操作作业区附近应准备好錾子、清渣锤、锤子、凿子、锉刀、钢丝刷、砂纸、钢直尺、直角尺、活动扳手、直磨机、角磨机、钢丝钳、钢锯条、焊缝万能量规等辅助工具和量具。

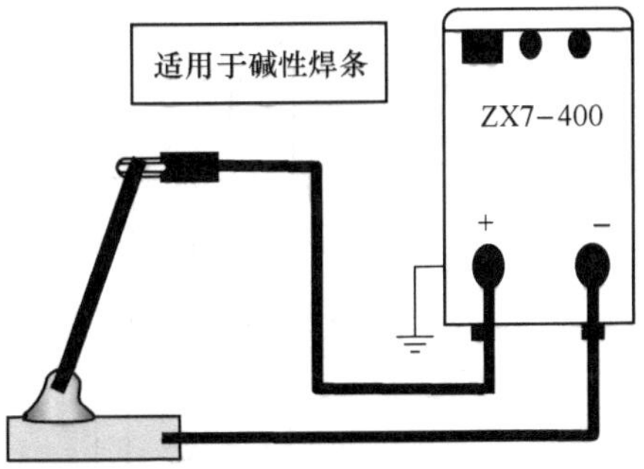

图 2-22　直流反接

（2）试件及焊接材料

1）母材准备。检查钢板平直度，并修复平整。为保证焊接质量，需打磨试件表面，去除锈蚀、油污，露出金属光泽，避免产生气孔、裂纹、难以引弧。低氢碱性焊条对油锈非常敏感，对试件的清理及焊条的烘干温度也非常严格。

2）焊条准备。选用 E5015，直径为 ϕ3.2mm、ϕ4mm 两种规格的焊条。并进行 350 ~ 400℃烘干，保温 1h，去除焊条药皮中的水分，降低氢含量，避免产生气孔和冷裂纹。

3. 选择焊接参数

立焊时焊条直径最大不超过 5mm，且根据本次焊接任务，焊件厚度为 10mm，可选用直径为 3.2 ~ 4mm 的焊条，立焊时的电流应比平焊小 10% ~ 15%，否则，熔池过大造成熔化金属下淌，不利于焊接且碱性焊条比酸性焊条电流要小些。焊接参数见表 2-6。

表 2-6　焊接参数

试件厚度/mm	焊条直径/mm	焊接电流/A	运条方法
10	3.2	90 ~ 120	锯齿形或月牙形
>20	4.0	120 ~ 135	锯齿形或月牙形

4. 装配与定位焊

本项目为立敷焊，不需要装配，也不需定位焊。只对母材进行矫平，除锈即可。可在试件上用石笔或记号笔画出若干距离相等的平行直线，作为焊接方向的参考。将试件垂直固定在合适的高度即可，如图 2-23 所示。

5. 焊接操作

立敷焊一般采用蹲姿，依据个人情况调整与工件的距离，有利于操作和观察熔池，两脚成 70°～80°角，自然蹲下，操作中胳膊悬空反握焊钳，以便于调整焊条角度，易于控制熔池温度，防止铁液流淌，采用短弧焊接。

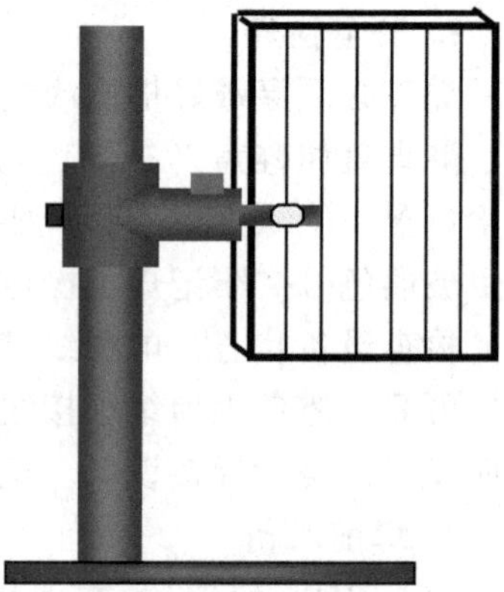

图 2-23　立敷焊的位置

碱性焊条采用划擦法引弧。在距试件下端 20～30mm 处引燃电弧，下拉电弧至试件下端部，调整焊条角度使前进角成 85°～90°，工作角成 90°，如图 2-24 所示。采用短弧锯齿形向上均匀摆动，电弧摆动到焊缝两侧要适当停顿，使其熔合良好，避免因焊缝中间温度过高熔池下坠，造成焊缝中间凸起两侧咬边缺陷。摆动幅度等于焊条直径的 3～5 倍，向上移动间距 2～3mm，使后一焊道覆盖前焊道 2/3。引弧起头如图 2-25 所示。

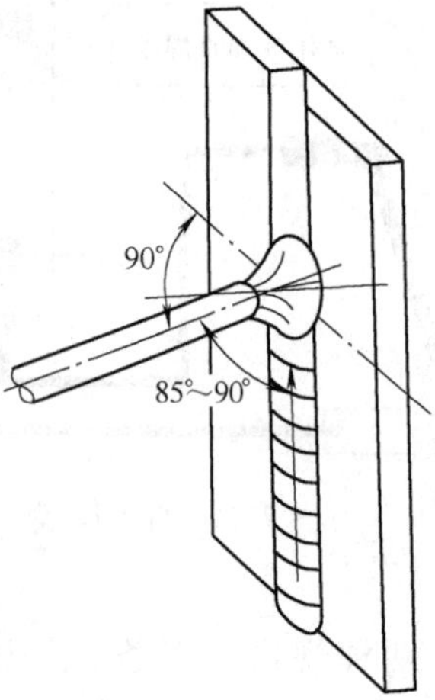

图 2-24　立焊焊条角度

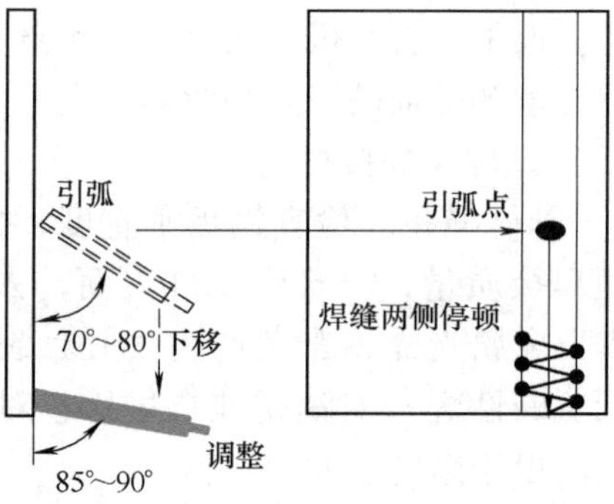

图 2-25　引弧起头

一根焊条即将用完，应将电弧移至焊缝中央迅速拉断熄弧。接头时，尽量采用热接头，迅速更换焊条，在熔池上方向下划擦引燃电弧，压弧坑 2/3 沿弧坑轮廓摆动一次，转为正常运条。在接头时，往往有铁液拉不开或熔渣、铁液混在一起的现象，这主要是由于更换焊条时间太长，引弧后预热不够引起的。产生这种现象时，可以将电弧稍拉长，并在接头处适当延长停留时间，同时增大焊条角度，熔渣就会自然滚落。若采用冷接头，在弧坑下方引燃电弧，向上摆动至弧坑 2/3 沿弧坑轮廓摆动一次，转为正常运条，如图 2-26 所示。

如采用冷接头，则需要清理弧坑处渣壳，对于初学者，先用冷接头训练，熟练后再用热接头训练。

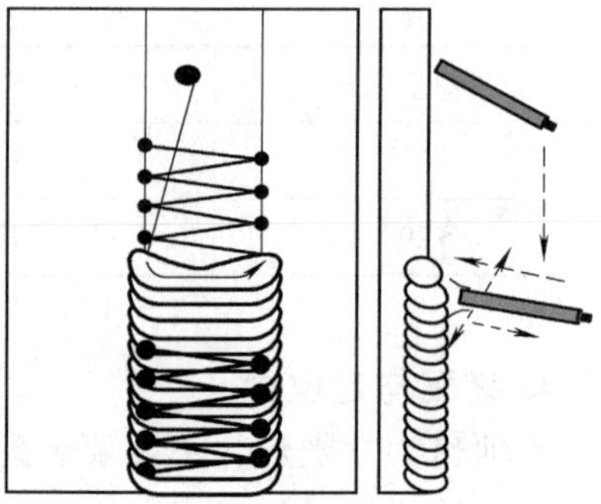

图 2-26　接头

焊接过程注意观察熔池形状、大小变化，并灵活调整焊条角度、运条速度来控制熔池温度，如图 2-27 所示。随着焊接持续进行，试件及熔池温度越来越高，焊条前进角应由下向上逐渐减小，如图 2-28 所示。焊至试件上端熔池温度达到最高，应进行收尾处理，可断弧焊接，直至填满弧坑，最终使焊缝高低宽窄一致，控制焊缝宽度在 18～20mm，焊缝余高小于 3mm。

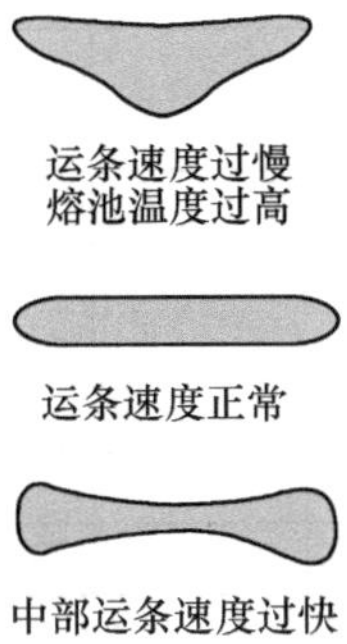

图 2-27　熔池形状

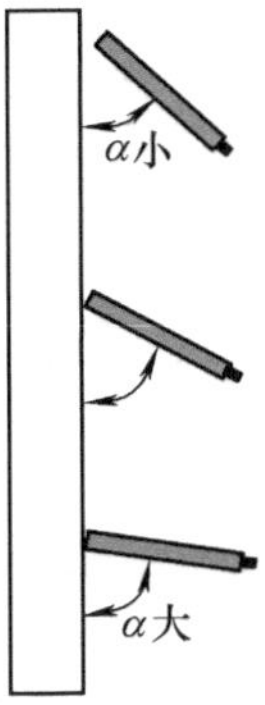

图 2-28　焊条角度变化

为控制焊接变形在最小范围内，正面焊完一道，翻过背面再焊一道，交替进行，直至焊道完全覆盖试件，再进行第二层焊接。

6. 试件及现场清理

练习结束后，必须整理工具设备，关闭电源，清理打扫场地，将电缆线盘好，做到安全文明生产，并填写交班记录。

学习方法提示

焊接练习中，要注意交流经验，总结成果。练习前后多想为什么？要针对自己在操作练习中的收获体会以及出现的问题和同学进行广泛的交流讨论，用团队的智慧解决问题，并交由教师做正确点评，将知识要点和训练体会记录下来，联系起来，养成学习、思考、口述加笔记的良好习惯，做到苦练、多学、好问。

关键技术点拨

焊接时，应对每道焊缝的情况清楚，同时还能对熔池进行有效的控制。必须能够分清铁液和熔渣。一是从操作上进行区分，选一个适合自己视力的面罩，由于焊接时一般是右向焊法，焊条对熔池有一定的遮挡，所以有时观察不清熔池，这时可迅速拉长电弧，照亮熔池，同时吹开熔渣，看清熔池后，迅速压低电弧进行正常焊接。二是从颜色上进行区分，熔渣的颜色呈亮黄色，铁液的颜色呈暗红色。三是从形态上进行区分，熔渣在熔池表面，且在高温和电弧吹力作用下不断沸腾、冒泡，而铁液由于密度大，从焊条过渡到熔池时，基本不会沸腾。

四、项目评价与总结

参照表 2-7 选择不同焊接参数进行焊接，并记录各参数，填写焊道宽度、焊道余高、焊道波纹、接头测量结果，进行比较总结，领会焊接参数对焊缝成形的影响。每天留出部分时间分小组交流讨论，分享各自的学习成果，共同进步。

表 2-7　立敷焊反馈与评价

焊条直径 /mm	焊接电流 /A	电弧长度 /mm	运条方法	焊接速度 /(mm/min)	焊道宽度 /mm	焊道余高 /mm	焊道接头	焊道波纹	比较总结

项目三　T形接头平角焊

一、项目任务

按照图 2-29 的要求，学习 T 形接头平角焊的基本操作技能，完成工件实作任务。

具体要求：掌握 T 形接头平角焊的技术要求及操作要领；会制订 T 形接头平角焊的装焊方案，会选择 T 形接头平角焊的焊接参数，并编制简单的工艺卡（附录 B）；按焊接安全、清洁和环境要求及焊接工艺完成焊接操作，制作出合格的 T 形接头平角焊工件，并达到评分标准的相关质量要求。

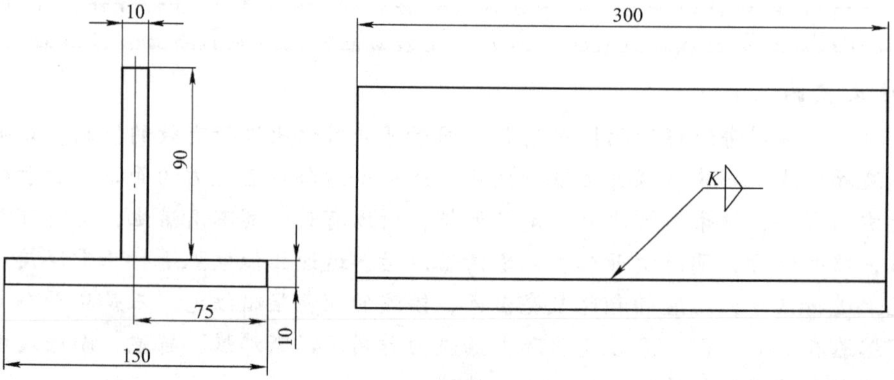

技术要求

焊接方法：焊条电弧焊；接头形式：板角接接头；焊接位置：平角焊；

试件材质：Q235；$K=10\pm1$，焊缝截面为等腰直角三角形。

图 2-29　T 形接头平角焊施工图

二、项目分析

平角焊缝又可称为T形焊缝。T形接头即两块钢板互为90°并呈“T”字形进行连接，是一种常见的焊接接头形式。由于两块钢板有一定的夹角，降低了熔敷金属和熔渣的流动性，容易形成夹渣和咬边等缺陷。所以在操作中，电流要大于平焊时的电流。焊条角度原则上如图2-31所示。当两块钢板厚度不同时，原则上应将电弧的能量更集中对准厚的钢板。本项目以多层平角焊缝为例。

填写焊缝分析表（附录A）。

三、项目实施

1. 安全检查

同本章项目一。

2. 焊前准备

钢板表面清理干净，不能有铁锈、油污等杂质。焊机准备，地线接好，调试焊机。场地清理，焊把线理顺，保持整洁。对试板的清洁度、试板尺寸进行检查（按图样及技术要求）。

3. 选择焊接参数

焊接参数见表2-8。

表2-8　T形接头平角焊焊接参数

板厚/mm	焊条型号	焊条直径/mm	焊接电流/A	焊缝层次
8~10	E4303	3.2	110~130	1
		4	160~200	2
		4	160~180	3

4. 实施装配与焊接

操作要领如下：

（1）装配与定位焊　按照图2-29的要求划装配定位线，装配并定位焊。定位焊时，用与正式焊接相同的焊条，焊接电流要比正式焊接电流大15%~20%，以保证定位焊缝的强度和焊透；同时，电弧也更容易引燃。定位焊缝在角焊缝的背面两端，长10~15mm。保证立板和平板互相垂直。对装配位置和定位焊质量进行检查。

（2）打底焊　起弧时，在离始焊端约10mm处引弧，拉到始焊端，弧长约10mm，停顿1~2s，迅速压低电弧，弧长保持2~4mm，开始正常焊接。直线运条时，焊条角度如图2-30所示。焊接时采用短弧，速度要均匀，焊条中心与焊缝的夹角中心重合；注意排渣和熔敷效果。

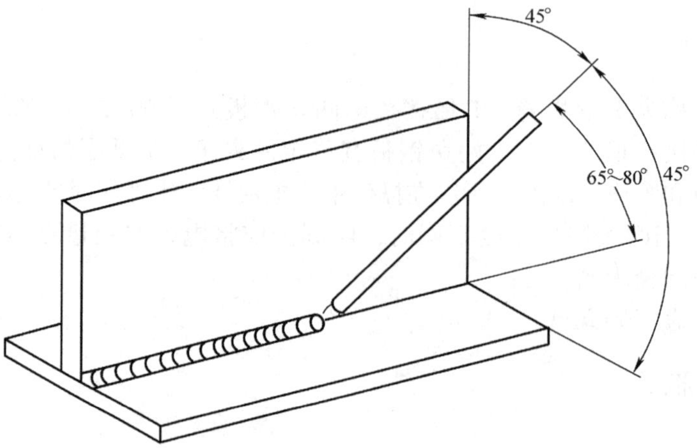

图 2-30　打底焊焊条角度（T 形接头平角焊）

（3）盖面焊　如图 2-31 所示，第二和第三道焊缝合称盖面焊。注意：焊前清理干净焊渣和飞溅；先焊第二道焊缝，再焊第三道焊缝。焊接时，焊条中心分别对准打底焊焊缝与水平钢板、垂直钢板的夹角中心，焊条角度有适当变化；焊缝表面应光滑，略呈内凹，避免立板侧出现咬边。焊脚对称并符合尺寸要求。

①第二道焊缝：焊条中心对准打底焊焊缝和平板之间夹角的中心，焊条与平板的角度约为 60°。直线运条时，运条平稳；第二道焊缝要覆盖第一层焊缝的 1/2 ~ 2/3；焊缝与底板之间熔合良好，边缘整齐。焊接速度比打底焊时的速度稍快。

②第三道焊缝：操作同第二道焊缝；要覆盖第二道焊缝的 1/3 ~ 1/2；焊接速度均匀，不能太慢，否则易产生咬边或焊瘤，使焊缝成形不美观。焊接层数及焊条角度如图 2-31 所示。

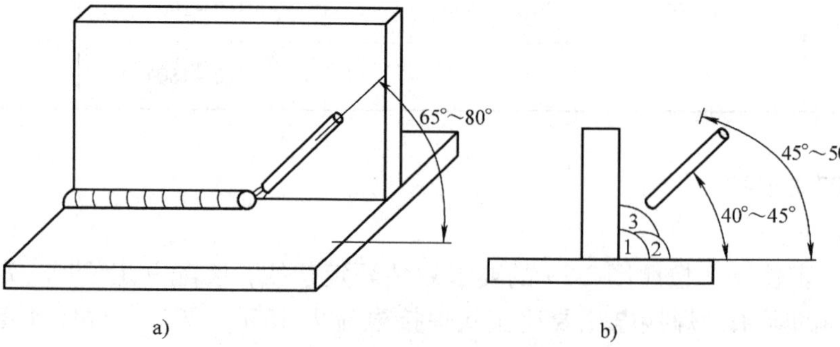

图 2-31　T 形焊道多层焊焊条角度

a）焊缝与焊条之间夹角　b）焊条与底板之间夹角

5. 清理现场

练习结束后必须整理工具设备，关闭电源，清理打扫场地，做到“工完场清”；并由值日生或指导教师检查，作好记录。

关键技术点拨

焊接电流的正确选择和使用是焊工最基本的技能，也是保证焊接质量的基本要求。习惯上，多数焊工喜欢使用大电流进行焊接，原因是生产效率高。对初学者，电流太小容易产生夹渣、未熔合、未焊透等缺陷；但电流太大，又容易产生焊塌、咬边、热影响区宽且晶粒粗大、接头力学性能降低、焊接应力变形大等问题。因此，正确选择焊接电流十分重要。原则上，必须将焊接电流控制在工艺规程允许的范围内，但建议取上限电流值进行焊接。对采用酸性焊条、焊缝为受力不大的联系焊缝，且工艺上对焊接电流没有严格要求时，可以采取大电流操作。所谓“大电流”是指相对于某一直径焊条的参考电流要大20%～30%的电流。如ϕ3.2mm焊条，其参考电流为90～100A，大电流操作时，电流应取110～130A。

四、项目评价与总结

参照评分标准（表2-9）进行检查。由学生自检、互检以及教师检查（或专职质检员进行），并填写质量检查记录卡（附录C）；每天留出部分时间，分小组交流讨论，分享各自的学习成果，共同进步。

表2-9　10mm板T形接头试件评分标准

学号		评分人		合计分		
检查项目	标准、分数	焊缝等级				实际得分
		Ⅰ	Ⅱ	Ⅲ	Ⅳ	
焊脚尺寸	标准/mm	7	>6，≤8	>8，≤9或 >5，≤6	<5，>9	
	分数	10	8	6	0	
焊缝凸度	标准/mm	≤1	>1，≤1.5	>1.5，≤2	>2	
	分数	10	8	6	0	
垂直度	标准/mm	≤1	≤2	≤3	>3	
	分数	5	3	2	0	
表面气孔	标准/个	无	有	有	有	
	分数	5	0	0	0	
焊道层数	标准/道	2	1或3			
	分数	5	0			
咬边	标准/mm	0	深度≤0.5 且长度≤15	深度≤0.5 长度>15，≤30	深度>0.5 或长度>30	
	分数	15	10	5	0	

（续）

学号			评分人		合计分		
检查项目		标准、分数	焊缝等级				实际得分
			Ⅰ	Ⅱ	Ⅲ	Ⅳ	
折断试验	根部熔深	标准/mm	≥1	≥0.5	≥0	<0	
		分数	20	15	10	0	
	条状缺陷	标准/mm	0	≤2	≤3	>3	
		分数	15	10	6	0	
	点状缺陷	标准/个	0	≤ϕ1 数目：2个	≤ϕ1 数目：4个	>ϕ1 或数目>4个	
		分数	15	10	6	0	

项目四　T形接头立角焊

一、项目任务

按照图2-32的要求，学习T形接头立角焊的基本操作技能，完成工件实作任务。

具体要求：掌握T形接头立角焊的技术要求及操作要领；会制定T形接头立角焊的装焊方案，会选择T形接头立角焊的焊接参数，并编制简单的工艺卡（附录B）；按焊接安全、清洁和环境要求及焊接工艺完成焊接操作，制作出合格的T形接头立角焊工件，并达到评分标准的相关质量要求。

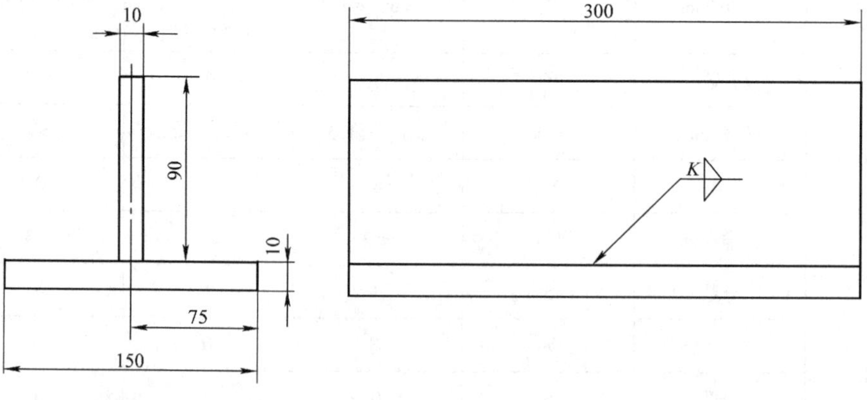

技术要求

焊接方法：焊条电弧焊；接头形式：T形接头；焊接位置：立角焊（向上立焊）；

试件材质：Q235；$K=10\pm1$，焊缝截面为等腰直角三角形。

图2-32　T形接头立角焊施工图

二、项目分析

立焊是在垂直方向上进行焊接的一种操作方法。由于在重力的作用下，焊条熔化所形成的熔滴及熔池中的熔化金属要下淌，造成焊缝成形困难，质量受影响，因此，立焊时选用的焊条直径和焊接电流均小于平焊时的取值，并应采用短弧焊接。

由下向上焊接可采取以下措施：

1）在对接立焊时，焊条应与左右方向夹角均为90°，同时与施焊前进方向成60°~80°的夹角。在角接立焊时，焊条与两板之间夹角各为45°，向下倾斜10°~30°。

2）采用较细直径的焊条和较小的焊接电流，焊接电流一般比平焊时的电流小10%~15%。

3）采用短弧焊接，以缩短熔滴金属过渡到熔池的距离。

4）根据焊接接头形式的特点，选用适合的运条方法。

填写焊缝分析表（附录A）。

三、项目实施

1. 安全检查

同本章项目一。

2. 焊前准备

参考本章项目三。

3. 选择焊接参数

焊接参数见表2-10。

表2-10　T形接头立角焊焊接参数

焊接层次	焊条直径/mm	焊接电流/A
打底	3.2	110~130
盖面		100~120

4. 实施装配与焊接

操作要领如下：

（1）装配与定位焊　按照图2-32的要求划装配定位线，装配并定位焊。定位焊时，用与正式焊接相同的焊条，焊接电流要比正式焊接电流大15%~20%，以保证定位焊焊缝的强度和焊透；同时，电弧也更容易引燃。定位焊焊缝在角焊缝的背面两端，长10~15mm。保证立板和平板互相垂直，并对装配位置和定位焊质量进行检查。

（2）打底焊　打底焊焊条角度如图2-33所示，采用三角形运条方法焊接（或灭弧法打底）。在三角形顶角和试板两侧稍作停留，以保证顶角熔合良好，防止试板两侧产生咬边。

（3）盖面焊

1）盖面施焊前，应清除根部焊道的焊渣和飞溅，焊缝接头的局部凸起处需打磨平整。

2）在试板最下端引弧，焊条角度如图2-33所示，采用小间距锯齿形运条方法（倒月牙形，后焊道压住前焊道1/2以上，保证焊波均匀），横向摆动向上焊接。

3）焊缝表面应平整，避免咬边，焊脚应对称并符合尺寸要求。

5. 清理现场

练习结束后必须整理工具设备，关闭电源，清理打扫场地，做到“工完场清”；并由值日生或指导教师检查，作好记录。

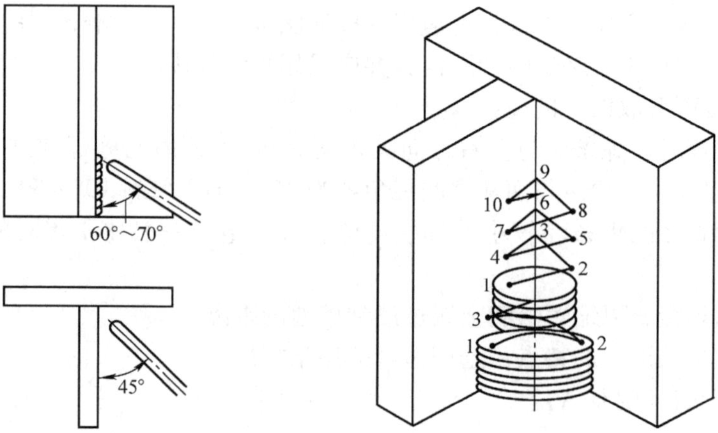

图 2-33　T 形接头立角焊焊条角度和运条方法

关键技术点拨

T 形接头立角焊的适度大电流焊接

T 形接头立角焊在工艺允许的情况下，可采用适度的大电流焊接。采用“倒月牙形”运条，即通过倒月牙形运条，将电弧能量转移到熔池的前端，降低熔池的温度，缩短熔池存在的时间，从而使大电流操作能够实现。

注意：T 形接头立角焊时，角顶不易焊透，所以打底焊时，眼睛要紧盯角顶的熔合情况，电弧长度尽可能地缩短，可以采用灭弧法或者三角形运条法。焊趾附近易产生咬边，焊接运条时，焊条在焊缝两侧应稍作停留，其摆动幅度应不大于焊缝宽度。

四、项目评价与总结

参照评分标准（表 2-11）进行检查。由学生自检、互检以及教师检查（或专职质检员进行），并填写质量检查记录卡（附录 C）；每天留出部分时间，分小组交流讨论，分享各自的学习成果，共同进步。

表 2-11　10mm 板 T 形接头试件评分标准

学号		评分人		合计分		
检查项目	标准、分数	焊缝等级				实际得分
		Ⅰ	Ⅱ	Ⅲ	Ⅳ	
焊脚尺寸	标准/mm	7	>6，≤8	>8，≤9 或 >5，≤6	<5，>9	
	分数	10	8	6	0	
焊缝凸度	标准/mm	≤1	>1，≤1.5	>1.5，≤2	>2	
	分数	10	8	6	0	
垂直度	标准/mm	≤1	≤2	≤3	>3	
	分数	5	3	2	0	

（续）

学号			评分人		合计分		
检查项目		标准、分数	焊　缝　等　级				实际得分
			Ⅰ	Ⅱ	Ⅲ	Ⅳ	
表面气孔		标准/个	无	有	有	有	
		分数	5	0	0	0	
焊道层数		标准/道	2	1 或 3			
		分数	5	0			
咬边		标准/mm	0	深度≤0.5 且长度≤15	深度≤0.5 长度>15，≤30	深度>0.5 或长度>30	
		分数	15	10	5	0	
折断试验	根部熔深	标准/mm	≥1	≥0.5	≥0	<0	
		分数	20	15	10	0	
	条状缺陷	标准/mm	0	≤2	≤3	>3	
		分数	15	10	6	0	
	点状缺陷	标准/个	0	≤ϕ1 数目：2 个	≤ϕ1 数目：4 个	>ϕ1 或数目>4 个	
		分数	15	10	6	0	

项目五　板对接平焊

一、项目任务

按照图 2-34 的要求，学习板对接平焊的基本操作技能，完成工件实作任务。

具体要求：掌握板对接平焊的技术要求及操作要领；会制订板对接平焊的装焊方案，会选择板对接平焊的焊接参数，并编制简单的工艺卡（附录 B）；按焊接安全、清洁和环境要求及焊接工艺完成焊接操作，制作出合格的板对接平焊工件，并达到评分标准的相关质量要求。

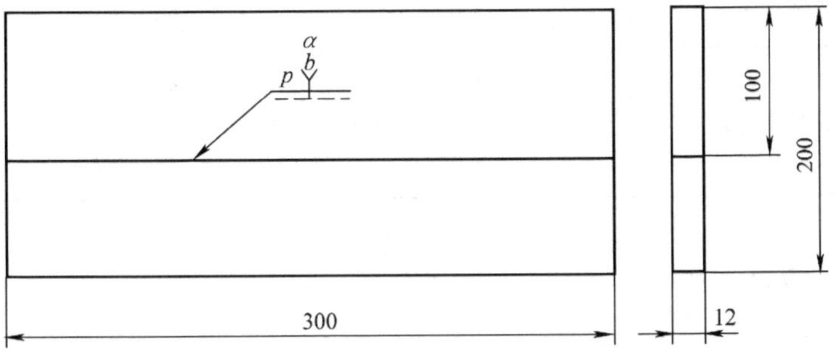

技术要求

焊接方法：焊条电弧焊；接头形式：板对接接头；焊接位置：平焊；试件材质与规格：Q235；焊缝根部间隙 $b=3.2\sim4.0$；钝边 $p=0.5\sim1$；坡口角度 $\alpha=60°$。

图 2-34　板对接平焊施工图

二、项目分析

板对接平焊操作相对容易，是板状试件、管状试件和其他位置的操作基础。

单面焊双面成形的用途：在锅炉和压力容器的焊接生产中，由于封闭的容器内不能进去焊接，同时又为了保证焊缝的强度，所以只能采用单面焊双面成形的焊接技术。

单面焊双面成形的操作较难掌握。一般焊接操作时，要避免焊穿，而单面焊双面成形要求在背面形成焊缝，也就是要有控制、有目的地让部分电弧在熔池前端形成“穿透性的小孔”，但熔融金属不能从焊缝背面流出去。要在背面形成焊缝，只有在焊接第一层才能实现，即打底焊道；同时还要有合适的装配间隙；另外，由于是单面焊，所以要控制好变形，一般采用反变形法，其反变形量需掌握恰当。打底焊时，熔孔不易观察和控制，焊缝背面易造成未焊透或未熔合；在电弧吹力和熔化金属的重力作用下，背面易产生焊瘤或焊缝超高等缺陷。

填写焊缝分析表（附录 A）。

三、项目实施

1. 安全检查

同本章项目一。

2. 焊前准备

参考本章项目六。

3. 选择焊接参数

焊接参数的选择见表 2-12。

表 2-12　板对接平焊焊接参数

<table>
<tr><th>焊条型号</th><th colspan="2">焊接层次</th><th>焊条直径/mm</th><th>焊接电流/A</th><th>电源极性</th></tr>
<tr><td rowspan="5">E5015
(J507)</td><td rowspan="2">打底
(1 道)</td><td>连弧法</td><td>3.2</td><td>80～90</td><td rowspan="5">直流反接</td></tr>
<tr><td>灭弧法</td><td>3.2</td><td>95～105</td></tr>
<tr><td colspan="2">中间层(2、3 道)</td><td>4.0</td><td>160～175</td></tr>
<tr><td colspan="2" rowspan="2">盖面(4 道)</td><td>4.0</td><td>150～165</td></tr>
<tr><td>5.0</td><td>220～230</td></tr>
</table>

4. 实施装配与焊接

操作要领如下：

（1）装配与定位焊　用与正式焊接同样的焊条在焊件背面两端进行定位，定位焊焊缝长为 10mm；装配间隙为 3～4mm，一头窄一头宽（以抵消焊缝的横向收缩而使焊缝末端间隙变小而不利于背面成形），针对角变形的反变形量为 3°～4°；错边量不大于 0.5mm，如图 2-35 所示。按图样及技术要求检查装配试板的尺寸。

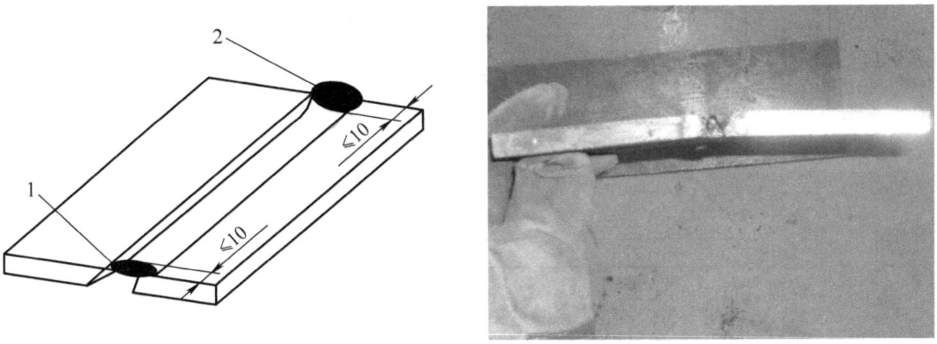

a)　　b)

图 2-35　板对接平焊装配图

a）定位焊　b）反变形

（2）打底（第一层焊缝）焊　将装配好的试板放在用槽钢或角钢制作的工装上，使试板焊缝下面悬空。间隙窄的一端放在左侧，并从该侧开始焊接。操作采用连弧法和灭弧法（注意正式焊缝与定位焊焊缝的连接。连弧法，即锯齿形横向摆动，坡口两侧稍作停顿，短弧。灭弧法较为容易掌握和控制熔池，所以初学者一般先学习灭弧法。在焊接过程中注意观察、控制熔池和熔孔，尤其是熔孔，熔孔过大则背面易形成焊瘤，熔孔过小则背面不易成形。熔孔的大小可通过改变焊接速度、摆动频率和焊条角度调整）。焊缝接头采用热接法或冷接法焊接。采用冷接法时，将弧坑处打磨成缓坡后再焊接（保证接头处的良好熔合和背面成形）。打底焊如图 2-36 和图 2-37 所示。

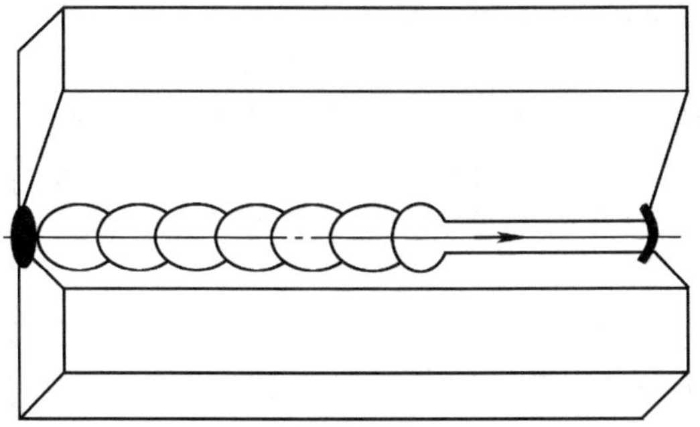

图 2-36　打底焊（板对接平焊）

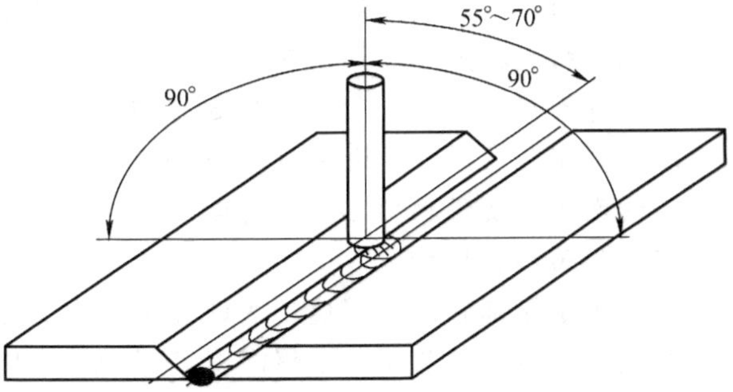

图 2-37　打底焊的焊条角度（板对接平焊）

（3）填充焊　填充层施焊前，先清除前道焊缝的焊渣、飞溅，并将焊缝接头的过高部分打磨平整。填充层焊接与打底焊相比，焊条摆动幅度大些，在坡口两侧停留时间稍长，应保证焊道平整并略下凹，第二道填充层焊缝的厚度应低于母材表面 0.5 ~ 1.5mm。填充层的焊缝接头最好采用热接法焊接。填充层焊接的运条方法如图 2-38 所示。

（4）盖面焊　盖面施焊时，焊条的角度、运条和接头方法与填充层焊接时相同。采用月牙形或“之”字形运条（注意后焊道要压住前焊道 1/2 以上），焊条的摆动幅度、间距和运条速度要均匀一致，熔合好坡口两侧棱边，每侧增宽量为 0.5 ~ 1.5mm。注意防止咬边和夹渣等缺陷，使焊缝外观成形良好。

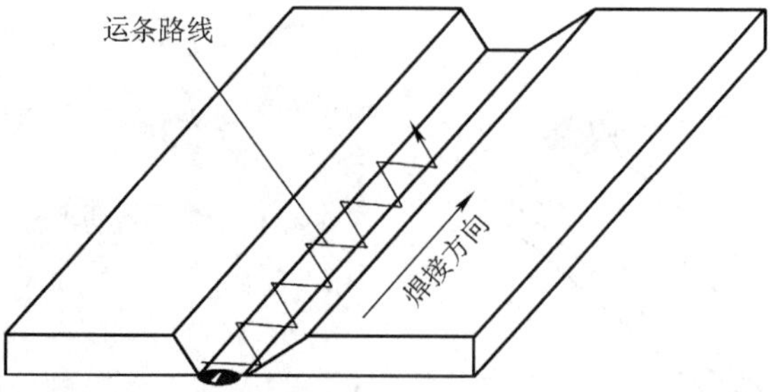

图 2-38　填充层焊接的运条方法（板对接平焊）

5. 清理现场

练习结束后必须整理工具设备，关闭电源，清理打扫场地，做到“工完场清”；并由值日生或指导教师检查，作好记录。

学习方法提示

注意交流总结。应针对当天的学习内容谈收获体会，重点针对自己在操作学习中出现的问题，并与其他同学共同讨论和交流，用集体的智慧来解决疑问。最后由指导教师点评；将知识要点和训练中的体会记录下来，养成学习、思考、口述并笔记的良好习惯，这是学习并快速提高技术和技能水平的有效方法。

关键技术点拨

1. 单面焊双面成形的本质——电弧穿透打孔焊接

单面焊双面成形的关键是打底焊，如果打底焊操作不好，往往会影响背面成形的效果。初次接触单面焊双面成形时，往往出现这种状况：担心有装配间隙而导致焊穿或在背面形成焊瘤，所以操作起来胆小，背面常常不会出现焊缝成形，造成未焊透的缺陷。究其原因，是没有理解单面焊双面成形的本质——电弧穿透打孔焊接，一个电弧两面用，使弧柱的1/3在背面燃烧。背面焊缝形成的实质是穿过孔的电弧在背面焊接，从而形成焊缝。

为了保证背面能焊透，装配组对时都必须留有适当的间隙。根据不同的焊接位置和操作习惯，装配间隙在焊芯直径的0.8～1.1倍的范围内选取；连弧焊时，则在焊芯直径的0.7～1.0倍范围内选取。

由此可见，单面焊双面成形的关键是：一弧两用、打孔焊接。

2. 焊条角度与电弧吹力的关系

电弧吹力的方向是焊条的轴线方向。焊条倾角增大，电弧吹力的水平分力减小，垂直分力增大；焊条倾角减小，则电弧吹力的水平分力增大，垂直分力减小。在单面焊双面成形打底焊时，利用焊条角度的调整，可以进行有效的熔池控制。当熔孔较大不易控制时，就可以减小焊条倾角，降低垂直分力，从而避免熔孔越焊越大。反之，当背面成形不明显时，则可以增大焊条倾角，增大垂直分力，使熔孔变大，在电弧吹力的作用下，熔融金属更容易流向焊缝的背面。通过焊条角度的变化和焊接速度的调整，可以控制熔孔尺寸，使熔孔的形状和大小始终能保持一致。

四、项目评价与总结

参照评分标准（表2-13）进行质量检查。由学生自检、互检和教师检查，并填写质量检查记录卡（附录C）；每天留出部分时间分小组交流讨论，分享各自的学习成果，共同进步。

表2-13　12mm板对接试件评分标准

<table>
<tr><td colspan="2">学号</td><td></td><td>评分人</td><td colspan="2"></td><td>得分</td><td></td></tr>
<tr><td colspan="2" rowspan="2">检查项目</td><td rowspan="2">标准、分数</td><td colspan="4">焊　缝　等　级</td><td rowspan="2">实际得分</td></tr>
<tr><td>Ⅰ</td><td>Ⅱ</td><td>Ⅲ</td><td>Ⅳ</td></tr>
<tr><td rowspan="19">正面</td><td rowspan="2">焊缝余高</td><td>标准/mm</td><td>>0，≤2</td><td>>2，≤3</td><td>>3，≤4</td><td>>4，<0</td><td rowspan="2"></td></tr>
<tr><td>分　数</td><td>2.5</td><td>1.5</td><td>0.5</td><td>0</td></tr>
<tr><td rowspan="2">焊缝高低差</td><td>标准/mm</td><td>≤1</td><td>>1，≤2</td><td>>2，≤3</td><td>>3</td><td rowspan="2"></td></tr>
<tr><td>分　数</td><td>2.5</td><td>1.5</td><td>0.5</td><td>0</td></tr>
<tr><td rowspan="2">焊缝宽度</td><td>标准/mm</td><td>>18，≤19</td><td>>19，≤20</td><td>>20，≤21</td><td>>21，<18</td><td rowspan="2"></td></tr>
<tr><td>分　数</td><td>2.5</td><td>1.5</td><td>0.5</td><td>0</td></tr>
<tr><td rowspan="2">焊缝宽窄差</td><td>标准/mm</td><td>≤1.5</td><td>>1.5，≤2</td><td>>2，≤3</td><td>>3</td><td rowspan="2"></td></tr>
<tr><td>分　数</td><td>2.5</td><td>1.5</td><td>0.5</td><td>0</td></tr>
<tr><td rowspan="2">咬　边</td><td>标准/mm</td><td>0</td><td>深度≤0.5
且长度≤10</td><td>深度≤0.5
长度≤20</td><td>深度>0.5
或长度>20</td><td rowspan="2"></td></tr>
<tr><td>分　数</td><td>5</td><td>3.5</td><td>2.5</td><td>0</td></tr>
<tr><td rowspan="2">气孔</td><td>标准/mm</td><td>无气孔</td><td>气孔≤0.5
数目：1个</td><td>气孔≤0.5
数目：2个</td><td>气孔>0.5
数目：>2个</td><td rowspan="2"></td></tr>
<tr><td>分　数</td><td>5</td><td>3</td><td>1</td><td>0</td></tr>
<tr><td rowspan="2">错边量</td><td>标准/mm</td><td>0</td><td>≤0.5</td><td>>0.5，≤1</td><td>>1</td><td rowspan="2"></td></tr>
<tr><td>分　数</td><td>2.5</td><td>1.5</td><td>0.5</td><td>0</td></tr>
<tr><td rowspan="2">角变形</td><td>标准/mm</td><td>0~1</td><td>>1，≤3</td><td>>3，≤5</td><td>>5</td><td rowspan="2"></td></tr>
<tr><td>分　数</td><td>2.5</td><td>1.5</td><td>0.5</td><td>0</td></tr>
<tr><td rowspan="3">焊缝外表成形</td><td rowspan="2">标准</td><td>优</td><td>良</td><td>一般</td><td>差</td><td rowspan="3"></td></tr>
<tr><td>成形美观，鱼鳞均匀细密，高低宽窄一致</td><td>成形较好，鱼鳞均匀，焊缝平整</td><td>成形尚可，焊缝平直</td><td>焊缝弯曲，高低宽窄明显，有表面焊接缺陷</td></tr>
<tr><td>分数</td><td>2.5</td><td>1.5</td><td>0.5</td><td>0</td></tr>
<tr><td rowspan="5">反面</td><td>焊缝高度</td><td colspan="2">0~3mm　2.5分</td><td colspan="3">>3mm或<0　0分</td><td></td></tr>
<tr><td>咬　边</td><td colspan="2">无咬边　2.5分</td><td colspan="3">有咬边　0分</td><td></td></tr>
<tr><td>气　孔</td><td colspan="2">无气孔　2.5分</td><td colspan="3">有气孔　0分</td><td></td></tr>
<tr><td>未焊透</td><td colspan="5">无未焊透　5分　　有未焊透　0分</td><td></td></tr>
<tr><td>凹陷</td><td>无内凹　10分</td><td colspan="4">深度≤0.5mm，每2mm长扣0.5分（最多扣10分）
深度>0.5mm　0分</td><td></td></tr>
<tr><td colspan="3">射线探伤</td><td>一级50分</td><td>二级35分</td><td>三级15分</td><td>四级0分</td><td></td></tr>
</table>

项目六　板对接立焊

一、项目任务

按图2-39的要求，学习板对接立焊的基本操作技能，完成工件实作任务。

具体要求：掌握板对接立焊的技术要求及操作要领；会制订板对接立焊的装焊方案；会选择板对接立焊的焊接参数，并制订简单的工艺卡（附录B）；按焊接安全文明生产要求及焊接工艺完成焊接操作，并达到评分标准的相关质量要求。

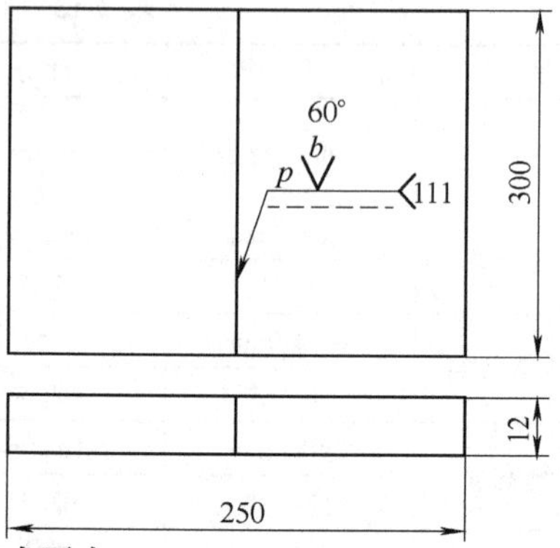

技术要求

焊接方法：焊条电弧焊；接头形式：对接接头；焊接位置：垂直；试件材料：Q345（16Mn）；焊接材料：E5015，ϕ3.2、ϕ4.0。

图2-39　焊条立对焊施工图

二、项目分析

本项目为V形坡口对接立焊，由两块开单边30°坡口，尺寸为300mm × 125mm × 12mm的Q345钢板，用E5015低氢钠型碱性焊条，在垂直位置焊接而成。坡口间隙、钝边自定。

Q345钢含有少量的锰元素，但根据碳当量估算，裂纹倾向不明显，焊接性良好，无需采取特殊工艺措施。但是板对接立焊时，焊缝位于空间垂直位置，熔池、熔滴和熔渣金属受重力作用而下淌，打底焊时背面容易造成焊瘤，填充时焊缝中部容易凸起，两侧产生沟槽，盖面时产生咬边缺陷，为此可采用较小的焊接参数。为利于熔滴过渡，减小气孔倾向应采用短弧焊接。对于碱性焊条采用小锯齿形运条连弧焊打底，锯齿或凸月牙运条填充盖面，根据试件厚度确定四层四道完成焊接。严格清理各层熔渣飞溅，适当控制层间温度。灵活调整焊条角度和运条速度，焊出合格漂亮的试件。

填写焊缝分析表（附录A）。

三、项目实施

1. 安全检查

同本章项目一。

2. 焊前准备

（1）焊机及辅具　本项目可选ZX5-400弧焊整流器、ZX7-400弧焊逆变器。低氢碱性焊条采用直流反接，即焊件接电源负极、焊钳接电源正极，如图2-40所示。

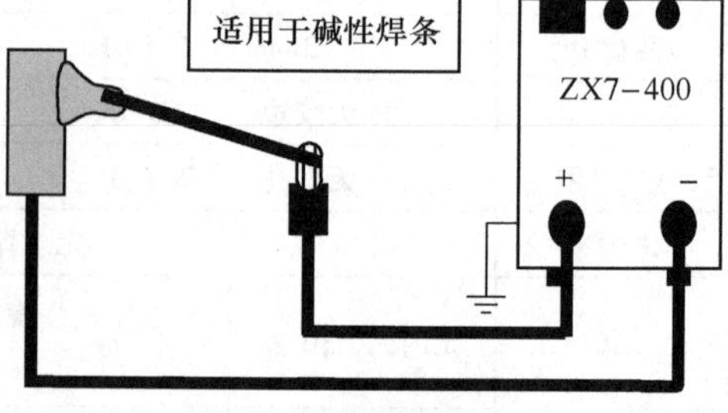

图2-40　直流反接

在焊工操作作业区附近应准备好錾子、清渣锤、锤子、凿子、锉刀、钢丝刷、砂纸、钢直尺、直角尺、活动扳手、直磨机、角磨机、钢丝钳、钢锯条、焊缝万能量规、钢丝刷等辅助工具和量具。

（2）试件及焊接材料　低氢碱性焊条对油锈非常敏感，对试件的清理及焊条的烘干温度也非常严格。

1）母材准备。为保证焊接质量，检查试件平直度，并修复平整。用碱性焊条施焊时，焊件坡口及两侧各20mm范围内的锈蚀、油污、水分等必须清理干净，露出金属光泽，防止产生气孔和冷裂纹。并根据个人习惯修磨钝边。

2）焊条准备。选用E5015，直径为ϕ3.2mm、ϕ4mm两种规格的焊条。并进行350～400℃烘干，1h保温，去除焊条药皮中的水分，降低氢含量，避免产生气孔和冷裂纹。

3. 选择焊接参数

焊接参数见表2-14。

表2-14　立对焊焊接参数

层　次	焊条直径/mm	焊接电流/A	运条方法
定位焊	3.2	80～90	—
打底层	3.2	75～80	小锯齿
填充层	3.2	90～100	小锯齿
	4	120～135	锯齿或月牙
盖面层	4	120～125	锯齿或月牙

4. 实施装配与焊接

操作要领如下：

（1）装配与定位焊　连弧焊对装配定位要求很严格。为保证焊接质量，即保证焊透又不能烧穿，必须留有合适的对接间隙和合理的钝边。焊件装配应保证两板对接处齐平，间隙要均匀。装配与定位焊参数见表2-15。

表2-15　装配与定位焊参数

坡口角度(°)	钝边/mm	间隙/mm	错边/mm	反变形	定位焊缝长度/mm	定位焊缝厚度/mm
60	0	3～4	<0.5	3°	10～15	6～7,并打磨斜坡

选用与正式焊接相同的焊条，在坡口正面进行定位焊。先在试件端部10mm处坡口内侧划擦引弧，至端部进行定位焊，待定位焊缝长大，移动焊条到坡口另一侧，定位焊缝两侧搭桥后锯齿形运条，注意焊条要伸到坡口根部，保证焊透。焊接另一端时调整好间隙，再焊接。固定完毕调整反变形大小，并打磨固定点呈斜坡状，如图2-41所示，这样有利于接头。然后将焊件垂直固定在离地面适当距离的工装上，间隙较小的一端在下，向上立焊。

（2）打底（第一层焊缝）焊　碱性焊条打底宜采用连弧焊法（即锯齿形横向摆动，坡口两侧稍作停顿，短弧），以降低气孔产生几率。在试件下端固定点引弧，调整焊条角度，如图2-42所示，下拉至定位焊缝下端部用小锯齿形向上摆动，至定位焊缝上端压低电弧稍作停顿，并加大焊条角度为90°～105°，击穿根部打开熔孔，稍微停顿形成熔池，然后锯齿形摆动，变换焊条角度为75°～85°，在坡口两侧稍作停顿，使其熔合良好，另侧熔池降温，避免因焊缝中间温度过高熔池下坠，造成焊缝中间凸起两侧形成沟槽，要求短弧焊接，焊条摆动均匀，摆动幅度、上移尺寸大小相等，后一个熔池压住前一个熔池 2/3，2/3 电弧在前熔池上，1/3 电弧在坡口背面，用来击穿熔孔，保护背面熔池。焊接过程中注意观察，控制熔孔大小保持一致，熔池形状相同，使正反两面焊缝高低宽窄一致。整条焊缝厚度为 3 ~ 4mm。一根焊条即将用完，击穿熔孔，将电弧向左或右坡口面下方移动 10 ~ 15mm，逐渐提高电弧以降低冷却速度，待熔池变小迅速拉断电弧。

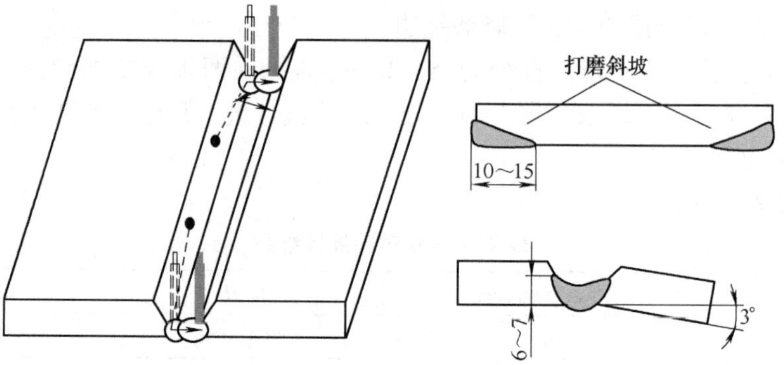

图 2-41　装配与定位焊

接头有两种方式，若采用热接头，更换焊条要迅速，不等熔池完全冷却，在熔池上方引燃电弧，下拉至熔孔处加大焊条角度，使电弧穿过熔孔，并适当延长停顿时间，听到击穿声后变换焊条角度正常焊接。焊接中尽可能采用热接头，如图 2-43 所示。若采用冷接头，应先去除熔渣，再在熔池下方 10 ~ 15mm 处引弧，其余与开始焊接方法相同。

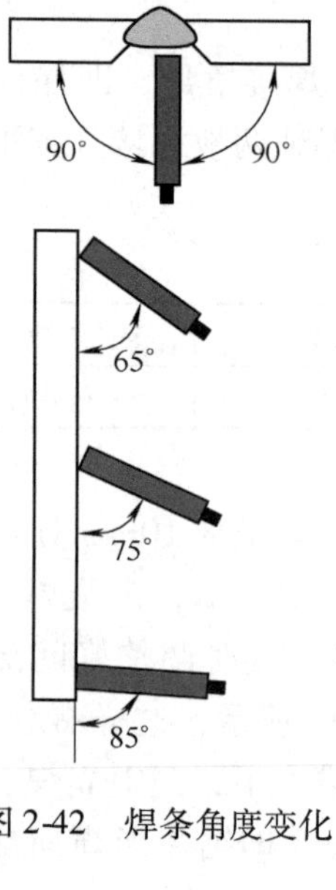

图 2-42　焊条角度变化

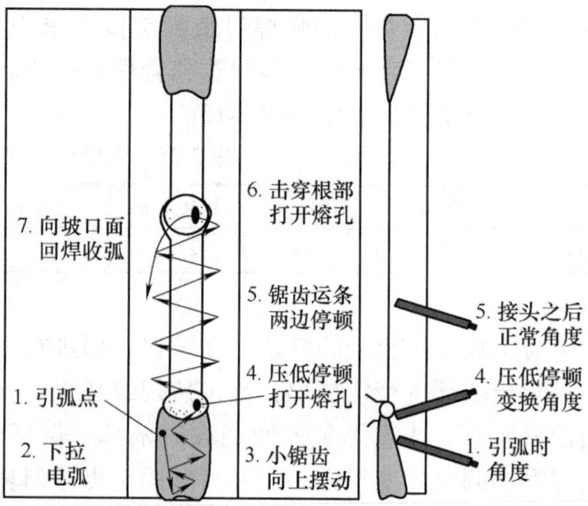

图 2-43　接头方法

打底焊时，要注意观察熔池的形状，正常形状半圆形，若熔池变为桃形或心形，说明熔池中部温度过高，液态金属开始下坠，此时应及时调整运条速度，增加坡口两侧停顿时间，或加大上移步伐。若熔池变为椭圆形，表明热输入不足，应放慢运条速度和增大焊条角度，打底层熔池形状如图2-44所示。

(3) 填充（中间层焊缝）焊　填充焊前应对底层熔渣进行彻底清理，可用扁铲铲除接头高点和焊瘤，使底层焊道基本平整。为了保证质量，填充层应该焊接两层完成。

第一填充层主要消除、熔合打底焊道的潜在缺陷，基本保证焊道厚度与工件表面距离一致。采用短弧小锯齿运条，调节焊接电流，在试件下端20mm处引弧，拉到最端部压低电弧稍作停顿，待形成熔池，锯齿摆动，中间一带而过，坡口两边稍作停顿，观察熔池长大情况，主要熔合坡口两侧形成的沟槽。由于坡口较窄，运条速度要快，否则又会形成新的沟槽。填充层的焊接操作如图2-45所示。

图2-44　底层熔池形状

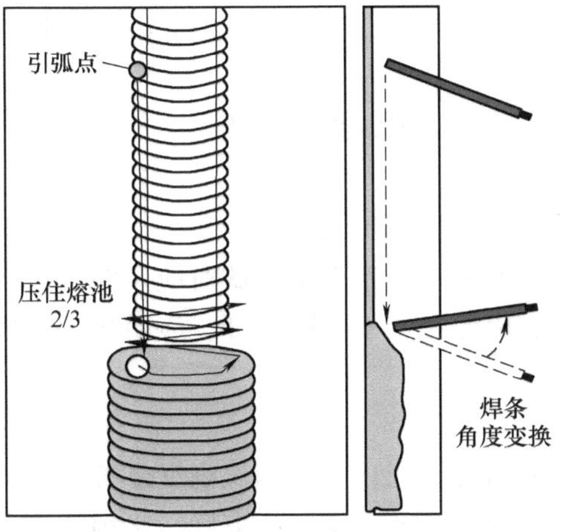

图2-45　填充层焊接操作

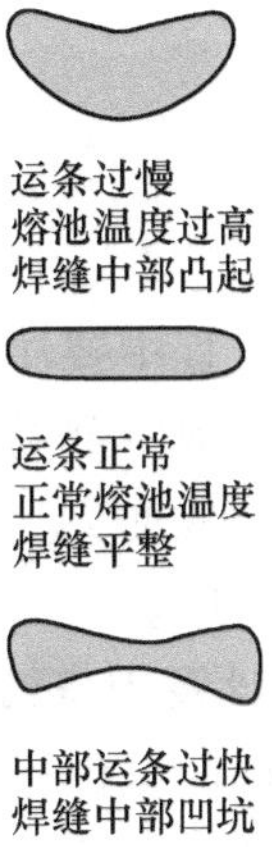

图2-46　填充层熔池形状

填充层焊缝接头时，尽量采用热接头，迅速更换焊条，在弧坑上方10mm（或更长）处向下划擦引燃电弧，电弧拉至弧坑处，压弧坑2/3沿弧坑的形状摆动一次，将弧坑填满，转为正常运条。

第二填充层主要控制焊道整体厚度上下一致，清理熔渣飞溅，采用短弧锯齿形运条，摆动幅度大于第一填充层，运条速度稍慢。焊接过程注意观察熔池温度变化，及时调整运条速度，填充层熔池形状如图2-46所示。为使整条焊缝平整，焊后焊道距棱边0.5～1mm为宜。两侧停顿时间长短，以不破坏坡口棱边为好，为盖面层留作参考基准，焊缝厚度约3～4mm。填充层断面形状如图2-47所示。

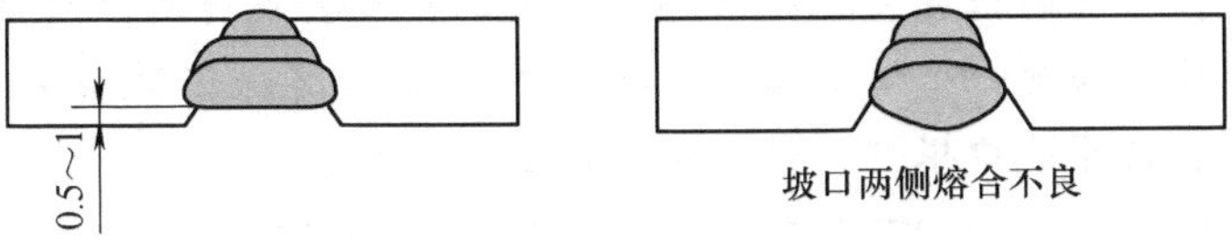

图2-47　填充层断面形状

注意：碱性焊条焊接时始终采用短弧焊接，不应拉长电弧。

(4) 盖面焊　盖面焊前应清除前层焊道熔渣，控制层间温度约100℃，为防止咬边，采用凸月牙运条，两侧稍微停顿，摆动幅度稍大，根据填充焊道深度大小，决定运条速度快慢。焊条摆动到坡口两侧时，焊条电弧中心对准坡口棱边，形成熔池后熔化棱边1.5mm左右，并使熔池饱满后，移动电弧到另一侧，焊后产生余高1~2mm为宜。焊接过程特别要注意控制摆动幅度的大小，以获得宽窄一致，高低相同的光滑焊缝。盖面焊的操作过程如图2-48所示。

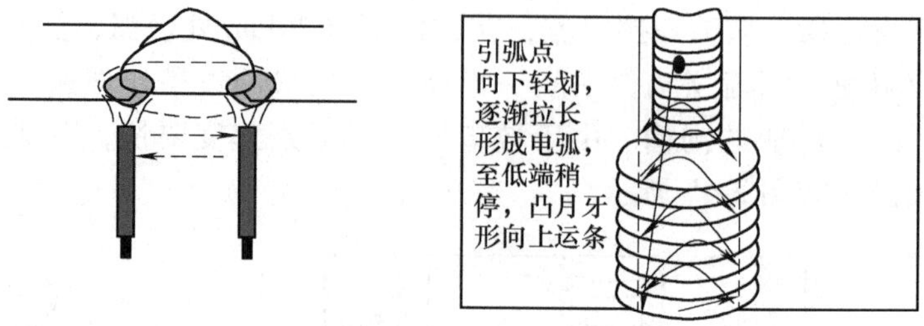

图2-48　盖面焊

焊接过程中要注意观察熔池的形状，正常形状为长条形或长圆形，若熔池变为桃形或心形，说明熔池中部温度过高，液态金属开始下坠，此时应及时调整运条速度，增加坡口两侧停顿时间，或加大上移步伐。若熔池在水平方向断开，表明运条速度过快，热输入不足，应放慢运条速度。

5. 试件及现场清理

将焊好的试件用敲渣锤除去药皮渣壳，再用钢丝刷反复拉刷焊道，除去焊缝氧化层。注意禁止破坏试件原始表面，禁止用水冷却。练习结束后，必须整理工具设备，关闭电源，清理打扫场地，将电缆线盘好，做到安全文明生产，并填写交班记录。

关键技术点拨

板对接立焊的操作要领可以归纳为“一看、二听、三准”

看：观察熔池形状和熔孔大小，并基本保持一致。熔池形状为椭圆形，熔池前端应有一个深入母材两侧坡口根部0.5~1mm的熔孔。当熔孔过大时，应减小焊条与试板的下倾角；让电弧多压往熔池，稍在坡口停留。当熔孔过小时，应压低电弧，增大焊条与试板的下倾角。

听：注意听电弧击穿坡口根部发出的“噗噗”声，如没有这种声音，就是没焊透。一般保持焊条顶端离坡口根部1.5~2mm为宜。

准：施焊时，熔孔的位置要把握准确。焊条的中心要始终对准熔池前端与母材的交界处，使每个熔池与前一个熔池搭接2/3左右，并始终保证弧柱有1/2~1/3在背面燃烧，以加热和击穿坡口根部，保证背面焊缝的熔合。

四、项目评价和总结

参照评分标准（表2-16）进行质量检查。由学生自检、互检和教师检查，并填写质量检查记录卡（附录C）；每天留出部分时间分小组交流讨论，分享各自的学习成果，共同进步。

表 2-16　12mm 板对接试件评分标准

学号			评分人		得分		
检查项目		标准、分数	焊缝等级				实际得分
			Ⅰ	Ⅱ	Ⅲ	Ⅳ	
正面	焊缝余高	标准/mm	>0，≤2	>2，≤3	>3，≤4	>4，<0	
		分　数	2.5	1.5	0.5	0	
	焊缝高低差	标准/mm	≤1	>1，≤2	>2，≤3	>3	
		分　数	2.5	1.5	0.5	0	
	焊缝宽度	标准/mm	>18，≤19	>19，≤20	>20，≤21	>21，<18	
		分　数	2.5	1.5	0.5	0	
	焊缝宽窄差	标准/mm	≤1.5	>1.5，≤2	>2，≤3	>3	
		分　数	2.5	1.5	0.5	0	
	咬　边	标准/mm	0	深度≤0.5 且长度≤10	深度≤0.5 长度≤20	深度>0.5 或长度>20	
		分　数	5	3.5	2.5	0	
	气孔	标准/mm	无气孔	气孔≤0.5 数目：1个	气孔≤0.5 数目：2个	气孔>0.5 数目：>2个	
		分　数	5	3	1	0	
	错边量	标准/mm	0	≤0.5	>0.5，≤1	>1	
		分　数	2.5	1.5	0.5	0	
	角变形	标准/mm	0~1	>1，≤3	>3，≤5	>5	
		分　数	2.5	1.5	0.5	0	
	焊缝外表成形	标准	优	良	一般	差	
			成形美观，鱼鳞均匀细密，高低宽窄一致	成形较好，鱼鳞均匀，焊缝平整	成形尚可，焊缝平直	焊缝弯曲，高低宽窄明显，有表面焊接缺陷	
		分数	2.5	1.5	0.5	0	
反面	焊缝高度	0~3mm　2.5分		>3mm或<0　0分			
	咬　边	无咬边　2.5分		有咬边　0分			
	气　孔	无气孔　2.5分		有气孔　0分			
	未焊透	无未焊透　5分　　有未焊透　0分					
	凹陷	无内凹　10分	深度≤0.5mm，每2mm长扣0.5分（最多扣10分） 深度>0.5mm　0分				
射线探伤			一级50分	二级35分	三级15分	四级0分	

【拓展训练】

项目七 板对接横焊

一、项目任务

按图 2-49 的要求，学习板对接横焊的基本操作技能，完成工件实作任务。

具体要求：掌握板对接横焊的技术要求及操作要领；会制订板对接横焊的装焊方案，会选择板对接横焊的焊接参数，并编制简单的工艺卡（附录 B）；按焊接安全、清洁和环境要求及焊接工艺完成焊接操作，制作出合格的板对接横焊工件，并达到评分标准的相关质量要求。

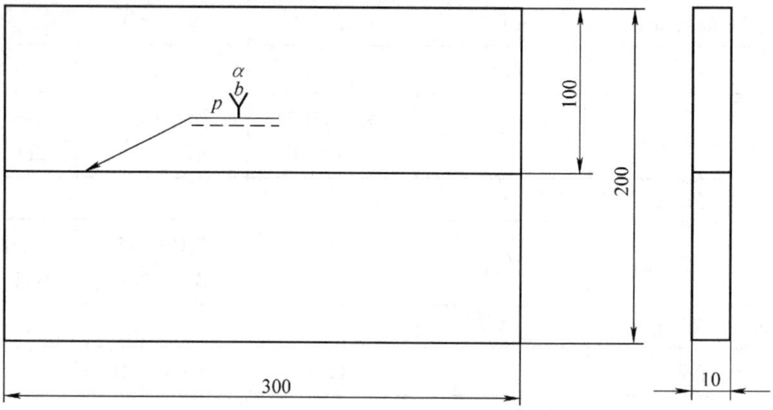

技术要求

焊接方法：焊条电弧焊；接头形式：板对接接头；焊接位置：横焊；

试件材质：Q235；根部间隙 $b=3.2\sim4.0$；$\alpha=60°$；$p=0.5\sim1$。

图 2-49　板对接横焊施工图

二、项目分析

板对接横焊与板对接立焊相似，焊接时熔滴和熔池金属在重力作用下容易下淌而产生焊瘤，焊接时也要采用较小的焊接参数。较厚板对接横焊的坡口一般为 V 形或 K 形（其特点是下板开 I 形坡口或坡口角度小于上板），这样有利于焊缝成形。板对接横焊也要注意采用反变形法防止焊接角变形。

填写焊缝分析表（附录 A）。

三、项目实施

1. 安全检查

同本章项目一。

2. 焊前准备

参考本章项目六。

3. 选择焊接参数

焊接参数见表 2-17。

表 2-17　板对接横焊焊接参数

焊条型号	焊缝层次		焊条直径/mm	焊接电流/A	装配间隙/mm	反变形量	电源极性
E5015（J507）	打底（1 道）	连弧法	2.5	70～80	始端:2.5 终端:3	7°～8°	直流反接
		灭弧法	3.2	100～110	始端:3 终端:4		
	中间层(2、3 道)		3.2	120～140	—		
			4.0	160～165	—		
	盖面(4、5、6 道)		3.2	120～125	—		
			4.0	155～160	—		

4. 实施装配与焊接

操作要领如下：

（1）装配与定位焊　用与正式焊接同样的焊条在焊件背面两端进行定位焊，定位焊焊缝长为 10mm；装配间隙为 3～4mm，一头窄一头宽，反变形量为 7°～8°（采用多层多道焊接时，焊缝的横向收缩力较大）；错边量不大于 0.5mm，如图 2-50 所示，并对装配位置和定位焊质量进行检查。

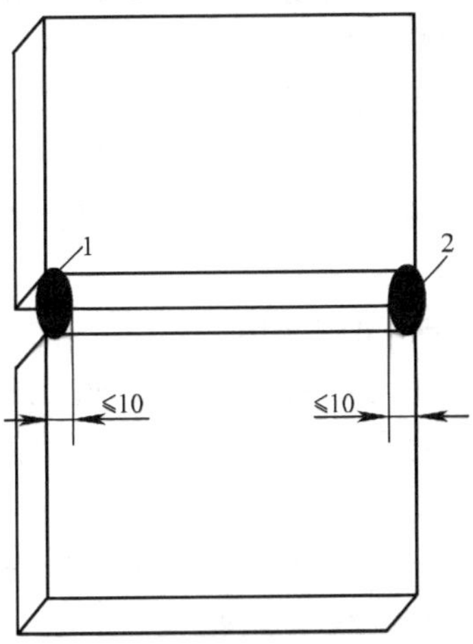

图 2-50　板对接横焊装配图

（2）打底焊　焊件的焊缝与水平面平行，并固定在离地面一定距离（600mm 左右）的工装上；间隙小的一端在左，并从该端开始焊接；采用连弧法或灭弧法打底。连弧法严格采用短弧，熔孔熔入坡口上侧的尺寸略大于坡口，注意焊条在上侧坡口的停顿时间应稍长于下侧坡口，否则容易在坡口下侧形成焊瘤；采用灭弧法时，在上侧坡口引弧，向下侧运条，然后将电弧沿坡口侧后方拉熄，节奏稍慢，每分钟 25～30 次，熔孔尺寸深入坡口两侧各 0.8～1mm。打底焊时，注意控制熔孔和熔池。电弧在上坡口根部停留时间应比在下坡口停留时间稍长，使上坡口根部熔化 1～1.5mm，下坡口根部熔化 0.5～1mm。电弧的 1/3 用来熔化和击穿坡口根部，电弧的 2/3 覆盖在熔池上，保持熔池形状均匀一致。

焊缝接头采用热接法或冷接法接头焊接。收弧时，焊条向焊接反方向的下坡口面回拉 10～15mm 逐渐抬起焊条，形成缓坡；在距弧坑前约 10mm 的上坡口面将电弧引燃，电弧移至弧坑前沿时，压向焊根背面，稍作停顿，形成熔孔后，电弧恢复到正常焊接角度，再继续施焊。冷接法焊接前，先将收弧处的焊缝打磨成缓坡，再按热接法的引弧位置和操作方法焊接。

打底焊的焊条角度如图 2-51 所示。

（3）填充焊　多层多道焊采用直线形运条。填充层施焊前先清除前焊缝的焊渣、飞溅，注意分清铁液和熔渣，控制熔池形状、大小和温度；并将焊缝接头过高处打磨平整。

填充层焊接时，先焊下焊道，后焊上焊道。焊下面的填充焊道时，电弧对准前层焊道的下沿稍摆动，熔池压住焊道的 1/2～2/3；焊上面的填充焊道时，电弧对准前层焊道的上沿并稍作摆动，使坡口上侧与打底焊道的夹角处熔合良好，防止未焊透和夹渣，熔池填满空余位置。填充层焊缝焊完后，其表面应距下坡口表面约2mm，距上坡口表面约0.5mm。不要破坏坡口棱边。填充层焊接的焊条角度如图2-52所示。

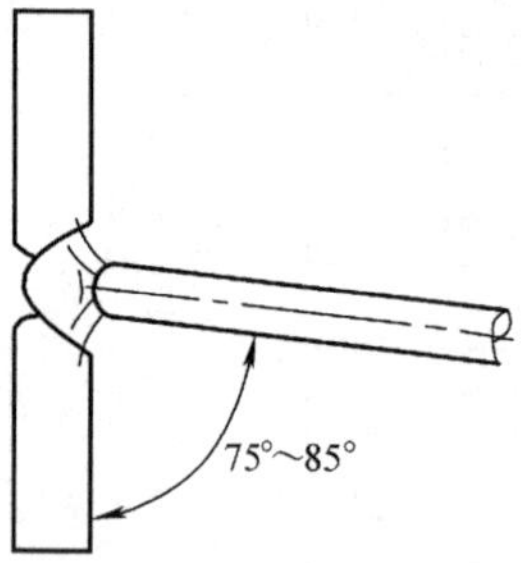

图2-51 打底焊的焊条角度（板对接横焊）

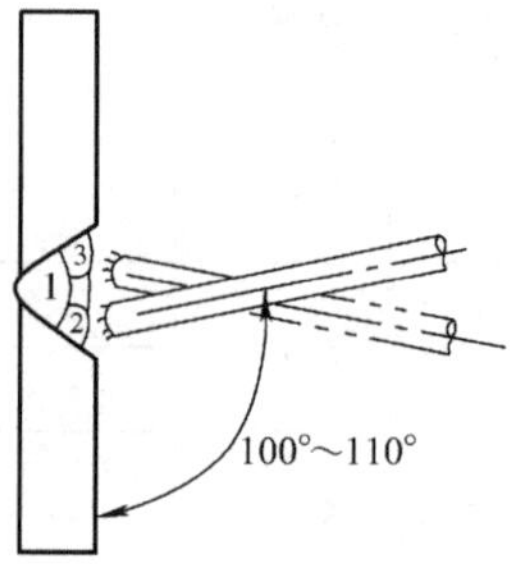

图2-52 填充层焊接的焊条角度（板对接横焊）

（4）盖面焊 与填充层的焊接基本相同。焊接过程中严格采用短弧，运条速度要均匀，并使坡口边缘熔合良好，防止咬边、未熔合和焊瘤等缺陷。盖面焊接时，盖面层焊缝焊三道，由下向上焊接，每条盖面焊道要依次压住前焊道的1/2～2/3。

上面最后一条焊道施焊时，适当增大焊接速度或减小焊接电流，并调整焊条角度，避免液态金属下淌和产生咬边，如图2-53所示。

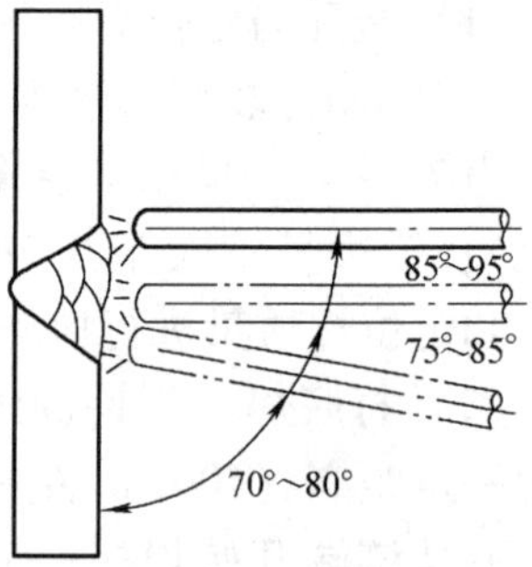

图2-53 盖面焊的焊条角度（板对接横焊）

5. 清理现场

练习结束后必须整理工具设备，关闭电源，清理打扫场地，做到“工完场清”；并由值日生或指导教师检查，作好记录。

关键技术点拨

1. 横焊打底要领

先在施焊部位的上侧坡口面引弧，待根部钝边熔化后再将电弧带到下部钝边，形成第一个熔池后再打孔焊接，并立即采用斜椭圆（小斜环）运条法运条。因上坡口面受热条件好于下坡口面，故操作时电弧要照顾下坡口面的熔化，从上坡口到下坡口时，运条速度略慢，保证填充金属与焊件熔合良好（与下坡口）；从下坡口到上坡口时，运条速度略快，以防止熔池金属液下淌。焊接过程中应始终保持短弧焊接，将熔池金属液送到坡口根部，同时，电弧弧柱的2/3应保持在背面燃烧。

2. 横焊的左焊法

横焊操作时，由于熔融金属的重力作用，熔滴在向焊件过渡时容易偏离焊条轴线而向下偏斜，为避免熔池金属下溢过多，在操作中焊条除保持一定的下倾角外，还可采用左焊法，即从右边向左边焊接。焊条前倾角大于后倾角，使电弧热量转移向前边未焊焊道（同时预热前边未焊焊道，提高焊接速度和效率），减小输入熔池的电弧热量，加快熔池冷却，避免因熔池存在时间过长而导致熔滴下淌、形成焊瘤等缺陷。

四、项目评价与总结

参照评分标准（表2-18）进行检查。由学生自检、互检以及教师检查（或专职质检员进行），并填写质量检查记录卡（附录C）；每天留出部分时间分小组交流讨论，分享各自的学习成果，共同进步。

表2-18　10mm板对接试件评分标准

学号			评分人		得分		
检查项目		标准、分数	焊　缝　等　级				实际得分
			Ⅰ	Ⅱ	Ⅲ	Ⅳ	
正面	焊缝余高	标准/mm	>0，≤1.5	>1.5，≤2	>2.5，≤3	>3，<0	
		分　数	2.5	1.5	0.5	0	
	焊缝高低差	标准/mm	≤1	>1，≤2	>2，≤3	>3	
		分　数	2.5	1.5	0.5	0	
	焊缝宽度	标准/mm	>15，≤16	>16，≤17	>17，≤18	>18，<15	
		分　数	2.5	1.5	0.5	0	
	焊缝宽窄差	标准/mm	≤1.5	>1.5，≤2	>2，≤3	>3	
		分　数	2.5	1.5	0.5	0	
	咬　边	标准/mm	0	深度≤0.5 且长度≤10	深度≤0.5 长度≤20	深度>0.5 或长度>20	
		分　数	5	3.5	2.5	0	
	气孔	标准/mm	无气孔	气孔≤0.5 数目：1个	气孔≤0.5 数目：2个	气孔>0.5 数目：>2个	
		分　数	5	3	1	0	
	错边量	标准/mm	0	≤0.5	>0.5，≤1	>1	
		分　数	2.5	1.5	0.5	0	
	角变形	标准/mm	0~1	>1，≤3	>3，≤5	>5	
		分　数	2.5	1.5	0.5	0	
	焊缝外表成形		优	良	一般	差	
		标准	成形美观，鱼鳞均匀细密，高低宽窄一致	成形较好，鱼鳞均匀，焊缝平整	成形尚可，焊缝平直	焊缝弯曲，高低宽窄明显，有表面焊接缺陷	
		分数	2.5	1.5	0.5	0	
反面	焊缝高度	0~3mm　2.5分		>3mm或<0　0分			
	咬　边	无咬边　2.5分		有咬边　0分			
	气　孔	无气孔　2.5分		有气孔　0分			
	未焊透	无未焊透　5分　有未焊透　0分					
	凹陷	无内凹　10分	深度≤0.5mm，每2mm长扣0.5分（最多扣10分） 深度>0.5mm　0分				
射线探伤			一级50分	二级35分	三级15分	四级0分	

项目八 管对接垂直固定焊

一、项目任务

按图 2-54 的要求，学习管对接垂直固定焊的基本操作技能，完成工件实作任务。

具体要求：掌握管对接垂直固定焊的技术要求及操作要领；会制订管对接垂直固定焊的装焊方案，会选择管对接垂直固定焊的焊接参数，并编制简单的工艺卡（附录 B）；按焊接安全、清洁和环境要求及焊接工艺完成焊接操作，制作出合格的管对接垂直固定焊工件，并达到评分标准的相关质量要求。

二、项目分析

管对接垂直固定焊（单面焊双面成形）和板对接横焊基本相似，焊缝处于空间位置，熔滴和熔池金属容易下淌，易形成未熔合和焊瘤等缺陷。操作时应以小规范进行操作。一般采用直线运条。

填写焊缝分析表（附录 A）。

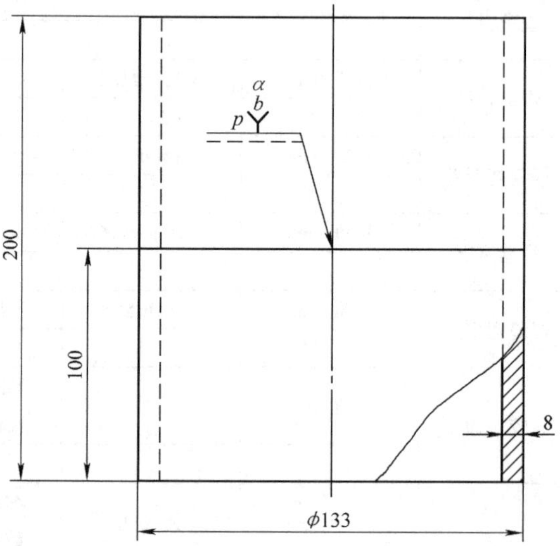

技术要求

焊接方法：焊条电弧焊；接头形式：管对接接头；焊接位置：横焊；试件材质：20g 钢管；根部间隙 $b=3\sim4$，坡口角度 $\alpha=60°$，钝边 $p=1$。

图 2-54 管对接垂直固定焊施工图

三、项目实施

1. 安全检查

同本章项目一。

2. 焊前准备

钢管两节，将管子内、外壁坡口两侧 20mm 范围内的油污、铁锈、氧化皮等清除干净，直到露出金属光泽；准备焊机，接好地线，调节焊接参数；场地清理，焊把线理顺，保持整洁；并对试板清洁度、试板尺寸进行检查（按图样及技术要求）。

3. 选择焊接参数

焊接参数见表 2-19。

表 2-19 焊 接 参 数

焊条型号	焊缝层次	焊条直径/mm	焊接电流/A	电源极性	焊接次序
E5015（J507）	打底（1 道）	2.5	75 ~ 85	直流反接	1
	盖面（2、3 道）	3.2	105 ~ 115		2
					3

4. 实施装配与焊接

操作要领如下：

（1）装配与定位焊　调好焊接参数，在角钢制作的装配胎具上进行装配（图 2-55），保证同轴度。采用与正式焊接相同的焊条进行定位焊。

装配间隙为 1.5～2mm，定位焊焊缝长 10mm 左右，采用两点或三点定位，如 2-56 图所示，并对装配位置和定位焊质量进行检查。

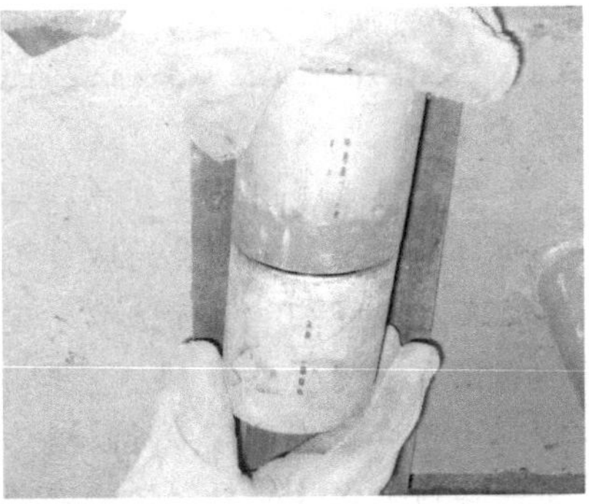

图 2-55　装配示意图
（管对接垂直固定焊）

（2）打底焊　与横焊基本相似，采用灭弧法打底(一点击穿打孔断弧焊法，向右施焊。当熔池形成后，焊条向焊接反方向作划挑动作，迅速灭弧；待熔池变暗，在未凝固的熔池边缘重新引弧，在坡口装配间隙处稍作停顿，电弧的 1/3 在根部打孔，新的熔孔形成后，再熄弧)。因焊缝为一道环缝，故焊接过程中要始终保持焊条角度不变。注意控制熔孔和熔池，在熔池前沿应能看到均匀的熔孔，上坡口根部熔化 1～1.5mm，下坡口根部略小些；熔池形状应保持一致，每次引弧的位置要准确，后一个熔池搭接前一个熔池的 2/3 左右。焊缝接头采用热接法或冷接法焊接。运条方法如图 2-57 所示。

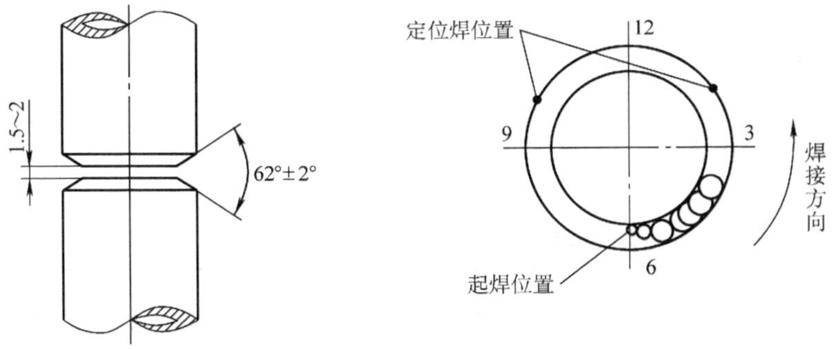

图 2-56　装配要求（管对接垂直固定焊）

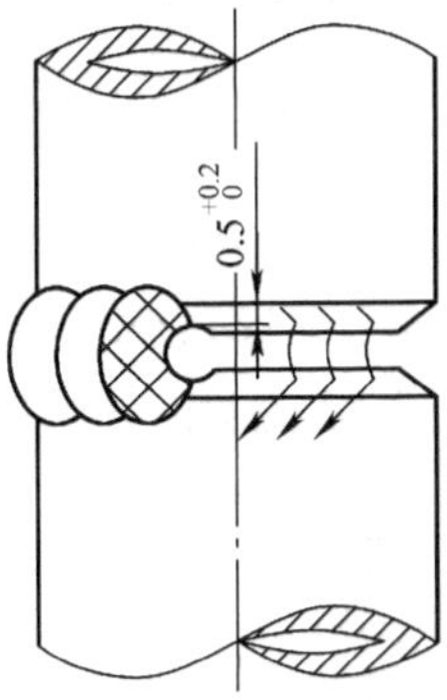

图 2-57　打底焊运条方法
（管对接垂直固定焊）

（3）盖面焊　盖面需焊上、下两道。先焊下焊道，再焊上焊道。焊下焊道时，电弧对准打底焊道下沿，稍摆动，熔化金属覆盖打底焊道的 1/2～2/3；焊上面焊道时，适当加快焊接速度或减小焊接电流，并调整焊条角度，防止出现咬边和液态金属下淌。连续焊接时，采用直线运条或小斜环运条，焊接中要严格控制弧长，并注意上、下坡口应熔合良好。盖面施焊前，需清除打底层焊缝的焊渣、飞溅，焊缝接头过高部分应打磨平整。焊条角度如图 2-58 所示。

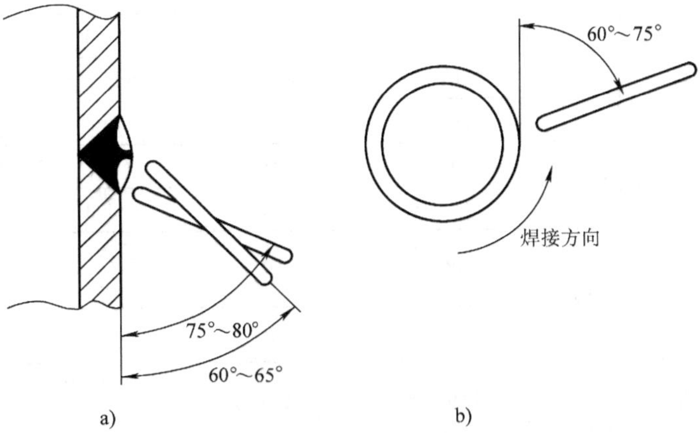

图 2-58　盖面焊接的焊条角度（管板垂直固定焊）

5. 清理现场

练习结束后必须整理工具设备，关闭电源，清理打扫场地，做到“工完场清”；并由值日生或指导教师检查，作好记录。

关键技术点拨

管对接垂直固定焊（单面焊双面成形）实际是横焊位置，只是焊缝是沿圆周进行焊接的。上、下两管的坡口角度应有所不同，上管坡口角度要大些。装配间隙按所用焊条直径 $d\pm0.5$mm 选取。定位焊按管直径大小取 2 ~ 4 点。焊接层次按管壁厚度适当选取。

由于焊缝为圆形，所以操作过程中人要移动位置，从而适应圆形焊缝。焊接前应将焊件固定在最适合自己的一个高度，同时取好自己的位置，尽可能地减少移动次数。操作时，全身放松，呼吸自然，同时利用手腕进行操作。打底焊一般采用一点击穿电弧穿透打孔焊接法，每次引燃电弧的位置要准确，给送熔滴要均匀，断弧要果断，并控制好熄弧和再引燃的时间。在操作中，手臂和手腕转动要灵活，运条速度应保持均匀。

四、项目评价与总结

参照评分标准（表 2-20）进行检查。由学生自检、互检以及教师检查（或专职质检员进行），并填写质量检查记录卡（附录 C）；每天留出部分时间，分小组交流讨论，分享各自的学习成果，共同进步。

表 2-20　ϕ133mm ×8mm 管对接试件评分标准

学号			评分人		得分		
检查项目		标准、分数	焊缝等级				实际得分
			Ⅰ	Ⅱ	Ⅲ	Ⅳ	
正面	焊缝余高	标准/mm	0 ~ 1	>1，≤2	>2，≤3	>3	
		分数	5	3	1	0	
	焊缝高低差	标准/mm	≤1	>1，≤2	>2，≤3	>3	
		分数	5	3	1	0	
	焊缝宽度	标准/mm	>13，≤15	>15，≤16	>16，≤17	>17，<13	
		分数	5	3	1	0	
	焊缝宽窄差	标准/mm	≤1.5	>1.5，≤2	>2，≤3	>3	
		分数	5	3	1	0	
	咬边	标准/mm	0	深度≤0.5 且≤10	深度≤0.5 长度≤20	深度>0.5 或长度>20	
		分数	10	7	5	0	
	气孔	标准/mm	无气孔	气孔≤0.5 数目：1个	气孔≤0.5 数目：2个	气孔>0.5 数目：>2个	
		分数	10	6	2	0	

（续）

学号			评分人		得分		
检查项目		标准、分数	焊　缝　等　级				实际得分
			Ⅰ	Ⅱ	Ⅲ	Ⅳ	
正面	焊缝外表成形		优	良	一般	差	
		标准/mm	成形美观，鱼鳞均匀细密，高低宽窄一致	成形较好，鱼鳞均匀，焊缝平整	成形尚可，焊缝平直	焊缝弯曲，高低宽窄明显，有表面缺陷	
		分数	10	7	4	0	
反面	焊缝高度	0～3mm　5分		>3mm 或 <0　0分			
	咬　边	无咬边　5分		有咬边　0分			
	气　孔	无气孔　5分		有气孔　0分			
	未焊透	无未焊透　10分　有未焊透　0分					
	凹陷	无内凹　10分	深度≤0.5mm，每4mm长扣1分（最多扣10分） 深度>0.5mm　0分				
	焊瘤	无焊瘤　10分　有焊瘤　0分					
	焊缝外表成形		优	良	一般	差	
		标准	成形美观，鱼鳞均匀细密，高低宽窄一致	成形较好，鱼鳞均匀，焊缝平整	成形尚可，焊缝平直	焊缝弯曲，高低宽窄明显，有表面缺陷	
		分数	5	3	2	0	

项目九　管对接水平固定焊

一、项目任务

按图 2-59 的要求，学习管对接水平固定焊的基本操作技能，完成工件实作任务。

具体要求：掌握管对接水平固定焊的技术要求及操作要领；会制订管对接水平固定焊的装焊方案，会选择管对接水平固定焊的焊接参数，并编制简单的工艺卡（附录 B）；按焊接安全、清洁和环境要求及焊接工艺完成焊接操作，制作出合格的管对接水平固定焊工件，并达到评分标准的相关质量要求。

二、项目分析

管对接水平固定焊要经历仰焊、立焊、平焊，属于全位置焊接，难度较大。焊接时，熔滴和熔池金属在重力的作用下容易下淌。为了在焊接过程中控制熔池的大小和温度、减少和防止液态金属下淌而产生焊瘤，一般采用较小的焊接参数。焊接时的焊条角度随焊缝曲率变化而不断变化，焊接过程分两个半周完成。

填写焊缝分析表（附录 A）。

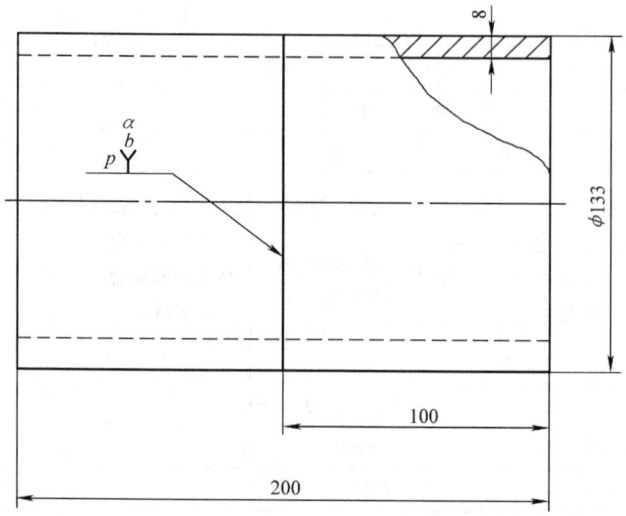

技术要求

焊接方法：焊条电弧焊；接头形式：管对接接头；焊接位置：水平固定向上焊；试件材质：20g 钢管；根部间隙 $b=2.5\sim3.2$，坡口角度 $\alpha=60°$，钝边 $p=0\sim1$。

图 2-59　管对接水平固定焊施工图

三、项目实施

1. 安全检查

同本章项目一。

2. 焊前准备

参考本章项目八。

3. 选择焊接参数

焊接参数见表 2-21。

表 2-21　焊 接 参 数

焊条型号	焊接层次	焊条直径/mm	焊接电流/A	焊接次序	电源极性
E5015 (J507)	打底（1 道）	2.5	75 ~ 85	1	直流反接
	盖面（2 道）	3.2	85 ~ 95	2	

4. 实施装配与焊接

操作要领如下：

（1）装配与定位焊　在角钢制作的工装上进行装配（图 2-60）。用与正式焊接同样的焊条在焊件背面两端定位焊。

定位焊焊缝长为 10mm（注意仰焊部位不宜定位焊）；装配间隙为 2 ~ 3mm，仰焊部位窄、平焊部位宽；为保证两节钢管焊后的同轴度，错边量不大于 0.5mm。本项目采用三点定位（定位方式有一点、两点和三点定位，如图 2-61 所示），并对装配位置和定位焊质量进行检查。

（2）打底焊　施焊方式为沿焊管的中心线将管子分成左右两半周焊接，先沿逆时针方向焊右半周，后沿顺时针方向焊左半周；引弧和收弧部位要超过管子中心线 5 ~ 10mm。

焊管轴线与水平面平行并固定在离地面一定距离（600mm 左右）的工装上，间隙小的一端在下，并从该端开始向上焊接；采用灭弧法打底，向上施焊（当熔池形成后，焊条向焊接方向作划挑动作，迅速灭弧；待熔池变暗，在未凝固的熔池边缘重新引弧，在坡口间隙处稍作停顿，电弧的1/3击穿根部，新熔孔形成后，再熄弧。焊接过程中，每次引弧的位置要准确，给送熔滴要均匀，断弧要果断，并控制好熄弧和再引弧的时间）。焊缝接头采用热接法或冷接法焊接。焊条角度和运条方法如图2-62所示。

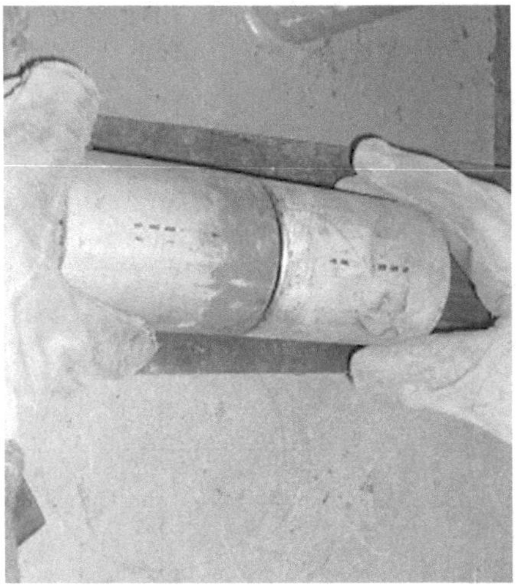

图2-60　装配示意图
（管对接水平固定焊）

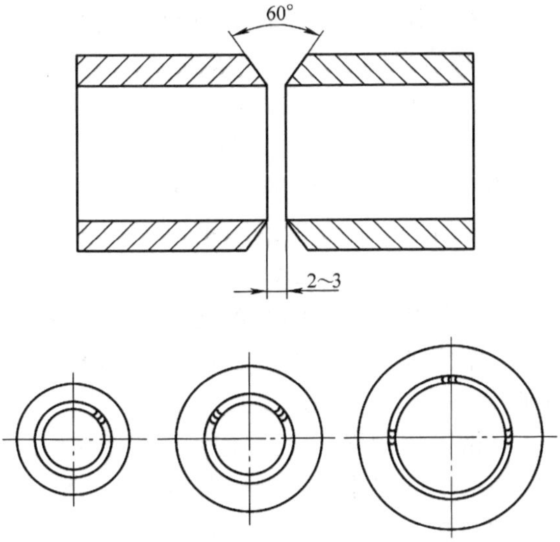

图2-61　不同管径的装配及定位焊要求

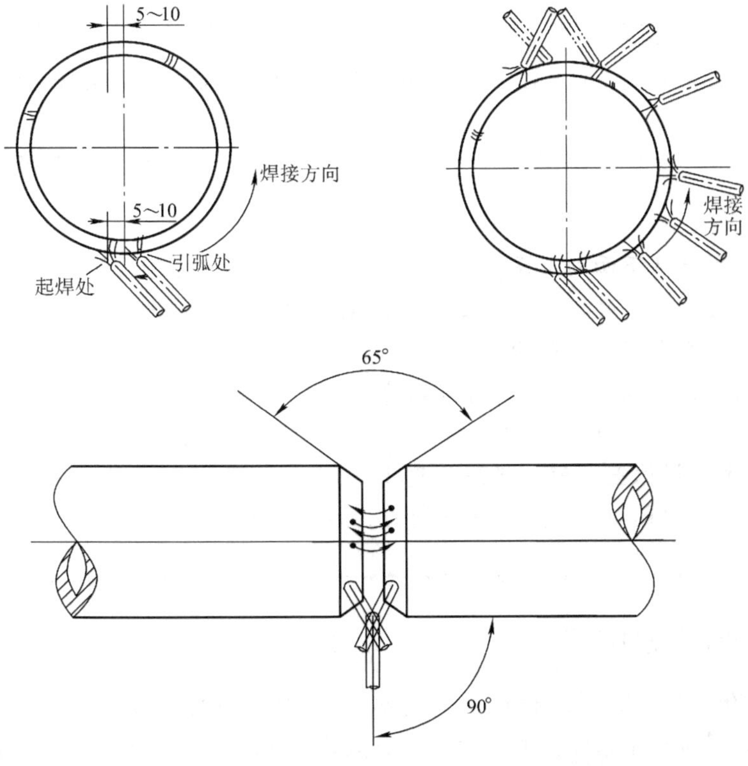

图2-62　打底焊焊条角度和运条方法（管对接水平固定焊）

仰焊位置焊接时，焊条向上顶送深些，尽量压低电弧；立焊和平焊位置焊接时，焊条向坡口根部压送深度比仰焊时的浅些。立焊和平焊部位的焊接速度要稍快一些，避免产生焊瘤等缺陷。

左半周焊接时，先将右半周仰焊位置焊道的引弧处打磨成缓坡；在距缓坡底部5～10mm处引弧，按冷接法焊好仰焊位置的焊缝接头。之后，再按焊接右半周的方法施焊。注意最后平焊位置的封闭定位焊缝接头的操作，要保证焊透。

（3）盖面焊　先将前面焊缝的焊渣、飞溅清理干净。焊接过程中采用连弧法，“之”字形或月牙形运条并严格采用短弧，运条速度要均匀，摆动幅度要小，在坡口两侧稍稍停顿稳弧，使坡口边缘熔合良好，防止咬边、未熔合和焊瘤等缺陷。接头处的操作如图2-63所示。

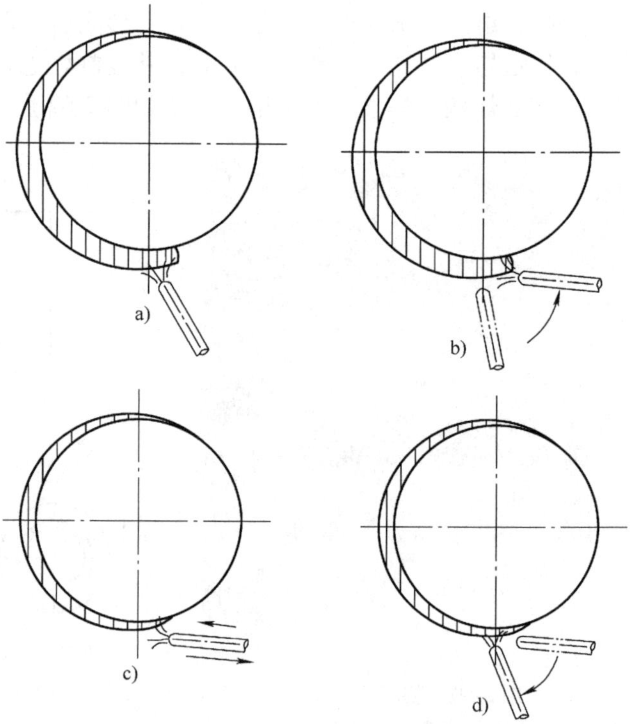

图2-63　盖面焊右半周接头处的操作示意图（管对接水平固定焊）

5. 清理现场

练习结束后必须整理工具设备，关闭电源，清理打扫场地，做到“工完场清”；并由值日生或指导教师检查，作好记录。

关键技术点拨

此焊接过程是从下面到上面，要经过仰焊、立焊、平焊等几种焊接位置，是一种难度较大的操作。焊接时，金属熔池所处的空间位置不断变化，焊条角度也应随焊接位置的变化而不断调整。归纳为“一看、二稳、三准、四匀”：

1）看：看熔池并控制大小，看熔池位置。

2）稳：身体放松，呼吸自然，手稳，动作幅度小而稳。

3）准：定位焊位置准确，焊条角度准确。

4）匀：焊缝波纹均匀，焊缝宽窄均匀，焊缝高低均匀。

四、项目评价与总结

参照评分标准（表2-22）进行检查。由学生自检、互检以及教师检查（或专职质检员进行），并填写质量检查记录卡（附录C）；每天留出部分时间，分小组交流讨论，分享各自的学习成果，共同进步。

表 2-22　ϕ133mm×8mm 管对接试件评分标准

<table>
<tr><td colspan="2">学号</td><td></td><td>评分人</td><td colspan="2"></td><td>得分</td><td></td></tr>
<tr><td colspan="2" rowspan="2">检查项目</td><td rowspan="2">标准、分数</td><td colspan="4">焊　缝　等　级</td><td rowspan="2">实际得分</td></tr>
<tr><td>Ⅰ</td><td>Ⅱ</td><td>Ⅲ</td><td>Ⅳ</td></tr>
<tr><td rowspan="14">正面</td><td rowspan="2">焊缝余高</td><td>标准/mm</td><td>0～1</td><td>>1，≤2</td><td>>2，≤3</td><td>>3</td><td rowspan="2"></td></tr>
<tr><td>分　数</td><td>5</td><td>3</td><td>1</td><td>0</td></tr>
<tr><td rowspan="2">焊缝高低差</td><td>标准/mm</td><td>≤1</td><td>>1，≤2</td><td>>2，≤3</td><td>>3</td><td rowspan="2"></td></tr>
<tr><td>分　数</td><td>5</td><td>3</td><td>1</td><td>0</td></tr>
<tr><td rowspan="2">焊缝宽度</td><td>标准/mm</td><td>>13，≤15</td><td>>15，≤16</td><td>>16，≤17</td><td>>17，<13</td><td rowspan="2"></td></tr>
<tr><td>分　数</td><td>5</td><td>3</td><td>1</td><td>0</td></tr>
<tr><td rowspan="2">焊缝宽窄差</td><td>标准/mm</td><td>≤1.5</td><td>>1.5，≤2</td><td>>2，≤3</td><td>>3</td><td rowspan="2"></td></tr>
<tr><td>分　数</td><td>5</td><td>3</td><td>1</td><td>0</td></tr>
<tr><td rowspan="2">咬　边</td><td>标准/mm</td><td>0</td><td>深度≤0.5
且≤10</td><td>深度≤0.5
长度≤20</td><td>深度>0.5
或长度>20</td><td rowspan="2"></td></tr>
<tr><td>分　数</td><td>10</td><td>7</td><td>5</td><td>0</td></tr>
<tr><td rowspan="2">气孔</td><td>标准/mm</td><td>无气孔</td><td>气孔≤0.5
数目：1个</td><td>气孔≤0.5
数目：2个</td><td>气孔>0.5
数目：>2个</td><td rowspan="2"></td></tr>
<tr><td>分　数</td><td>10</td><td>6</td><td>2</td><td>0</td></tr>
<tr><td rowspan="3">焊缝外表成形</td><td rowspan="2">标准/mm</td><td>优</td><td>良</td><td>一般</td><td>差</td><td rowspan="3"></td></tr>
<tr><td>成形美观，鱼鳞均匀细密，高低宽窄一致</td><td>成形较好，鱼鳞均匀，焊缝平整</td><td>成形尚可，焊缝平直</td><td>焊缝弯曲，高低宽窄明显，有表面缺陷</td></tr>
<tr><td>分数</td><td>10</td><td>7</td><td>4</td><td>0</td></tr>
<tr><td rowspan="9">反面</td><td>焊缝高度</td><td colspan="2">0～3mm　5分</td><td colspan="3">>3mm 或<0　0分</td><td></td></tr>
<tr><td>咬　边</td><td colspan="2">无咬边　5分</td><td colspan="3">有咬边　0分</td><td></td></tr>
<tr><td>气　孔</td><td colspan="2">无气孔　5分</td><td colspan="3">有气孔　0分</td><td></td></tr>
<tr><td>未焊透</td><td colspan="5">无未焊透　10分　　有未焊透　0分</td><td></td></tr>
<tr><td>凹陷</td><td>无内凹　10分</td><td colspan="4">深度≤0.5mm，每4mm长扣1分（最多扣10分）
深度>0.5mm　0分</td><td></td></tr>
<tr><td>焊瘤</td><td colspan="5">无焊瘤　10分　有焊瘤　0分</td><td></td></tr>
<tr><td rowspan="3">焊缝外表成形</td><td rowspan="2">标准</td><td>优</td><td>良</td><td>一般</td><td>差</td><td rowspan="3"></td></tr>
<tr><td>成形美观，鱼鳞均匀细密，高低宽窄一致</td><td>成形较好，鱼鳞均匀，焊缝平整</td><td>成形尚可，焊缝平直</td><td>焊缝弯曲，高低宽窄明显，有表面缺陷</td></tr>
<tr><td>分数</td><td>5</td><td>3</td><td>2</td><td>0</td></tr>
</table>

项目十　板对接仰焊

一、项目任务

按图 2-64 的要求，学习板对接仰焊的基本操作技能，完成工件实作任务。

具体要求：掌握板对接仰焊的技术要求及操作要领；会制订板对接仰焊的装焊方案，会选择板对接仰焊的焊接参数，并编制简单的工艺卡（附录 B）；按焊接安全、清洁和环境要求及焊接工艺完成焊接操作，制作出合格的板对接仰焊工件，并达到评分标准的相关质量要求。

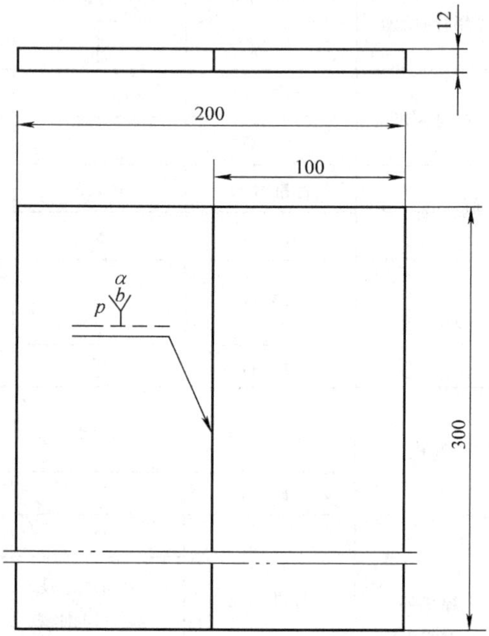

技术要求

焊接方法：焊条电弧焊；接头形式：板对接接头；焊接位置：仰焊；试件材质：Q235；根部间隙，$b=4\sim6$，钝边 $p=0.5\sim1$，坡口角度 $\alpha=60°$。

图 2-64　板对接仰焊施工图

二、项目分析

仰焊是各种位置焊接中最困难的一种，由于熔池倒悬在焊件下面，熔滴和熔池金属在重力作用下更容易下淌而形成焊瘤，且背面焊缝容易下凹。为了控制熔池的大小和温度，减少和防止液态金属下淌，除采用较小的焊接参数外，操作时还要借助焊条的电弧吹力将熔滴向上“顶推”（有一个向上“捅”的动作）。

填写焊缝分析表（附录 A）。

三、项目实施

1. 安全检查

同本章项目一。

2. 焊前准备

参考本章项目六。

3. 选择焊接参数

焊接参数见表 2-23。

表 2-23　板对接仰焊焊接参数

焊条型号	焊接层次		焊条直径/mm	焊接电流/A	电源极性
E5015 (J507)	打底(1 道)	灭弧法	3.2	90～100	直流反接
	中间层(2、3 道)		3.2	100～110	
	盖面(4 道)		3.2	90～100	

4. 实施装配与焊接

操作要领如下：

（1）装配与定位焊　用与正式焊接同样的焊条在焊件背面两端进行定位焊，定位焊焊缝长为10mm；装配间隙为3～4mm，一头窄一头宽，反变形量为3°～4°，错边量不大于0.5mm，如图2-65所示，并对装配位置和定位焊质量进行检查。

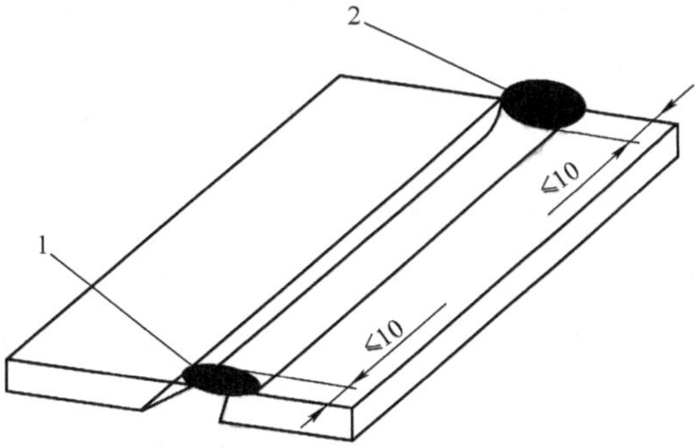

图2-65　板对接仰焊装配图

（2）打底焊　焊件的焊缝与水平面平行，处于焊工仰视位置，并固定在离地面一定距离（600mm左右）的工装上，间隙小的一端在远端，且从该端开始焊接。采用灭弧法打底；接头采用热接法焊接；严格采用短弧，每分钟25～30次，灭弧时间约0.8s（即控制熔池存在的时间不能太长）；焊条向上顶深一些（保持较强的电弧穿透力，保证背面成形饱满，不至于下凹）。

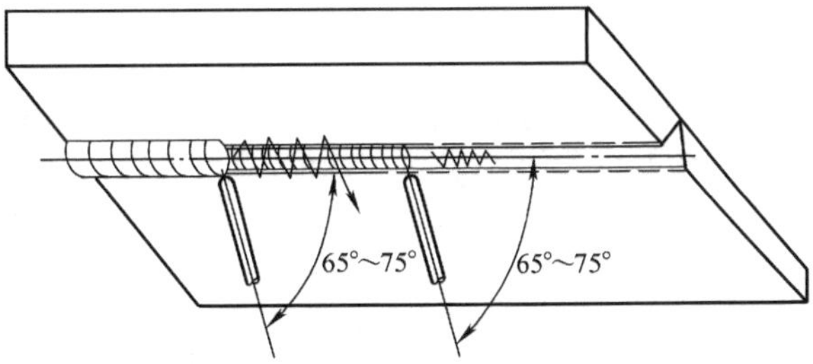

图2-66　仰焊的运条方法及焊条角度

（3）填充焊　采用“之”字形运条，也可用月牙形运条；焊前必须将前道焊缝的焊渣清理干净；注意分清金属液和熔渣，并控制熔池的形状、大小和温度；使焊缝表面平整（焊接速度稍快，焊肉要薄，使之很快冷却而不会形成焊瘤）。仰焊的运条方法及焊条角度如图2-66所示。

（4）盖面焊　与中间层的焊接基本相同。焊接过程中应严格采用短弧，运条速度要均匀，焊条摆动的幅度和间距要均匀，在坡口边缘稍稍停顿，使坡口边缘熔合良好，防止咬边、未熔合和焊瘤等缺陷。

5. 清理现场

练习结束后必须整理工具设备，关闭电源，清理打扫场地，做到“工完场清”；并由值日生或指导教师检查，作好记录。

关键技术点拨

板对接仰焊是“捅”出来的

仰焊时，熔池倒挂在焊件下面，熔化金属因重力的作用容易下坠滴落，不易控制熔池的形状和大小，容易出现未焊透、夹渣和凹陷等缺陷。焊接时，必须采用短弧，选择合适的焊条角度，宜采用较小直径的焊条和较小的电流，电流比平焊时的电流小15%～20%，即严格控制热输入，尽量做到焊速快，熔池小，焊肉薄。

打底焊时，推荐使用灭弧法进行焊接操作（碱性焊条易采用直流正接进行打底焊）；焊接电流宜选择比正常焊接时的电流稍大，否则易产生粘连。形成熔孔后，焊条尽可能地向上顶——“捅”，始终保持1/2～2/3的电弧在背面燃烧，同时，新的熔池要覆盖前一个熔池的1/2，乃至更多。

填充焊道和盖面焊道宜采用摆动法焊接，并在坡口两侧略作停顿以稳定电弧，从而保证两侧熔合良好。

四、项目评价与总结

参照评分标准（表2-24）进行检查。由学生自检、互检以及教师检查（或专职质检员进行），并填写质量检查记录卡（附录C）；每天留出部分时间分小组交流讨论，分享各自的学习成果，共同进步。

表2-24　12mm板对接试件评分标准

学号			评分人		得分		
检查项目		标准、分数	焊缝等级				实际得分
			Ⅰ	Ⅱ	Ⅲ	Ⅳ	
正面	焊缝余高	标准/mm	>0，≤2	>2，≤3	>3，≤4	>4，<0	
		分　数	2.5	1.5	0.5	0	
	焊缝高低差	标准/mm	≤1	>1，≤2	>2，≤3	>3	
		分　数	2.5	1.5	0.5	0	
	焊缝宽度	标准/mm	>18，≤19	>19，≤20	>20，≤21	>21，<18	
		分　数	2.5	1.5	0.5	0	
	焊缝宽窄差	标准/mm	≤1.5	>1.5，≤2	>2，≤3	>3	
		分　数	2.5	1.5	0.5	0	
	咬　边	标准/mm	0	深度≤0.5 且长度≤10	深度≤0.5 长度≤20	深度>0.5 或长度>20	
		分　数	5	3.5	2.5	0	
	气孔	标准/mm	无气孔	气孔≤0.5 数目：1个	气孔≤0.5 数目：2个	气孔>0.5 数目：>2个	
		分　数	5	3	1	0	
	错边量	标准/mm	0	≤0.5	>0.5，≤1	>1	
		分　数	2.5	1.5	0.5	0	
	角变形	标准/mm	0～1	>1，≤3	>3，≤5	>5	
		分　数	2.5	1.5	0.5	0	
	焊缝外表成形		优	良	一般	差	
		标准	成形美观，鱼鳞均匀细密，高低宽窄一致	成形较好，鱼鳞均匀，焊缝平整	成形尚可，焊缝平直	焊缝弯曲，高低宽窄明显，有表面焊接缺陷	
		分数	2.5	1.5	0.5	0	

（续）

学号			评分人		得分		
检查项目		标准、分数	焊　缝　等　级				实际得分
			Ⅰ	Ⅱ	Ⅲ	Ⅳ	
反面	焊缝高度	0～3mm　2.5分		>3mm或<0　0分			
	咬　边	无咬边　2.5分		有咬边　0分			
	气　孔	无气孔　2.5分		有气孔　0分			
	未焊透	无未焊透　5分　有未焊透　0分					
	凹陷	无内凹　10分	深度≤0.5mm，每2mm长扣0.5分（最多扣10分） 深度>0.5mm　0分				
射线探伤			一级50分	二级35分	三级15分	四级0分	

【工程实践及应用案例】

一、泄漏管道的应急补焊

在锅炉、自来水管道的运行过程中，某些管道有时会发生穿孔泄漏，此时若停产，将管道内的水排空后进行补焊，会使生产受到极大损失。一般可以采用带水、带压补焊应急，其方法如下：

1）根据泄漏孔的大小选择合适的螺栓、螺母（或螺纹管材）；由于是带水补焊，应选择对水、气、铁锈不敏感的酸性焊条；焊条直径要小点，电流为焊条直径的50～60倍。

2）先把螺母焊到泄漏孔处，然后拧上螺栓（或阀门），使泄漏减弱或停止，最后再把螺栓、螺母焊到一起（或关闭阀门），漏孔即可被完全堵死，锅炉或自来水管便能很快正常运行。

优点：不管漏孔大小如何，都能用相应的螺母进行补焊，且螺栓、螺母极易寻找；焊堵漏孔省时省力，效率高，如图2-67所示。

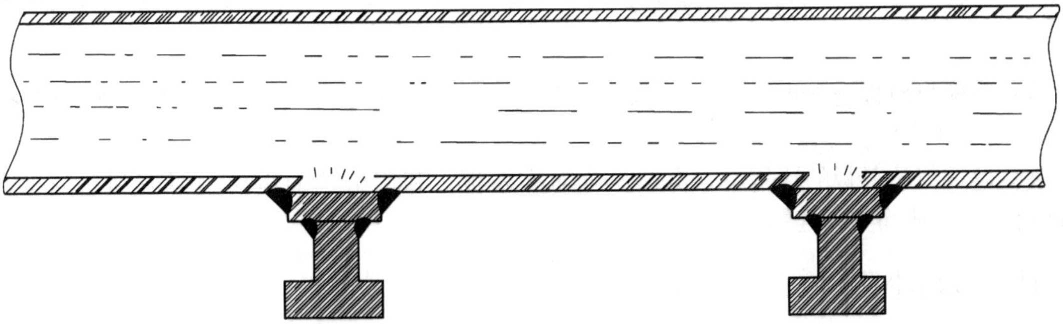

图2-67　螺栓、螺母补焊带压管道示意图

二、蒸汽管道的带压补焊

蒸汽管道由于长期使用或腐蚀导致管子某些地方穿透泄漏，这是很多地方经常遇到的情况。通常采用带压补焊来弥补。其方法有以下两种：

1）錾堵法。管道在出气压力为0.2MPa的低压时也难以进行焊条电弧焊，因此补焊前首先要把泄漏蒸汽堵住后才能补焊。錾堵法就是用尖头锤或錾子在距孔2mm左右处锤击周围的金属，使其挤向孔内，使孔暂时缩小堵住。此法适用于原焊缝上或管上因砂眼、气孔、夹渣等而造成泄漏的情况，对管道已严重腐蚀，管壁已相当薄，一錾即穿的泄漏则是不适用的，这时宜采用放空法。

2）放空法。按孔的大小或孔线的长短选配一段约250mm长的管子，先在一端焊好一个放空阀门（打开的），另一端加工成一定的弧度（与损坏管子的直径相匹配）后罩在漏气孔上，让气从打开的阀门放出，焊好这根管子与损坏管子之间的角焊缝后关闭阀门，即可达到维修目的，如图2-68所示。

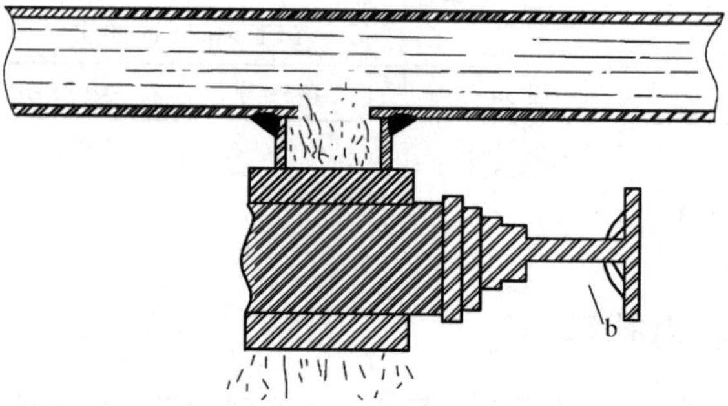

图2-68　放空法

三、薄板的焊条电弧焊技术

这里的薄板是指板厚小于1mm的钢板。由于板薄，焊接时极易焊穿，操作时难度较大。其主要操作要点有以下方面：

1）下料要准确，同时尽可能地减小装配间隙，并采取合适的焊接接头形式（如卷边）。

2）焊接时，采用灭弧法，注意后一焊点要盖住前一焊点1/2或2/3。焊点要准确，要时刻注意熔池的温度，温度过高，则立即延长熄弧时间，待熔池温度降下来后（熔池还是处于红热状态）再进行焊接，从而避免焊穿。实践证明，不一定非要采用小电流，大电流操作如果得当，效果反而好，但要求焊接速度要快，引弧、断弧干脆利落，决不能拖泥带水。

3）厚板与薄板连接时，电弧能量尽可能地转移到厚板，利用电弧的边缘热量熔化薄板，进而实现连接。

4）厚板与超薄板的连接时，电弧完全对准厚板，利用熔池的熔化金属流到超薄板上，熔化超薄板，从而实现连接。

四、应用小实例

断在工件里面的螺栓和丝锥如何取出来？除了用电火花加工外，还有一种简便易行且经济的方法，即选取与折断螺栓或丝锥直径相匹配的螺母一个，对准所断螺栓或丝锥的中心，以塞焊的方法将所断螺栓或丝锥和螺母焊在一起，待完全冷却后，用扳手拧下来，如图2-69所示。关键点是，使用扳手发力的一瞬间要用“寸劲”，而不用“长劲”。有时要多次焊接才能取出。

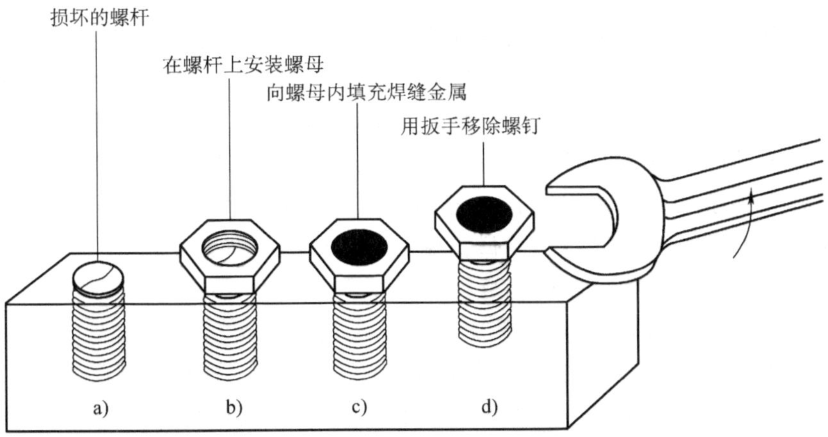

图 2-69　损坏螺栓的移除示意图

【榜样的故事】

“稳、准、匀”——“焊接巧匠”高凤林的故事之一（中国高技能人才楷模，中国航天科技集团公司第一研究院特种熔融焊接特级技师）

高凤林进入技校时，老师就说：“如果有一天，你们中的哪一位能够成为火箭发动机的焊工，那就是我们当中的英雄了。”两年后，高凤林竟被破格分到火箭发动机车间工作，而且是发动机车间的书记、工段长、组长一起看中的。

与许多学生一样，高凤林第一次拿起焊枪时也很不顺手，并被突然闪出的弧光吓了一跳，结果下意识一提焊枪，连焊条都掉了。他放下面罩，关掉电源，一屁股坐在地上，半天没有再动一下。等回过神来，他拿出一支笔和笔记本，在上面认真地记录着什么，接着去看师傅的操作，再去看其他师傅的操作，然后回到自己工位上先模拟操作一遍，想一想，又模拟一遍，又在纸上写几下，再模拟一遍。最后可以操作了：打开电源，拿起面罩和焊枪，深吸一口气，高凤林焊下了人生中的第一条焊缝。而这一段，恰好被路过的工段长看见，他好奇地拿起高凤林的笔记本，只见上面写着：焊接操作规程……，自己操作时的心理变化……，师傅和同学们的操作特点……，最后是三个大大的字和三个大大的惊叹号——“稳！”“准！”“匀！”。

工段长心里暗暗叫好：这个学生了不得，第一次实习就知道自己思考、感悟焊接的基本要领，是个好苗子。放下本子，工段长看了眼高凤林焊的焊缝，叹了口气，然后拿起焊枪在旁边又焊了一道焊缝就走了。高凤林看了看两道截然不同的焊缝，沉默了……。实习期间，高凤林几乎将所有的时间都用在车间里，做了车间里几乎所有的杂事，成了车间几乎所有师傅的徒弟。别的同学打球、玩耍，他却手握红砖，伸直胳膊，独自站在烈日下，任汗水在脸上、身上肆意流淌……

后来，他成为了“中国十大高技能人才楷模”之一。

“脑体复合”——“焊接巧匠”高凤林的故事之二

设计需要知识，工艺需要知识，而实际生产的全过程更需要知识的投入与升华，才能制造出高质量、高性能、高可靠的产品。在进入发动机车间的第三个年头，总工程师把高凤林叫到总师办，说：“小高啊，航天领域有许多急需攻克的技术难关，你要不断地用理论武装自己，才能对现有的焊接技术推陈出新……”此后，高凤林在每月交给母亲的工资中都扣下5元钱，用来买焊接方面的书籍。他先后学习了《焊接结构》、《金属学与热处理》等，后来又进修大专、本科，并获得学士学位，现在又攻读硕士研究生。

丰富的实践经验加上深厚的理论功底，使他攀上了一个又一个的“焊接高地”。用高凤林2000年10月在央视《实话实说》节目中的话来说，就是“脑体复合”。这种“脑体复合”的神奇是外人难以理解的：在国家某特种车的研制中，高凤林充分运用焊接系统控制理论，出色地攻克了一系列部组件的生产工艺难关，保证了国防急需；某型号发动机试车多次失败，头部生产试验中断，生产无法继续进行，高凤林同志应邀参加，以气保护双面成形和局部自由收缩焊接等措施终于解决了难题，将试验压力由130个大气压提高到180个大气压，满足了使用要求，使试车得以成功；某型号发动机隔板焊接后易出现裂缝、堵塞等缺陷，有时100%返修，针对这种情况，高凤林大胆提出工艺改进措施，焊出的产品1994～1996三年X射线透视合格率连续达到100%；特别是在某型号引射筒的焊接攻关中，在公司总经理的亲自授命下大胆改进，突破难关，使有关单位近一年没有解决的难题得以解决，且大幅度提高了效率和质量，仅三天就生产出6件一次合格率100%的工艺试件，156件产品的生产也只用了一个半月，且100%一次合格，保证了近一亿产值的产品交付。

在国家863攻关项目——50吨大氢氧发动机系统研制中，高凤林同志大胆采用新的工艺措施，突破了理论禁区，创造性地运用σ_b值、σ_s值在多种高低温合金混合焊接接头结构中的应用，解决了有关科技人员久攻不下的难关，多次获奖，为部、院确定的“三转一把火”作出了突出贡献……

高凤林还著有论文多篇，分别发表于《航天制造技术》、《航天产品应用焊接技术》等刊物，实现了从技术型工人、知识型工人到专家型工人的成长和蜕变。

第三单元

半自动 CO_2 焊

【相关知识】

一、CO_2 气体保护焊的分类

CO_2 气体保护焊按所用焊丝直径的不同，可分为细丝 CO_2 气体保护焊（焊丝直径为0.5~1.2mm）和粗丝 CO_2 气体保护焊（焊丝直径为1.6~5.0mm）。

CO_2 气体保护焊按操作方式又可分为半自动 CO_2 焊和自动 CO_2 焊。主要区别在于：半自动 CO_2 焊是由手工操作焊枪控制焊缝成形，而送丝、送气等功能同自动 CO_2 焊一样，由相应的机械装置自动完成。半自动 CO_2 焊适用性较强，可以焊接较短的或不规则的曲线焊缝，还可以进行定位焊操作，所以，在生产中被广泛采用。而自动 CO_2 焊主要用于较长的直线焊缝和环缝的焊接。

二、半自动 CO_2 焊设备

生产中常用的半自动 CO_2 焊设备如图3-1所示，主要由焊接电源、焊枪、送丝系统、CO_2 供气系统（气瓶、减压流量调节器）、控制系统等部分组成。

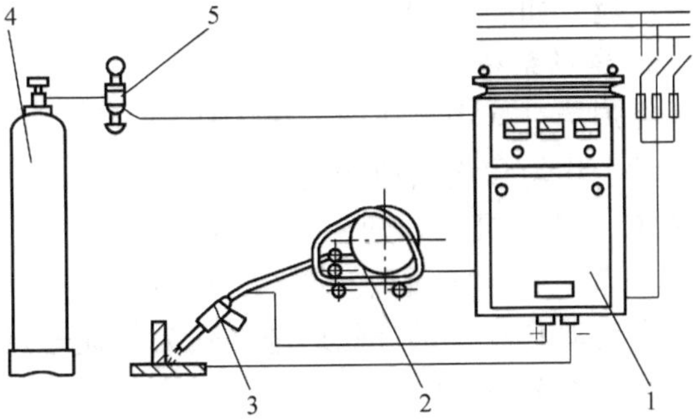

图3-1 半自动 CO_2 焊设备示意图

1—焊接电源 2—送丝系统 3—焊枪 4—气瓶 5—减压流量调节器

1. 焊接电源

CO_2 焊采用交流电源焊接时，电弧不稳定，飞溅较大，所以必须使用直流电源。

细丝 CO_2 气体保护焊通常选用平特性或缓降特性的电源，一般采用短路过渡进行焊接，电源的短路电流的上升速率应能调节，以适应不同直径及成分的焊丝。

粗丝 CO_2 气体保护焊一般采用均匀送丝机构配下降特性的电源，采用弧压反馈调节来保持弧长的稳定。粗丝 CO_2 气体保护焊时一般是细滴过渡，采用直流反接，这种熔滴过渡对电源动特性无特殊要求。

2. 控制系统

控制系统的作用是对 CO_2 气体保护焊的供气、送丝、供电系统进行控制。自动焊时，控制系统还要控制焊接小车行走和焊件运转等动作。目前，我国定型生产使用较广的NBC

系列半自动 CO_2 焊机有 NBC—160 型、NBC—350 型及 NB—350 型等，如图 3-2a 所示。

3. 供气系统

供气系统的作用是使气瓶内的液态 CO_2 变成符合质量要求、具有一定流量的 CO_2 气体，并均匀地从焊枪喷嘴中喷出，有效地保护焊接区。

CO_2 的供气系统由气瓶、预热器、干燥器、减压器、流量计和气阀组成。瓶装的液态 CO_2 汽化时要吸热，吸热反应可使瓶阀及减压器冻结，所以在减压器之前需经预热器加热，并在输送到焊枪之前，应经过干燥器吸收 CO_2 气体中的水分，使保护气体符合焊接要求。减压器是将瓶内高压 CO_2 气体调节为符合工作要求的低压气体。流量计控制和测量 CO_2 气体的流量，以形成良好的保护气体。电磁气阀控制 CO_2 气体的接通与关闭。现在生产的减压流量调节器将预热器、减压器、流量计合为一体，使用起来很方便，如图 3-2b 所示。

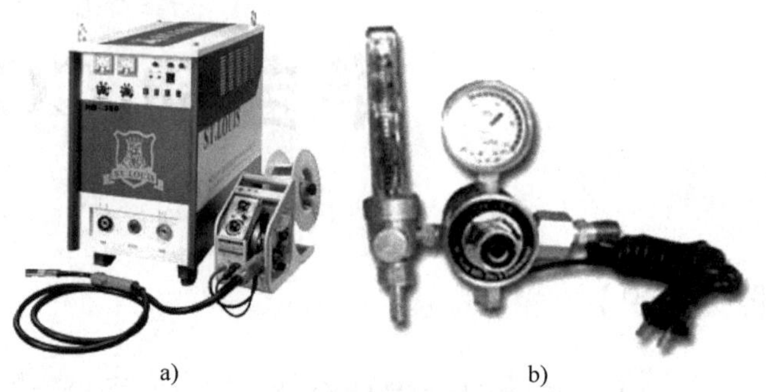

图 3-2　焊机及减压流量调节器

a）NB—350 型 CO_2 焊机　b）CO_2 减压流量调节器

4. 焊枪

焊枪的作用是导电、导丝和导气。按送丝方式可分为推丝式焊枪和拉丝式焊枪；按结构可分为鹅颈式焊枪和手枪式焊枪；按冷却方式可分为空气冷却焊枪和内循环水冷却焊枪。其中鹅颈式焊枪应用最为广泛，如图 3-3 所示。

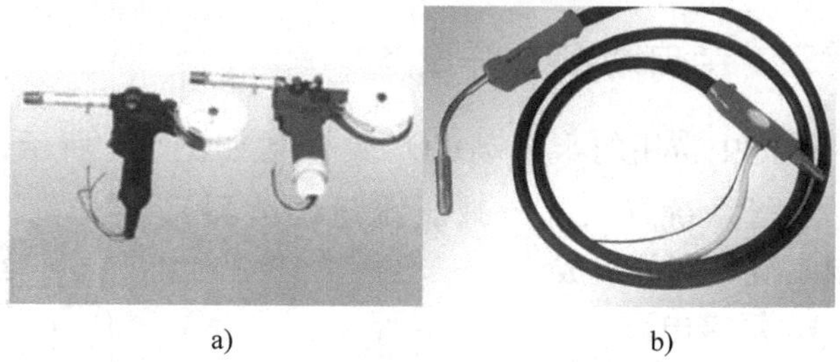

图 3-3　焊枪

a）手枪式　b）鹅颈式

5. 送丝系统

在焊接过程中，送丝系统的作用是自动、均匀和连续地送进焊丝。送丝系统由电动机、减速器、校直轮、送丝滚轮、送丝软管、焊丝盘等组成。半自动 CO_2 焊的焊丝送进方式为等速送丝，其送丝方式主要有拉丝式、推丝式和推拉式三种，如图 3-4 所示。

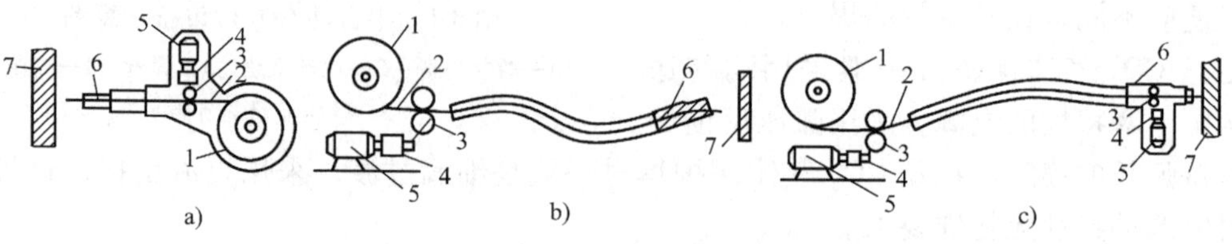

图 3-4　送丝方式

a）拉丝式　b）推丝式　c）推拉式

1—焊丝盘　2—焊丝　3—送丝滚轮　4—减速器　5—电动机　6—焊枪　7—焊件

三、CO_2 焊的熔滴过渡

CO_2 焊属于熔化极电弧焊，熔滴过渡的形式与选择的焊接参数和相关工艺因素有关。应根据焊接构件的实际情况，确定粗、细丝 CO_2 焊的焊接方式，选择合适的焊接参数，以获得所希望的熔滴过渡形式，从而保证焊接过程的稳定性，减少飞溅，得到理想的焊缝。CO_2 焊的熔滴过渡主要有短路过渡和滴状过渡两种形式。

（1）短路过渡　CO_2 焊在采用细焊丝、小电流和低电弧电压焊接时，熔滴呈短路过渡。短路过渡时，弧长很短，焊丝端部熔化形成的熔滴与熔池表面接触而短路，电弧熄灭，形成焊丝与熔池之间的液体金属过桥，此时，熔滴在重力、表面张力和电磁收缩力等力的作用下很快地脱离焊丝端部而过渡到熔池，随后电弧又重新引燃。如此周期性地短路—燃弧交替进行，如图 3-5a 所示。短路过渡电弧的燃烧、熄灭和熔滴过渡过程均很稳定，飞溅也小，焊缝成形好，所以适用于薄板及全位置的焊接。

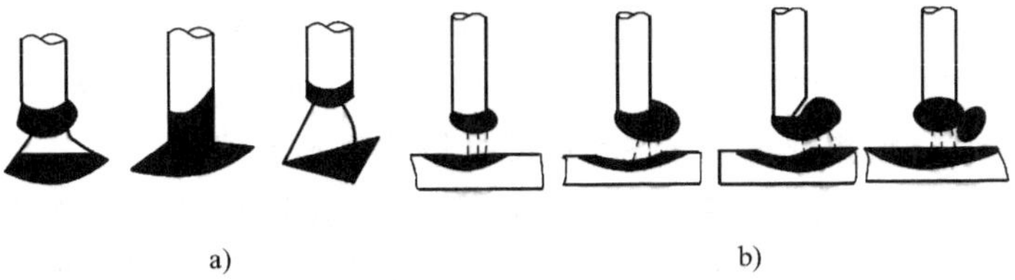

图 3-5　熔滴过渡形式

a）短路过渡　b）滴状过渡

（2）滴状过渡　滴状过渡有两种形式：一是粗滴过渡，这时的焊接电流、电弧电压比短路过渡时稍高，此时，熔滴较大且不规则，易形成偏离焊丝轴线方向的非轴向过渡，如图 3-5b 所示，这种大颗粒非轴向过渡，电弧不稳定，飞溅很大，焊缝成形差，在实际生产中不宜采用；二是细滴过渡，这时的焊接电流、电弧电压进一步增大，此时，由于电磁收缩力的加强，熔滴细化，过渡的速度也随之加快。虽然仍为非轴向过渡，但飞溅相对减少，电弧较稳定，焊缝成形较好，故在生产中应用较广泛。因此，粗丝 CO_2 焊滴状过渡时，由于焊接电流较大，电弧穿透力强，母材的焊缝厚度较大，所以多用于中、厚板的焊接。

四、半自动 CO_2 焊设备及材料的使用和保养

CO_2 焊是我国重点推广使用且在生产中被广泛应用的一种焊接技术，正确使用和合理保养其焊接设备，对提高生产率和设备的完好率起重要的作用。

1. 设备的正确使用

1）严格按设备接线图进行接线，接地线要可靠。

2）将 CO_2 预热器电源线与焊机相应的接头连接好，打开瓶阀，合上预热器开关及气流开关。

3）接通电源及气源，旋开控制电源开关，指示灯亮。

4）打开送丝机构上的压丝手柄，将焊丝通过导丝孔送入送丝滚轮 V 形槽内，然后进入软管。

5）合上压丝手柄，按一下焊枪上的开关，使焊丝到达焊枪的出口处。

6）调整好焊接参数，压一下焊枪上的开关，即可进行焊接。

7）焊接结束时，点一下焊枪上的开关，焊接主回路和送丝电路立即切断，CO_2 气体滞后自行关闭。

8）关闭预热器开关、控制电源开关及气源，打开送丝机构的压丝手柄。

9）使用中，应按焊机相应的负载持续率使用焊机。

10）连续使用时，注意随时清除喷嘴内的飞溅物，在喷嘴内外应经常擦涂硅油。

关键技术点拨

多数半自动 CO_2 焊焊机面板上有2步或4步的操作法按钮，焊接前需作选择。2步操作法时，按下焊枪上的开关，即可送丝送气。松开开关，即停止送丝送气。此法适用于调节焊丝伸出长度和短焊缝的焊接。4步操作法时，按一下焊枪开关，即可连续送丝送气，再次点按一下开关，焊机即可自动停止送丝、送气。此法适合焊接长焊缝。

2. 设备的日常维护和焊接材料的正确使用

1）经常注意导电嘴的磨损情况，磨损严重时应及时更换。

2）经常注意送丝机构各零件的使用情况，以便及时清理和更换。

3）不能压踩送丝软管和焊枪。

4）焊机长期不用时，应将焊丝从软管中抽出，避免锈蚀。

5）使用中，应增强安全意识，经常检查电缆的绝缘情况，避免短路和发生触电事故。

6）定期检查电源、控制部分的各触点及保护元件的工作情况，如有接触不良或损坏，应及时修复或更换。

7）使用 CO_2 气体时，应注意以下事项：

①初次使用气瓶时，应稍微打开瓶上的气阀，吹去阀口处的杂物，并马上关闭阀门。

②禁止用电磁起重装置、金属绳起吊气瓶。

③减压器应采取防冻措施，若不慎冻结，不可用明火加热解冻。

④CO_2 气瓶应倒置1~2h后，间隔0.5h放水2~3次进行提纯；使用前正置1~2h，放气2min后再使用。

⑤气体流量的大小应按焊接参数的要求确定。

⑥更换气瓶时，一般需留不小于0.1MPa的表压，防止再次灌气时空气混入瓶内，使保护气不纯。CO_2 气瓶体呈铝白色，上面写有黑色的“二氧化碳”字样，常温下满瓶时的气压可达到5~7MPa。

⑦工作完毕，应及时将气瓶上的截止阀关闭，拧好瓶上的护帽。

8）焊丝直径的选用要根据焊接时的熔滴过渡形式、单层可焊接的板厚和施焊位置综合考虑。可参考表3-1选用焊丝的直径。

表3-1　焊丝直径的选择

焊丝直径/mm	熔滴过渡形式	可焊板厚/mm	施焊位置
0.5~0.8	短路过渡	0.4~3	各种位置
	滴状过渡	2~4	平焊、横焊
1~1.2	短路过渡	2~8	各种位置
	滴状过渡	2~12	平焊、横焊
1.6	短路过渡	3~12	平焊、横角焊
	滴状过渡	>8	平焊、横角焊
2~2.5	滴状过渡	>10	平焊、横角焊

五、半自动 CO_2 焊的基本操作技术

1. 基本操作

（1）持焊枪的姿势和焊接姿势 应右手持枪，肘部靠在身体右侧腰部；左手拿面罩。焊接姿势有站立式、坐式和蹲式，如图 3-6 所示。

a) b) c) d) e)

图 3-6 焊接姿势

（2）引弧 半自动 CO_2 焊通常采用短路接触法引弧，一般只需一次引弧即可。引弧前先点动焊枪开关送出一段焊丝，焊丝伸出长度应小于喷嘴与焊件间应保持的距离，且端部不应有球滴，否则应剪去端部球滴。将焊枪保持 10° ~15°的倾角，焊丝端部与焊件的距离为 2 ~3mm，喷嘴与焊件相距 10 ~18mm。启动焊枪开关，随后自动送气、送电、送丝，直至焊丝与焊件相碰短路后自动引燃电弧。短路后，焊枪有自动顶起的倾向，故要稍用力下压焊枪，然后缓慢引向待焊处，当焊缝金属熔合后，再以正常的焊接速度施焊。

（3）焊接

1）左向焊法及右向焊法。焊接过程中，可以采用左向焊法，也可以采用右向焊法。如图 3-7 所示，焊枪自右向左移动称为左向焊法，自左向右移动称为右向焊法。采用左向焊法时，喷嘴不会挡住视线，焊工能清楚地观察接缝和坡口，不易焊偏；熔池受电弧的冲刷作用小，能得到较大的熔宽，焊缝成形美观，使用较为普遍。用右向焊法时，熔池可见度及气体保护效果好，但因焊丝直指熔池，电弧对熔池有冲刷作用，会使焊波增高；另外，由于焊丝、焊枪遮挡了未焊的焊缝，所以容易焊偏。

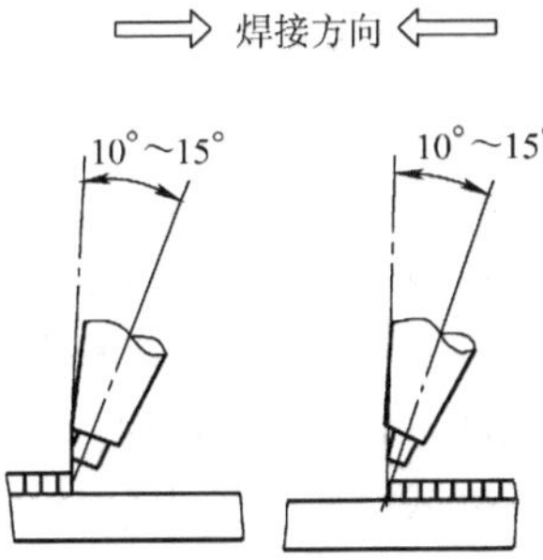

a) b)

图 3-7 焊接方向

a）右向焊法 b）左向焊法

焊接过程中，要保持焊枪有合适的倾角和喷嘴高度，且沿焊接方向均匀移动，必要时，焊枪还要做横向摆动。

2）摆动技术。细丝焊接时，适当地摆动焊枪可以改善熔透性和焊缝成形。摆动不仅要有一定的速度、一定的停留点及停留时间，而且还要有一定的形状，摆动方式与焊条电弧焊时相同。常用的摆动方式有锯齿形、月牙形、正三角形、斜圆圈形等，如图 3-8 所示。

（4）收尾 细丝焊接时，收尾过快易在弧坑处产生弧坑裂纹及气孔，如焊接电流与送丝同时停止，会造成粘丝；故在收尾时应在弧坑处稍作停留，然后慢慢地抬起焊枪，使熔敷金属填满弧坑后再熄弧。焊机有弧坑控制电路时，则焊枪在收弧处停止前进，同时接通此电路，焊接电路与电弧电压自动变小，待熔池填满后断电。

（5）接头的处理 将待焊接头处打磨成斜面；在斜面顶部引弧，引燃电弧后，将电弧移至斜面底部，转一圈返回引弧处后再继续左向或右向焊接。

2. 练习准备

1）检查焊机各运动部件是否正常。

2）检查送丝机构及焊丝盘上的焊丝是否充足。

3）检查气瓶表压（不得小于0.1MPa）、减压器、预热器等供气系统是否正常。

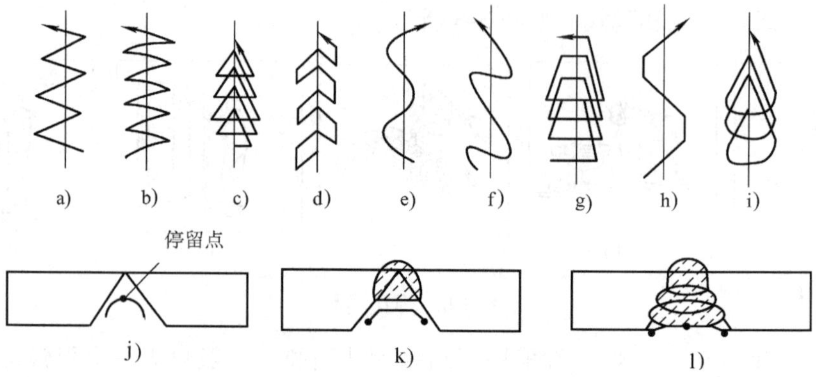

图3-8　焊枪摆动方式和焊枪停顿点示意图

4）检查电源是否正常。

5）将焊件表面清理干净并平放。

3. 操作要点

（1）设备认识练习

1）在操作NBC—350型熔化极半自动CO_2焊焊机之前需查明焊接电源所规定的输入电压、相数、频率，确保与电网相符后再接入配电盘上。

2）电源应接地线。

3）焊接电源输出端负极与焊件相连接，正极与焊枪供电部分连接。

4）连接控制箱和送丝机构的控制电缆。

5）安装CO_2气体减压流量调节器，并将出气口与送丝机构的气管连接。

6）将减压流量调节器上的电源插头插入焊机的专用插座上。

7）将焊丝送丝机构与焊枪连接。

8）对照设备实物，熟悉与设备相连的气路、电路，认清相应各开关的位置，掌握其作用；在不接通气、电的情况下，对各开关和调节器进行调整练习。

（2）NBC—350型半自动CO_2焊焊机的操作练习

1）接通配电盘开关，合上电源控制箱上的开关，此时电源指示灯亮，电源电路进入工作状态。调整焊接电流到150～160A。

2）合上预热器开关及气流开关，打开瓶阀，调整CO_2气体流量到12L/min左右。

3）打开送丝机构上的压丝手柄，将焊丝通过导丝孔送入送丝滚轮V形槽内，然后进入软管。

4）按下加压杠杆调整压力，并把焊丝送入焊枪。调整送丝速度为6.5m/min。点动焊枪上的开关，使焊丝伸出导电嘴约15mm（此长度称为焊丝的伸出长度），多余部分用钢丝钳剪断，以利于引弧。

5）焊丝与焊件的夹角为85°～90°，焊丝距焊件表面2～4mm，准备引弧。

6）启动焊枪上的开关，电磁气阀动作提前一两秒送气，焊丝自动送进到达焊件并短路引弧，此刻要稍用力压住焊枪，因焊丝刚接触焊件时有反作用力。

7）引弧后，要保持好焊丝与焊件的距离以及伸出长度并进行焊接，焊接长度为150mm左右。可进行直线或摆动焊接，手法同焊条电弧焊。

8）收弧时，再次压一下焊枪上的开关，焊丝停止送进，控制电路自动控制减小焊接电流和电弧电压，填满弧坑并断电（对于无弧坑控制电路的焊机，在收弧时采用与焊条电弧焊相同的手法收弧）；经过几秒钟后气阀关闭，停止送气。

4. 注意事项

1）本项目的实训是后续项目实训操作及实际生产操作的基础，因此，要认真反复地进行练习。

2）点动送进焊丝时，不可将焊枪口对着人，以防伤人。

3）由于弧光较强，要特别注意焊接防护。

4）焊接完毕应将压丝手柄抬起，避免弹簧失去弹性。

5）训练结束后，必须及时将气源、电源关闭。

【基础训练】

项目一 CO_2平敷焊

一、项目任务

按照图3-9的要求，学习 CO_2 平敷焊的操作技能，完成平敷焊实作任务。

具体要求：掌握 CO_2 平敷焊的操作过程；掌握 CO_2 平敷焊的操作要领；会装卸 CO_2 气瓶，调节气体流量，会使用焊接设备，掌握焊接电流、电弧电压的关系，并会合理选择焊接参数，编制简单的焊接工艺卡（附录B）；逐步掌握焊枪角度、焊接电流对焊缝成形的影响；掌握焊缝起头、收尾和接头的基本技能和操作要领；正反面反复练习，使原试件增厚到50mm。并使敷焊表面光滑平整。

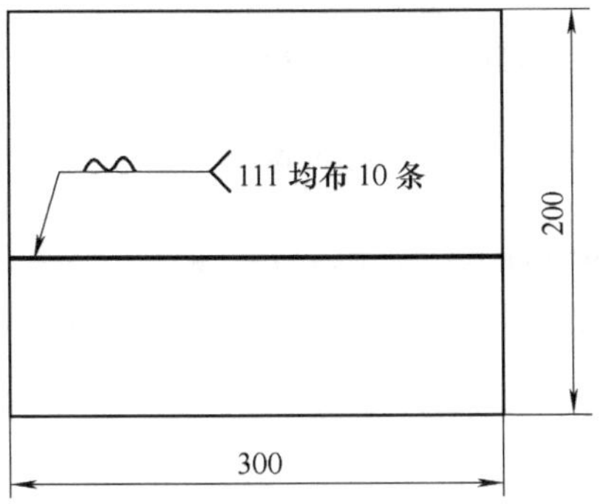

技术要求

焊接方法：CO_2 气体保护焊；试件材质：Q235；焊接材料：ER50-6，ϕ1.2mm；保护气体：CO_2，纯度 99.5%（体积分数）；焊接层数：多层多道。

图3-9 平敷焊施工图

二、项目分析

CO_2 平敷焊是 CO_2 焊项目的基础，旨在训练操作者对 CO_2 气体保护焊的基础操作技能，

以及对 CO_2 电弧的认识、熔池的认识和控制能力，训练引弧、接头和收尾的操作方法技能，对于初学者来说同样具有一定的难度。

平焊时，由于焊缝处于水平位置，熔滴主要靠自重过渡，所以操作比较容易。允许使用较粗的焊丝和较大的焊接电流，提高生产效率。若焊接参数选择或操作不当，容易在焊趾形成未熔合和余高超标的缺陷，也会产生烧穿现象。若运枪（运弧）不当和焊枪角度不正确时，会出现液态金属超前现象，造成层间未熔合、假焊等缺陷。

Q235 钢属于低碳钢，强度等级较低，一般用在普通结构上，碳当量小于 0.4%，焊接性良好，无需采取特殊工艺措施。选用 ER49-1 或 ER50-6 焊丝施焊即可。

填写焊缝分析表（附录 A）。

三、项目实施

1. 安全检查

焊工必须穿戴好棉质或皮质工作服、工作帽、焊工绝缘鞋（防砸绝缘鞋），工作服要宽松，裤脚盖住鞋盖（护脚盖），上衣盖住下衣，禁止扎在腰带里。并戴平光防护眼镜、防尘卫生口罩，绝缘工作手套不要有油污，不可破漏，必要时佩戴耳塞等。选用合适的遮光面罩护目玻璃色号。牢记焊工操作时应遵循的安全操作规程，在作业中贯彻始终。

CO_2 焊设备连接如图 3-10 所示。检查设备状态，电缆线接头是否接触良好，焊枪电缆是否松动破损，确认焊接回路地线连接可靠，避免因地线虚接线路降压变化而影响电弧电压稳定；避免因接触不良造成电阻增大而发热，烧毁焊接设备。检查安全接地线是否接好，避免因设备漏电造成人身安全隐患。

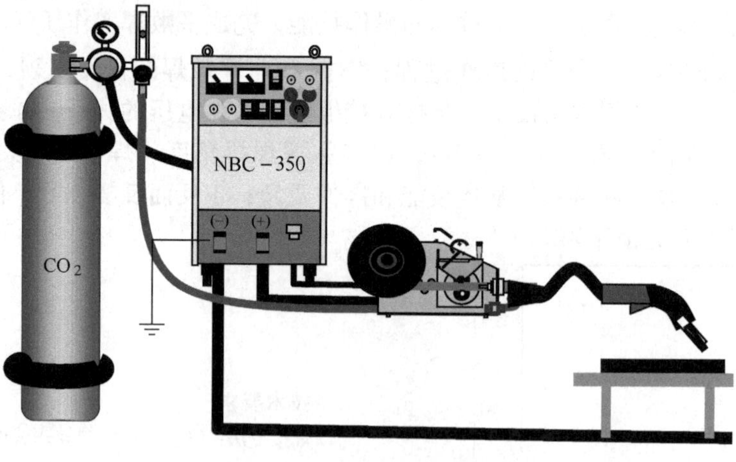

图 3-10　CO_2 焊设备连接

2. 焊前准备

（1）母材准备　Q235 钢板 300mm × 200mm × 10mm，检查钢板平直度，并修复平整。为保证焊接质量，用气动（电动）砂轮机清除焊接处锈蚀、油污、氧化皮，打磨干净，露出金属光泽，避免产生气孔、裂纹，难以引弧。

（2）焊材准备　根据母材型号、按照等强度原则，选择 ER49-1 或 ER50-6 实心焊丝，根据板材厚度、焊接位置，选择直径 ϕ1.2mm 或 ϕ1.6mm 规格焊丝。

（3）选择纯度 99.5%（体积分数）的 CO_2 气体作保护气，检查设备气瓶瓶口与减压器连接是否牢固；接通减压器预热电源，检查并调整气体流量。

（4）焊机及辅具　选用 NBC—350 型 CO_2 焊机，直流反接电源，如图 3-10 所示。检查设备气路、电路是否接通，送丝机送丝轮规格和焊丝规格是否一致、导电嘴和焊丝是否配套。清理送丝轮油腻污物，以免焊丝打滑，送丝不稳。清理喷嘴内壁，使其干净、光滑，以免保护气体通过受阻。

焊工操作作业区附近应备好防飞溅剂、防堵膏、錾子、清渣锤、锤子、凿子、锉刀、钢丝刷、砂纸、钢直尺、直角尺、水平尺、活动扳手、直磨机、角向磨光机、钢丝钳、钢锯条、焊缝万能量规等辅助工具和量具。

3. 选择焊接参数

焊接参数的选择见表 3-2。

表 3-2　焊接参数的选择

板厚/mm	焊丝直径/mm	焊接电流/A	焊接电压/V	气体流量/(L/min)	焊丝伸出长度/mm
10	1.2	120～160	18～23	12～16	12～15
20～50	1.2	200～280	24～28	16～18	15～18

4. 实施装配与焊接

（1）装配与定位焊　本项目为平敷焊，不需要装配，也不需要定位焊。只对母材进行矫平、除锈即可。可在试件上用石笔或记号笔画出若干距离相等的平行直线，作为焊接方向的参考。选择站立式或蹲式，将试板放置在高度合适的平台上，为避免液态金属超前电弧，可将试件焊缝倾角倾斜 2°～3°，可防止层间未熔合，如图 3-11 所示。

（2）第一层第一道焊接　首先在焊机面板上选择 2 步（无收弧）焊接方式，调节气体流量为 12L/min；左手握遮光面罩，右手握焊枪，按动焊枪开关，将焊丝送出 12～18mm，如焊丝端部有熔球，用尖嘴钳将其剪掉，使焊丝前端呈剪切状以便于引燃电弧。焊丝接触试板右端 10mm 的一条直线上，调整焊枪角度使前进角为 85°，工作角 90°，伸出长度 12mm，然后按住焊枪开关引燃电弧，快速回移电弧到试板右端边缘，稍作停顿锯齿型向左摆动电弧（左向焊法），摆动幅度 7～8mm，摆动间距约 3mm，如图 3-12 所示。焊接过程中注意观察和控制前进方向，控制焊缝余高大小，调整焊接速度，使余高保持约 3mm，电弧摆动到焊道两侧应做适当停顿，使焊道与母材良好熔合。

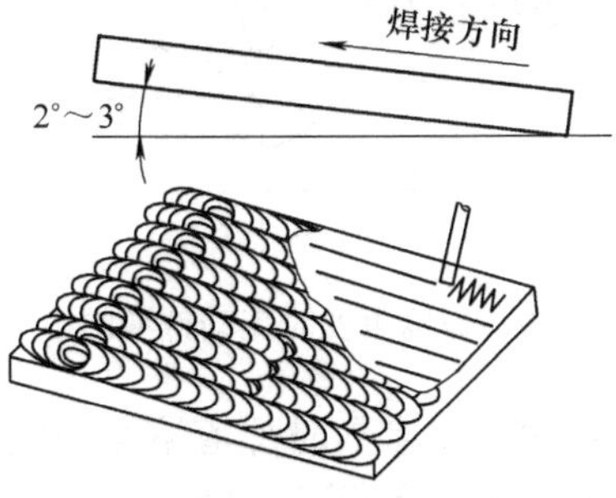

图 3-11　平位倾斜

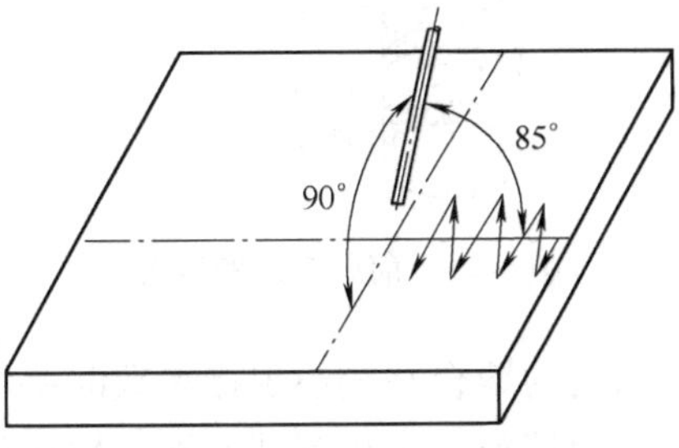

图 3-12　平焊引弧及焊枪角度

CO_2 焊不存在热接头，电弧熄灭，弧坑很快冷却，接头就必须预热。一旦断弧，则需要将冷却的弧坑用砂轮机打磨成斜坡，在斜坡上端引弧小锯齿快速向斜坡下端摆动，至斜坡最下端正常摆动电弧，如图 3-13 所示。

当焊至试板左端，焊缝温度升高，弧坑增大，此时可扭动手腕改变焊枪角度，回焊 10 ~15mm（或采用反复灭弧填满弧坑），松开焊枪开关，喷嘴对准弧坑稍停片刻，待熔池在二氧化碳气体保护下完全冷却，再移开焊枪，如图 3-14 所示。

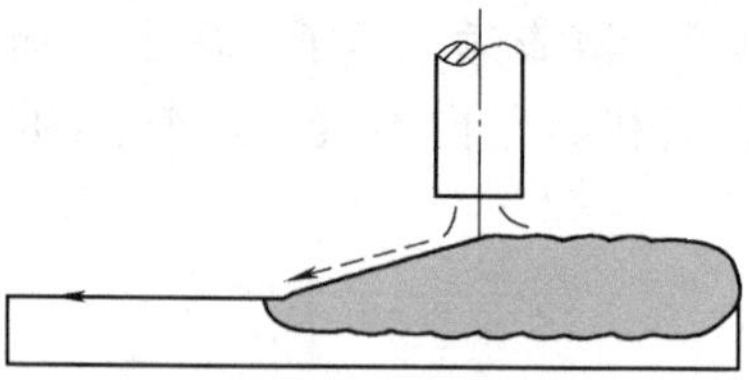

图 3-13　接头

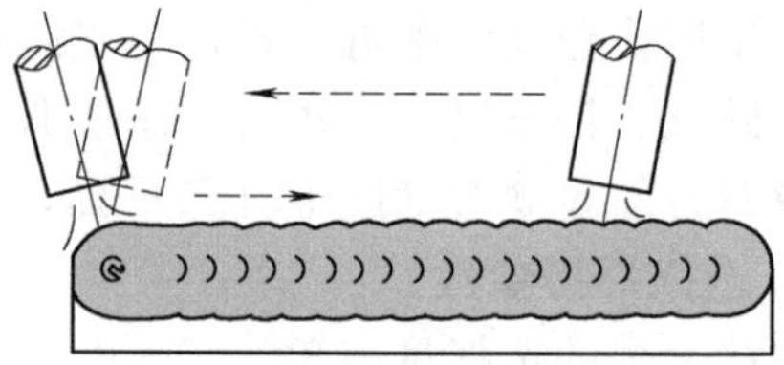

图 3-14　收尾

（3）第一层第二道焊接　用钢丝刷清理第一道焊渣飞溅，清理焊枪喷嘴，焊枪角度与第一道相同，焊丝对准试板右端第一焊道的焊趾，按动焊枪开关引燃电弧，向左锯齿摆动电弧，注意灵活调整摆动幅度大小、两侧停顿时间长短，以使熔池正好熔合第一道高棱（或覆盖第一道焊道 1/2），控制另一侧焊趾与母材熔合整齐，如图 3-15 所示。以后各道依次焊接。为减小焊接变形，可将试板正反两面交替焊接，但要注意正反面焊接方向一致，否则产生扭曲变形。

（4）盖面焊　当敷焊厚度超过 20mm 时，调整焊接参数，采用较大的焊接电流、电弧电压，同时增加焊丝伸出长度为 18mm，增大气体流量为 18L/min；焊枪角度与前面基本相同，采用锯齿或凸月牙摆动运弧，摆动幅度、摆动间距较前增大，摆动到焊道两侧应做适当的停顿，使熔池饱满避免咬边；焊接过程中注意观察液态金属的流动情况，控制焊接速度，不能使液态金属超前电弧，否则易产生层间未熔合。如图 3-16 所示。

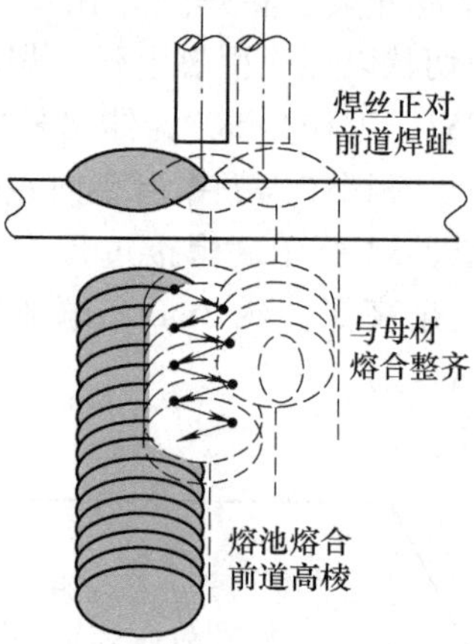

图 3-15　前后焊道的熔合

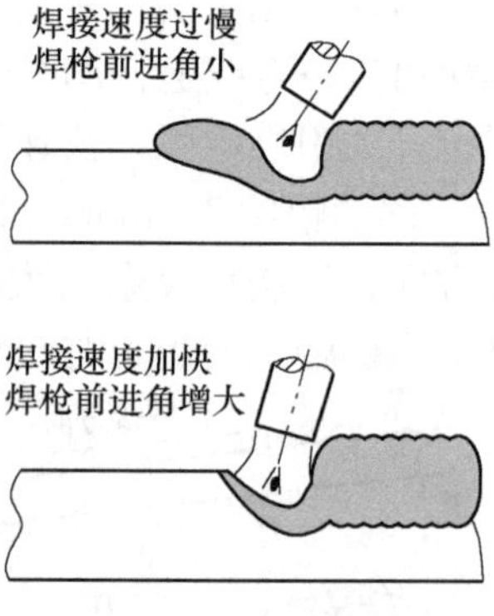

图 3-16　焊枪角度对流动铁液的影响

前后道的熔合与较小焊接参数时基本相似。不同的是大焊接参数时焊道熔宽变宽，熔深变大。在焊接过程中注意观察和比较小焊接参数和大焊接参数下焊道的不同状态，特别是前后焊道的熔合情况，以及余高的变化，灵活变换运弧方法，达到质量要求，如图 3-17 所示。

图 3-17　焊接参数对焊缝成形的影响

5. 试件与现场清理

练习结束后，首先关闭 CO_2 气瓶阀门，点动焊枪开关，或点动焊机面板焊接检气开关，放掉减压器里面的余气，然后关闭焊接电源。将焊好的试件用敲渣锤除去药皮渣壳，再用钢丝刷反复拉刷焊道，除去焊缝氧化层。注意严禁破坏试件原始表面，禁止用水冷却。清扫场地，摆放工件，整理焊接电缆，确认无安全隐患，并做好交班记录。

关键技术点拨

1）焊接前，应按 CO_2 气瓶倒置去除水分和杂气的提纯方法提纯保护气，避免因保护气不纯而导致气孔，同时应在喷嘴内外表面涂抹硅油。

2）练习中，反复调整焊接电流、焊接电压、焊丝伸出长度，仔细观察电弧燃烧状态，静听电弧爆裂声，对比不同焊接参数下的焊缝成形。

3）注意控制好喷嘴的高度和倾角，焊枪工作角保持垂直：前进角后倾 5°～10°。焊枪的摆动幅度要一致，要保持焊缝的宽度、高度基本一致，焊缝平整，焊缝表面成形美观。

四、评价与总结

参照表 3-3 选择不同焊接参数进行焊接，并记录各参数，填写焊道宽度、焊道余高、焊道波纹、接头测量结果，进行比较总结，领会焊接参数对焊缝成形的影响。每天留出部分时间分小组交流讨论，分享各自的学习成果，共同进步。

表 3-3　平敷焊反馈与评价

焊丝直径/mm	焊接电流/A	电弧电压/V	焊枪角度	运枪方法	焊接速度/(mm/min)	焊道宽度/mm	焊道余高/mm	焊道波纹	比较总结
0.8									
0.8									
0.8									
0.8									
1.0									
1.0									
1.0									

（续）

焊丝直径/mm	焊接电流/A	电弧电压/V	焊枪角度	运枪方法	焊接速度/(mm/min)	焊道宽度/mm	焊道余高/mm	焊道波纹	比较总结
1.0									
1.2									
1.2									
1.2									
1.2									

项目二 T形接头平角焊

一、项目任务

按照图3-18的要求，学习CO_2 T形接头平角焊操作技能，完成工件实作任务。

具体要求：掌握CO_2 T形接头平角焊操作要领；会使用焊接设备，能选择和调节焊接电流、电弧电压，并编制简单的焊接工艺卡（附录B）；会调节气体流量；掌握控制熔池温度、大小和形状的技能；掌握CO_2 T形接头平角焊特点和操作技能；掌握焊枪角度、焊接电流对焊缝成形的影响。试件要达到评分标准的质量要求。

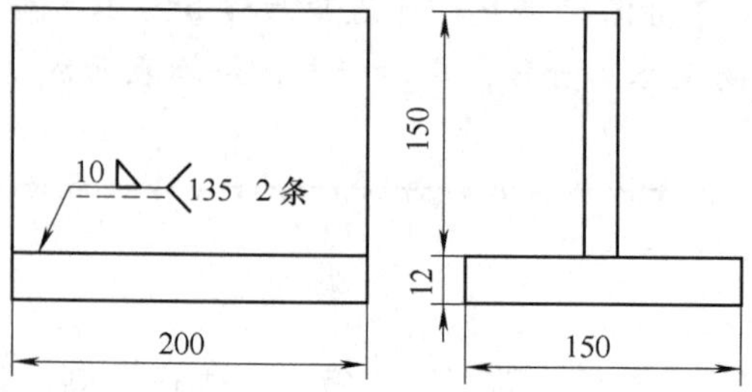

技术要求

焊接方法：CO_2气体保护焊；试件材质：Q235；焊接材料：ER50-6，ϕ1.2mm；焊接层数：多层多道。

图3-18 T形接头平角焊施工图

二、项目分析

根据施工图3-18可知，本任务为CO_2T形接头平角焊，由两块200mm×150mm×12mm的Q235钢板组合，利用CO_2焊焊成T形接头。Q235钢属于普通低碳钢，强度等级较低，焊接时选用ER49-1或ER50-6即可。

这类焊缝为非熔透型焊缝，要求接头根部有一定深度的熔合，焊角对称，凸度尽量为零。但在实际操作中会有一定难度，由于T形接头焊缝三个方向散热，较对接接头所需热输入较大，需要较大焊接电流施焊，特别是较大焊脚尺寸时，根部不易焊透，平板焊脚偏大，焊缝下拖，产生应力集中，立板咬边，表面成形难以控制。为此，制订焊接工艺如下：采用两层三道完成焊缝，第一层采用较大焊接参数，确保根部熔合，第二层采用较小焊接参数，确保焊缝平滑对称，无咬边缺陷。

填写焊缝分析表（附录A）。

三、项目实施

1. 安全检查

同本章项目一。

2. 焊前准备

（1）母材准备　Q235 钢板 200mm×150mm×12mm，检查钢板平直度，并修复平整。为保证焊接质量，需在焊接处 25mm 内除锈、除油，打磨干净，露出金属光泽，避免产生气孔、裂纹、难以引弧。非熔透 T 形接头，不需要坡口，但要求角接板接头处的端面平整，以避免装配时产生间隙。

（2）焊材准备　根据母材型号，按照等强度原则，选择 ER49-1 或 ER50-6，直径 ϕ1.0mm 或 ϕ1.2mm 焊丝。

其他同本章项目一。

3. 选择焊接参数

焊接参数的选择见表 3-4。

表 3-4　焊接参数的选择

层　次	焊丝直径/mm	焊接电流/A	电弧电压/V	气体流量/(L/min)	焊丝干伸长度/mm
定位焊	1.2	180～200	23～24	12～15	12～18
打底层	1.2	160～180	21～23	12～15	12～18
盖面层	1.2	140～150	21～22	12～15	12～18

4. 实施装配与焊接

（1）装配定位焊　I 形坡口角接，装配间隙为 0，否则热量易散失，根部容易造成未焊透。在试件两端进行定位焊，反变形角度 3°左右。焊丝伸出长度 12mm，压住试件，焊丝对准试件左侧根部，引弧进行定位焊，定位焊缝长度 10～15mm，然后调整间隙（击打试件右侧，使立板与平板紧密接触），再对右侧进行定位焊，图 3-19 所示。

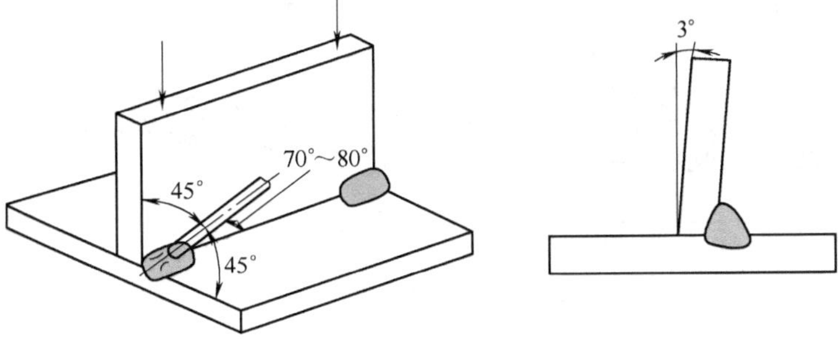

图 3-19　装配定位焊

（2）打底焊　在定位焊缝的背面采用多层多道焊。距右端 15～20mm 处引燃电弧，迅速回焊到右端稍作停顿，此时，焊丝对准平板距根部 1mm，与立板和平板均成 45°角，与焊接方向成70°~80°角；斜锯齿运枪，摆动幅度不宜太大。焊道余高不易太大，焊接到试件最左端，回焊收弧，如图3-20所示。由于CO_2焊熔敷效率高，要求运枪平稳，可双手持枪。底层焊道焊脚高度6~7mm，如图3-21所示。焊接运弧中，特别要注意运弧摆动的方向，运弧摆动的方向直接影响焊缝成形，如图3-22所示。

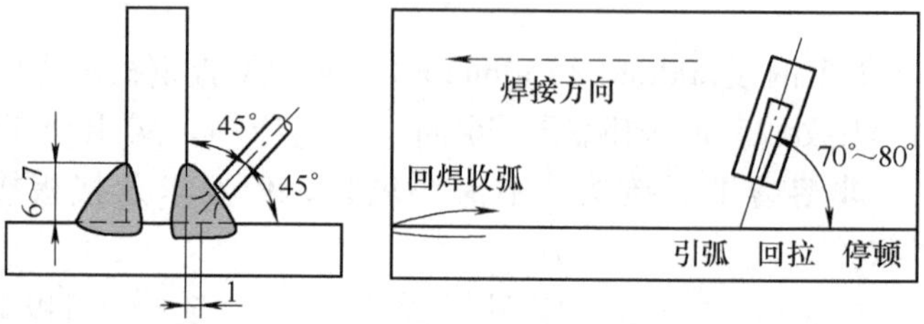

图3-20　打底焊

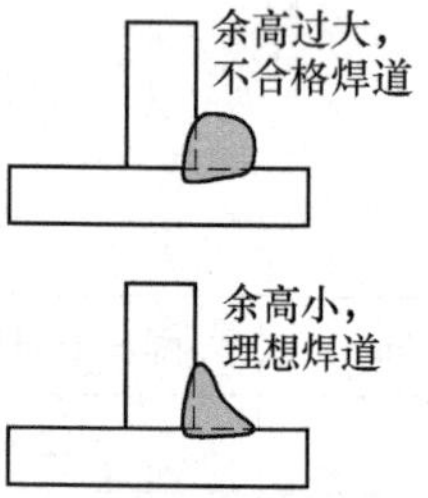

图3-21　焊道截面比较

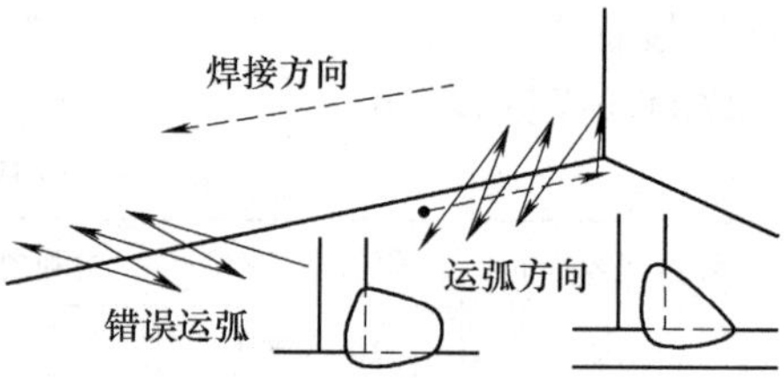

图3-22　运弧方法比较

（3）盖面焊　彻底清除底层焊渣，避免夹渣缺陷。为获得过渡圆滑的焊道，采用左向焊法上下两道盖面。焊接第一道时，焊丝对准底层焊道下焊趾，小斜圆圈运枪，焊枪与水平板成50°角与焊接反方向成70°~80°角。焊接过程中注意控制摆动幅度大小一致，使熔池覆盖底层焊道2/3，1/3熔池熔合在平板上，焊接速度适宜，斜圆圈摆动时斜度要稍大，与平板熔合良好，下焊趾与立板距离相等，平滑过渡，避免焊趾出现应力集中，如图3-23所示。

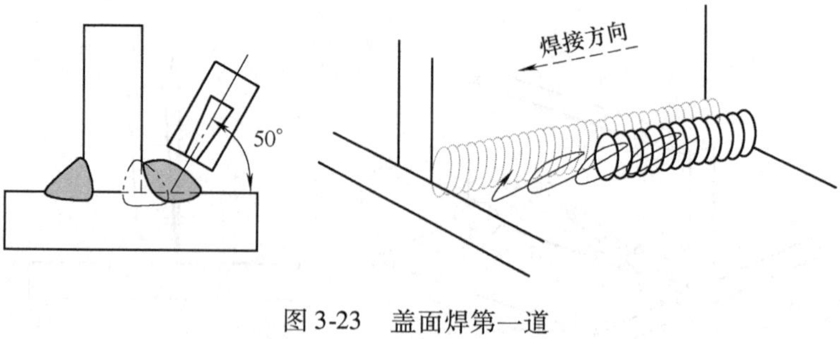

图3-23　盖面焊第一道

焊接第二道时采用直线往返，进三退二，焊枪与平板成40°角，焊丝对准第一道上焊趾，熔池覆盖第一层焊道1/2~1/3宽度，注意控制焊接速度，往返运弧，返回时适当停顿一下，以填满熔池，避免咬边缺陷，使焊道截面成等腰三角形，焊脚高度9~10mm，如图3-24所示。

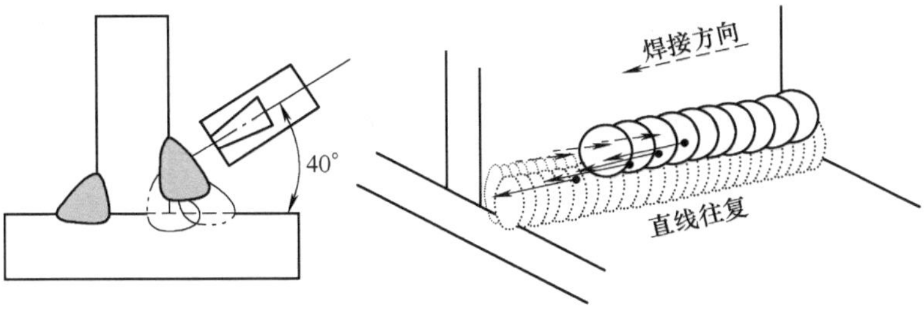

图 3-24　盖面焊第二道

焊接过程中应根据熔池温度及熔合状态，随时调整焊枪角度、摆动形式、摆动幅度、焊接速度等，使得焊道宽度各处相等，焊趾圆滑过渡，焊道与焊道间熔合良好，如图 3-25 所示。

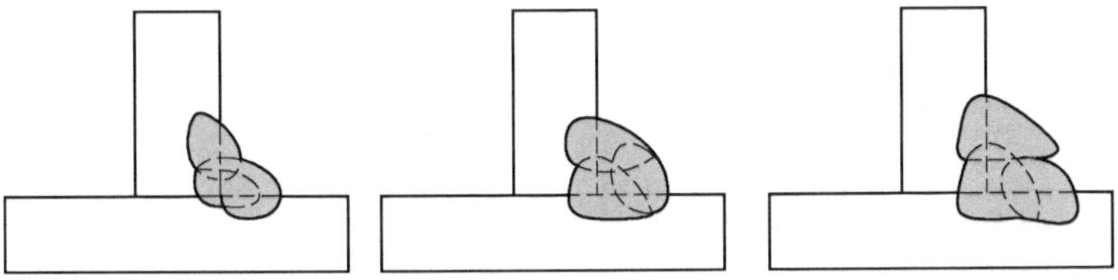

图 3-25　焊道截面形状

a）合格　b）余高大，不合格　c）道间沟槽深，不合格

5. 试件与现场清理

练习结束后，首先关闭 CO_2 气瓶阀门，点动焊枪开关，或点动焊机面板焊接检气开关，放掉减压器里面的余气，然后关闭焊接电源。将焊好的试件用敲渣锤除去药皮渣壳，再用钢丝刷反复拉刷焊道，除去焊缝氧化层。注意严禁破坏试件原始表面，禁止用水冷却。清扫场地，摆放工件，整理焊接电缆，确认无安全隐患，并做好交班记录。

关键技术点拨

焊接电流与电弧电压的选择

焊接电流和电弧电压是 CO_2 焊的关键参数，它对焊接质量和生产效率有较大影响。在 CO_2 焊中，焊接电流决定熔深的大小，焊接电流越大，熔深越大；焊接电流越小，熔深也就越浅。电弧电压决定焊缝的宽度，电弧电压越高，焊缝越宽，余高平坦；电弧电压越低，焊缝越窄，余高越大。焊接操作中，焊接电流必须和电弧电压相匹配，否则，电弧不稳定，甚至不能焊接。实际上焊接电流决定焊丝送进速度，电弧电压决定焊丝熔化速度，只有当两者匹配时，电弧才能稳定燃烧。

当焊接电流≤300A 时，$U=0.04I+16\text{V}\pm1.5\text{V}$。

当焊接电流＞300A 时，$U=0.04I+20\text{V}\pm2\text{V}$。

四、评价与总结

参照评分标准（表 3-5）进行质量检查。由学生自检、互检和教师检查，并填写质量检查记录卡（附录 C）；每天留出部分时间分小组交流讨论，分享各自的学习成果，共同进步。

表 3-5 12mm 板 T 形接头试件评分标准

学号			评分人		合计分		
检查项目		标准、分数	焊缝等级				实际得分
			Ⅰ	Ⅱ	Ⅲ	Ⅳ	
焊脚尺寸		标准/mm	10	>9，≤11	>11，≤12 或 >8，≤9	<8，>12	
		分数	10	8	6	0	
焊缝凸度		标准/mm	≤1	>1，≤2	>2，≤3	>3	
		分数	10	8	6	0	
垂直度		标准/mm	≤1	≤2	≤3	>3	
		分数	5	3	2	0	
表面气孔		标准：（个）	无	有	有	有	
		分数	5	0	0	0	
焊道层数		标准：（道）	3	2 或 4			
		分数	5	0			
咬边		标准/mm	0	深度≤0.5 且长度≤15	深度≤0.5 长度>15，≤30	深度>0.5 或长度>30	
		分数	15	10	5	0	
折断试验	根部熔深	标准/mm	≥1	≥0.5	≥0	<0	
		分数	20	15	10	0	
	条状缺陷	标准/mm	0	≤2	≤3	>3	
		分数	15	10	6	0	
	点状缺陷	标准/个	0	≤ϕ1 数目：2 个	≤ϕ1 数目：4 个	>ϕ1 或数目>4 个	
		分数	15	10	6	0	

项目三 板对接平焊

一、项目任务

按照图 3-26 的要求，学习 CO_2 板对接平焊操作技能，完成工件实作任务。

具体要求：掌握 CO_2 板对接平焊单面焊双面成形的操作要领；会选择焊接参数并编制简单的工艺卡（附录 B）；会使用焊接设备，能调节焊接电流、电弧电压，会调节气体流量；掌握控制熔池温度、大小和形状的技能；掌握 CO_2 焊的焊接特点和操作技能；初步掌握焊枪角度、焊接电流对焊缝成型的影响。使焊件达到评分标准的相关质量要求。

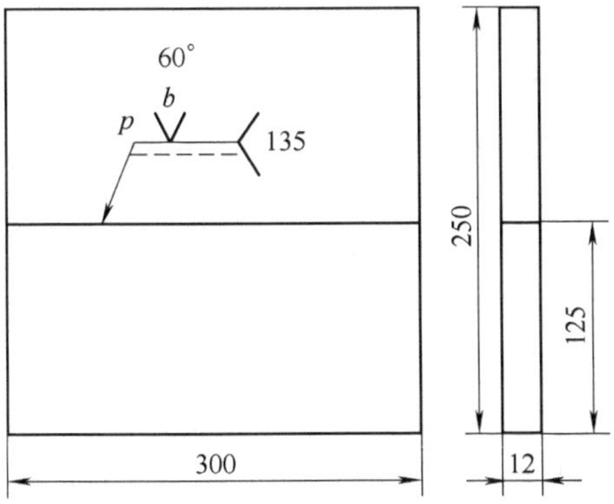

技术要求

焊接方法：CO_2 气体保护焊；接头形式：对接；焊接位置：水平位置；试件材质：Q235；焊接材料：ER50-6，ϕ1.2mm；焊接层数：多层。

图 3-26　板对接平焊施工图

二、项目分析

根据图样可知，本项目为 V 形坡口对接平焊，坡口角度 60°，单面焊双面成形，由两块 300mm × 125mm × 12mm 的钢板对接。坡口间隙、钝边自定。

Q235 钢属于普通低碳钢，影响淬硬倾向的元素含量较少，根据碳当量估算，裂纹倾向不明显，焊接性良好，无需采取特殊工艺措施。但焊缝位于空间水平位置，熔池受重力作用易下坠，焊接参数选择不当或操作焊枪角度不当都会造成背面焊缝余高过大，产生焊瘤，甚至造成烧穿。CO_2 焊为明弧焊接，熔池和熔孔清晰可见，便于操作，易于控制。Q235 钢强度等级较低，焊接时选用 ER49-1 或 ER50-6 即可，焊接方法标明 135 即熔化极活性气体保护焊。由于 Q235 钢属于普通低碳钢，选用 CO_2 气体保护即能满足要求。

填写焊缝分析表（附录 A）。

三、项目实施

1. 安全检查

同本章项目一。

2. 焊前准备

参考本章项目一。

3. 选择焊接参数

焊接参数的选择见表 3-6。

表 3-6　焊 接 参 数

层　　次	焊条直径/mm	焊接电流 A	焊接电压/V	气体流量/(L/min)	焊丝伸出长度/mm
打底层	1.2	90 ~ 100	18 ~ 20	12 ~ 15	12 ~ 18
填充层	1.2	140 ~ 160	20 ~ 22	12 ~ 15	12 ~ 18
盖面层	1.2	140 ~ 150	20 ~ 22	12 ~ 15	12 ~ 18

4. 实施装配与焊接

（1）装配定位焊　为保证焊接质量，装配定位很重要。为了既保证焊透又不烧穿，必须留有合适的对接间隙和合理的钝边。根据焊丝直径以及打底焊熔滴过渡方式，确定钝边 $p=0\sim0.5$mm，间隙 $b=2.5\sim3$mm（始端 2.5mm、终端 3mm），反变形角度约 3°，错边量≤0.5mm。定位焊时，在试件两端坡口内侧进行焊接，定位焊缝长度为 10～15mm，高度 5～6mm，以保证固定点强度，抵抗焊接变形时的收缩。

定位焊前，选择焊枪操作方式（2 步 \ 4 步），以免操作不当断弧或灭弧后继续送丝，调整焊接电流、电弧电压、收弧电流、收弧电压。在试件端部 10mm 处坡口内侧引燃电弧至端部焊接，待焊点长大，移动焊丝到坡口另一侧，待焊点长大两侧搭桥后锯齿形运条，注意焊丝要伸到距坡口根部 2～3mm 处，保证焊透，防止烧穿。焊接另一端时调整好间隙，再定位焊。定位焊完毕调整反变形大小，并打磨固定点呈斜坡状，有利于接头，如图 3-27 所示。然后将试件装夹到变位器上，注意大间隙端在末焊端，小间隙端在始焊端。

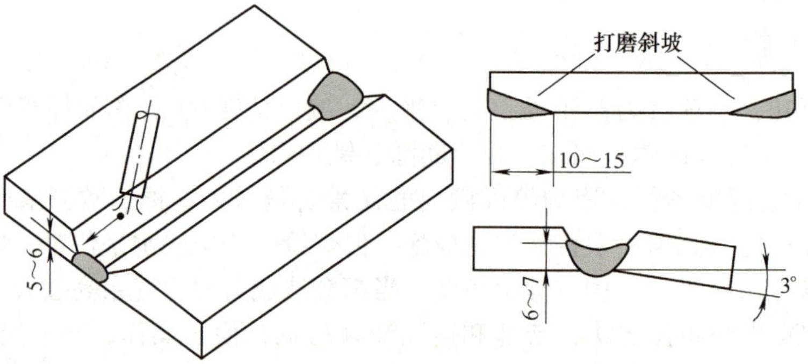

图 3-27　装配定位焊

（2）打底焊　在试件右端固定点引弧，焊丝对准固定点最高端并接触，焊枪与焊缝横向（工作角）垂直，与焊缝方向成 75°～85°角，引弧后小锯齿摆动向右焊接，至固定点低端压低电弧稍作停顿，击穿根部打开熔孔后，小锯齿形摆动，向右焊接，在坡口两侧稍作停顿，使其熔合良好，避免因焊缝中间温度过高而使熔池下坠，造成背面焊缝余高过大，焊缝正面中间凸起，两侧形成沟槽。焊丝始终对准距熔池前边缘 1mm 处，焊枪摆动均匀，摆动幅度、前移尺寸大小均匀，电弧的 2/3 在正面熔池，电弧的 1/3 通过间隙在坡口背面，用来击穿熔孔，保护背面熔池。

焊接过程中，注意观察并控制熔孔大小保持在 1mm 左右，熔池形状相同，使正反两面焊缝高低宽窄一致。整条焊缝厚度 3～4mm。

焊接过程中，注意观察熔池的形状，正常形状为半圆形，若熔池变为桃形或心形，说明熔池中部温度过高，液态金属开始下坠，背面余高增大，甚至产生焊瘤，此时应及时调整运条速度，增长坡口两侧停顿时间。若熔池成椭圆形，表明热输入不足，根部没有熔合，应压低电弧、放慢运条速度，如图 3-28 所示。

二氧化碳不存在热接头，一旦断弧，熔池急剧冷却，形成缩孔缺陷，所以接头时必须打磨弧坑成斜坡，而且斜坡下部越薄越好，接头方法与开始焊接相同。如果采用 4 步操作法，使用收弧规范，可完成焊接收尾。如果采用 2 步操作法，可回焊收尾，如图 3-29 所示。

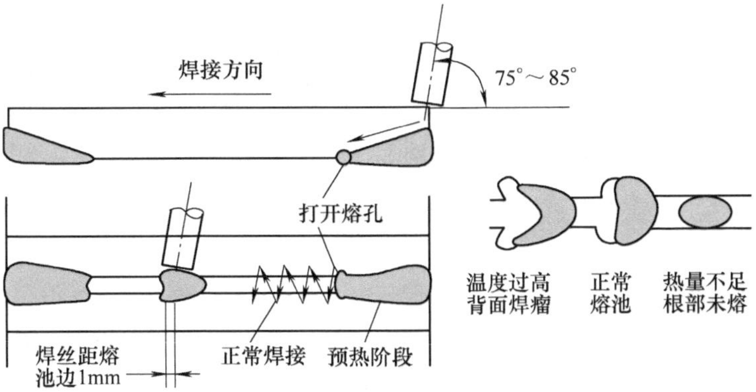

图 3-28 打底焊

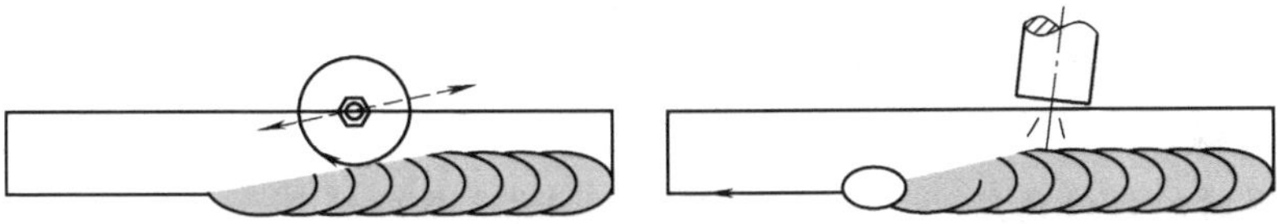

图 3-29 接头与打磨

由于 CO_2 焊电弧集中，要求运条均匀程度高，尤其对于初学者，应双手握枪，提高稳定程度，保证焊接质量。

（3）填充焊 彻底清理底层焊渣，用扁铲铲除接头高点和焊瘤，使底层焊道基本平整。调节焊接电流，电弧电压，清理喷嘴污物。在试件右端 20mm 处引弧，快速拉到最右端部压低电弧稍作停顿，待形成熔池，锯齿摆动，比打底层摆动幅度大，坡口两边稍作停顿。由于 CO_2 焊熔敷效率高，且填充层宽度较窄，运条时，两侧停顿，中间一带而过，电弧前移步伐大小，以焊缝厚度为准，约 2/3～1/2 熔池大小。观察熔池长大情况，距棱边高 1～1.5mm 为宜，焊缝厚度为 4～5mm，如图 3-30 所示。

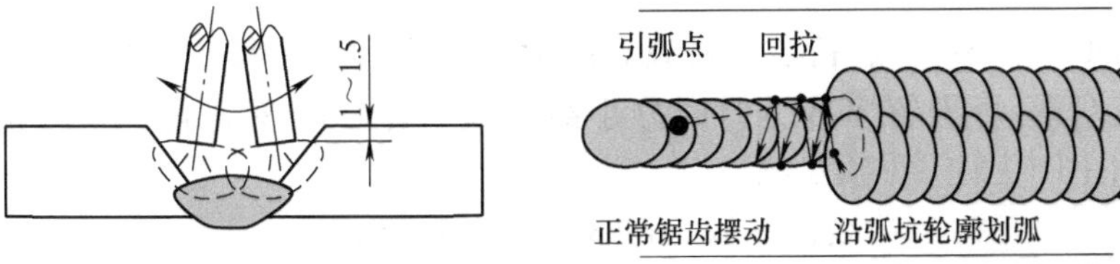

图 3-30 填充焊

接头时，将焊丝对准弧坑前方 10mm 处，并接触引弧，快速回拉到弧坑边缘划弧，然后继续锯齿形摆动转入正常焊接。

（4）盖面焊 清除前层焊道焊渣，调节焊接电流、电弧电压，清除喷嘴飞溅物，控制层间温度约 100℃，与填充焊方法基本相同，由于盖面焊道比填充焊道宽，摆动幅度稍大，中间不能一带而过，而要均匀摆动，否则盖面焊道中间凹陷。根据填充焊道深度大小，决定运条速度快慢。焊条摆动到坡口两侧时，焊丝对准坡口棱边，不要超过棱边，形成熔池后熔化棱边 0.5～1.0mm，焊后产生余高 1～2mm 为宜，如图 3-31 所示。

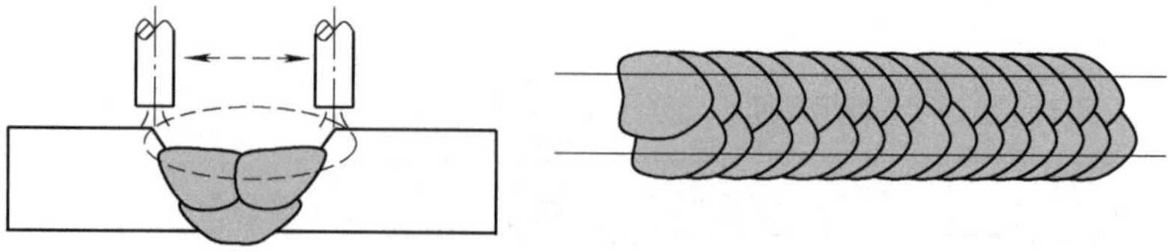

图 3-31　盖面焊

5. 试件及现场清理

练习结束后，首先关闭二氧化碳气瓶阀门，点动焊枪开关，或点动焊机面板焊接检气开关，放掉减压器里面的余气，然后关闭焊接电源。将焊好的试件用敲渣锤除去药皮渣壳，再用钢丝刷反复拉刷焊道，除去焊缝氧化层。注意禁止破坏试件原始表面，禁止用水冷却。清扫场地，摆放工件，整理焊接电缆，确认无安全隐患，并做好交班记录。

关键技术点拨

1）平焊时的焊枪角度：工作角保持垂直，前进角后倾5°~10°。

2）在离工件右端定位焊焊缝约20mm坡口内引弧，快速回焊，至右端开始向左焊接。焊枪沿坡口两侧作小幅度横向摆动，严格控制电弧在距底边2~3mm处燃烧，坡口底部出现熔孔（大于间隙1~2mm），正常焊接。

3）熔池停留时间不宜太长，否则易出现烧穿现象。正常熔池呈半圆形，若出现半圆形熔池被拉长，即为烧穿前兆。此时应根据具体情况，改变焊枪操作方式来防止烧穿。

4）注意焊接电流和电弧电压的配合。电弧电压过高，易引起烧穿，甚至灭弧；电弧电压过低，则在熔滴很小时就引起短路，并产生严重的飞溅。

四、项目评价和总结

参照评分标准（表3-7）进行质量检查。由学生自检、互检和教师检查，并填写质量检查记录卡（附录C）；每天留出部分时间分小组交流讨论，分享各自的学习成果，共同进步。

表3-7　12mm板对接试件评分标准

学号			评分人		得分		
检查项目		标准、分数	焊缝等级				实际得分
			Ⅰ	Ⅱ	Ⅲ	Ⅳ	
正面	焊缝余高	标准/mm	>0，≤2	>2，≤3	>3，≤4	>4，<0	
		分数	2.5	1.5	0.5	0	
	焊缝高低差	标准/mm	≤1	>1，≤2	>2，≤3	>3	
		分数	2.5	1.5	0.5	0	
	焊缝宽度	标准/mm	>18，≤19	>19，≤20	>20，≤21	>21，<18	
		分数	2.5	1.5	0.5	0	

（续）

学号			评分人		得分		
检查项目		标准、分数	焊缝等级				实际得分
			Ⅰ	Ⅱ	Ⅲ	Ⅳ	
正面	焊缝宽窄差	标准/mm	≤1.5	>1.5，≤2	>2，≤3	>3	
		分　数	2.5	1.5	0.5	0	
	咬　边	标准/mm	0	深度≤0.5 且长度≤10	深度≤0.5 长度≤20	深度>0.5 或长度>20	
		分　数	5	3.5	2.5	0	
	气孔	标准/mm	无气孔	气孔≤0.5 数目：1个	气孔≤0.5 数目：2个	气孔>0.5 数目：>2个	
		分　数	5	3	1	0	
	错边量	标准/mm	0	≤0.5	>0.5，≤1	>1	
		分　数	2.5	1.5	0.5	0	
	角变形	标准/mm	0~1	>1，≤3	>3，≤5	>5	
		分　数	2.5	1.5	0.5	0	
	焊缝外表成形		优	良	一般	差	
		标准	成形美观，鱼鳞均匀细密，高低宽窄一致	成形较好，鱼鳞均匀，焊缝平整	成形尚可，焊缝平直	焊缝弯曲，高低宽窄明显，有表面焊接缺陷	
		分数	2.5	1.5	0.5	0	
反面	焊缝高度	0~3mm　2.5分		>3mm或<0　0分			
	咬　边	无咬边　2.5分		有咬边　0分			
	气　孔	无气孔　2.5分		有气孔　0分			
	未焊透	无未焊透　5分　有未焊透　0分					
	凹陷	无内凹　10分	深度≤0.5mm，每2mm长扣0.5分（最多扣10分） 深度>0.5mm　0分				
射线探伤			一级50分	二级35分	三级15分	四级0分	

项目四　板对接立焊

一、板对接向上立焊实作

（一）项目任务

按图3-32的要求，学习板对接向上立焊（CO_2 焊）的基本操作技能，完成工件实作任务。

具体要求：掌握板对接向上立焊（CO_2 焊）的技术要求及操作要领；会制订板对接向上立焊（CO_2 焊）的装焊方案，会选择板对接向上立焊（CO_2 焊）的焊接参数，并编制简单的工艺卡（附录B）；按焊接安全、清洁和环境要求及焊接工艺完成焊接操作，制作出合格的板对接向上立焊（CO_2 焊）工件，并达到评分标准的相关质量要求。

（二）项目分析

板对接向上立焊单面焊双面成形时，由于重力的作用，焊丝熔滴和熔池中的液态金属易下淌，使焊缝正面和背面出现焊瘤，造成焊缝成形困难。焊接时，要采用较小的焊接电流和短路过渡形式，焊接速度稍快，焊枪的摆动频率稍快，尽量缩短熔池存在的时间，使焊缝薄而均匀。

填写焊缝分析表（附录A）。

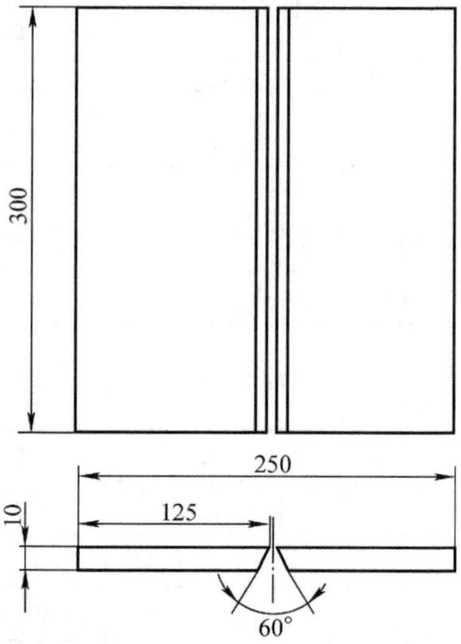

技术要求

焊接方法：半自动 CO_2 焊；试件材质：Q235；接头形式：板对接接头；焊接位置：向上立焊。

图 3-32　板对接向上立焊施工图

（三）项目实施

1. 安全检查

同本章项目一。

2. 焊前清理与检查

参考本章项目一。

3. 选择焊接参数

焊接参数见表 3-8。

表 3-8　板对接向上立焊焊接参数

焊接层次	焊丝直径 /mm	焊接电流 /A	电弧电压 /V	气体流量 /(L/min)	焊丝伸出长度 /mm	电源极性
打底	1.2	90 ~ 95	18 ~ 20	10 ~ 12	10	直流反接
		90 ~ 110		12 ~ 15		
填充层		110 ~ 120	20 ~ 22	12 ~ 15	10 ~ 15	
		130 ~ 150		15 ~ 20		
盖面		110 ~ 120		12 ~ 15		
		130 ~ 150		15 ~ 20		

4. 实施装配与焊接

操作要领如下：

（1）装配与定位焊

1）定位焊。在焊件坡口内定位焊，焊缝长度 10 ~ 15mm；预置反变形量为 2° ~ 3°，如图 3-33 所示。

2）对装配位置和定位焊质量进行检查。

（2）打底焊

1）采用向上立焊法，焊枪与板件的角度为 70° ~ 90°（向下倾斜），如图 3-34 所示。

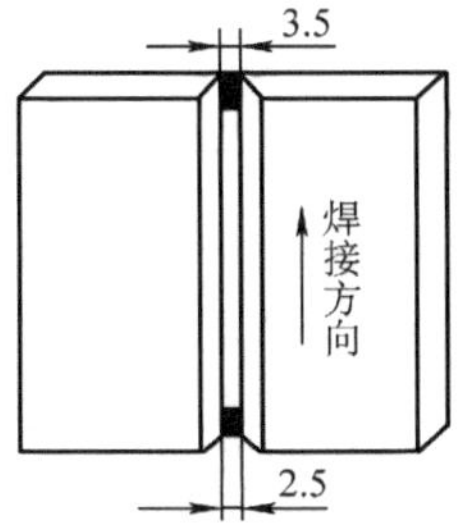

图 3-33　板对接向上立焊装配示意图

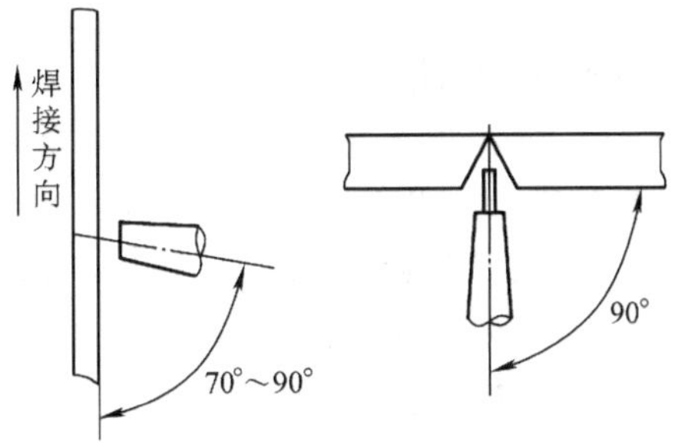

图 3-34　板对接向上立焊焊枪的角度

2）焊枪横向摆动采用小间距锯齿形运条或间距稍大的上凸的月牙形运条。下凹的月牙形运条使焊道表面下坠，是不正确的。焊枪摆动的手法如图 3-35 所示。

3）焊接过程中要特别注意熔池和熔孔的变化，熔池不能太大。左右摆动的电弧将坡口两侧根部击穿，每边熔化 0.5～1mm 即可，保持熔孔的尺寸大小一致，且向上移动间距均匀，如图 3-36 所示。

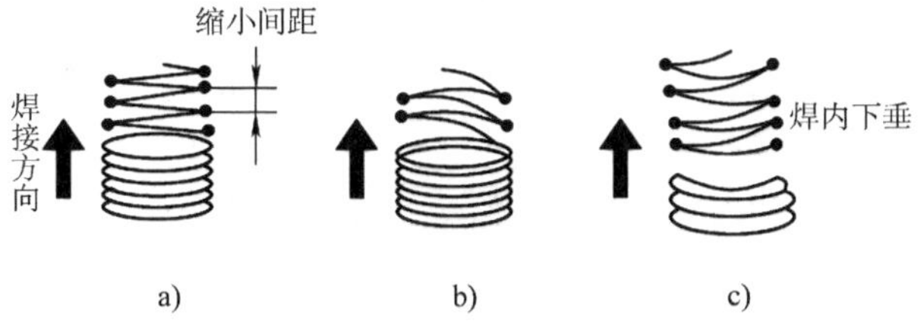

图 3-35　向上立焊焊枪摆动的手法
a）小间距锯齿形摆动　b）上凸月牙形摆动
c）下凹月牙形摆动（不正确）

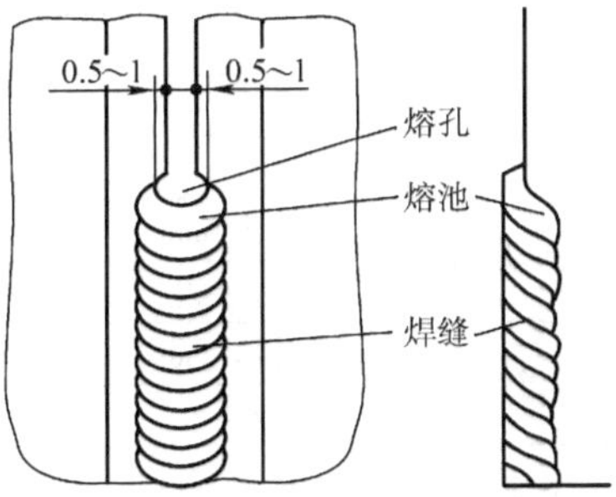

图 3-36　向上立焊的熔孔和熔池

（3）填充层焊接

1）焊前先清除、打磨掉底层焊道和坡口表面的飞溅和焊渣，并用砂轮机将局部凸起的焊道磨平。

2）焊枪摆动的幅度比打底焊时稍大，电弧在坡口两侧稍作停顿，以保证两侧熔合良好。

3）盖面前的焊道比试板表面低 1.5～2mm，不允许熔化坡口棱边。

（4）盖面焊

1）焊前清理干净飞溅和焊渣。

2）焊枪摆动的幅度比填充焊时大，熔池两侧超过坡口边缘 0.5～1.5mm，采用匀速锯齿形摆动方式向上运动。

5. 清理现场

练习结束后，必须整理工具设备，关闭电源，清理打扫场地，做到“工完场清”；并由值日生或指导教师检查，作好记录。

关键技术点拨

1）选择适合自己的空间固定位置。由于焊枪和焊把线较重，所以焊枪的握持要选择一种较为省力的方式，以减少焊接过程中手的疲劳程度，有利于控制焊接质量。

2）板对接向上立焊时，焊枪的位置十分重要，要使焊丝对着前进方向，保持90°±10°的角度；电流比平焊时稍小，焊枪摆动的频率稍快，摆动的幅度要保持一致，采用锯齿间距较小的方式进行焊接。打底焊时，密切观察和控制熔孔的尺寸，要注意保持一致；不能采用下凹的月牙形摆动，否则焊道凸起严重，导致焊道下坠。焊接时，最好用双手握枪，以保证焊接的稳定。

（四）项目评价与总结

参照评分标准（表3-9）进行检查。由学生自检、互检以及教师检查（或专职质检员进行），并填写质量检查记录卡（附录C）；每天留出部分时间，分小组交流讨论，分享各自的学习成果，共同进步。

表3-9　10mm板对接试件评分标准

学号			评分人		得分		
检查项目		标准、分数	焊缝等级				实际得分
			Ⅰ	Ⅱ	Ⅲ	Ⅳ	
正面	焊缝余高	标准/mm	>0，≤1.5	>1.5，≤2	>2.5，≤3	>3，<0	
		分　数	2.5	1.5	0.5	0	
	焊缝高低差	标准/mm	≤1	>1，≤2	>2，≤3	>3	
		分　数	2.5	1.5	0.5	0	
	焊缝宽度	标准/mm	>15，≤16	>16，≤17	>17，≤18	>18，<15	
		分　数	2.5	1.5	0.5	0	
	焊缝宽窄差	标准/mm	≤1.5	>1.5，≤2	>2，≤3	>3	
		分　数	2.5	1.5	0.5	0	
	咬　边	标准/mm	0	深度≤0.5 且长度≤10	深度≤0.5 长度≤20	深度>0.5 或长度>20	
		分　数	5	3.5	2.5	0	
	气孔	标准/mm	无气孔	气孔≤0.5 数目：1个	气孔≤0.5 数目：2个	气孔>0.5 数目：>2个	
		分　数	5	3	1	0	
	错边量	标准/mm	0	≤0.5	>0.5，≤1	>1	
		分　数	2.5	1.5	0.5	0	
	角变形	标准/mm	0~1	>1，≤3	>3，≤5	>5	
		分　数	2.5	1.5	0.5	0	
	焊缝外表成形		优	良	一般	差	
		标准	成形美观，鱼鳞均匀细密，高低宽窄一致	成形较好，鱼鳞均匀，焊缝平整	成形尚可，焊缝平直	焊缝弯曲，高低宽窄明显，有表面焊接缺陷	
		分数	2.5	1.5	0.5	0	

（续）

学号			评分人		得分		
检查项目		标准、分数	焊　缝　等　级				实际得分
			Ⅰ	Ⅱ	Ⅲ	Ⅳ	
反面	焊缝高度	0 ~ 3mm　2.5 分		>3mm 或 <0　0 分			
	咬　边	无咬边　2.5 分		有咬边　0 分			
	气　孔	无气孔　2.5 分		有气孔　0 分			
	未焊透	无未焊透　5 分　有未焊透　0 分					
	凹陷	无内凹　10 分	深度≤0.5mm，每 2mm 长扣 0.5 分（最多扣 10 分） 深度 >0.5mm　0 分				
射线探伤			一级 50 分	二级 35 分	三级 15 分	四级 0 分	

二、板对接向下立焊实作

（一）项目任务

按图 3-37 的要求，学习板对接向下立焊（CO_2 焊）的基本操作技能，完成工件实作任务。

具体要求：掌握板对接向下立焊（CO_2 焊）的技术要求及操作要领；会制定板对接向下立焊（CO_2 焊）的装焊方案，会选择板对接向下立焊（CO_2 焊）的焊接参数，并编制简单的工艺卡（附录 B）；按焊接安全、清洁和环境要求及焊接工艺完成焊接操作，制作出合格的板对接向下立焊（CO_2 焊）工件，并达到评分标准的相关质量要求。

（二）项目分析

板（较薄钢板）对接向下立焊的难度相对较小。由于半自动 CO_2 焊的电流较大，熔深大，只要焊接速度合适（与焊丝熔化速度匹配），焊枪的角度控制好，保持熔池不流淌到电弧前面，就能获得成形较好的焊缝。

填写焊缝分析表（附录 A）。

（三）项目实施

1. 安全检查

同本章项目一。

2. 焊前清理与检查

参考本章项目一。

3. 选择焊接参数

焊接参数见表 3-10。

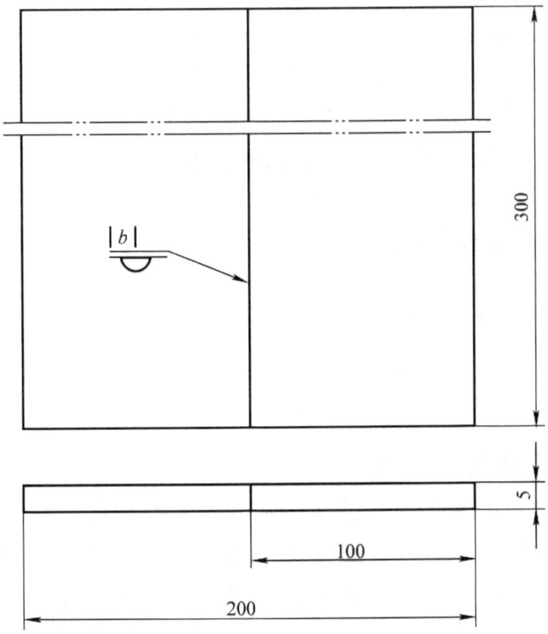

技术要求

焊接方法：半自动 CO_2 焊；试件材质：Q235；接头形式：板对接接头；焊接位置：向下立焊。

图 3-37　板对接向下立焊实作施工图

表 3-10 板对接向下立焊焊接参数

焊接层次	焊丝直径 /mm	焊接电流 /A	电弧电压 /V	气体流量 /(L/min)	焊丝伸出长度 /mm	电源极性
单道焊	0.8	60～70	18～20	8～10	10	直流反接
	1.2	110～120	17～18	15～20	10～15	

4. 实施装配与焊接

操作要领如下：

（1）装配与定位焊

1）定位焊。在焊件背面定位焊，焊缝长度约 10～15mm。预置反变形量为 2°～3°。

2）对装配位置和定位焊质量进行检查。

（2）焊接

1）单层单道向下立焊；焊枪与板件的角度为 40°～50°（向下倾斜），如图 3-38 所示。

2）焊枪指向熔池，尽量压低电弧；焊枪的角度保持不变，采用直线式运枪；焊接速度稍快，焊枪不摆动。

3）密切关注液态金属的状况，一旦其流到电弧前方，焊枪移动要加快，并使焊枪倾角增大，利用电弧吹力把熔池的液态金属推上去并托住，不使其超过电弧。

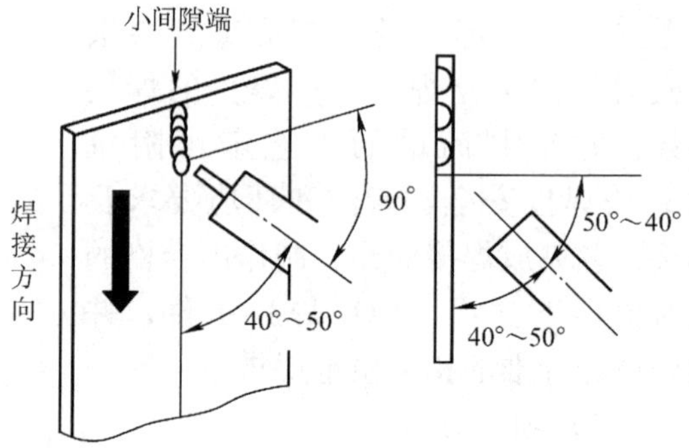

图 3-38 板对接向下立焊焊枪的角度

5. 清理现场

练习结束后，必须整理工具设备，关闭电源，清理打扫场地，做到“工完场清”；并由值日生或指导教师检查，作好记录。

关键技术点拔

板对接立向下立焊时，焊枪的角度十分重要，需直线运枪，不做摆动。焊接速度要均匀，与焊丝的熔化速度匹配。密切关注液态金属的状况，不能让其流到电弧前面；一旦出现该情况，立即调整焊枪的角度（增大焊枪倾角），利用电弧吹力托住液态金属。

（四）项目评价与总结

参照评分标准（表 3-11）进行检查。由学生自检、互检以及教师检查（或专职质检员进行），并填写质量检查记录卡（附录 C）；每天留出部分时间，分小组交流讨论，分享各自的学习成果，共同进步。

表 3-11　5mm 板对接试件评分标准

<table>
<tr><td colspan="2">学号</td><td></td><td>评分人</td><td colspan="2"></td><td>得分</td><td></td></tr>
<tr><td colspan="2" rowspan="2">检查项目</td><td rowspan="2">标准、分数</td><td colspan="4">焊　缝　等　级</td><td rowspan="2">实际得分</td></tr>
<tr><td>Ⅰ</td><td>Ⅱ</td><td>Ⅲ</td><td>Ⅳ</td></tr>
<tr><td rowspan="20">正面</td><td rowspan="2">焊缝余高</td><td>标准/mm</td><td>>0，≤1.5</td><td>>1.5，≤2</td><td>>2，≤2.5</td><td>>2.5，<0</td><td rowspan="2"></td></tr>
<tr><td>分　数</td><td>2.5</td><td>1.5</td><td>0.5</td><td>0</td></tr>
<tr><td rowspan="2">焊缝高低差</td><td>标准/mm</td><td>≤1</td><td>>1，≤1.5</td><td>>1.5，≤2</td><td>>2.5</td><td rowspan="2"></td></tr>
<tr><td>分　数</td><td>2.5</td><td>1.5</td><td>0.5</td><td>0</td></tr>
<tr><td rowspan="2">焊缝宽度</td><td>标准/mm</td><td>>13，≤14</td><td>>14，≤15</td><td>>15，≤16</td><td>>16，<13</td><td rowspan="2"></td></tr>
<tr><td>分　数</td><td>2.5</td><td>1.5</td><td>0.5</td><td>0</td></tr>
<tr><td rowspan="2">焊缝宽窄差</td><td>标准/mm</td><td>≤1.5</td><td>>1.5，≤2</td><td>>2，≤3</td><td>>3</td><td rowspan="2"></td></tr>
<tr><td>分　数</td><td>2.5</td><td>1.5</td><td>0.5</td><td>0</td></tr>
<tr><td rowspan="2">咬　边</td><td>标准/mm</td><td>0</td><td>深度≤0.5
长度≤10</td><td>深度≤0.5
长度≤20</td><td>深度>0.5
或长度>20</td><td rowspan="2"></td></tr>
<tr><td>分　数</td><td>5</td><td>3.5</td><td>2.5</td><td>0</td></tr>
<tr><td rowspan="2">气孔</td><td>标准/mm</td><td>无气孔</td><td>气孔≤0.5
数目：1个</td><td>气孔≤0.5
数目：2个</td><td>气孔>0.5
数目：>2个</td><td rowspan="2"></td></tr>
<tr><td>分　数</td><td>5</td><td>3</td><td>1</td><td>0</td></tr>
<tr><td rowspan="2">错边量</td><td>标准/mm</td><td>0</td><td>≤0.5</td><td>>0.5，≤1</td><td>>1</td><td rowspan="2"></td></tr>
<tr><td>分　数</td><td>2.5</td><td>1.5</td><td>0.5</td><td>0</td></tr>
<tr><td rowspan="2">角变形</td><td>标准/mm</td><td>0~1</td><td>>1，≤3</td><td>>3，≤5</td><td>>5</td><td rowspan="2"></td></tr>
<tr><td>分　数</td><td>2.5</td><td>1.5</td><td>0.5</td><td>0</td></tr>
<tr><td rowspan="3">焊缝外表成形</td><td rowspan="2">标准</td><td>优</td><td>良</td><td>一般</td><td>差</td><td rowspan="3"></td></tr>
<tr><td>成形美观，鱼鳞均匀细密，高低宽窄一致</td><td>成形较好，鱼鳞均匀，焊缝平整</td><td>成形尚可，焊缝平直</td><td>焊缝弯曲，高低宽窄明显，有表面焊接缺陷</td></tr>
<tr><td>分数</td><td>2.5</td><td>1.5</td><td>0.5</td><td>0</td></tr>
<tr><td rowspan="5">反面</td><td>焊缝高度</td><td colspan="2">0~3mm　2.5分</td><td colspan="3">>3mm或<0　0分</td><td></td></tr>
<tr><td>咬　边</td><td colspan="2">无咬边　2.5分</td><td colspan="3">有咬边　0分</td><td></td></tr>
<tr><td>气　孔</td><td colspan="2">无气孔　2.5分</td><td colspan="3">有气孔　0分</td><td></td></tr>
<tr><td>未焊透</td><td colspan="5">无未焊透　5分　　有未焊透　0分</td><td></td></tr>
<tr><td>凹陷</td><td>无内凹　10分</td><td colspan="4">深度≤0.5mm，每2mm长扣0.5分（最多扣10分）
深度>0.5mm　0分</td><td></td></tr>
<tr><td colspan="3">射线探伤</td><td>一级50分</td><td>二级35分</td><td>三级15分</td><td>四级0分</td><td></td></tr>
</table>

【拓展训练】

项目五 板对接横焊

一、项目任务

按照图3-39的要求，学习板对接横焊（CO_2焊）的基本操作技能，完成工件实作任务。

具体要求：掌握板对接横焊（CO_2焊）的技术要求及操作要领；会制订板对接横焊（CO_2焊）的装焊方案，会选择板对接横焊（CO_2焊）的焊接参数，并编制简单的工艺卡（附录B）；按焊接安全、清洁和环境要求及焊接工艺完成焊接操作，制作出合格的板对接横焊（CO_2焊）工件，并达到评分标准的相关质量要求。

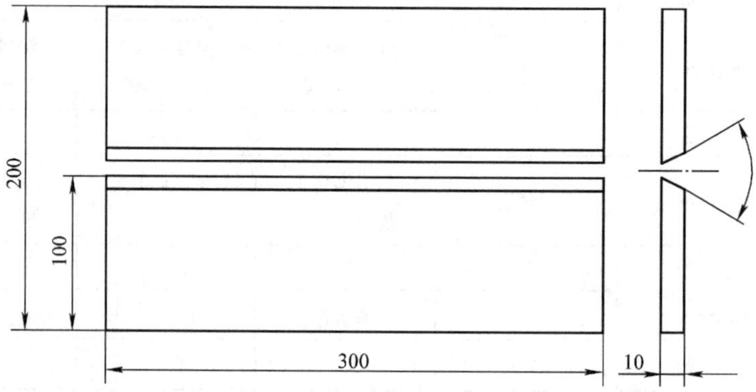

技术要求

焊接方法：半自动CO_2焊；试件材：Q235；接头形式：板对接接头；焊接位置：横焊；根部间隙$b=3.2\sim4.0$，$\alpha=60°$，$p=0.5\sim1$。

图3-39 板对接横焊施工图

二、项目分析

板对接横焊一般采用直线运枪左焊法（采用摆动运枪焊接难度较大）。由于是多层多道焊接，温度较高，熔池体积较大，凝固速度较慢，容易出现液态金属下坠，尤其是打底焊，焊缝背面成形会发生向下偏移。故焊接时应保持较小的熔池和较小的熔孔尺寸，适当提高焊接速度，采用较小的焊接电流和短弧焊接。

填写焊缝分析表（附录A）。

三、项目实施

1. 安全检查

同本章项目一。

2. 焊前清理与检查

参考本章项目一。

3. 选择焊接参数

焊接参数见表 3-12。

表 3-12　板对接横焊焊接参数

<table>
<tr><th>焊接层次</th><th>焊丝直径
/mm</th><th>焊接电流
/A</th><th>电弧电压
/V</th><th>气体流量
/(L/min)</th><th>杆伸长度
/mm</th><th>电源极性</th></tr>
<tr><td rowspan="2">打底(1)</td><td rowspan="6">1.2</td><td>90 ~ 100</td><td>18 ~ 20</td><td>10 ~ 12</td><td rowspan="3">10 ~ 15</td><td rowspan="6">直流反接</td></tr>
<tr><td>100 ~ 110</td><td rowspan="4">20 ~ 22</td><td>10 ~ 15</td></tr>
<tr><td rowspan="2">填充层(2、3)</td><td rowspan="2">110 ~ 120</td><td>10 ~ 12</td></tr>
<tr><td>15 ~ 20</td><td rowspan="3">15 ~ 20</td></tr>
<tr><td rowspan="2">盖面(4、5、6)</td><td rowspan="2">130 ~ 150</td><td>10 ~ 15</td></tr>
<tr><td>22 ~ 24</td><td>15 ~ 20</td></tr>
</table>

4. 实施装配与焊接

操作要领如下：

（1）装配与定位焊

1）定位焊。在焊件坡口内定位焊，焊缝长度 10 ~ 15mm。预置反变形量为 2° ~ 3°。

2）对装配位置和定位焊质量进行检查。

（2）打底焊

1）采用左焊法，焊枪的角度和熔孔如图 3-40 所示。焊枪以小幅度锯齿形摆动，保持熔孔边缘超过坡口下棱边 0.5 ~ 1mm。

2）清理打磨打底焊道时，不能破坏装配间隙和坡口面。

（3）填充焊

1）填充层采用单层多道焊，由下向上焊，焊枪的角度如图 3-41 所示。调整焊枪俯仰角，焊丝对准打底焊道与下板坡口面之间的夹角；焊前清理干净飞溅和焊渣。

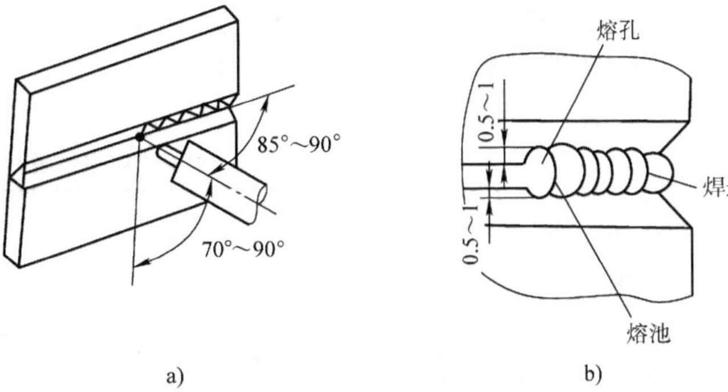

图 3-40　横焊焊枪的角度和熔孔

2）焊第一道填充焊道时，焊枪呈 0° ~ 10°俯角，电弧以打底焊道下边缘为中心横向摆动，保证与下侧坡口的熔合良好。

3）焊第二道填充焊道时，焊枪呈 0° ~ 10°仰角，电弧以打底焊道上边缘为中心，在第一道填充焊和上侧坡口面之间摆动，保证熔合良好。

（4）盖面焊

1）盖面焊接与填充层焊接类似，由下向上一道一道采用直线方式焊接，焊枪的角度如图 3-42 所示。

2）后焊道应将前焊道盖住一半或 2/3 以上，以保证整个焊缝平整、均匀。

3）焊前清理干净飞溅和焊渣。

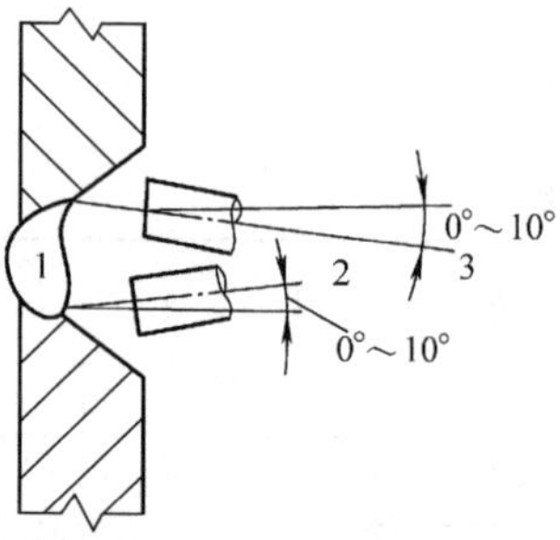

图3-41　填充层焊接焊枪的角度（板对接横焊）

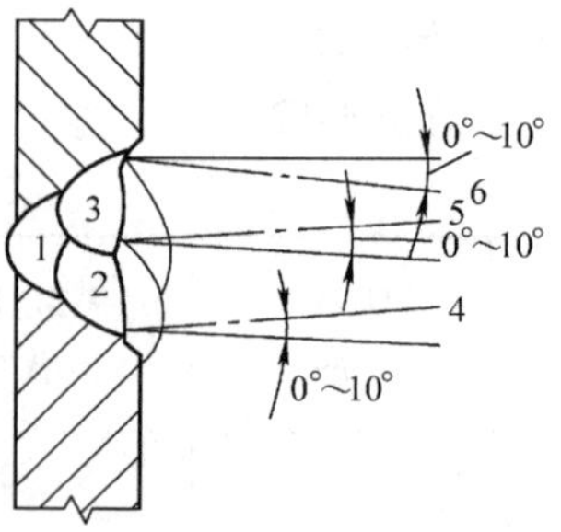

图3-42　盖面焊接焊枪的角度（板对接横焊）

5. 清理现场

练习结束后，必须整理工具设备，关闭电源，清理打扫场地，做到“工完场清”；并由值日生或指导教师检查，作好记录。

关键技术点拨

厚板对接横焊时，均需采用多层焊，焊枪的角度和焊道的排布情况与焊条电弧焊时相同。第一层焊道应尽量焊成等焊脚焊道，从下往上排列焊道。随着焊缝层数的增加，逐步减小焊道的熔敷金属量，并增加焊道数。后道焊缝应盖住前道焊缝的1/2以上，从而每层焊完都能尽量得到平坦的焊缝表面。

四、项目评价与总结

参照评分标准（表3-13）进行检查。由学生自检、互检以及教师检查（或专职质检员进行），并填写质量检查记录卡（附录C）；每天留出部分时间，分小组交流讨论，分享各自的学习成果，共同进步。

表3-13　10mm板对接试件评分标准

学号			评分人		得分		
检查项目		标准、分数	焊　缝　等　级				实际得分
			Ⅰ	Ⅱ	Ⅲ	Ⅳ	
正面	焊缝余高	标准/mm	>0，≤1.5	>1.5，≤2	>2.5，≤3	>3，<0	
		分　数	2.5	1.5	0.5	0	
	焊缝高低差	标准/mm	≤1	>1，≤2	>2，≤3	>3	
		分　数	2.5	1.5	0.5	0	
	焊缝宽度	标准/mm	>15，≤16	>16，≤17	>17，≤18	>18，<15	
		分　数	2.5	1.5	0.5	0	
	焊缝宽窄差	标准/mm	≤1.5	>1.5，≤2	>2，≤3	>3	
		分　数	2.5	1.5	0.5	0	
	咬　边	标准/mm	0	深度≤0.5 且长度≤10	深度≤0.5 长度≤20	深度>0.5 或长度>20	
		分　数	5	3.5	2.5	0	

（续）

学号			评分人		得分		
检查项目		标准、分数	焊缝等级				实际得分
			Ⅰ	Ⅱ	Ⅲ	Ⅳ	
正面	气孔	标准/mm	无气孔	气孔≤0.5 数目：1个	气孔≤0.5 数目：2个	气孔>0.5 数目：>2个	
		分　数	5	3	1	0	
	错边量	标准/mm	0	≤0.5	>0.5，≤1	>1	
		分　数	2.5	1.5	0.5	0	
	角变形	标准/mm	0~1	>1，≤3	>3，≤5	>5	
		分　数	2.5	1.5	0.5	0	
	焊缝外表成形	标准	优	良	一般	差	
			成形美观，鱼鳞均匀细密，高低宽窄一致	成形较好，鱼鳞均匀，焊缝平整	成形尚可，焊缝平直	焊缝弯曲，高低宽窄明显，有表面焊接缺陷	
		分数	2.5	1.5	0.5	0	
反面	焊缝高度	0~3mm　2.5分		>3mm或<0　0分			
	咬　边	无咬边　2.5分		有咬边　0分			
	气　孔	无气孔　2.5分		有气孔　0分			
	未焊透	无未焊透　5分　　有未焊透　0分					
	凹陷	无内凹　10分	深度≤0.5mm，每2mm长扣0.5分（最多扣10分） 深度>0.5mm　0分				
射线探伤			一级50分	二级35分	三级15分	四级0分	

项目六　板对接仰焊

一、项目任务

按图3-43的要求，学习板对接仰焊（CO_2 焊）的基本操作技能，完成工件实作任务。

具体要求：掌握板对接仰焊（CO_2 焊）的技术要求及操作要领；会制订板对接仰焊（CO_2 焊）的装焊方案，会选择板对接仰焊（CO_2 焊）的焊接参数，并编制简单的工艺卡（附录B）；按焊接安全、清洁和环境要求及焊接工艺完成焊接操作，制作出合格的板对接仰焊（CO_2 焊）工件，并达到评分标准的相关质量要求。

二、项目分析

仰焊单面焊双面成形是所有焊接位置中最难操作的一种。仰焊时，熔池倒悬在坡口内，液态金属受重力的作用极易下坠，从而易形成焊瘤，而在焊缝背面产生下凹等缺陷。在焊接过程中，熔池温度越高，焊接电弧越长，上述现象越严重；且易烫伤人，给焊工操作带来困难；飞溅物还易使焊枪喷嘴堵塞。操作时，焊工的位置应选好，以减少飞溅物的影响和便于操作。

填写焊缝分析表（附录A）。

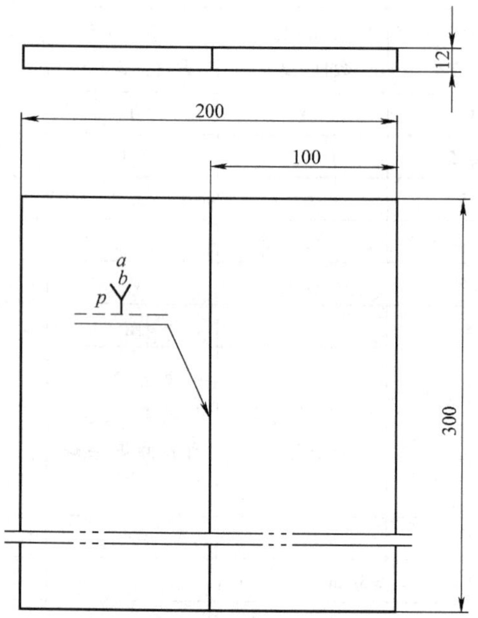

技术要求

焊接方法：半自动 CO_2 焊；试件材质：Q235；接头形式：板对接接头；焊接位置：仰焊；根部间隙 $b=3.2\sim4.0$，$\alpha=60°$，$p=0.5\sim1$。

图3-43　板对接仰焊施工图

三、项目实施

1. 安全检查

同本章项目一。

2. 焊前清理与检查

参考本章项目一。

3. 选择焊接参数

焊接参数见表3-14。

表3-14　板对接仰焊焊接参数

焊接层次	焊丝直径/mm	焊接电流/A	电弧电压/V	气体流量/(L/min)	焊丝伸出长度/mm	电源极性
打底	1.2	90~110	18~20	15~20	10~15	直流反接
填充层		130~150	20~22			
盖面		120~140				

4. 实施装配与焊接

操作要领如下：

（1）装配与定位焊

1）定位焊。在焊件坡口内定位焊，焊缝长度 10～15mm。预置反变形量为 2°～3°。装配示意图如图 3-44 所示。

2）对装配位置和定位焊质量进行检查。

（2）打底焊

1）采用右焊法，焊枪的角度如图 3-45 所示。

2）焊枪作小幅度锯齿形摆动。焊接过程中不能让电弧脱离熔池，以利用电弧吹力托住熔池金属，防止液态金属下淌。必须注意控制熔孔的大小，既要保证根部焊透，又要防止焊道背面下凹、正面下坠。打底焊的熔池情况如图 3-46 所示。

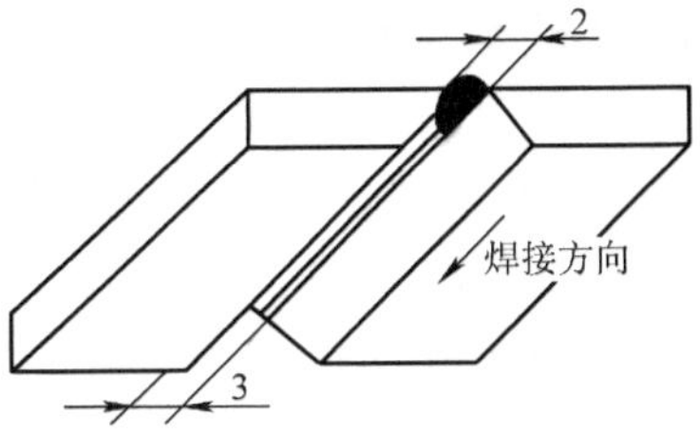

图 3-44　板对接仰焊装配示意图

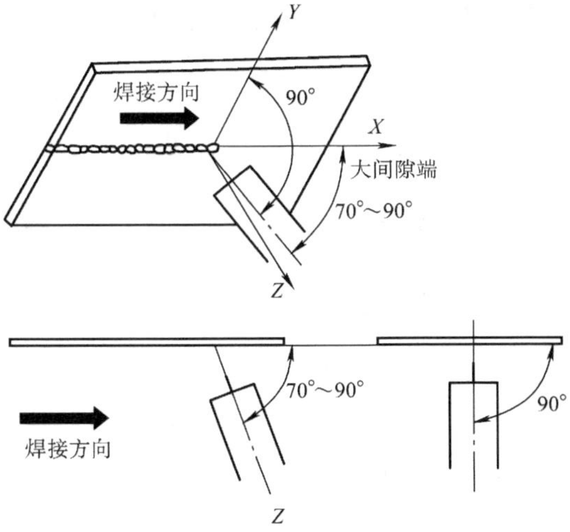

图 3-45　板对接仰焊焊枪的角度

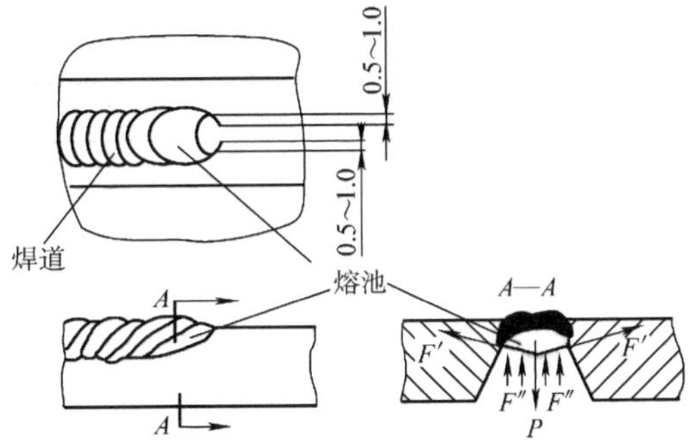

图 3-46　仰焊打底焊的熔池

P—熔池金属重力　F′—表面张力　F″—电弧吹力

（3）填充焊

1）焊前先清除、打磨打底焊道和坡口表面的飞溅和焊渣，并用角向砂轮机将局部凸起的焊道磨平。

2）焊枪以稍大的横向摆动幅度焊接。要控制好电弧在坡口两侧的停顿时间，既要保证焊道两侧熔合良好，又要防止焊道中间下坠。

3）填充层焊道表面高于试板下表面（不低于下表面）1.5～2.0mm，不能熔化坡口的棱边。

（4）盖面焊

1）焊前清理干净飞溅和焊渣。

2）焊接过程中应根据填充焊道的高度调整焊接速度，尽可能保持摆动幅度均匀，使焊道平直、均匀，不产生两侧咬边、中间下坠等缺陷。

5. 清理现场

练习结束后，必须整理工具设备，关闭电源，清理打扫场地，做到“工完场清”；并由值日生或指导教师检查，作好记录。

关键技术点拨

施焊时，采用较小的电流和尽可能采用短弧焊接，且要随时调整焊枪的角度，利用电弧吹力“顶住”液态金属；同时，焊接速度要快，以缩短熔池存在的时间，防止出现焊瘤。

四、项目评价与总结

参照评分标准（表3-15）进行检查。由学生自检、互检以及教师检查（或专职质检员进行），并填写质量检查记录卡（附录C）；每天留出部分时间，分小组交流讨论，分享各自的学习成果，共同进步。

表3-15　10mm板T形接头试件评分标准

学号		评分人		合计分		
检查项目	标准、分数	焊缝等级				实际得分
		Ⅰ	Ⅱ	Ⅲ	Ⅳ	
焊脚尺寸	标准/mm	7	>6，≤8	>8，≤9或 >5，≤6	<5，>9	
	分数	10	8	6	0	
焊缝凸度	标准/mm	≤1	>1，≤1.5	>1.5，≤2	>2	
	分数	10	8	6	0	
垂直度	标准/mm	≤1	≤2	≤3	>3	
	分数	5	3	2	0	
表面气孔	标准/个	无	有	有	有	
	分数	5	0	0	0	
焊道层数	标准/道	2	1或3			
	分数	5	0			
咬边	标准/mm	0	深度≤0.5 且长度≤15	深度≤0.5 长度>15，≤30	深度>0.5 或长度>30	
	分数	15	10	5	0	
折断试验：根部熔深	标准/mm	≥1	≥0.5	≥0	<0	
	分数	20	15	10	0	
折断试验：条状缺陷	标准/mm	0	≤2	≤3	>3	
	分数	15	10	6	0	
折断试验：点状缺陷	标准/个	0	≤ϕ1 数目：2个	≤ϕ1 数目：4个	>ϕ1 或数目>4个	
	分数	15	10	6	0	

项目七 管对接水平固定焊

一、项目任务

按图 3-47 的要求，学习管对接水平固定焊（CO_2 焊）的基本操作技能，完成工件实作任务。

具体要求：掌握管对接水平固定焊（CO_2 焊）的技术要求及操作要领；会制订管对接水平固定焊（CO_2 焊）的装焊方案，会选择管对接水平固定焊（CO_2 焊）的焊接参数，并编制简单的工艺卡（附录 B）；按焊接安全、清洁和环境要求及焊接工艺完成焊接操作，制作出合格的管对接水平固定焊（CO_2 焊）工件，并达到评分标准的相关质量要求。

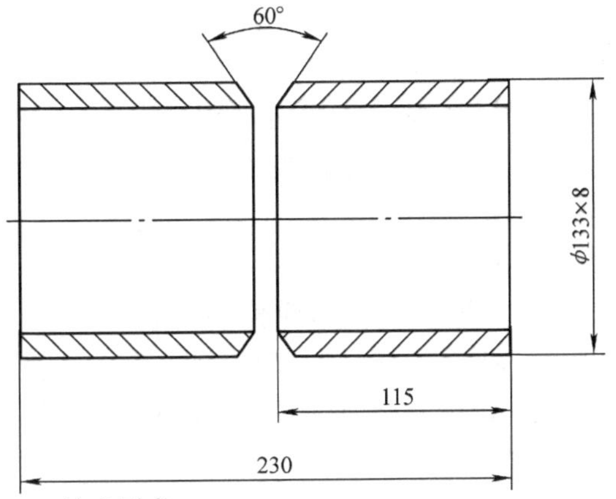

技术要求

焊接方法：半自动 CO_2 焊；试件材质与规格：20g 钢管，ϕ133 ×8；接头形式：管对接接头；焊接位置：水平固定焊。

图 3-47 管对接水平固定焊施工图

二、项目分析

该项目为大直径管的水平固定焊，管子水平固定在合适的高度位置，不能转动。焊接过程经历了仰焊、立焊、平焊几种位置的变化，这就要求随着管子曲率的变化不断调整焊枪的角度和指向圆周的位置，并控制熔孔的尺寸，实现单面焊双面成形。同时，焊接速度要控制好，避免出现焊瘤、咬边等缺陷。

填写焊缝分析表（附录 A）。

三、项目实施

1. 安全检查

同本章项目一。

2. 焊前清理与检查

参考本章项目一。

3. 选择焊接参数

焊接参数见表 3-16。

表 3-16 管对接水平固定焊焊接参数

焊接层次	焊丝直径 /mm	焊接电流 /A	电弧电压 /V	气体流量 /(L/min)	焊丝伸出长度 /mm	电源极性
打底	1.2	90 ~ 110	18 ~ 20	15 ~ 20	10 ~ 15	直流反接
填充层		110 ~ 130	19 ~ 21			
盖面		130 ~ 140	20 ~ 22			

4. 实施装配与焊接

操作要领如下：

（1）装配与定位焊　采用两点定位焊。第一个焊点应位于时钟的“2点”附近，第二点为“10点”位置。定位焊焊缝长10mm左右，要求焊透，且要保证无缺陷。定位焊后，应将定位焊两端面处打磨成斜面。定位焊位置及装配间隙如图3-48所示。焊后对装配位置和定位焊质量进行检查。

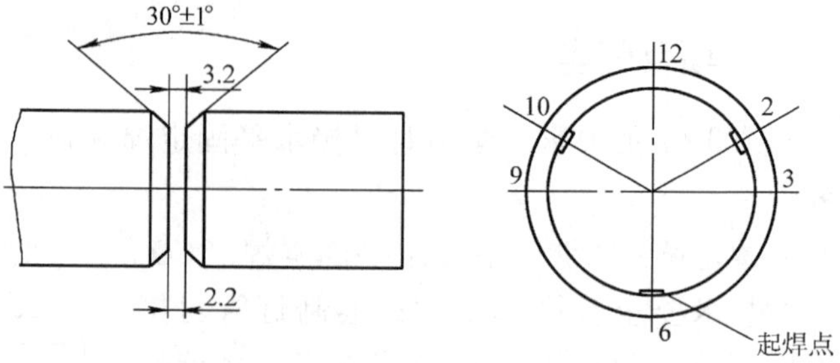

图3-48　定位焊位置及焊接方向（管对接水平固定焊）

（2）打底焊　先焊右半周，在管子圆周“6点”位置处引弧开始焊接，焊枪作小幅度锯齿形摆动。焊枪的角度如图3-49所示。左半周操作同样。焊接过程中应控制熔孔的尺寸，通常其直径比间隙大0.5～1mm，熔孔与间隙两边保持对称。

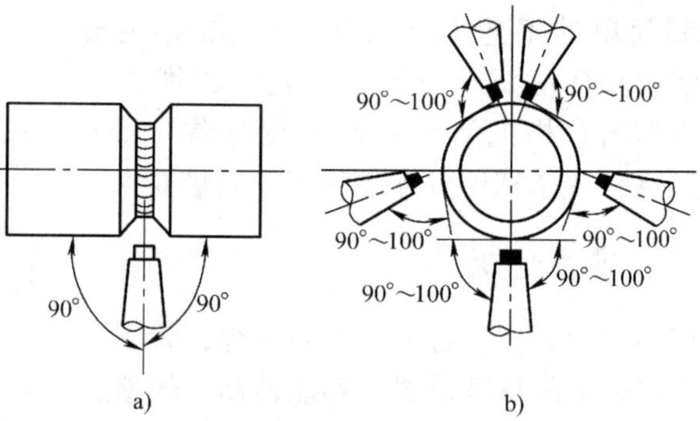

图3-49　打底焊焊枪的角度（管对接水平固定焊）

（3）填充焊　焊枪摆动的幅度稍大，并在坡口两侧适当停留，以保证焊道两侧熔合良好。焊道表面平整略下凹，不能熔化坡口两侧棱边且填充焊道表面低于钢板表面2～3mm。

（4）盖面焊　盖面焊时，焊枪的摆动幅度比填充层焊接时大且应在焊缝两侧稍作停留，使熔池超过坡口棱边0.5～1.5mm，以保证两侧熔合良好。

5. 清理现场

练习结束后，必须整理工具设备，关闭电源，清理打扫场地，做到“工完场清”；并由值日生或指导教师检查，作好记录。

关键技术点拨

1）打底焊时，必须保证反面成形良好，所以焊接过程中要控制好熔孔的直径，它应比间隙大0.5～1mm为宜，且熔孔始终处于焊缝中心，与坡口两侧对称。初学者可以采用灭弧法进行操作。

2）由于CO_2焊的熔敷速度较快，效率很高，所以一定要控制好最后一层填充焊道的高度，使其低于母材2～3mm（比焊条电弧焊时大），并不得熔化坡口的上棱边。同时，焊接速度要快，尤其是盖面焊接，避免焊缝余高过高，影响焊缝成形。

3）对于CO_2焊，焊丝送进时有时会有一个反推力，因此焊枪一定要拿稳，且尽量采用短弧焊接，严格控制熔孔的尺寸（通过调节焊接电流和调整焊接速度、焊枪的角度来控制），避免出现焊瘤等缺陷。

四、项目评价与总结

参照评分标准（表 3-17）进行检查。由学生自检、互检以及教师检查（或专职质检员进行），并填写质量检查记录卡（附录 C）；每天留出部分时间，分小组交流讨论，分享各自的学习成果，共同进步。

表 3-17　ϕ133mm×8mm 管对接试件评分标准

学号			评分人		得分		
检查项目		标准、分数	焊缝等级				实际得分
			Ⅰ	Ⅱ	Ⅲ	Ⅳ	
正面	焊缝余高	标准/mm	0～1	>1，≤2	>2，≤3	>3	
		分　数	5	3	1	0	
	焊缝高低差	标准/mm	≤1	>1，≤2	>2，≤3	>3	
		分　数	5	3	1	0	
	焊缝宽度	标准/mm	>13，≤15	>15，≤16	>16，≤17	>17，<13	
		分　数	5	3	1	0	
	焊缝宽窄差	标准/mm	≤1.5	>1.5，≤2	>2，≤3	>3	
		分　数	5	3	1	0	
	咬　边	标准/mm	0	深度≤0.5 且≤10	深度≤0.5 长度≤20	深度>0.5 或长度>20	
		分　数	10	7	5	0	
	气孔	标准/mm	无气孔	气孔≤0.5 数目：1个	气孔≤0.5 数目：2个	气孔>0.5 数目：>2个	
		分　数	10	6	2	0	
	焊缝外表成形	标准	优	良	一般	差	
			成形美观，鱼鳞均匀细密，高低宽窄一致	成形较好，鱼鳞均匀，焊缝平整	成形尚可，焊缝平直	焊缝弯曲，高低宽窄明显，有表面缺陷	
		分数	10	7	4	0	
反面	焊缝高度	0～3mm　5分		>3mm或<0　0分			
	咬　边	无咬边　5分		有咬边　0分			
	气　孔	无气孔　5分		有气孔　0分			
	未焊透	无未焊透　10分　有未焊透　0分					
	凹陷	无内凹　10分	深度≤0.5mm，每4mm长扣1分（最多扣10分） 深度>0.5mm　0分				
	焊瘤	无焊瘤　10分　有焊瘤　0分					
	焊缝外表成形	标准	优	良	一般	差	
			成形美观，鱼鳞均匀细密，高低宽窄一致	成形较好，鱼鳞均匀，焊缝平整	成形尚可，焊缝平直	焊缝弯曲，高低宽窄明显，有表面缺陷	
		分数	5	3	2	0	

项目八 CO_2药芯焊丝 T 形接头平角焊

一、项目任务

按照图 3-50 的要求，学习 CO_2 药芯焊丝 T 形接头平角焊操作技能，完成工件实作任务。

具体要求：掌握 CO_2 药芯焊丝 T 形接头平角焊操作要领；会使用焊接设备，能选择和调节焊接电流，电弧电压，会调节气体流量；会选择 CO_2 药芯焊丝平角焊的焊接参数，并编制简单的工艺卡（附录 B）掌握控制熔池温度、大小和形状的技能；掌握 CO_2 T 形接头平角焊特点和操作技能；掌握焊枪角度、焊接电流对焊缝成形的影响。制作出的工件达到评分标准的要求。

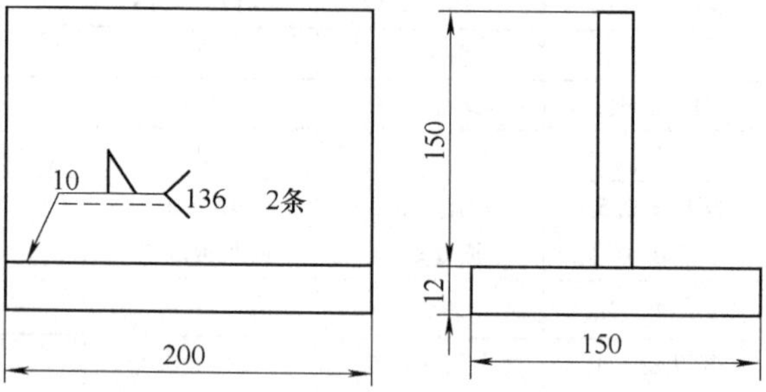

技术要求

焊接方法：CO_2 气体保护焊；接头形式：T 形接头；焊接位置：水平位置；试件材质：Q345；焊接材料：E501T-1，ϕ1.2mm；焊接层数：多层多道。

图 3-50　T 形接头平角焊施工图

二、项目分析

根据施工图 3-50 可知，本任务为 CO_2 T 形接头平角焊，由两块 200mm × 150mm × 12mm 的 Q345 钢板组合，利用 CO_2 药芯焊丝气体保护焊焊成 T 形接头。Q345 钢属于低合金高强度钢，强度等级较高，焊接时选用 E501T-1 焊丝。

药芯焊丝既扮演了焊条能改善熔填金属化学成分与力学性能的功能，又具有气体保护电弧焊高生产效率的特点，属于渣气联合保护，在生产中广泛应用，但操作不当更容易造成夹渣、根部未焊透缺陷。

这类焊缝为非熔透型焊缝，要求接头根部有一定深度的熔合，焊脚对称，凸度尽量为零。但在实际操作中会有一定难度，由于 T 形接头焊缝三个方向散热，较对接接头所需热输入大，需要较大焊接电流施焊，特别是较大焊脚尺寸时，根部不易焊透，平板焊脚偏大，焊缝下拖，产生应力集中，立板咬边，表面成形难以控制。为此，制订焊接工艺如下：采用两层三道完成焊缝，第一层采用较大焊接参数，确保根部熔合，第二层采用较小焊接参数，确保焊缝平滑对称，无咬边缺陷。

填写焊缝分析表（附录 A）。

三、项目实施

1. 安全检查

同本章项目一。

2. 焊前准备

母材为 Q345 钢板 200mm × 150mm × 12mm，检查钢板平直度，并修复平整。为保证焊接质量，需在坡口两侧正反面 25mm 内除锈、除油，打磨干净，露出金属光泽，避免产生气孔、裂纹、难以引弧。非熔透 T 形接头，不需要坡口，但要求角接板接头处的端面平整，以避免装配时产生间隙。

根据题目要求及母材型号，按照等强度原则，选择药芯焊丝，直径规格为 ϕ1.2mm，型号为 E501T-1。注意在送丝机上过夜的焊丝要用帆布或塑料布罩住，减小受潮，如 2 ~ 3 天不用的焊丝需封包装返库储存，否则使用受潮的焊丝会产生凹坑、气孔等缺陷。

其他同本章项目一。

3. 选择焊接参数

焊接参数的选择见表 3-18。

表 3-18　焊 接 参 数

层次		焊丝直径 /mm	焊接电流 /A	焊接电压 /V	气体流量 /(L/min)	焊丝伸出长度 /mm
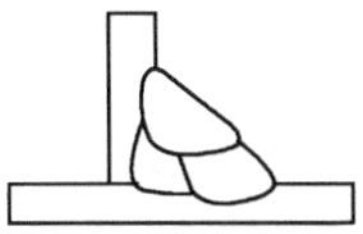	定位焊	1.2				
	打底层	1.2	140 ~ 160	20 ~ 21	12 ~ 15	15 ~ 18
	盖面层	1.2	130 ~ 140	20 ~ 21	12 ~ 15	15 ~ 18

4. 实施装配与焊接

（1）装配定位焊　I 形坡口角接，装配间隙为 0，否则热量散失，根部容易造成未焊透。试件两端定位焊，反变形量 2 ~ 3°。焊丝伸出长度 12mm，压住试件，焊丝对准试件左侧根部，引弧进行定位焊，定位焊缝长度为 10 ~ 15mm，然后调整间隙（击打试件右侧，使立板与平板紧密接触），再焊右侧，如图 3-51 所示。

（2）打底焊　在定位焊缝的背面采用两层三道焊。为获得较大熔深，采用右向焊法打底，距左端 15 ~ 20mm 处引燃电弧，迅速回拉到左端稍作停顿，此时，焊丝对准平板距根部 1mm，与立板和平板均成 45°角，与焊接方向成 70° ~ 80°角；斜锯齿运枪，摆动幅度不宜太大，焊至试件最右端回焊收弧。底层焊道焊脚高度 6 ~ 7mm，如图 3-52 所示。由于药芯焊丝熔敷效率高，要求运枪平稳，可双手持枪，均匀摆动，焊道余高不宜太大，尽可能平或凹，焊道截面如图 3-53 所示。

焊接运弧中，特别要注意运弧摆动的方向，运弧摆动的方向，直接影响焊缝成形，如图 3-54 所示，不同的运弧，导致不同的焊缝成形。

（3）盖面焊　彻底清除底层焊渣，避免夹渣缺陷。为获得过渡圆滑的焊道，采用左向焊法上下两道盖面。焊接第一道时，焊丝对准底层道下焊趾，小斜圆圈运枪，焊枪与水平板成 50°角与焊接反方向成 70° ~ 80°角。焊接过程注意控制摆动幅度大小一致，使熔池覆盖底层焊道2/3，1/3熔池熔合在平板上，焊接速度适宜，斜圈摆动时斜度要稍大，与平板熔合良好，下焊趾与立板距离相等，平滑过渡，避免焊趾出现应力集中，如图3-55所示。

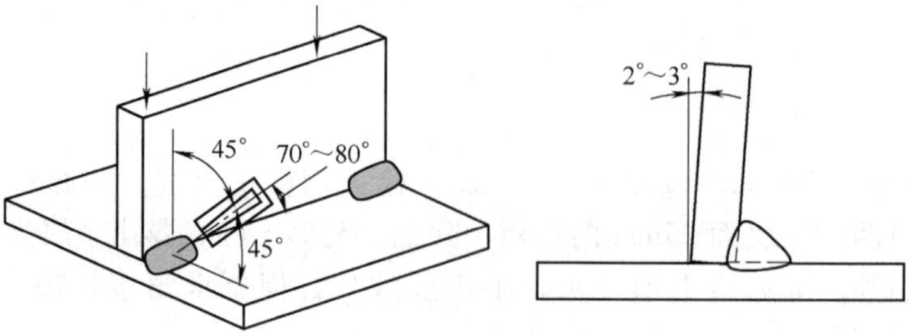

图3-51　装配定位焊

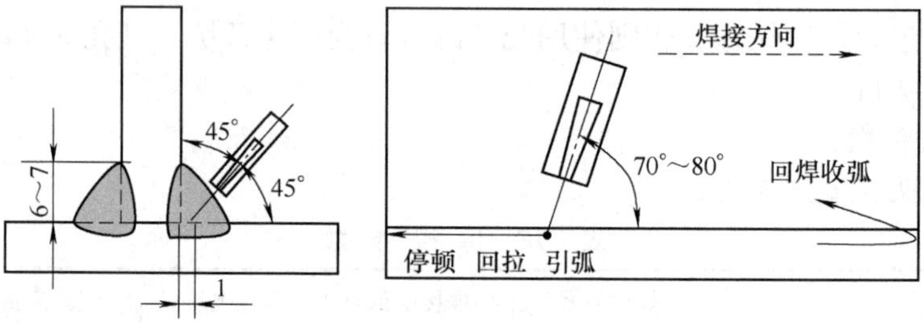

图3-52　打底焊

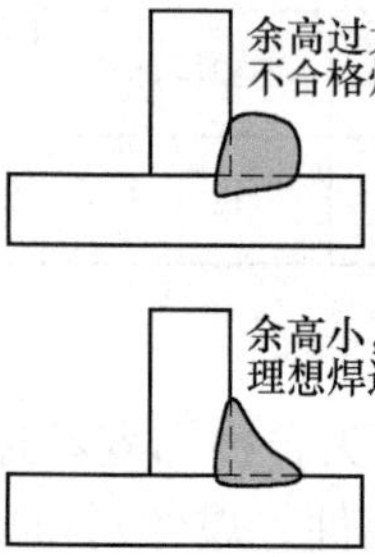

图3-53　焊道截面

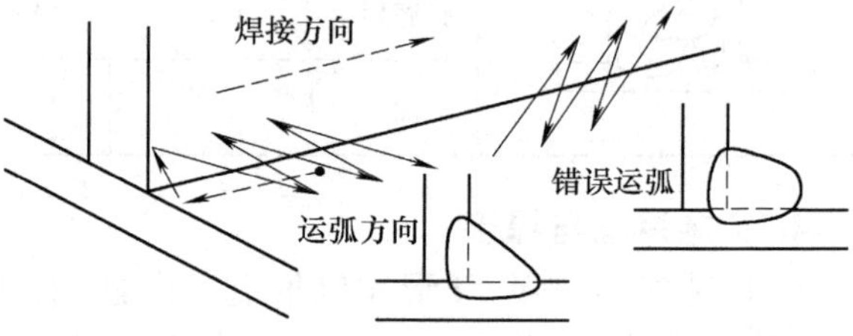

图3-54　运弧方法

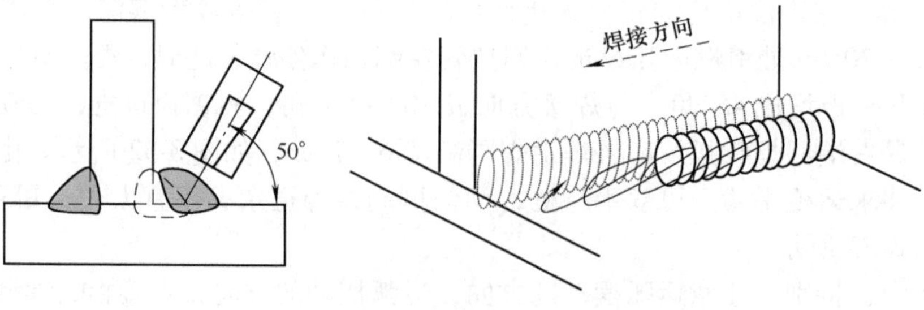

图3-55　盖面第一道

焊接第二道时采用直线往返运条法，焊枪与平板成40°角，焊丝对准第一道上焊趾，进三退二，熔池覆盖第一焊道1/2～1/3宽度，注意控制焊接速度，往返运弧返回时适当停顿一下，以填满熔池，避免咬边缺陷，使焊道截面成等腰三角形，焊脚高度 9 ~ 10mm，如图 3-56 所示。

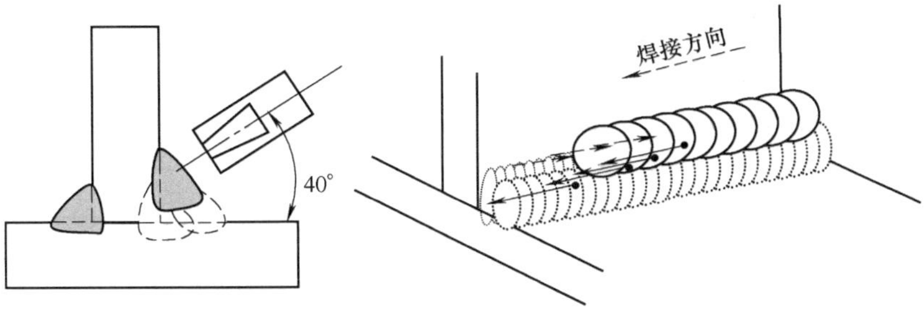

图 3-56　盖面第二道

焊接过程应根据熔池温度及熔合状态，随时调整焊枪角度、摆动形式、摆动幅度、焊接速度等，使焊道宽度各处相等，焊趾圆滑过渡，焊道与焊道间熔合良好，焊道截面形状如图 3-57 所示。

图 3-57　焊道截面形状

a）合格　b）余高大，不合格　c）道间沟槽深，不合格

5. 试件与现场清理

练习结束后，首先关闭二氧化碳气瓶阀门，点动焊枪开关，或点动焊机面板焊接检气开关，放掉减压器里面余气，然后关闭焊接电源。将焊好的试件用敲渣锤除去药皮渣壳，再用钢丝刷反复拉刷焊道，除去焊缝氧化层。注意不得破坏试件原始表面，不得用水冷却。清扫场地，摆放工件，整理焊接电缆，确认无安全隐患，并做好交班记录。

关键技术点拨

1）施焊过程中要灵活掌握焊接速度，防止未熔合、气孔、咬边等缺陷。

2）熄弧时禁止突然切断电源，在弧坑处必须稍作停留待填满弧坑后收弧，以防止产生裂纹和气孔。

3）当板厚不同时，应使电弧偏向厚板一侧，正确调整焊枪角度以防止咬边、焊缝下垂，保持焊角尺寸。

四、评价与总结

参照评分标准（表 3-19）进行质量检查。由学生自检、互检和教师检查，并填写质量检查记录卡（附录 C）；每天留出部分时间分小组交流讨论，分享各自的学习成果，共同进步。

表 3-19　12mm 板 T 形接头试件评分标准

学号			评分人		合计分		
检查项目		标准、分数	焊　缝　等　级				实际得分
			Ⅰ	Ⅱ	Ⅲ	Ⅳ	
焊脚尺寸		标准/mm	10	>9，≤11	>11，≤12 或 >8，≤9	<8，>12	
		分数	10	8	6	0	
焊缝凸度		标准/mm	≤1	>1，≤2	>2，≤3	>3	
		分数	10	8	6	0	
垂直度		标准/mm	≤1	≤2	≤3	>3	
		分数	5	3	2	0	
表面气孔		标准/个	无	有	有	有	
		分数	5	0	0	0	
焊道层数		标准/道	3	2 或 4			
		分数	5	0			
咬边		标准/mm	0	深度≤0.5 且长度≤15	深度≤0.5 长度>15，≤30	深度>0.5 或长度>30	
		分数	15	10	5	0	
折断试验	根部熔深	标准/mm	≥1	≥0.5	≥0	<0	
		分数	20	15	10	0	
	条状缺陷	标准/mm	0	≤2	≤3	>3	
		分数	15	10	6	0	
	点状缺陷	标准/个	0	≤ϕ1 数目：2 个	≤ϕ1 数目：4 个	>ϕ1 或数目>4 个	
		分数	15	10	6	0	

【工程实践及应用案例】

一、汽车车身的薄板小孔的 CO_2 焊

即使采用较小的焊接参数，薄板金属还是很容易烧穿。有效的方法为加铜块散热进行焊接。

先用钢丝刷将被焊金属背面和正面的灰尘和油漆彻底清理干净，将铜块（散热）放置在焊缝的背面（注意接触必须紧密），然后在正面用 CO_2 焊对小孔进行焊接。焊接时间视孔的大小而定，尽量缩短焊接时间，力求焊点圆滑、成形良好。铜块会将电弧热量传走，防止焊缝周围的薄板金属熔化过多。最后将焊缝打磨平整。薄板的焊补示意图如图 3-58 所示。

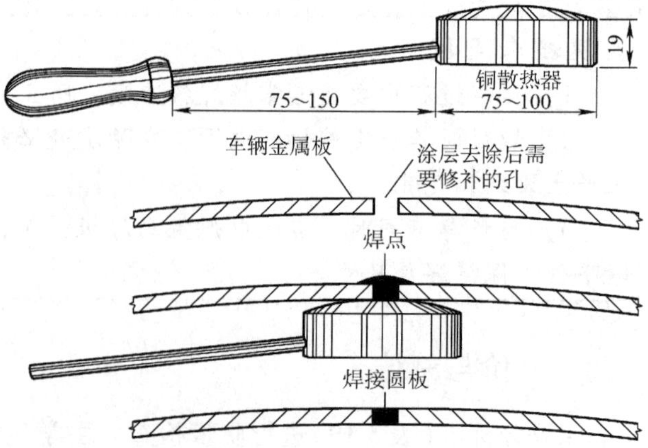

图 3-58　汽车车身薄板的焊补示意图

二、薄板与厚板（厚钢管）的 CO_2 焊

焊接时，如果不能正确调节焊接电流，容易出现两种极端：一是电流过小，薄板与厚板没熔合；二是电流过大，薄板烧穿。解决方法如下：

1）先用气焊枪预热厚钢板（厚钢管）；调整焊接电流，避免烧穿薄板，然后采用薄板的焊接工艺及焊接参数对两个金属结构进行焊接。

2）调整焊接电流以适合于厚板的焊接。焊接时，将电弧 90% 的能量转移到厚板，并减少在薄板停留的时间。这种技术较难以掌握。

三、薄壁钢管与厚钢板的 CO_2 焊

薄壁管与厚板焊接时，薄壁管是最容易焊穿的部分。可以在焊接过程中采用一根散热棒，即将一根实心圆棒插入薄壁圆管中（或将一根实心矩形棒插入矩形管中），实心的棒料会带走绝大部分的电弧热量并防止烧穿。注意所选择的棒料外径大小必须与薄壁管内径大小的差别不能太大（最好是间隙配合），如图 3-59 所示。

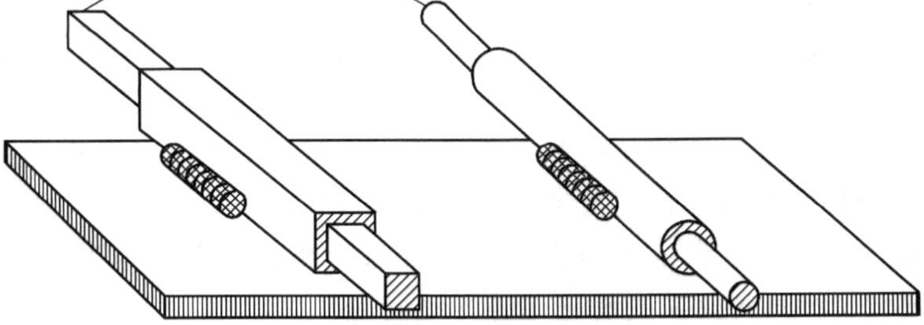

图 3-59 散热棒的使用

【榜样的故事】

“江南焊王”——刘维新（男，1958 年生，党员，汉族，江南造船（集团）有限责任公司船舶电焊工，高级技师，第九届中华技能大奖获得者）

刘维新是江南造船（集团）有限责任公司的焊接技术带头人，船舶电焊高级技师，全国技术能手。在三十多年的造船生涯中，他孜孜不倦地学习和钻研焊接技术，敢于探索，善于总结，知难而进，勇攀高峰。刘维新先后参加了获得国家银质奖的我国第一条科学考察船“远望号”和第一条导弹驱逐舰等 30 余项军工产品、获得国家金质奖的 4000 辆汽车运输船、无人机舱集装箱船、著名的六万吨级中国“巴拿马”型散货船、具有体现世界当代造船新科技的高附价值自卸装置船、液化气船、化学品船等数百条船舶的建造，并参加了国家标志性重点钢结构工程，如上海八万人体育场、浦东和首都国际机场、上海大剧院、东海石油气平台等重点工程的建设。他爱岗敬业、苦心练就电焊绝技，掌握了 9 种不同金

属、32 种焊接材料牌号的焊接技术，被誉为“江南焊王”。他先后荣获过中国船舶工业总公司劳动模范、上海市劳动模范、上海市首届十大杰出职工、上海市优秀共产党员、上海市优秀技师、全国劳动模范、全国五一劳动奖章、全国技术能手等称号。

在工作实践中，刘维新针对船上复杂的作业环境创造出反光焊、折光焊、手感焊等操作技术；在液化气船制造中他摸索出了全进口细晶粒材料施焊诀窍，解决了国内首次焊接这种材料的工艺难题；在军船建造中，他采用快速点焊方法解决了螺旋桨上不锈钢与青铜特殊异种金属的焊接；他还用 CO_2 焊巧妙地采用不同位置交替焊接控制应力和焊接温度的办法，解决了液压耦合器及 $\phi1.8$m 大型油缸焊接修补难题，使外单位火力发电机组重获新生；在国防军工科研试制产品中，他发明了独特的反变形操作法，在采用高强度合金钢板（我国试制冶炼仅一炉）为主体材料的焊接中，攻克了特殊焊接的难关，展示了中国工人阶级的摇篮——江南造船工人的风采。

技术精益求精，建造一流产品

在建造 3800m^3 我国第一条全压式石油液化气的高科技船时，所用管子和焊条均采用进口细晶粒材料。依据德国船东的规定，验收时必须按德国规范进行，质量要求极高。在公司的造船史上没有人接触过此种材料，前期派遣去培训的焊工也没有通过德国专家的考核，生产受到严重的威胁，更严峻的是，再过 16 天德国专家将全部撤走，意味着开工脱期，按合同公司将蒙受巨大经济损失。在这个关键时期，公司果断决策，派出以刘维新为首的焊工去挑战征服这种特殊焊材。面对难题和压力，刘维新找遍国内、外的资料，反复进行工艺试验，整理数据，分析找出焊条溶渣粘度大的关键问题，提出了自己独特的细晶粒材料焊接工艺诀窍，并通过了德国专家的考核，确保了液化气船的全面开工。更让人难以想象的是，刘维新一个人用 180 天的时间承担了全船 70% 输液管系的焊接任务。经 X 光拍片，合格率达到 100% 全优，挽回了公司将要蒙受的巨大经济损失。

65000 吨货轮在试航中，由于配套厂制造的冷却器缸帽突然破损，造成大量溢水，经几次修补均未见效。公司特将刘维新接到海区试航的船上，他观察裂缝口后，判断出材料为铸铁，在应急条件下用纯铜做出了一只承托件，托着缸帽，然后巧妙地用他自己创造的电弧清除法（即用不同的焊条清除裂口的杂质）和铸铁焊条补焊。经质检部门鉴定，结果完全符合原产品的质量要求；船东也十分满意地说：“OK”。刘维新以他超群的技艺使冷却器起死回生，并使价值近亿元的巨轮顺利试航和成功交船。

某军舰临近下水，在青铜螺旋桨上需焊接 100 余块不锈钢固定栓。按军方的技术要求，母体材料不允许损坏，技术标准绝不允许在母体上预热，焊缝外观既要漂亮，又要经得起锤击，不能脱落。对于个特殊异种材料的焊接难题，刘维新经过几个循环试验，找到了不锈钢与青铜的吻合和焊接温度关系的规律；通过选用高镍不锈钢焊条，采用电弧焊加热、快速点焊的焊接方法取得了圆满成功。经军方验收，产品完全符合技术标准。

施展技艺绝招，打造江南品牌

技术上精益求精的刘维新，在长期的焊接工作中练就了自己独特的技艺绝招，不断为江南打造品牌。某单位火力发电机组液压耦合器产生裂缝，机组工作中止，他们慕名来到江南，要求刘维新协助攻关解决。刘维新通过对物体形状和尺寸、筒体边缘的加工形状的观察判断物件均为浇铸件；材质的化学分析表明物件的碳含量较高。他选用 CO_2 焊并巧妙地控制焊接温度与应力的分布状态，选用适当的焊丝为填充金属，且采用不同位的交替焊接，以及焊后采取保持整体缓冷的方法，一举取得成功，解决了该单位的大难题，使机组获得新生。机组的工作人员都伸出大拇指称刘维新："不愧为江南厂的焊王"。

某科研单位承担了一项国防产品的研制任务，科研数据完成后，急需要制造一套试验用的设备来论证数据的可靠性，这套设备的主体材料采用高强度的合金钢板（该材料国家特批，仅炼一炉，没有备料）。该设备是底板厚 60mm、构架厚 30mm、直径为 3m、焊缝长 200m、重量为 18t、整体变形量不允许大于 5mm 的钢结构件，焊缝需 100% 探伤，并且要承受 1 万 t 以上的压力试验。该科研单位曾联系过几家知名企业，但都无法承担这个工艺复杂、技术难度大的项目，最后他们想到了江南，江南又一次启用了刘维新。

刘维新仔细研究了该设备的技术要求，参考了各种资料，经反复研究精心设计了一套装配、焊接、探伤、修补、检验等施工工艺，在施工中又自行设计专用施焊模具，打破了先焊单面、碳刨后再焊接另一面、最后探伤的常规顺序，而成功地采用单面焊双面成形、探伤合格后再焊接的工艺，克服了工件空间狭小、无法碳刨的难题，并创造了一套防止焊接背部因反作用力产生变形的"反变形操作法"。完工后，经科研单位检测，焊接变形控制在 4.5mm 和 2mm，焊缝无损探伤一次合格率 97% 以上，科研单位称刘维新不愧为江南勇攀电焊科技高峰的一流带头人。

第四单元

手工钨极氩弧焊

【相关知识】

一、手工钨极氩弧焊相关知识

钨极氩弧焊又称非熔化极氩弧焊，是采用高熔点的钨棒作电极（钨极本身不熔化，起发射电子产生电弧的作用），在氩气流的保护下，利用钨极与焊件之间产生的电弧热量来熔化附加的填充焊丝或自动送给的焊丝及基本金属（母材），以形成熔池，液态熔池金属凝固后便形成焊缝，如图 4-1 所示。

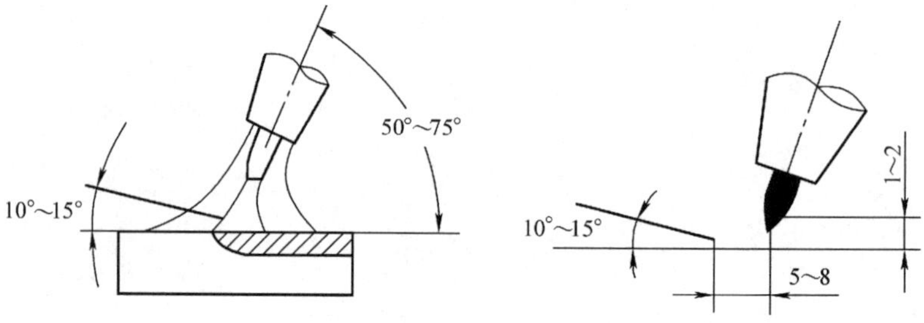

a)　　　　b)

图 4-1　手工钨极氩弧焊示意图

a）焊枪、焊丝的倾角　b）钨极与焊丝的相对位置

由于氩气是一种惰性气体，不与金属起化学反应，所以能充分保护金属熔池不被氧化。同时，氩气在高温时不溶于液态金属中，所以焊缝金属不易产生气孔。因此，氩气的保护作用是有效和可靠的，可以获得较高的焊缝质量。

1. 手工钨极氩弧焊设备

钨极氩弧焊按自动化程度可分为手工焊和自动焊两种，其基本组成包括焊接电源及控制系统、引弧和稳弧装置、焊枪、气路系统、水路系统；自动焊系统还应有焊枪行走机构或工件行走及转动机构、自动送丝机构等。

手工钨极氩弧焊设备的组成、设备之间的连接如图 4-2 所示。

（1）焊接电源　钨极氩弧焊电源可分为直流电源、直流脉冲电源和交流电源（正弦波交流电源、矩形波交流电源、逆变式交流方波弧焊电源）。交流氩弧焊电源用于焊接铝、镁及其合金。电源的外特性均为陡降的外特性。

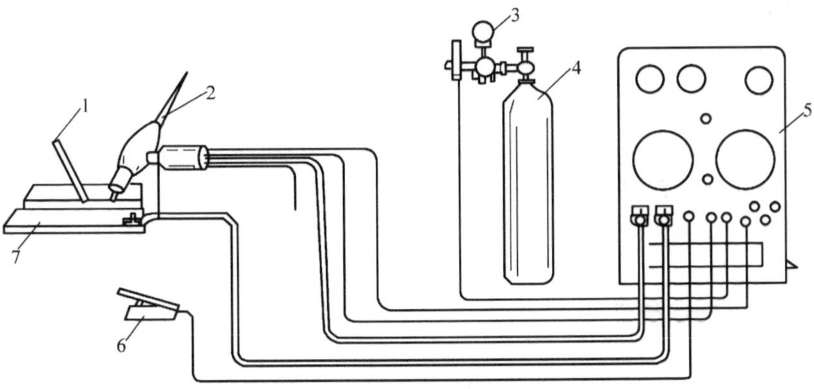

图 4-2　手工钨极氩弧焊设备
1—焊丝　2—焊枪　3—流量计　4—氩气瓶　5—焊机
6—脚踏开关（现已将开关移至焊枪手柄上）　7—工件

电源的引弧一般采用接触引弧和非接触引弧。非接触引弧有以下两种方法。

1）高频振荡器引弧。高频振荡器产生的高频高压加在钨极与工件之间，通过击穿其间的空气间隙引燃电弧，达到非接触引弧。此高频高压电在引弧后便立即切断。

2）高压脉冲引弧。即外加一个高压脉冲使电弧引燃，并起到稳弧作用。

（2）控制系统　控制系统用于实现焊接过程中各程序及工艺参数的可调控制。

焊接程序为：提前送气→接通电源→引弧→焊接→停电→滞后停气→焊接结束。

（3）焊枪　氩弧焊焊枪分为气冷式焊枪和水冷式焊枪两种。气冷式焊枪使用方便，但限于小电流（ <200A）焊接使用；水冷式焊枪适用于大电流和自动焊接。

焊枪一般由枪体、喷嘴、电极夹持机构、电缆、氩气输入管、水管和开关及按钮组成。典型的氩弧焊焊枪如图 4-3 所示。焊枪的作用是夹持钨极、传导电流、输送氩气、保护焊接区电弧正常燃烧。

焊枪的喷嘴是决定氩气保护性能优劣的重要部件，常见的喷嘴形状如图 4-4 所示。圆柱带锥形或圆柱带球形的喷嘴，保护效果最佳，氩气流速均匀，容易保持层流；圆锥形的喷嘴因氩气流速变快，保护效果较差，但操作方便，熔池可见性好，也经常使用。

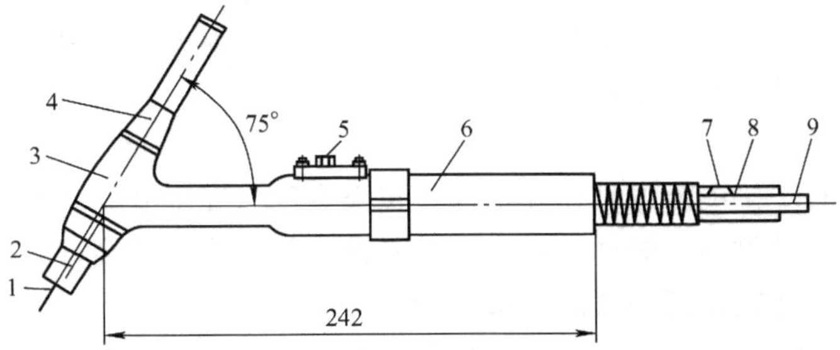

图 4-3　水冷式手工钨极氩弧焊焊枪
1—钨棒　2—喷嘴　3—枪体　4—绝缘帽　5—拨动开关　6—手柄　7—电缆　8—气管　9—水管

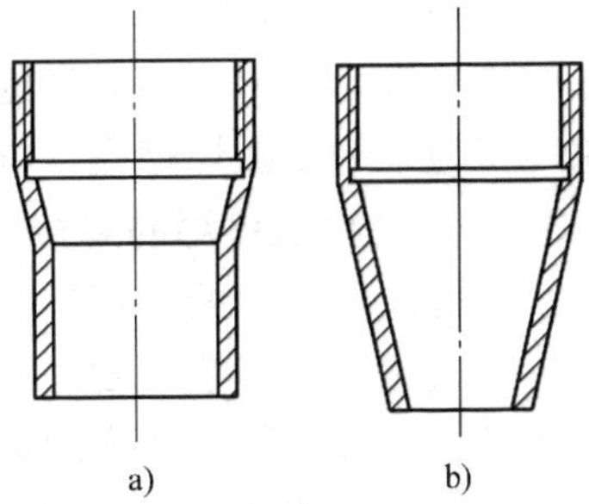

图 4-4　喷嘴形状
a）圆柱带锥形　b）圆柱带球形

（4）供气系统　氩弧焊机供气系统由氩气瓶、减压器、气体流量计、电磁气阀、气管组成；其作用是将氩气瓶内的高压气体减至一定的低压，并按不同的流量要求，将氩气输送至焊接区，达到焊接保护的目的。

（5）水路系统　当焊接电流较大（>150A）时，必须用水冷却钨极和焊枪，水流量的大小通过水压开关或手动控制。

（6）送丝机构　送丝机构用于需要填丝的氩弧焊自动焊接。该机构受控制系统控制，与整个焊接过程相适应。

2. 钨极氩弧焊的特点和应用

（1）特点

1）氩弧焊与其他电弧焊相比具有的优点。

①保护效果好，焊缝质量高。氩气不与金属发生反应，也不溶于金属，焊接过程基本上是金属熔化与结晶的简单过程，因此，能获得较为纯净及质量高的焊缝。

②焊接变形和应力小。由于电弧受氩气流的压缩和冷却作用，电弧热量集中，热影响区很窄，焊接变形与应力均较小，尤其适合于薄板焊接。

③易观察、易操作。由于是明弧焊，所以观察方便，操作容易，尤其适用于全位置的焊接。

④稳定。电弧稳定，飞溅少，焊后不用清渣。

⑤易控制熔池尺寸。由于焊丝和电极是分开的，焊工能够很好地控制熔池尺寸和大小。

⑥可焊的材料范围广。几乎所有的金属材料都可以进行氩弧焊。氩弧焊特别适宜于焊接化学性质活泼的金属和合金，如铝、镁、钛等。

2）氩弧焊与其他电弧焊相比具有的缺点。

①设备成本较高。主要用于打底焊和非铁金属的焊接。

②氩弧焊电势高。引弧困难，需要采用高频引弧及稳弧装置等。

③氩弧焊产生的紫外线是焊条电弧焊的5~30倍，生成的臭氧对焊工危害较大，所以要加强防护。推广使用的铈钨电极，对焊工的危害较小。

④焊接时需要防风措施。

（2）应用范围　钨极氩弧焊是一种能获得高质量焊缝的焊接方法，因此，在工业生产中广泛地被采用。特别对于一些化学性质活泼的金属，用其他焊接方法焊接非常困难，而用氩弧焊则可容易地得到高质量的焊缝。另外，在碳钢和低合金钢的压力管道焊接中，现在也越来越多地采用氩弧焊打底，以提高焊接接头的质量。

3. 手工钨极氩弧焊的焊接参数

手工钨极氩弧焊的焊接参数主要有焊接电源的种类和极性、钨极直径、焊接电流、电弧电压、氩气流量、焊接速度、喷嘴直径及喷嘴至焊件的距离和钨极伸出长度等。焊接时必须正确地选择焊接参数，并合理地配合，才能得到满意的焊接质量。

（1）焊接电源的种类、极性及用途　电源的种类和极性可根据焊件材料进行选择，见表4-1。

采用直流正接时，工件接正极，温度较高，适用于焊厚件及散热快的金属；钨棒接负极，温度低，可提高许用电流，同时钨极烧损小。手工钨极氩弧焊时，通常采用直流正接焊接。

表 4-1　焊接电源的种类、极性及用途

焊接电源的种类和极性	适用金属材料
直流正接	低碳钢，低合金钢，不锈钢，耐热钢，铜、钛及其合金
直流反接	适用于各种金属的熔化极氩弧焊，钨极氩弧焊很少采用
交流电源	铝、镁及其合金

直流反接时，钨棒接正极钨极，烧损大，所以很少采用。

采用交流钨极氩弧焊时，在焊件为负极性、钨极为正极性的半波里，阴极有去除氧化膜的作用，即“阴极破碎”作用。在焊接铝、镁及其合金时，其表面有一层致密的高熔点氧化膜，若不能除去，将会造成未熔合、夹渣及内部气孔等缺陷。利用钨极在正半波时正离子向熔池表面高速运动，可将金属表面的氧化膜撞碎，避免产生焊接缺陷。所以，通常用交流钨极氩弧焊来焊接氧化性强的铝、镁及其合金。

（2）钨极直径　钨极的直径主要根据焊件的厚度、焊接电流的大小和电源极性来选择。如果钨极直径选择不当，将造成电弧不稳定、钨极烧损严重和焊缝夹钨等现象。

（3）焊接电流　焊接电流主要根据工件的厚度、空间位置和钨极直径来选择。过大或过小的焊接电流都会使得焊缝成形不良或产生焊接缺陷。所以，必须在不同的钨极直径允许的焊接电流范围内正确地选择焊接电流。焊接电流与钨极直径的对应关系见表 4-2。

表 4-2　不同直径钨极的许用电流范围

钨极直径/mm	直流正接/A	直流反接/A	交流/A
1.0	15 ~ 80	—	20 ~ 60
1.6	70 ~ 150	10 ~ 20	60 ~ 120
2.4	140 ~ 235	15 ~ 30	100 ~ 180
3.2	225 ~ 325	25 ~ 40	160 ~ 250
4.0	300 ~ 400	40 ~ 55	200 ~ 320
5.0	400 ~ 500	55 ~ 80	290 ~ 390

（4）电弧电压　电弧电压由弧长决定，电压增大时，熔宽稍增大，熔深减小。通过焊接电流和电弧电压的配合，可以控制焊缝的形状。当电弧电压过高时，易产生未焊透，并使氩气保护效果变差，因此，应在不造成短路的情况下，尽量减小电弧长度。钨极氩弧焊的电弧电压选用范围一般是 10 ~ 24V。

（5）氩气流量　为了可靠地保护焊接区不受空气的污染，必须有足够流量的保护气体。氩气流量越大，保护层抵抗流动空气影响的能力越强。但流量过大时，不仅浪费氩气，而且可能使保护气流形成不规则的紊流，将空气卷入焊接区，反而降低保护效果。氩气流量要选择恰当，一般气体流量可按式（4-1）确定

$$Q = (0.8 \sim 1.2)D \tag{4-1}$$

式中　Q——氩气流量（L/min）；

　　　D——喷嘴直径（mm）。

（6）焊接速度　焊接速度加快时，氩气流量要相应加大。焊接速度过快时，由于空气

阻力对保护气流的影响，会使保护层可能偏离钨极和熔池，从而使保护效果变差。同时，焊接速度还显著地影响焊缝成形。因此，应选择合适的焊接速度。

（7）喷嘴直径　增大喷嘴直径的同时，应增大气体流量，此时保护区大，保护效果好。但喷嘴过大时，不仅使氩气的消耗量增加，而且在一些狭窄的焊接区可能使焊枪伸不进去，或妨碍焊工视线，不便于观察和操作。故一般钨极氩弧焊的喷嘴直径以5~14mm为佳。

另外，喷嘴直径也可按式（4-2）选择

$$D=(2.5\sim3.5)d \tag{4-2}$$

式中　D——喷嘴直径（一般指内径，mm）；

d——钨极直径（mm）。

（8）喷嘴至焊件的距离　喷嘴至焊件的距离是指喷嘴端面和焊件间的距离，这个距离越小，保护效果越好，所以，喷嘴至焊件的距离应尽可能小些；但过小将使操作、观察不便，因此，通常取喷嘴至焊件的距离为5~15mm，见表4-3。

表4-3　氩气流量、喷嘴直径及喷嘴至焊件的距离参考数据

方　法	合适的氩气流量/(L/min)	喷嘴直径/mm	喷嘴至焊件的距离/mm
钨极氩弧焊	3~25	5~20	5~12
熔化极氩弧焊	10~50	≤30	8~15

（9）钨极伸出长度　露在喷嘴外面的钨极长度称为钨极伸出长度。钨极伸出长度过大时，钨极易过热，保护效果差；钨极伸出长度太小时，喷嘴易过热，钨极伸出长度须保持一适当的值。对接焊时，钨极伸出长度保持为5~6mm；焊接T形接头时，钨极伸出长度最好为7~8mm。

4. 钨极氩弧焊的材料

（1）氩气

1）氩气的性质。氩气（Ar）是一种无色、无味的单原子惰性气体。氩气的密度约为空气的1.4倍。由于氩气比空气重，使用时不易飘浮散失，因此能在熔池上方形成一层较好的覆盖层，有利于起到保护焊缝金属的作用。另外，在用氩气保护焊接时，产生的烟雾较少，便于观察、控制熔池和电弧。

氩气既不与金属起化学反应，也不溶解于金属中，因此可以避免焊缝金属中的合金元素的烧损及由此带来的其他焊接缺陷，使得焊接冶金反应变得简单和容易控制。

氩气的另一个应用特点是，热导率小且是单原子气体，高温时不分解、不吸热，所以在氩气中燃烧的电弧热量损失较少。在氩气中，电弧一旦引燃，燃烧就很稳定。在各种保护气体中，氩弧的稳定性最好，即使在低电压时也十分稳定。氩气对电弧的热收缩效应较小，即使氩弧长度稍有变化，也不会显著地改变电弧电压，因此电弧稳定，很适合于手工焊接。

2）对氩气纯度的要求。氩气是制氧时的副产品，是通过分馏液化空气制取的。氩气的沸点介于氧、氮之间，因此制取时会残留一定量的其他杂质。若杂质含量多，在焊接过程中不但影响对熔化金属的保护，而且易使焊缝产生气孔、夹渣等缺陷，并使钨极的烧损增加。按我国现行有关标准的规定，氩气纯度应达到99.99%才完全合乎焊接铝、钛等活泼金属的要求。

3）氩气的储运。氩气可在低于 -184℃ 的温度下以液态形式储存和运送，但焊接时，氩气大多装入钢瓶中，供焊工使用。

氩气瓶是一种钢质圆柱形高压容器，其外表涂成银灰色并注有深绿色“氩”字标志字样。目前，我国常用氩气瓶的容积为33L、40L、44L，瓶中的最高工作压力为15MPa。氩气瓶在使用中应直立放置，严禁敲击、碰撞等，也不得用电磁起重搬运机搬运，并防止日光暴晒。装运时，应戴好瓶帽，以免损坏接口螺纹。

（2）钨极　钨极是钨极氩弧焊的电极材料，对电弧的稳定性和焊接质量有很大的影响。通常要求钨极具有电流容量大、施焊损耗小、引弧和稳弧性能好等优点，这主要取决于钨极的电子发射能力大小。

1）钨极的种类。钨极有纯钨极、钍钨极、铈钨极、锆钨极和镧钨极五种，目前常用的是前三种。

①纯钨极。纯钨极含钨99.85%（质量分数）以上，熔点很高（为3390～3470℃），沸点也很高（约为5900℃），不易熔化和蒸发。纯钨极基本上可以满足焊接的要求，但在使用交流电时，其电流承载能力较低，抗污染能力差，要求焊接电源有较高的空载能力。纯钨极具有寿命较长且抗污染性能较好、容易引弧、所需的引弧电压小、电弧稳定性好等优点，其缺点是成本较高，具有微量的放射性。

②钍钨极。在纯钨极的基础上加入1%～2%（质量分数）的氧化钍的钨极称为钍钨极。由于钨极棒内含有钍元素，使钨极发射电子的能力增加，具有电流承载能力较好、寿命较长且抗污染性能较好、容易引弧、所需电弧电压小、电弧稳定性好等优点。其缺点是成本较高，具有微量的放射性。

③铈钨极。在纯钨中加入2%（质量分数）的氧化铈称为铈钨极。与钍钨极相比，在直流小电流焊接时，铈钨极更易建立电弧，引弧电压比钍钨极低50%；烧损率比钍钨极低5%～50%，最大许用电流密度比钍钨极高5%～8%，具有电弧燃烧稳定、弧束较长、热量集中、使用寿命长等优点。更重要的特点是，其几乎没有放射性，是一种理想的电极材料，也是我国目前推广使用的钨极。

2）钨极的牌号、规格

①牌号。纯钨极的牌号是W1、W2，纯度在99.85%（质量分数）以上；钍钨极的牌号是WTh-7、WTh-10、WTh-15；铈钨极的牌号是WCe-5、WCe-13、WCe-20。

②规格。制造厂家按长度范围供给76～610mm的钨极。常用钨极直径为0.5 mm、1.0mm、1.6mm、2.0mm、3.2mm、4.0mm等。

为了使用方便，钨极的一端常涂有颜色，以便识别。例如，钍钨极为红色，铈钨极为灰色，纯钨极为绿色。

③钨极端部形状。钨极端部的形状对电弧稳定性和焊缝成形有一定的影响，图4-5列出了几种钨极端部形状及其对电弧稳定性和焊缝成形的效果。从结果看，采用锥形平端的效果最好，也是目前经常采用的端部形状。应根据电流的性质及大小选用不同端部形状的钨极。使用交流电源时，钨极端部应磨成圆球形，以减小极性变化对电极的损耗；使用直流电源时，因多采用直流正接，为使电弧集中燃烧和稳定，钨极端部多磨成锥形平端；用小电流施焊时，可以将钨极的端部磨成锥形尖端。磨削钨极时，应采用密封式或抽风式砂轮机；焊工应戴好口罩；磨削完毕应洗净手、脸。

（3）焊丝　根据需要焊接的母材种类，钨极氩弧焊所使用的焊丝有钢焊丝、铝焊丝、铜焊丝等，其中钢焊丝包括碳素结构钢焊丝、合金结构钢焊丝和不锈钢焊丝。如果这些钢焊丝都不能满足焊接母材的需要，可采用成分相同或相近的药芯焊丝做填充金属。

钨极氩弧焊按“等强”与“近性”原则选用焊丝，即选用的焊丝成分应与母材相同或接近。焊接钢材时，焊丝的含碳量最好比母材稍低些，而合金元素可稍高些。

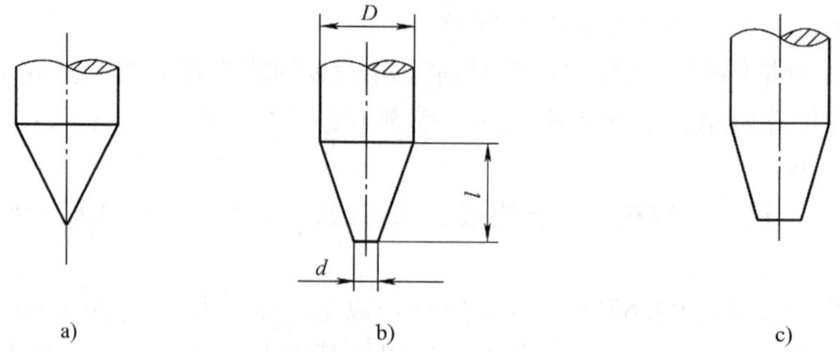

图4-5　钨极端部形状与电弧稳定性及焊缝成形的关系
a）电弧稳定，焊缝不均匀　b）电弧稳定，焊缝良好
c）电弧不稳定，焊缝不均匀

钨极氩弧焊常用的焊丝牌号有H08Mn2SiA、H10Mn2、H0Cr18Ni9等。

焊丝直径应根据焊接电流的大小、焊件板厚、焊缝间隙、接头形式及工作效率等因素来选择。若焊件板厚为1.4mm，焊接位置是全位置，则可选用的焊丝直径为0.6～1.2mm；若焊件厚度大于4mm，且在水平位置焊接，一般选用粗焊丝，直径为1.6 mm或更大些（1.6～3.0mm）。

二、手工钨极氩弧焊基本技能练习

1. 安全技术

1）氩弧焊焊工在打磨钨极时，必须把工作服穿戴好，并应戴防护眼镜和口罩；砂轮机应有安全罩和吸尘设施。平时接触钨极时应戴手套。吃饭前必须认真洗手。

2）氩弧焊焊工由于工作的特殊性，应设法改善劳动条件，如一台焊机应配备两名焊工轮换操作，以减小劳动强度。

3）氩弧焊焊工应定期进行健康检查，并根据需要服用多种维生素等。

4）应正确穿戴劳保用品；劳保用品必须完好无损；注意清理工作场地，不得有易燃、易爆物品，保证现场良好的通风；检查焊机和所使用的工具；操作时必须是先戴面罩然后才开始操作，避免电弧光直射眼睛；焊接电缆、焊钳应完好，焊把线应接地良好。

2. 焊前准备

1）检查焊机各处的接线是否正确、牢固、可靠，并按要求调试好工艺参数。同时，应检查氩弧焊系统水冷却和气冷却系统有无堵塞、泄漏，如发现故障，应及时排除。

2）焊件与焊丝的清理。

①化学清洗法。首先用汽油或丙酮去除油污，然后将焊件和焊丝放在碱性溶液中侵蚀，取出后用热水冲洗，再把焊件和焊丝放在30%～50%（质量分数）的硝酸溶液中进行中和，

最后用热水冲洗干净并吹（或烘）干。

②机械清洗法。在去除油污后，用钢丝刷或砂布将焊接处和焊丝表面清理至露出光泽，也可用刮刀清除焊件表面的氧化物。

3）工装准备。工作服、焊工手套、脚盖、面罩、钢丝刷、锉刀应齐备。

3. 操作要领

（1）焊接姿势　焊接时戴头盔式面罩，左手拿焊丝，右手握焊枪。可采取蹲式焊接或站式焊接，视焊接的位置高低而定。

（2）引弧　手工钨极氩弧焊通常采用高频或脉冲电压引弧装置进行引弧。这种引弧的优点是钨极与焊件保持一定距离而不接触，就能在施焊点上直接引弧，可使钨极保持完整且消耗小，且引弧处不会产生夹钨。

没有引弧装置时，可用纯铜板或石墨板作引弧板。将引弧板放在焊件接口旁或接口上面，在其上引弧，待钨极端头加热到一定温度后（约1s），立即移到待焊处引弧。这种引弧适用于普通功能的氩弧焊机。但是在钨极与纯铜（或石墨板）接触引弧时，会产生很大的短路电流，使钨极容易烧损，所以操作时，动作要轻而快，防止碰断钨极端头，或造成电弧不稳定而产生缺陷。

（3）收弧　收弧方法不正确，则容易产生弧坑裂纹、气孔和烧穿等缺陷。应采取衰减电流的方法，即电流自大到小地逐渐下降，以填满弧坑。

一般的氩弧焊机都配有电流自动衰减装置，收弧时，可通过焊枪手把上的按钮断续送电来填满弧坑；若无电流衰减装置时，可采用手工操作收弧，其要领是逐渐减少焊件热量，如改变焊枪角度、稍微拉长电弧、断续送电等。收弧时，填满弧坑后慢慢提起电弧直到灭弧，不要突然拉断电弧。

熄弧后，氩气会自动延时几秒钟停气（焊机具有提前送气和滞后停气的控制装置，因此，电弧熄灭后还应继续保持喷嘴在熄弧处停留一段时间，而不应熄弧后马上移开焊枪，以防止金属在高温下发生氧化）。

（4）焊枪运动形式　手工钨极氩弧焊一般采用左向焊法，焊枪做直线运动。为了保证氩气的保护作用，焊枪移动速度不能太快。如果要求焊道较宽，焊枪必须横向移动时，焊枪要保持高度不变，且横向移动要平稳。常用的焊枪摆动方式见表4-4。

表4-4　手工钨极氩弧焊焊枪的基本摆动方式及适用范围

焊枪摆动方式	摆动方式的示意图	适 用 范 围
直线形	——————	I形坡口对接焊、多层多道焊的打底焊
锯齿形		对接接头全位置焊 角接接头的立、横和仰焊
月牙形	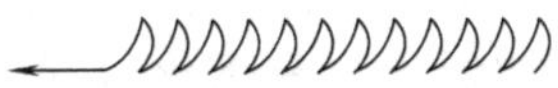	
圆圈形		厚件对接平焊

1）直线摆动。焊枪相对焊缝做平稳的直线匀速移动。优点是电弧稳定，可避免重复加热，氩气保护效果好，焊接质量平稳。

2）横向摆动。根据焊缝的宽度和接头形式的不同，有时焊枪必须做一定幅度的横向摆动。为了保证氩气的保护效果，摆动幅度要尽可能小，有条件时可采用压道焊（焊枪不做横向摆动，直线运枪。焊完一道焊缝后，再焊第二道、第三道焊缝，后道焊缝要压住前道焊缝的一半，即单层多道焊）。

（5）焊丝加入熔池方式　手工钨极氩弧焊焊丝加入熔池的方式有断续送丝法和连续送丝法两种。

1）断续送丝法。焊接时，将焊丝末端在氩气保护层内往复断续地送入熔池的前沿（1/4 ~1/3 处）。焊丝移出熔池时不可脱离气体保护区，送入时不可接触钨极，也不可直接送入弧柱内。这种方法适用于电流较小，焊接速度较慢的情况。送丝的位置如图 4-6 所示。

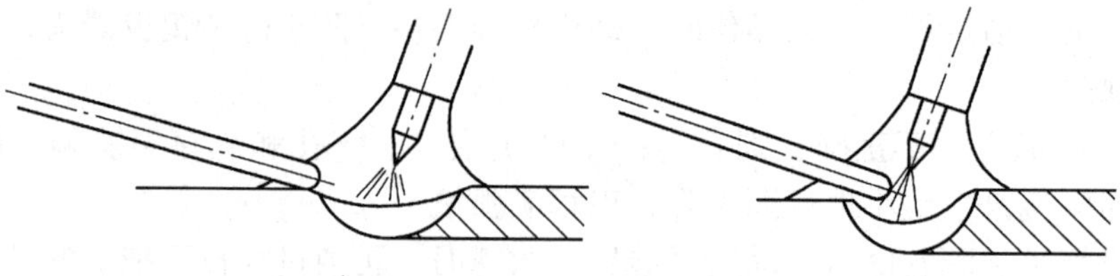

图 4-6　断续送丝的位置示意图

a）正确位置　b）错误位置

2）连续送丝法。在焊接时，将焊丝插入熔池一定位置，并往复直线送丝，电弧同时向前移动，熔池逐渐形成，如图 4-7 所示。这种方法适用于电流较大，焊接速度较快的情况；焊缝质量较好，成形也美观，但需要熟练的操作技术。

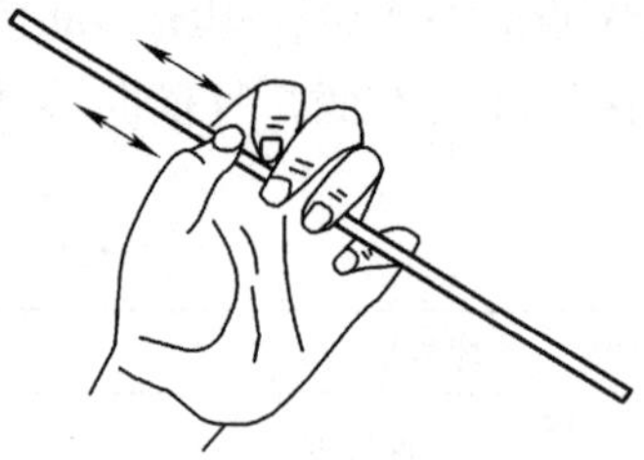

图 4-7　连续送丝操作技术

（6）注意事项

1）要求操作姿势正确。

2）钨极端部严禁与焊丝相接触，避免短路。

3）要求焊道成形美观，均匀一致，直线度好，鱼鳞波纹清晰。

4）要求焊道无粗大焊瘤。

三、运枪练习

取试（钢）板一块（厚度为 2 ~4mm），打磨清理干净上面的铁锈、油污，直至露出金属光泽。在试板上进行运枪练习，不加焊丝，只熔化母材。注意：焊枪作“之”字形摆动，且匀速、平稳，不能出现剧烈的急行、急停，以免影响氩气的保护效果。摆动幅度应一致，形成的焊缝宽窄应一致，波纹均匀致密，不能出现弯曲焊缝。

【基础训练】

项目一　TIG 平敷焊

一、项目任务

按照图 4-8 的要求，学习碳钢平敷 TIG 焊的操作技能，完成试件实作任务。

具体要求：掌握钨极氩弧焊的基本操作技能；会使用钨极氩弧焊设备，能调节焊接电流，气体流量；会选择焊接参数；学会钨极电弧的运弧、送丝方法技能；并能按安全要求进行钨极端部修磨；编制简单工艺卡（附录 B）。按焊接安全、清洁和技术要求完成项目任务。

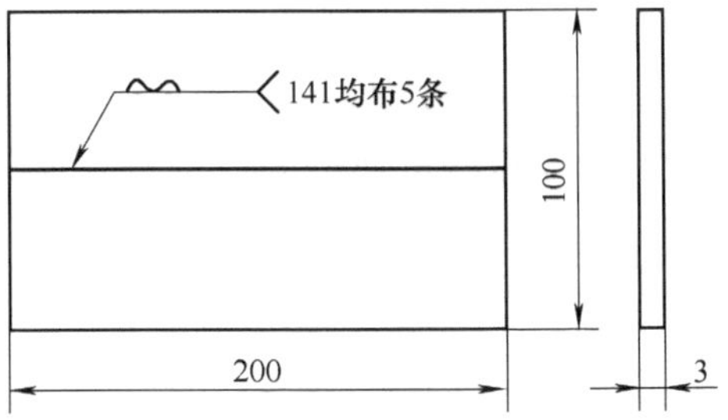

技术要求

焊接方法：手工钨极氩弧焊；焊接位置：水平位置；接头形式：敷焊；母材：Q235；焊材：J50（ER50-6）ϕ2.0；保护气体：99.99% Ar 气（体积分数）。

图 4-8　碳钢平敷焊施工图

二、项目分析

Q235 钢是普通低碳钢，强度较低，焊接性良好，无需特殊措施，选用 J50（ER50-6）焊丝即可施焊。

碳钢平敷氩弧焊作为氩弧焊基础训练，主要学习氩弧焊的设备工具准备及使用，训练氩弧焊的基本运弧技能，送丝技能，观察和控制熔池的温度的技能，学会左右手的配合协调技能。氩弧焊电弧集中，电流密度大，要求操作者运弧稳定，氩弧没有脱氧脱硫能力，所以对油、锈非常敏感，需对试件进行打磨处理。

填写焊缝分析表（附录 A）。

三、项目实施

1. 安全检查

（1）劳保　检查钨极氩弧焊前，焊工必须穿戴好劳动防护用品，工作服要宽松，裤脚盖住鞋盖（护脚盖），上衣盖住下衣，禁止扎在腰带里。绝缘手套不应有油污，不可破漏，佩戴平光防护眼镜，卫生防尘口罩。选用合适的护目玻璃色号（建议使用 8#或 9#镜片）。修磨或接触钨极时，一定要戴手套，工作之后要仔细洗手、洗脸，彻底去除钨极粉尘。牢记焊工操作时应遵循的安全操作规程，在作业中贯彻始终。工作现场必须必须有吸尘装置，通风良好。

（2）检查设备　选用WS-300型直流钨极氩弧焊机，或WSM-300型直流脉冲钨极氩弧焊机，采用直流正接方式（正极接工件）。检查设备状态，电缆线接头是否接触良好，焊钳电缆是否松动，避免因接触不良造成电阻增大而发热，烧毁焊接设备。检查安全接地线是否断开，避免因设备漏电造成人身安全隐患。检查设备气路、电路是否接通。清理喷嘴内壁飞溅物，使其干净、光滑，以免保护气通过受阻。

2. 焊前准备

（1）母材　Q235钢板200mm×100mm×3mm，检查钢板平直度，并修复平整。为保证焊接质量，减少钨极烧损，必须在焊接处25mm内除锈、除油打磨干净，露出金属光泽，避免产生气孔、裂纹等缺陷。

（2）焊丝　根据母材型号，按照等强度原则选用J50（ER50-6），直径为$\phi2.0$mm焊丝。使用前除去锈蚀污物。

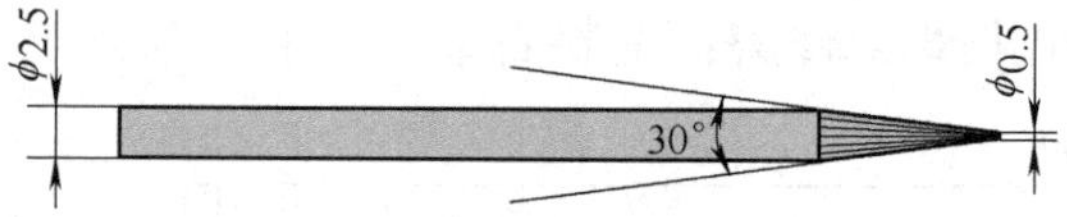

图4-9　磨削钨极的端部形状

（3）钨极　选用直径$\phi2.5$mm铈钨极，修磨钨极端部成30°圆锥角，并修磨直径$\phi0.5$mm小平台（钨极太尖锐虽然容易引弧，但容易烧损，使焊缝夹钨，造成缺陷）。为延长钨极使用时间尽量使磨削纹路如图4-9所示。

（4）保护气体　选择纯度为99.95%（体积分数）的氩气作保护气，将气瓶置于焊机旁边并用链条固定。将氩气减压器流量计装在氩气瓶上，并调节气体流量。

（5）辅助工具和量具　焊工操作作业区附近应备好錾子、清渣锤、锤子、凿子、锉刀、钢丝刷、砂纸、钢直尺、直角尺、水平尺、活动扳手、直磨机、角向磨光机、钢丝钳、钢锯条、焊缝万能量规、钢丝刷等辅助工具和量具。

3. 选择焊接参数

焊接参数见表4-5。

表4-5　钢板平敷氩弧焊试件焊接参数

电源极性	钨极直径/mm	钨极伸出长度/mm	焊丝直径/mm	焊接电流/A	喷嘴直径/mm	氩气流量/(L/min)
直流正接	2.5	5~8	2.0	90~100	10~12	8~10

4. 实施装配和焊接

（1）装配为避免焊道歪扭，先在试件上用石笔或记号笔平均划上5条直线，作为焊缝方向的参考，再将试件置于高度300mm左右的平台上。钨极氩弧焊一般采用一点送丝左向焊法。启动焊机，选择焊接方式（是否脉冲、2步/4步），选择高频引弧方式，调节焊接电流，调整钨极伸出长度5~6mm。打开氩气瓶阀门，调整保护气体流量。戴好头盔式遮光面罩，左手握持焊丝，右手握持焊枪，准备焊接。

（2）引弧焊接　在试件右端约20mm处，钨极端部离开试件2~3mm，此时焊枪前进角95°~105°，工作角90°，按动焊枪开关利用高频引燃电弧。稍微拉长电弧向右端移动，在最右端停顿，并调整电弧长度约2mm，同时，借助弧光左手将焊丝送到电弧保护区域预热焊丝；待电弧下局部熔化形成熔池，将预热的焊丝送到熔池内，在电弧热和熔池热量的作用下焊丝端部熔化，拉起焊丝退出熔池，小幅度横向摆动焊枪，带动熔池移动；待形成新的熔池，再送入焊丝，如图 4-10 所示。

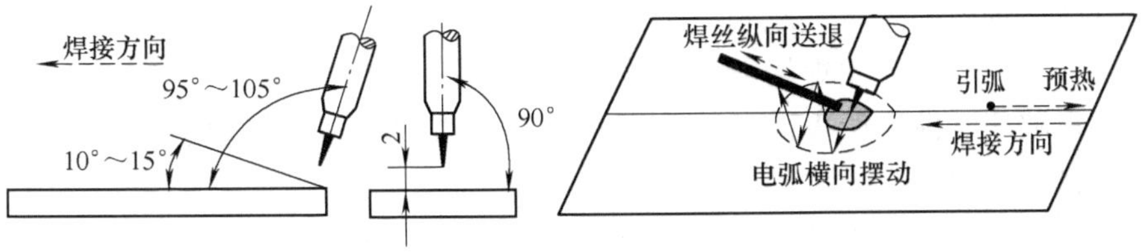

图 4-10　焊枪角度及起始焊接

焊接中注意观察熔池的颜色变化，当熔池变为白亮时，说明熔池温度过高，应多加焊丝以降低熔池温度，若熔池变暗或缩小，应减缓电弧前移速度，减少焊丝送给。氩弧焊电弧不能跳动，运弧要平稳，电弧摆动和焊丝送进交叉进行，焊丝应沿焊丝轴线送进退出，焊丝送进到熔池前 1/3 的地方，焊丝退出时，红热端部不能离开氩弧保护区域，避免红热端部在空气中氧化，如图 4-11 所示。电弧摆动幅度不宜过大、过快，要求熔池饱满，再摆动，焊缝宽度约 10mm。

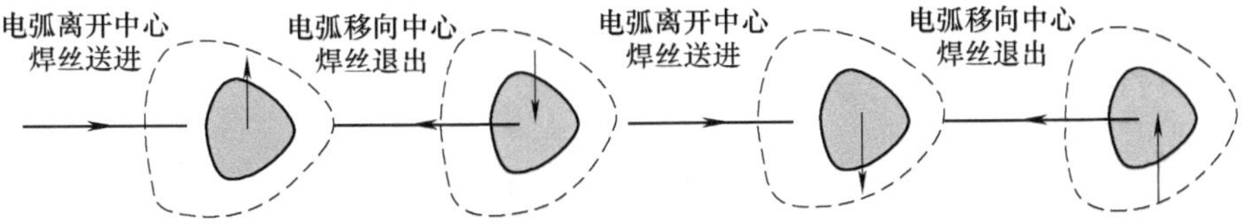

图 4-11　填丝方法

（3）停弧收弧　因故需要停弧时，焊接电流逐渐减小，可加快电弧移动速度，不加焊丝，让熔池逐渐缩减，降低熔池温度，然后再熄弧，待熔池完全冷却，再移开焊枪喷嘴，如图 4-12 所示。

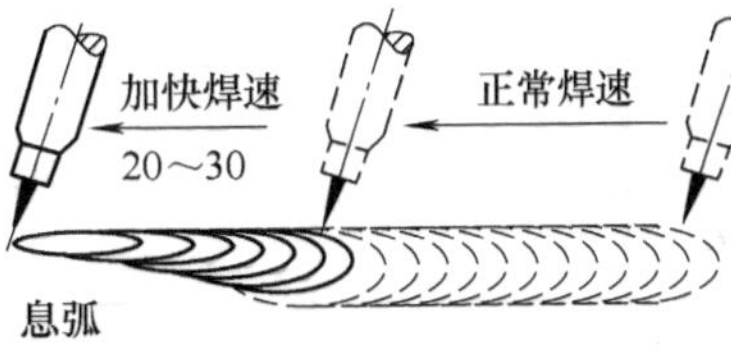

图 4-12　停弧操作

（4）焊缝连接　氩弧焊接头较容易，在熄弧处引燃电弧回移电弧到停填焊丝处，稍作停顿，待重新形成熔池再添加焊丝，转入正常焊接，如图 4-13 所示。

（5）收尾　当焊接到焊缝收尾处时，应多加焊丝，待熔池饱满可利用电弧衰减设置，或回移电弧，加快回移速度，缩减熔池，降低熔池温度，然后再熄弧，待熔池完全冷却，再移开焊枪喷嘴，如图 4-14 所示。

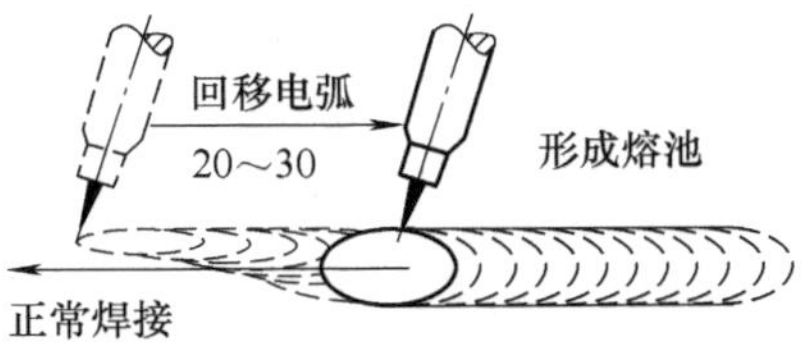

图 4-13　焊缝连接操作

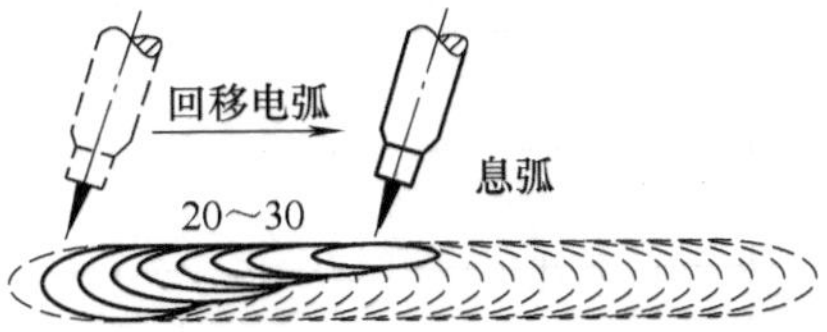

图 4-14　收尾操作

焊接第二道焊缝时，要用钢丝刷重新清理试件，露出金属光泽。

5. 试件及现场清理

练习结束后，首先关闭氩气瓶阀门，点动焊枪开关，或点动焊机面板焊接检气开关，放掉减压器里面余气，然后关闭焊接电源。将焊好的试件用钢丝刷反复拉刷焊道，除去焊缝氧化层。注意禁止破坏试件原始表面，禁止用水冷却。清扫场地，摆放工件，整理焊接电缆，确认无安全隐患，并做好交班记录。

关键技术点拨

作为基础练习，反复调整焊接电流、电弧长度，焊枪角度、焊接速度，仔细观察各参数下电弧燃烧状态，熔池温度、形状、颜色，对比不同参数下的焊缝成形。填丝和运弧的配合，是氩弧焊最基本要求，课余时间练习双手送丝，两手协调。

四、项目评价与总结

参照表4-6选择不同焊接参数进行焊接，并记录各参数，填写焊道宽度、焊道余高、焊道波纹、接头测量结果，进行比较总结，领会焊接参数对焊缝成形的影响。每天留出部分时间分小组交流讨论，分享各自的学习成果，共同进步。

表4-6 平敷焊反馈与评价

焊丝直径/mm	焊接电流/A	电弧长度/mm	焊枪角度	运弧方法	焊接速度/(mm/min)	焊道宽度/mm	焊道余高/mm	焊道波纹	比较总结
1.6									
1.6									
1.6									
1.6									
2.0									
2.0									
2.0									
2.0									
2.5									
2.5									
2.5									
2.5									

项目二　T形接头平角焊

一、项目任务

按照图4-15的要求，学习碳钢平角TIG焊的基本操作技能，完成工件实作任务。

具体要求：了解碳钢平角氩弧焊的应用领域；掌握碳钢平角氩弧焊的操作技能；会制订碳钢平角TIG焊的装焊方案，学会碳钢平角氩弧焊工艺参数的选择原则，并编制简单的工艺卡（附录B）；按照焊接安全、清洁、及技术要求完成焊接操作；制作出合格的工件，达到评分标准的相关质量要求。试件应达到评分标准的相关质量要求。

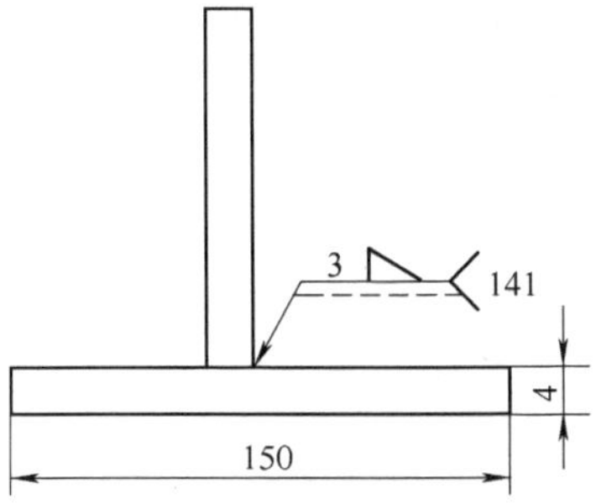

技术要求

焊接方法：手工钨极氩弧焊；接头形式：T形接头；焊接位置：水平位置；材质：Q235，板厚4。焊丝：ER49（TIG-J50），$\phi 2.5$；焊后角变形小于3°。

图4-15　T形接头平角焊施工图

二、项目分析

生产中，箱形结构、支架、脚座等板T形接头最为常见。Q235钢属于普通低碳钢，强度等级较低，焊接性良好，选用ER49（TIG-J50）即可焊接。

实际上任何焊接方法的平角焊操作都有一定难度，特别是较大焊脚尺寸时，根部不易焊透，立板易产生咬边，平板易产生焊脚偏大，表面成形难以控制。钨极氩弧焊明弧焊接，给操作带来方便，熔池易于观察和控制，但操作不当也会造成根部未焊透缺陷。

填写焊缝分析表（附录A）。

三、项目实施

1. 安全检查

同本章项目一。

2. 焊前准备

母材为Q235钢板200mm×150mm×4mm，检查钢板平直度，并修复平整。为保证焊接质量，减少钨极烧损，必须在焊接处25mm范围内将金属除锈、除油并打磨干净，露出金属光泽，避免产生气孔、裂纹等缺陷。修磨立板端面，保证装配时无间隙。

其他同本章项目一。

3. 选择焊接参数

焊接参数见表4-7。

表4-7 钢板平角氩弧焊试件焊接参数

电源极性	钨极直径/mm	钨极伸出长度/mm	焊丝直径/mm	焊接电流/A	喷嘴直径/mm	氩气流量/(L/min)
直流正接	2.5	5～8	2.0	120～140	10～12	8～10

4. 实施装配与焊接

（1）装配与定位焊　此接头装配间隙为零，否则热量易散失，根部容易造成未焊透。在试件两端进行定位焊，反变形向后焊一侧倾斜约3°左右，如图4-16所示。压紧试件，钨极伸出长度5～6mm，喷嘴接触平立两板，钨极对准试件左侧根部，按动引弧电钮引燃电弧，对根部加热，带根部熔化形成熔池，填加焊丝，向右移动电弧。定位焊缝长度10～15mm，然后调整间隙（击打试件右侧，使立板与平板紧密接触），再对右侧进行定位焊，如图4-17所示。

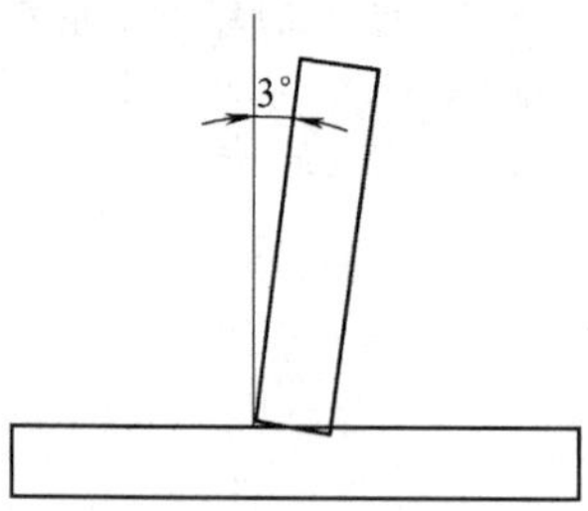

图4-16　T形接头装配

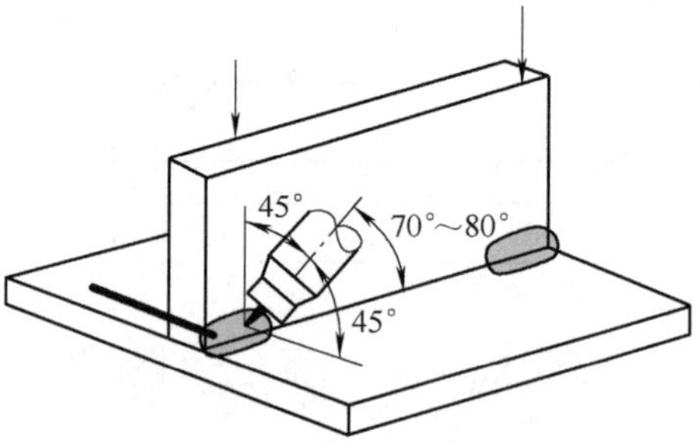

图4-17　定位焊

（2）焊接　焊脚高度3mm，不需多层焊，在定位焊缝的背面采用单层单道焊。为获得较较好的焊缝成形，采用左向焊法。调节焊接电流，收弧电流，戴好头盔面罩，左手握焊丝，右手握焊枪，距右端15～20mm处倾斜喷嘴接触试件（钨极不能接触试件），按动引弧按钮引燃电弧，电流开始上升，调整喷嘴高度，电弧长度2～3mm，调整焊丝角度为10°～15°，缓慢回拉电弧到右端端部稍做停顿，此时，钨极对准根部尖端，与工件夹角45°，前进角70～80°；待根部熔化并形成熔池，填加一滴熔滴，向前摇摆电弧，待形成新熔池，再填加一滴熔滴。如图4-18所示。根据焊脚高度的需要，调整焊丝送给量，使焊脚高度达到3mm为好。焊道余高不宜太大。

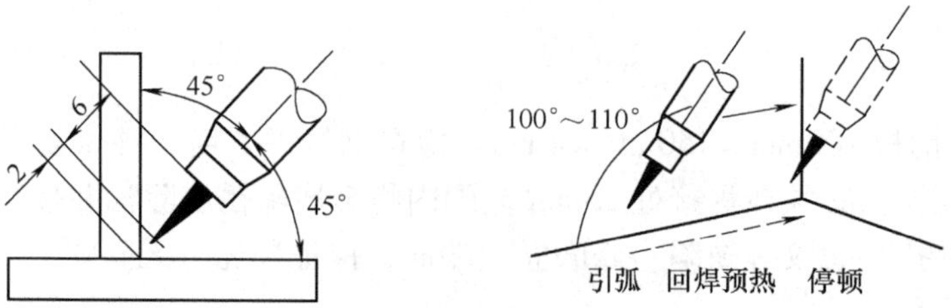

图4-18　焊接起始操作及参数

正常焊接过程中，焊枪（电弧）摆动应始终一致，即摆动幅度宽窄相等，前移步伐大小相等，摆动速度相等，每次送丝要送到熔池的前1/3处，如图4-19所示。实际上，焊接过程应注意观察根部熔化情况，并随时调整摆动方法，以及步伐大小；电弧的移动取决于根部的熔化以及焊趾的熔合情况，一定要使根部熔化，焊趾熔合后电弧才可以前移；送丝则取决于熔池的温度高低及焊趾熔合的情况，熔池温度低时，就需要降低送丝速度，减少焊丝填充量；当熔池温度高时，就需要加快送丝速度，增加焊丝填充量。理想的焊缝断面应该是无余高或小余高，过凸（余高过大）的焊缝不合格。所以焊接中，在保证熔合良好的情况下，尽量加快焊接速度，以降低余高，角焊缝的断面形状如图4-20所示。

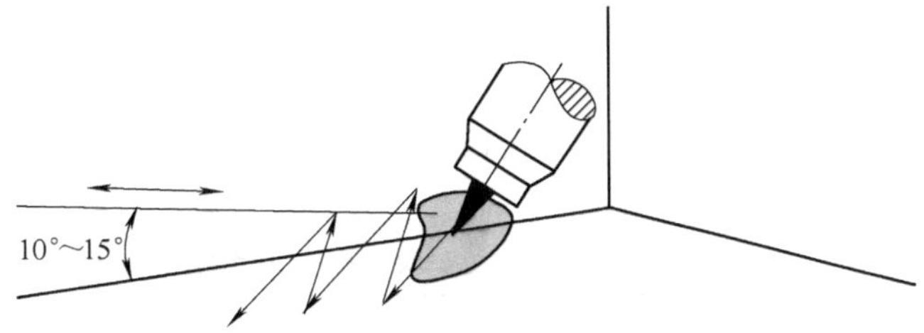

图4-19　碳钢T形接头焊枪摆运弧方法

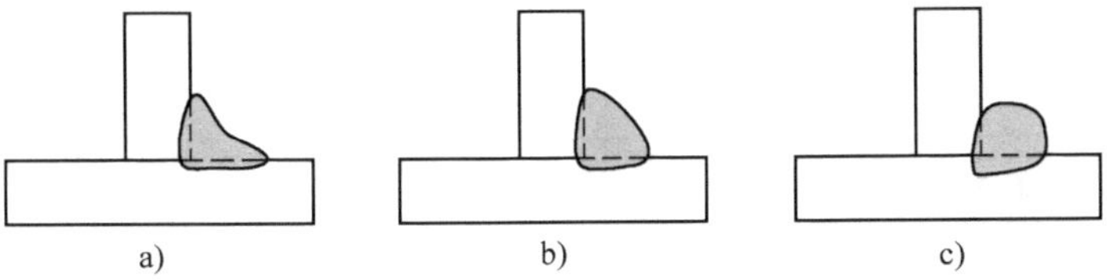

图4-20　角焊缝断面形状

a）凹面焊道，无余高，合格　b）平面焊道，余高小，合格

c）凸面焊道余高过大，不合格

5. 试件与现场清理

练习结束后，首先关闭氩气瓶阀门，点动焊枪开关，或点动焊机面板焊接检气开关，放掉减压器里面的余气，然后关闭焊接电源。将焊好的试件用钢丝刷反复拉刷焊道，除去焊缝氧化层。注意不得破坏试件原始表面，不得用水冷却。清扫场地，摆放工件，整理焊接电缆，确认无安全隐患，并做好交班记录。

关键技术点拨

手工钨极氩弧焊焊丝加入熔池的方式对焊接质量极为重要，根据材质，焊接位置，焊丝送入时机，送入熔池的位置、角度和深度不同，可分为两种。

（1）断续送丝法　焊接时，将焊丝末端在氩气保护层内往复断续地送入熔池的前1/3~1/4处。焊丝移出熔池时不可脱离气体保护区，送入时不可接触钨极，不可直接送入弧柱内。这种方法使用电流较小，焊接速度较慢。

（2）连续送丝法　在焊接时，将焊丝插入熔池一定位置，随着焊丝的送进，电弧同时向前移动，熔池逐渐形成。这种方法使用电流较大，焊接速度快，质量也较好，成形也美观。但操作技术要求高。

四、项目评价与总结

参照评分标准（表4-8）进行质量检查。由学生自检、互检和教师检查，并填写质量检查记录卡（附录C）；每天留出部分时间分小组交流讨论，分享各自的学习成果，共同进步。

表4-8　4mm板T形接头评分标准

学号		评分人		合计分		
检查项目	标准、分数	焊　缝　等　级				实际得分
		Ⅰ	Ⅱ	Ⅲ	Ⅳ	
焊脚尺寸	标准/mm	3	>2，≤4	>4，≤5	<2，>6	
	分数	10	8	6	0	
焊缝凸度	标准/mm	≤1	>1，≤1.5	>1.5，≤2	>2	
	分数	10	8	6	0	
垂直度	标准/mm	≤1	≤2	≤3	>3	
	分数	5	3	2	0	
表面气孔	标准：（个）	无	有	有	有	
	分数	5	0	0	0	
焊道层数	标准：（道）	1	2或3			
	分数	5	0			
咬边	标准/mm	0	深度≤0.5 且长度≤15	深度≤0.5 长度>15，≤30	深度>0.5 或长度>30	
	分数	15	10	5	0	
折断试验 根部熔深	标准/mm	≥1	≥0.5	≥0	<0	
	分数	20	15	10	0	
折断试验 条状缺陷	标准/mm	0	≤2	≤3	>3	
	分数	15	10	6	0	
折断试验 点状缺陷	标准/个	0	≤ϕ1 数目：3个	≤ϕ1 数目：5个	>ϕ1 或数目>5个	
	分数	15	10	6	0	

项目三　板对接平焊

一、项目任务

按照图 4-21 的要求，学习低碳钢 V 形坡口对接 TIG 平焊的基本操作技能，完成工件实作任务。

具体要求：了解低碳钢 V 形坡口对接 TIG 平焊特点及适用范围，初步掌握氩弧焊板对接平焊的基本操作要领和技能。会制订低碳钢 V 形坡口对接 TIG 平焊的装焊方案，能根据焊接材料、焊接位置选择相应的焊接参数，并编制简单工艺卡（附录 B）；理解常见缺陷的产生原因及防止措施，学会对焊件质量进行初步评判；按照焊接安全、清洁、及技术要求完成焊接操作；制作出合格的工件，达到评分标准的相关质量要求。

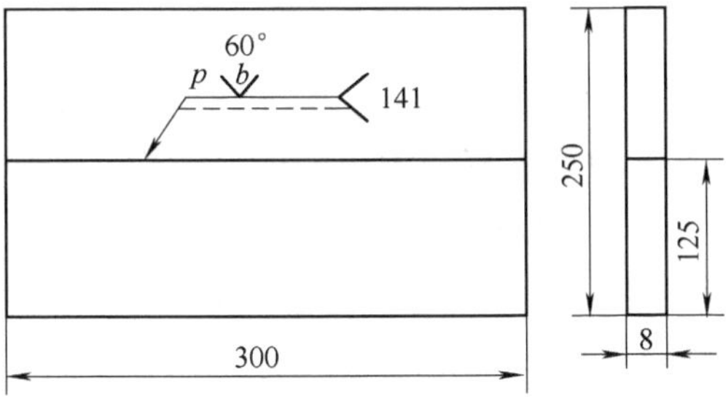

技术要求

焊接方法：手工钨极氩弧焊；接头形式：对接接头；坡口形式：V 形坡口；焊接位置：水平位置；材质：Q235，板厚 8；焊丝：ER49（TIG-J50），ϕ2.5；焊后角变形小于 3°。

图 4-21　V 形坡口对接单面平焊施工图

二、项目分析

在生产实践中，钨极氩弧焊多用于压力容器或输油气管道的环焊缝的打底焊接生产中，这种焊接方式可以在容器外面施焊而内面也能形成焊缝。

手工钨极氩弧焊操作时，电弧燃烧稳定，热量集中，操作方便。焊缝塑性和韧性好，内应力小，不易产生过热组织、未焊透、气孔、裂纹及夹渣等缺陷，所以能获得优良的焊缝质量。

Q235 焊接性良好，手工钨极氩弧焊板 V 形坡口对接平焊时，焊缝置于水平悬空位置。采用左向焊法时，可以清晰的观察到坡口根部的熔化状态，操作方便。但液态金属受重力影响，坡口根部易烧穿，焊缝背面余高易过大，严重时产生下坠，甚至产生焊瘤。因此，必须严格控制熔池温度，电弧熔化坡口根部的速度应和焊丝的填充速度良好配合。

填写焊缝分析表（附录 A）。

三、项目实施

1. 安全检查

同本章项目一。

2. 焊前准备

母材为 Q235 钢板 300mm × 125mm × 8mm，坡口 30°，检查钢板平直度，并修复平整。

为保证焊接质量，必须在坡口两侧正反面 10～25mm 内除锈、除油打磨干净，露出金属光泽，避免产生气孔、裂纹等缺陷，并修磨钝边。

其他参考本章项目一。

3. 选择焊接参数

焊接参数见表 4-9。

表 4-9　板水平对接氩弧焊试件焊接参数

层次	钨极直径 /mm	喷嘴直径 /mm	钨极伸出长度 /mm	氩气流量 /(L/min)	焊丝直径 /mm	焊接电流 /A
打底层	2.5	10～14	5～8	8～10	2.5	90～100
填充层	2.5	10～14	5～8	8～10	2.5	90～100
盖面层	2.5	10～14	5～8	8～10	2.5	100～110

4. 实施装配与焊接

（1）装配与定位焊　为保证焊接质量，装配定位焊很重要。为了保证焊透又不烧穿，必须留有合适的对接间隙和合理的钝边。根据试件板厚和焊丝直径大小，确定钝边 p 为 0～0.5mm，间隙 b 为 2.5～3mm（始端 2.5mm、终端 3mm），反变形量约 2°，错边量≤0.5mm。定位焊时，在试件两端坡口内侧定位焊，定位焊缝长度为 10～15mm、高度为 5～6mm，以保证定位焊缝强度，抵抗焊接变形时的收缩，如图 4-22 所示。

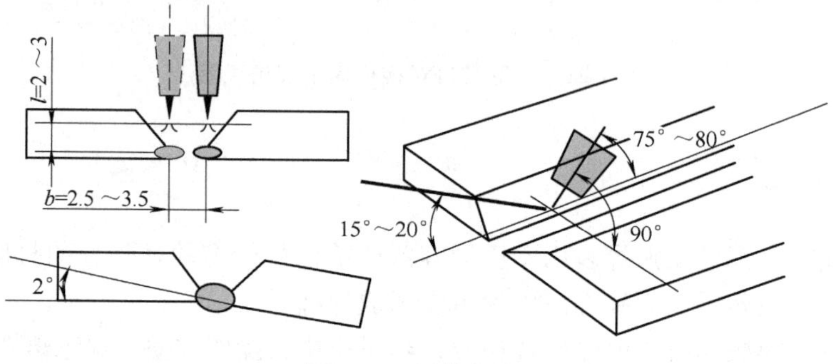

图 4-22　组装方法

定位焊前，在焊机面板选择 4 步操作法，调整焊接电流、收弧电流、上坡时间、下坡时间。戴好头盔面罩，左手握焊丝，右手握焊枪，喷嘴接触试件端部坡口处，按动引弧按钮引燃电弧，不松手，利用电弧光亮找到点焊位置，距试件端部 10mm 处坡口内侧，松开引弧按钮，电流开始上升，调整喷嘴高度，电弧长度 2～3mm，加热坡口一侧，待形成熔池后，填加焊丝，移动电弧到坡口另一侧，待形成熔池，再填加焊丝，两侧搭桥后锯齿形摆动电弧，将坡口钝边熔化，焊丝一滴一滴填加到熔池，达到定位焊缝长度后，右手按动收弧按钮，电流开始衰减，等熔池完全冷却后再移开焊枪。调整间隙，再定位焊另一端。调整反变形角度后，将试件装夹到变位器上，注意大间隙端在左，小间隙端在右。

（2）打底焊　采用左向焊法，在试件右端固定点引弧，焊枪与焊缝横向垂直，与焊缝方向成 75°～80°角，如图 4-23 所示。电弧长度 2～3mm，焊丝端部进入氩气保护范围，待固定点熔化后小锯齿摆动焊枪向右移动，至固定点低端电弧稍作停顿，击穿根部打开熔孔，使坡口两侧各熔化0.5～1mm，迅速将焊丝填入熔池，熔入一滴熔滴后将焊丝退出，焊丝端部不得离开氩气保护范围，利用电弧外围预热焊丝，焊枪做小锯齿形向右摆动，电弧将熔池液态金属带到坡口两侧稍作停顿，使其熔合良好，避免因焊缝中间温度过高熔池下坠，造成背面焊缝余高过大，焊缝正面中间凸起两侧形成沟槽。

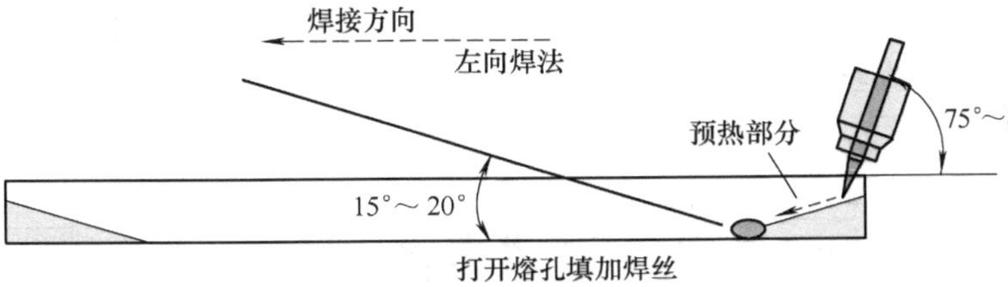

图4-23　焊枪、焊丝角度

正常焊接时，电弧每摆动一次交替填加焊丝一滴，焊丝只做填入和退出，不做横向摆动，电弧只做横向摆动和向前移动，不允许上下跳动，即要保证电弧长度不变。摆动幅度、前移尺寸大小要均匀，电弧的2/3在正面熔池，电弧的1/3通过间隙在坡口背面，用来击穿熔孔，保护背面熔池，如图4-24所示。

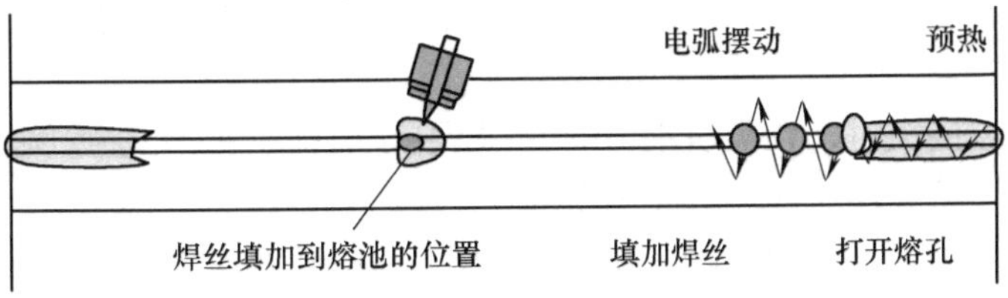

图4-24　打底焊

焊接过程中，注意观察并控制熔孔大小保持一致在0.5～1mm。正常形状为半圆形，当发现熔池颜色变白亮时，其形状变为桃形或心形，说明熔池中部温度过高，液态金属水开始下坠，背面余高增大，甚至产生焊瘤，此时应加大电弧前移步伐，加快焊丝填入频率和熔入焊丝时间，以降低熔池温度。若熔池成椭圆形表明热输入不足，根部没有熔合，应减小电弧前移步伐，放慢填加焊丝频率，如图4-25所示。

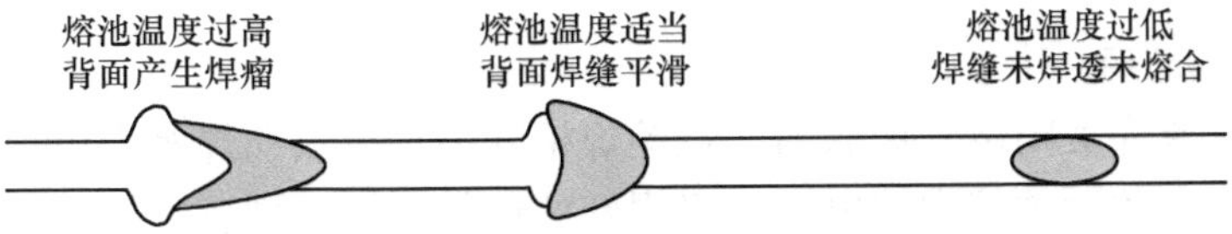

图4-25　温度与熔池形状的关系

氩弧焊接头比较容易，收弧时一定要等熔池完全冷却后再移开焊枪，让熔池在氩气保护下冷却，否则易出现气孔，一旦出现气孔必须打磨掉再焊。

收尾时，如果采用4步操作法，使用衰减电流，可完成焊接收尾。如果采用2步操作法，将弧坑填满，由慢至快也可完成收尾，如图4-26所示。

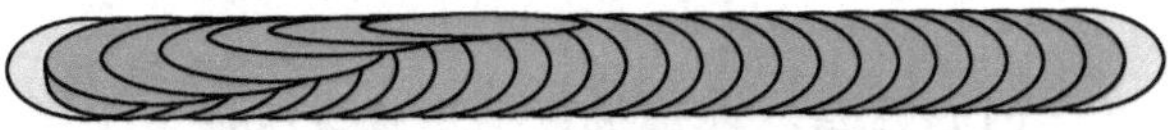

图4-26　打底焊的收尾

（3）填充焊　用钢丝刷清理去除底层焊缝氧化皮。修磨钨极端部，清理喷嘴污物。在试件右端引燃电弧，调整电弧长度并稍做停顿，预热试件端部，待形成熔池，锯齿摆动电弧，焊丝交替摆动填入熔池，（即焊丝紧跟电弧在坡口两侧熔池填入焊丝），焊枪角度、焊丝角度与打底层基本相同，电弧比打底层摆动幅度大，摆动速度稍慢，坡口两边稍作停顿。电弧前移步伐大小，以焊缝厚度为准，2/3～1/2 熔池大小。观察熔池长大情况，距棱边高 1～1.5mm 为宜，决定电弧前移步伐和焊丝填加频率大小，以不破坏坡口棱边为好，为盖面层留作参考基准，如图 4-27 所示（氩弧焊时焊丝最好不要摆动，焊丝摆动只在根部间隙较大的打底焊时使用，且焊丝摆动与焊枪摆动交叉进行）。

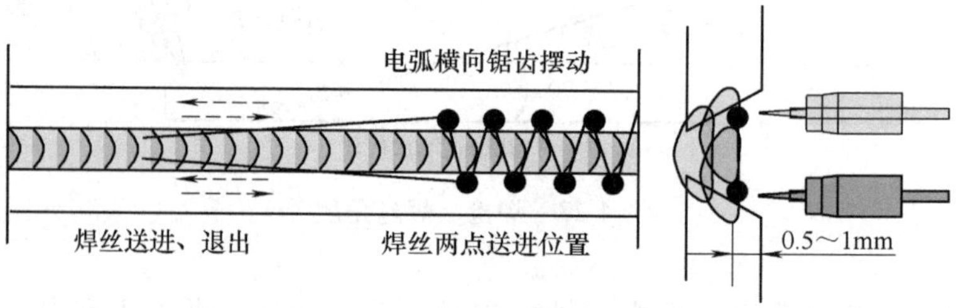

图 4-27 填充层焊接操作方法

接头时，在弧坑前方 5mm 处引燃电弧，回移电弧预热弧坑，当重新熔化弧坑并形成熔池时填加焊丝并转入正常焊接。

（4）盖面焊 与填充层相同，电弧在坡口两边停顿时间稍长，电弧熔入棱边 1～1.5mm，填充焊丝要饱满，避免咬边缺陷。焊缝余高约 2mm，如图 4-28 所示。

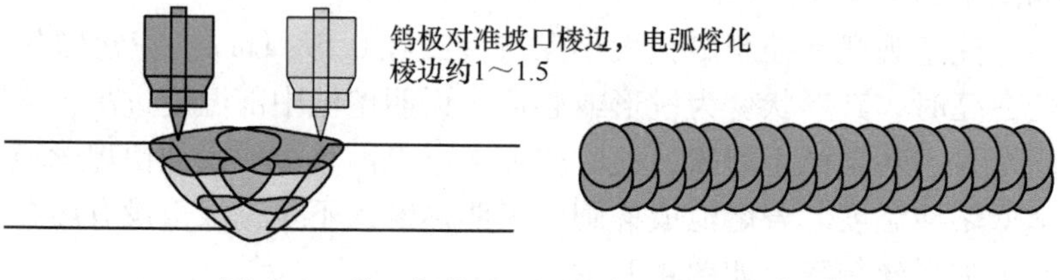

图 4-28 盖面焊的电弧摆动幅度及焊缝形貌

5. 试件与现场清理

练习结束后，首先关闭氩气瓶阀门，点动焊枪开关，或点动焊机面板焊接检气开关，放掉减压器里面余气，然后关闭焊接电源。将焊好的试件用钢丝刷反复拉刷焊道，除去焊缝氧化层。注意不得破坏试件原始表面，不得用水冷却。清扫场地，摆放工件，整理焊接电缆，确认无安全隐患，并做好交班记录。

关键技术点拨

手工钨极氩弧焊的三个关键

（1）清洁 即试板应彻底清理干净，尤其是焊缝两侧和坡口面。

（2）稳定（找一个支点） 要保证焊枪的匀速、均匀地运动，最好是能有一个可靠的支点（如右手小指竖立并接触工件的垫板），减少手的抖动。

（3）配合　指左手的送丝和右手焊枪的摆动应配合好，协调一致（推荐实施打孔焊接，弧到丝到）。

另外，由于氩弧焊的热量集中，熔深较大且是多层焊，焊件热量会越来越高，所以，打底焊时尽量少焊，且速度尽可能快（焊缝背面成形高度不要太高，否则当其他焊道焊完后，受焊缝收缩作用，背面焊缝凸起会增加，导致成形超标）。焊枪摆动与送丝要协调，摆动轨迹为“之”字形。

四、项目评价与总结

参照评分标准（表4-10）进行质量检查。由学生自检、互检和教师检查，并填写质量检查记录卡（附录C）；每天留出部分时间分小组交流讨论，分享各自的学习成果，共同进步。

表4-10　8mm板对接试件评分标准

学号			评分人		得分		
检查项目		标准、分数	焊缝等级				实际得分
			Ⅰ	Ⅱ	Ⅲ	Ⅳ	
正面	焊缝余高	标准（mm）	>0，≤1.5	>1.5，≤2	>2，≤2.5	>2.5，<0	
正面	焊缝余高	分　数	2.5	1.5	0.5	0	
正面	焊缝高低差	标准（mm）	≤1	>1，≤1.5	>1.5，≤2	>2.5	
正面	焊缝高低差	分　数	2.5	1.5	0.5	0	
正面	焊缝宽度	标准（mm）	>13，≤14	>14，≤15	>15，≤16	>16，<13	
正面	焊缝宽度	分　数	2.5	1.5	0.5	0	
正面	焊缝宽窄差	标准（mm）	≤1.5	>1.5，≤2	>2，≤3	>3	
正面	焊缝宽窄差	分　数	2.5	1.5	0.5	0	
正面	咬　边	标准（mm）	0	深度≤0.5 长度≤10	深度≤0.5 长度≤20	深度>0.5 或长度>20	
正面	咬　边	分　数	5	3.5	2.5	0	
正面	气孔	标准（mm）	无气孔	气孔≤0.5 数目：1个	气孔≤0.5 数目：2个	气孔>0.5 数目：>2个	
正面	气孔	分　数	5	3	1	0	
正面	错边量	标准（mm）	0	≤0.5	>0.5，≤1	>1	
正面	错边量	分　数	2.5	1.5	0.5	0	
正面	角变形	标准（mm）	0~1	>1，≤3	>3，≤5	>5	
正面	角变形	分　数	2.5	1.5	0.5	0	

（续）

学号			评分人		得分		
检查项目		标准、分数	焊 缝 等 级				实际得分
			Ⅰ	Ⅱ	Ⅲ	Ⅳ	
正面	焊缝外表成形	标准（mm）	优	良	一般	差	
			成形美观，鱼鳞均匀细密，高低宽窄一致	成形较好，鱼鳞均匀，焊缝平整	成形尚可，焊缝平直	焊缝弯曲，高低宽窄明显，有表面焊接缺陷	
		分数	2.5	1.5	0.5	0	
反面	焊缝高度	0～3mm 2.5分		>3mm或<0 0分			
	咬 边	无咬边 2.5分		有咬边 0分			
	气 孔	无气孔 2.5分		有气孔 0分			
	未焊透	无未焊透 5分 有未焊透 0分					
	凹陷	无内凹 10分	深度≤0.5mm，每2mm长扣0.5分（最多扣10分） 深度>0.5mm 0分				
射线探伤			一级50分	二级35分	三级15分	四级0分	

项目四 T形接头立角焊

一、项目任务

按照图4-29的要求，学习碳钢立角TIG焊的基本操作技能，完成工件实作任务。

具体要求：了解碳钢立角氩弧焊的应用领域；掌握碳钢立角氩弧焊的操作技能；会制订碳钢立角TIG焊的装焊方案，学会碳钢立角氩弧焊焊接参数的选择原则，并编制简单工艺卡（附录B）；按照焊接安全、清洁、及技术要求完成焊接操作；制作出合格的工件，达到评分标准的相关质量要求。

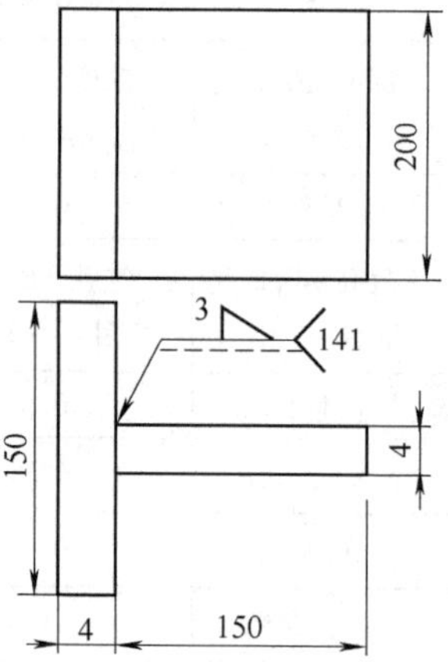

技术要求

焊接方法：手工钨极氩弧焊；接头形式：T型接头；焊接位置：垂直位置；材质：Q235，板厚4；焊丝：ER49（TIG-J50），ϕ2.5；焊后角变形小于3°。

图4-29 碳钢立角TIG焊

二、项目分析

Q235 钢属于普通低碳钢，强度等级较低，焊接性良好，选用 ER49（TIG-J50）即可焊接。立角焊与平角焊相同，最大的问题就是根部熔合问题；且焊缝垂直处于两板夹角之间，熔池受重力作用，有下坠的倾向。所以熔池温度不宜过高，否则表面张力减小，重力大于张力，熔池下坠，造成焊缝凸度大，焊缝两侧焊趾易咬边；熔池温度也不宜过低，否则由于热输入不足，造成根部未熔合等缺陷。在板角接立焊打底焊时，焊枪工作角度为 45°，前进角度为 100°～120°，以利用电弧吹力的作用，克服熔池下坠的影响。在保证根部熔化、焊趾圆滑过渡的前提下，尽量减少电弧作用时间，避免熔池温度升高。根据熔池温度高低变化，前进角度从下向上应有由大到小的变化。

填写焊缝分析表（附录 A）。

三、项目实施

1. 安全检查

同本章项目一。

2. 焊前准备

参考本章项目二。

3. 选择焊接参数

焊接参数见表 4-11。

表 4-11　钢板立角氩弧焊试件焊接参数

电源极性	钨极直径/mm	钨极伸出长度/mm	焊丝直径/mm	焊接电流/A	喷嘴直径/mm	氩气流量/(L/min)
直流正接	2.5	5～8	2.0	100～120	10～12	8～10

4. 实施装配与焊接

（1）装配与定位焊

参考本章项目二。

（2）焊接　焊脚高度 3mm，采用立向上焊，单层单道焊即可。正式焊接前，调节焊接电流、收弧电流，戴好头盔面罩，左手握焊丝，右手握焊枪，距下端 15～20mm 处倾斜喷嘴接触试件（钨极不能接触试件），按动引弧按钮引燃电弧，电流开始上升，调整喷嘴高度，电弧长度为 2～3mm，调整焊丝角度为 10°～15°，缓慢下拉电弧到下端端部稍作停顿，此时，钨极对准根部尖角，工作角 45°角，前进角 70°～80°；待根部熔化并形成熔池，填加一滴熔滴，向上摆动电弧，待形成新熔池，再填加一滴熔滴。焊枪角度如图 4-30 所示。根据焊脚高度的需要，调整焊丝送给量，使焊脚高度达到 3mm 为好。焊道余高不宜太大。

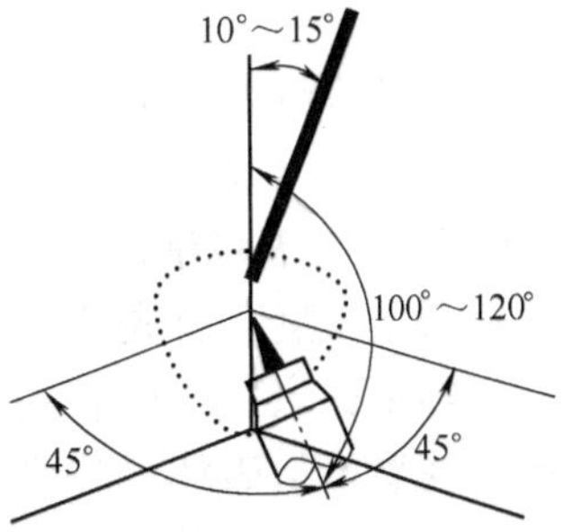

图 4-30　焊枪角度

正常焊接过程中，焊枪（电弧）摆动应始终一致，即摆动幅度宽窄相等，前移步伐大小相等，摆动速度相等，每次送丝要送到熔池的前 1/3 处，如图 4-31 所示。实际上，焊接过程中应注意观察根部熔化情况，并随时调整摆动方法，以及步伐大小；电弧的移动取决于根部的熔化以及焊趾的熔合情况，一定要使根部熔化、焊趾熔合后电弧才可以前移；送丝则取决于熔池的温度高低及焊趾熔合的情况，熔池温度低时，就需要降低送丝速度，减少焊丝填充量；当熔池温度高时，就需要加快送丝速度，增加焊丝填充量。

由于某种原因需要停弧，可用电流衰减法，焊枪喷嘴在原地停顿适当时间再移开，如图 4-32 所示。

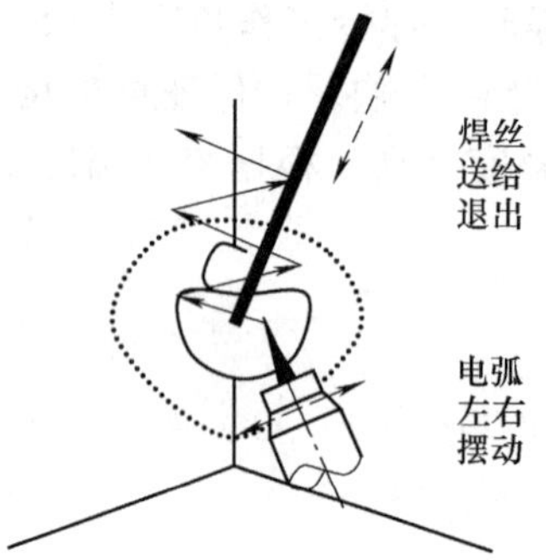

图 4-31　焊枪操作方法

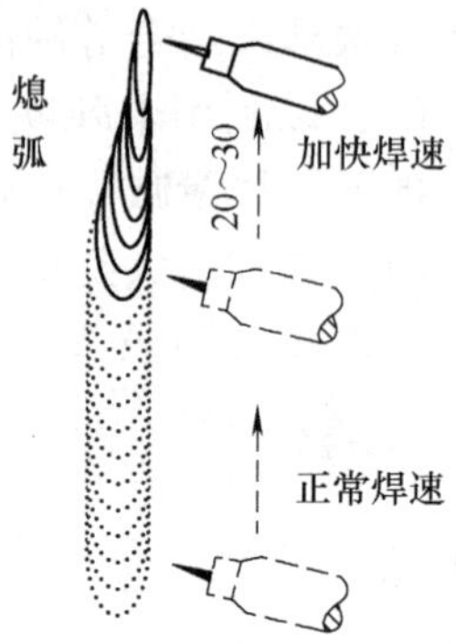

图 4-32　停弧操作

接头时需要在熄弧点引燃电弧，下移电弧到收弧处，稍停形成熔池，正常焊接，如图 4-33 所示。

收尾时，当焊至试件顶端后，填满弧坑，加快下移速度，使熔池逐渐缩小，再熄弧，如图 4-34 所示。

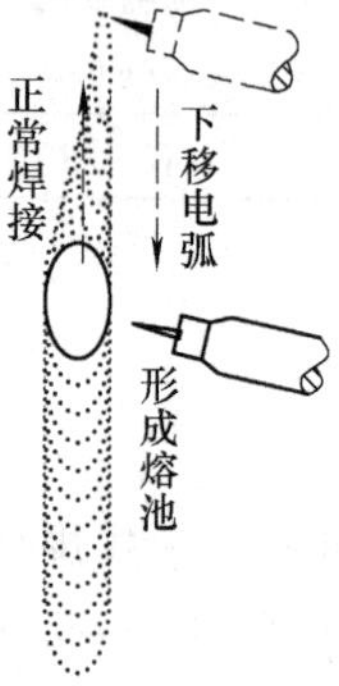

图 4-33　焊缝接头操作

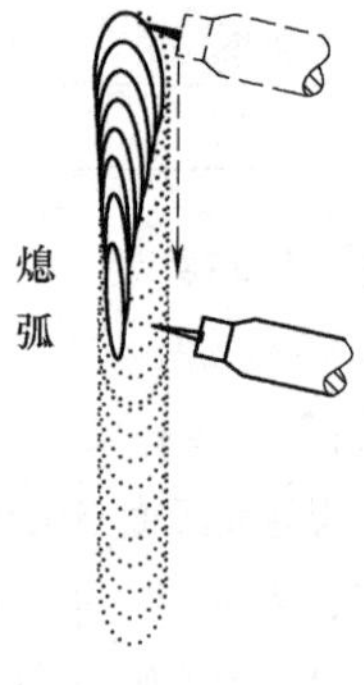

图 4-34　焊缝收尾操作

理想的焊缝断面应该是无余高或小余高，过凸（余高过大）的焊缝不合格。所以焊接中，在保证熔合良好的情况下，尽量加快焊接速度，以降低余高，如图 4-35 所示。

5. 试件与现场清理

练习结束后，首先关闭氩气瓶阀门，点动焊枪开关，或点动焊机面板焊接检气开关，放掉减压器里面余气，然后关闭焊接电源。将焊好的试件用钢丝刷反复拉刷焊道，除去焊缝氧化层。注意不得破坏试件原始表面，不得用水冷却。清扫场地，摆放工件，整理焊接电缆，确认无安全隐患，并做好交班记录。

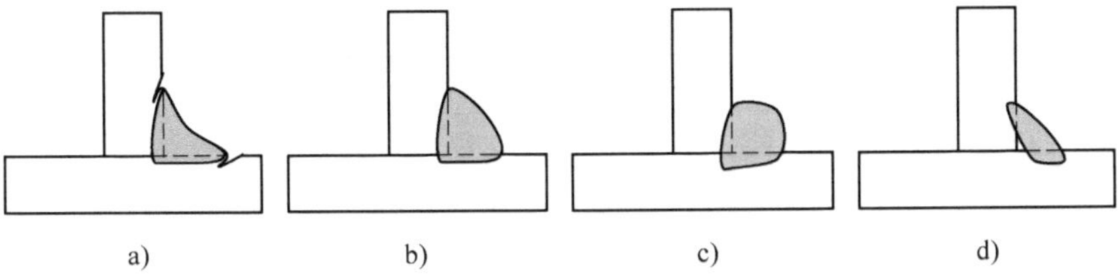

图 4-35　角焊缝断面形状

a）焊道咬边，不合格　b）平面焊道，余高小，合格

c）凸面焊道余高过大，不合格　d）根部未熔合，不合格

关键技术点拨

板角接立焊最大的问题就是根部未熔合，焊缝凸度大，焊缝两侧焊趾咬边，为此可采用上凸月牙运弧。眼睛盯紧根部，必须保证接头板根部熔化再填焊丝；电弧移动到两侧时，盯紧焊趾，尽量在两侧填送焊丝，保证熔池饱满后，再移动电弧；全程紧盯熔池，避免熔池温度升高，加大电弧移动间距，或加快填送焊丝，降低熔池温度。

四、项目评价与总结

参照评分标准（表 4-12）进行质量检查。由学生自检、互检和教师检查，并填写质量检查记录卡（附录 C）；每天留出部分时间分小组交流讨论，分享各自的学习成果，共同进步。

表 4-12　4mm 板 T 形接头评分标准

学号		评分人		合计分		
检查项目	标准、分数	焊缝等级				实际得分
		Ⅰ	Ⅱ	Ⅲ	Ⅳ	
焊脚尺寸	标准/mm	3	>2，≤4	>4，≤5	<2，>6	
	分数	10	8	6	0	
焊缝凸度	标准/mm	≤1	>1，≤1.5	>1.5，≤2	>2	
	分数	10	8	6	0	
垂直度	标准/mm	≤1	≤2	≤3	>3	
	分数	5	3	2	0	
表面气孔	标准：（个）	无	有	有	有	
	分数	5	0	0	0	
焊道层数	标准：（道）	1	2 或 3			
	分数	5	0			
咬边	标准/mm	0	深度≤0.5 且长度≤15	深度≤0.5 长度>15，≤30	深度>0.5 或长度>30	
	分数	15	10	5	0	

（续）

学号			评分人		合计分		
检查项目		标准、分数	焊缝等级				实际得分
			Ⅰ	Ⅱ	Ⅲ	Ⅳ	
折断试验	根部熔深	标准/mm	≥1	≥0.5	≥0	<0	
		分数	20	15	10	0	
	条状缺陷	标准/mm	0	≤2	≤3	>3	
		分数	15	10	6	0	
	点状缺陷	标准/个	0	≤ϕ1 数目：3个	≤ϕ1 数目：5个	>ϕ1 或数目>5个	
		分数	15	10	6	0	

【拓展训练】

项目五　管对接垂直固定焊

一、项目任务

按照图4-36的要求，学习不锈钢管对接垂直固定TIG焊的基本操作技能，完成工件实作任务。

具体要求：了解管对接垂直固定焊的应用领域；掌握不锈钢管对接垂直固定焊的操作技能；会制定不锈钢管对接垂直固定焊的装焊方案，学会不锈钢管对接垂直固定焊焊接参数的选择原则，并编制简单工艺卡（附录B）；按照焊接安全、清洁、及技术要求完成焊接操作；制作出合格的工件，达到评分标准的相关质量要求。

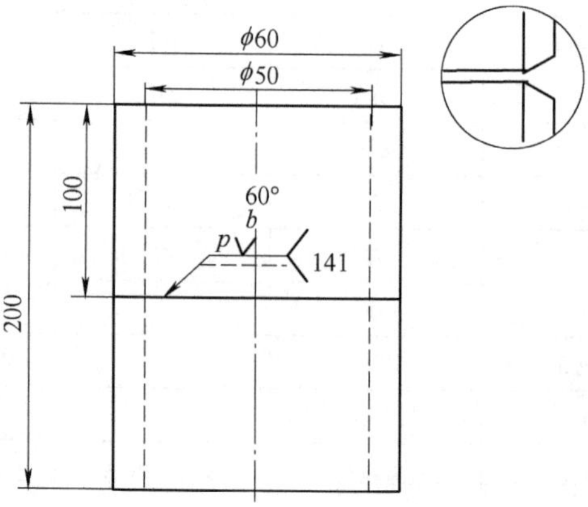

技术要求

焊接方法：手工钨极氩弧焊；接头形式：对接；焊接位置：垂直固定；母材材质：12Cr18Ni9钢管；焊材：0Cr18Ni9，ϕ2.5mm；保护气体：氩气。单面焊双面成形，要求背面充氩保护。

图4-36　不锈钢管对接垂直固定TIG焊施工图

二、项目分析

在石油化工、医药卫生、食品加工、锅炉高温过热器多采用不锈钢管道。在生产实际中经常遇到不锈钢管V形坡口垂直固定对接接头，并要求单面焊双面成形。

根据题目和图样可知，本试件为奥氏体不锈钢管对接垂直固定氩弧焊，单面焊双面成形。试件由两件长度100mm，坡口面角度为30°的ϕ60mm×5mm的不锈钢小管对接焊成，其中坡口角度为60°，间隙和钝边自定。为了保证焊接质量，必须采取背面保护措施，否则，背面将出现严重的氧化现象，而降低焊缝质量，失去不锈钢的特性，甚至产生报废。

管对接垂直固定焊，焊缝处于空间横向位置，焊接中，焊枪角度和焊丝角度应随焊接方向的改变而不断改变。焊接中熔池处于空间横位，液态熔池在重力作用下，会产生截面不对称的焊缝，即焊缝中线上侧凹陷，下侧下坠，为此，上坡口填加焊丝量应比下坡口稍多，以降低熔池温度，增大熔池张力，减小下坠趋势。

填写焊缝分析表（附录A）。

三、任务实施

1. 安全检查

同本章项目一。

2. 焊前准备

母材为12Cr18Ni9钢管ϕ60mm×100mm×5mm，坡口30°，检查钢管圆度，并修整。为保证焊接质量，必须在坡口两侧正反面25mm范围内除锈、除油打磨干净，露出金属光泽，避免产生气孔、裂纹等缺陷。并修磨钝边。

根据母材型号，选择0Cr18Ni9不锈钢专用焊丝，直径ϕ2.5mm。

其他同本章项目一。

3. 选择焊接参数

焊接参数见表4-13。

表4-13　不锈钢管对接垂直固定TIG焊焊接参数

层次	钨极直径/mm	喷嘴直径/mm	伸出长度/mm	氩气流量/(L/min)	焊丝直径/mm	焊接电流/A
打底层	2.5	10	5~8	8~10	2.5	80~90
盖面层	2.5	10	5~8	8~10	2.5	80~90

4. 实施装配与焊接

（1）装配与定位焊　为保证焊接质量，装配定位很重要。为了既保证焊透又不能烧穿，必须留有合适的对接间隙和合理的钝边。根据试件板厚和焊丝直径大小，确定钝边p为0~0.5mm，间隙b为2~2.5mm（始端2mm、终端2.5mm），错边量≤0.5mm。尽管管径较小，但不锈钢热胀系数大，需固定两点。定位焊时，用对口钳或小槽钢对口，在试件两端坡口内侧进行焊接，定位焊缝长度10mm左右，高度2~3mm，如图4-37所示。

定位焊前，在焊机面板选择收弧方式（4步），调整焊接电流、收弧电流、上坡时间、下坡时间。再将两节管子无坡口一侧堵住，并在一节管子堵头插入送气管，打开气体阀门，将管内空气排出，然后再定位焊，戴好头盔面罩，左手握焊丝，右手握焊枪，喷嘴接触试件

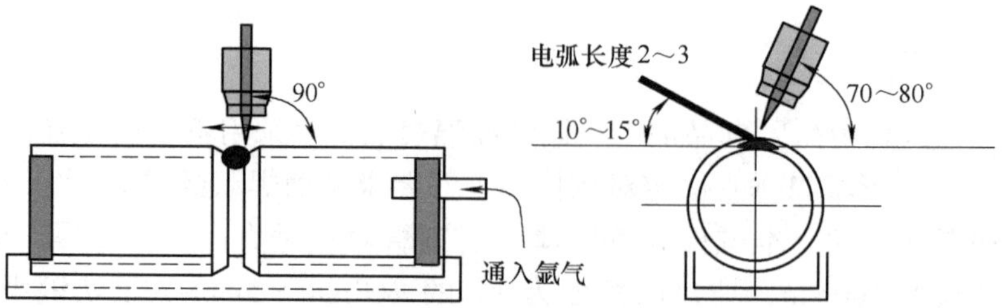

图 4-37　不锈钢管对接组装

端部坡口处，按动引弧按钮引燃电弧，不松手，利用电弧光亮找到定位焊位置，松开引弧按钮，电流开始上升，调整喷嘴高度，电弧长度 2～3mm，加热坡口一侧，待形成熔池，填加一滴熔滴，移动电弧到坡口另一侧，待形成熔池，再填加一滴熔滴，两侧搭桥后锯齿形摆动电弧，将坡口钝边熔化，熔滴一滴一滴填加到熔池，达到定位焊缝长度后，右手按动引弧按钮，电流逐渐衰减，并将电弧向坡口后左侧缓慢移动，使收弧弧坑变小，落在坡口面上，等熔池完全冷却后再移开焊枪。固定点作为焊缝的一部分要保证质量。将试件固定在焊接变位器上，高度根据个人习惯而定。

（2）打底焊　焊工操作位置正对试件，考虑尽量少接头，身体尽量向右倾斜，随着焊缝转动而转动身体。在间隙较小的位置处上坡口引弧，焊枪与焊接方向夹角 70°～80°，与试件下侧夹角成 70°～80°，如图 4-38 所示。电弧稳定后斜锯齿摆动电弧，对坡口上下两侧预热，当根部熔化形成熔孔后，推送焊丝给上下坡口根部各一滴熔滴，摆动电弧使两熔滴形成搭接，得到第一个完整熔池，以后电弧每摆动一次，焊丝交替送入根部一滴熔滴。焊接过程要注意控制电弧长度，电弧长度太短，容易使钨极与焊丝、熔池接触，造成钨极烧损，焊缝夹钨；电弧长度太长，易产生未焊透，保护效果变差，产生气孔。送丝频率与电弧摆动频率协调一致，电弧前移步伐大小相等，一半电弧加热熔池，一半电弧熔化根部形成熔孔，送丝要均匀利落，送入根部。正常情况下，上坡口熔化 1mm，下坡口熔化 0.5mm。

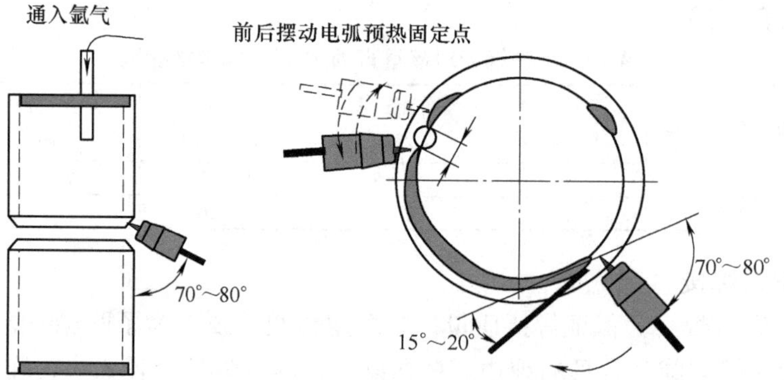

图 4-38　打底焊方法

焊到距定位焊缝 3～5mm 时，要大步前移往复电弧，对其预热，如图 4-37 所示，接头时多填加几滴熔滴，使背面饱满，接头后根据定位焊缝高度，可不加焊丝或稍加焊丝，至定位焊缝尾部稍停电弧熔化根部再正常焊接；封口后继续覆盖 5～10mm 收弧。

打底层结束后，关闭背面保护气体。

（3）盖面焊　不锈钢焊接避免横向摆动，且焊缝处于横焊位置，故采用上下两道盖面。用不锈钢钢丝刷彻底清理底层焊道，注意控制层间温度在60°左右，采用直线运枪。先焊下坡口侧，再焊上坡口侧。焊下坡口侧时，电弧与坡口棱边对齐，焊枪与垂直方向成85°~95°角，与焊接方向成75°~85°角，焊接过程注意观察下棱边熔化情况，熔化棱边0.5mm，控制电弧前进速度，使焊缝饱满没有焊瘤，并随时调整焊枪角度大小，以获得良好的焊缝成形，如图4-39所示。

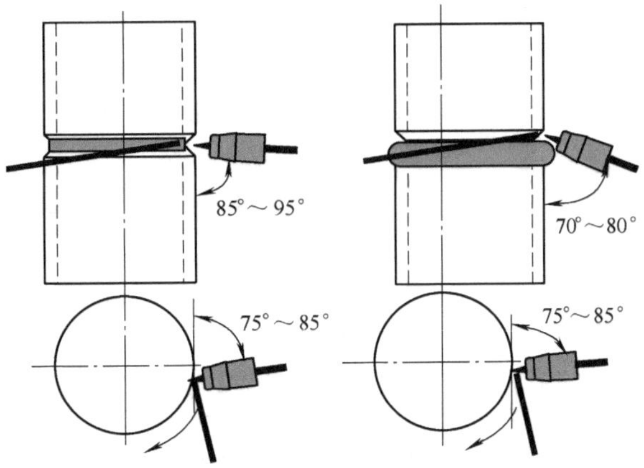

图4-39　盖面焊方法

焊接坡口上侧时，起焊位置与第一道接头处错开，电弧中心对准第一道焊趾，电弧指向上坡口，焊条与垂直方向成70°~80°角，与焊接方向成75°~85°角，焊接过程注意观察上棱边熔化情况，控制电弧前进速度，调整焊条角度大小，熔化上棱边0.5mm，加快填充焊丝速度，否则会产生咬边缺陷，熔池覆盖下道最高点即可。接头时覆盖起头5~10mm后开始用衰减电流收弧。

5. 试件与现场清理

练习结束后，首先关闭氩气瓶阀门，点动焊枪开关，或点动焊机面板焊接检气开关，放掉减压器里面余气，然后关闭焊接电源。将焊好的试件用钢丝刷反复拉刷焊道，除去焊缝氧化层。注意不得破坏试件原始表面，不得用水冷却。清扫场地，摆放工件，整理焊接电缆，确认无安全隐患，并做好交班记录。

关键技术点拨

恰当选位、熔孔清晰、准确送丝、匀速转腕

管对接垂直固定焊的实质是横焊，区别在于焊缝是圆弧形；操作者的选位和工件在工装上的位置高低（最适合自己身高和手的高度）很关键，一个位置应尽可能多焊，避免出现过多的熄弧，即过多的焊缝接头。为保证背面焊缝成形良好，打底焊时，电弧中心应对准上坡口，同时送丝位置要准确（焊丝贴着坡口均匀、有节奏地送进，当焊丝端部进入熔池时，将焊丝端头轻轻挑向坡口根部），焊接速度要快，尽量缩短熔池存在的时间。焊接过程中，若熔孔不明显，则应暂停送丝，待出现明亮清晰的熔孔后再送丝；若熔孔过大，金属液易下坠，可利用电流衰减功能控制熔池的温度，从而缩小熔孔。为了保证焊缝成形的一致性，要求焊接时焊枪的角度随焊接管件外表面圆弧位置的改变而改变。另外，为了保证焊接操作过程中的可视性和可达性良好，焊接时，手腕要转动，身体的上半部分也随之做圆弧状移动。

焊丝与钨极发生触碰的处理流程

焊丝与钨极发生触碰后，会瞬间短路而造成焊缝污染和夹钨，此时，应立即停止焊接，用砂轮磨去被污染处，直至露出金属光泽；同时，重新磨尖被污染的钨极，随后方可继续焊接。

四、项目评价与总结

参照评分标准（表4-14）进行质量检查。由学生自检、互检和教师检查，并填写质量检查记录卡（附录C）；每天留出部分时间分小组交流讨论，分享各自的学习成果，共同进步。

表4-14　ϕ60mm×5mm管对接试件评分标准

学号			评分人		得分		
检查项目		标准、分数	焊缝等级				实际得分
			Ⅰ	Ⅱ	Ⅲ	Ⅳ	
正面	焊缝余高	标准/mm	0～1	>1，≤1.5	>1.5，≤2	>2.5	
		分　数	5	3	1	0	
	焊缝高低差	标准/mm	≤1	>1，≤2	>2，≤3	>3	
		分　数	5	3	1	0	
	焊缝宽度	标准/mm	>9，≤10	>11，≤12	>12，≤13	>14，<9	
		分　数	5	3	1	0	
	焊缝宽窄差	标准/mm	≤1	>1，≤1.5	>1.5，≤2	>2	
		分　数	5	3	1	0	
	咬　边	标准/mm	0	深度≤0.5 且≤10	深度≤0.5 长度≤20	深度>0.5 或长度>20	
		分　数	10	7	5	0	
	气孔	标准/mm	无气孔	气孔≤0.5 数目：1个	气孔≤0.5 数目：2个	气孔>0.5 数目：>2个	
		分　数	10	6	2	0	
	焊缝外表成形	标准	优	良	一般	差	
			成形美观，鱼鳞均匀细密，高低宽窄一致	成形较好，鱼鳞均匀，焊缝平整	成形尚可，焊缝平直	焊缝弯曲，高低宽窄明显，有表面缺陷	
		分数	10	7	4	0	
反面	焊缝高度	0～3mm　5分		>3mm或<0　0分			
	咬　边	无咬边　5分		有咬边　0分			
	气　孔	无气孔　5分		有气孔　0分			
	未焊透	无未焊透　10分　有未焊透　0分					
	凹陷	无内凹　10分	深度≤0.5mm，每4mm长扣1分（最多扣10分） 深度>0.5mm　0分				
	焊瘤	无焊瘤　10分　有焊瘤　0分					
	焊缝外表成形	标准	优	良	一般	差	
			成形美观，鱼鳞均匀细密，高低宽窄一致	成形较好，鱼鳞均匀，焊缝平整	成形尚可，焊缝平直	焊缝弯曲，高低宽窄明显，有表面缺陷	
		分数	5	3	2	0	

项目六　管对接水平固定焊

一、项目任务

按照图 4-40 的要求，学习低碳钢管 V 形坡口对接平焊的基本操作技能，完成工件实作任务。

具体要求：了解钢管对接水平固定焊的应用领域；掌握管对接水平固定焊的基本操作技能；会制订管对接水平固定焊的装焊方案，掌握钢管对接水平固定焊单面焊双面成形的操作要领及焊接参数的选择，并编制简单的工艺卡（附录 B）；按照焊接安全、清洁及技术要求完成焊接操作；制作出合格的工件，达到评分标准的相关质量要求。

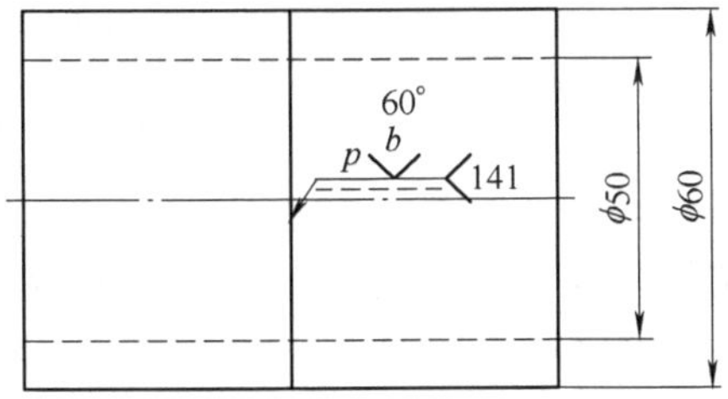

技术要求

焊接方法：手工钨极氩弧焊单面焊双面成形；接头形式：对接；焊接位置：垂直固定；母材材质 20 钢管；焊材：ER50-6（TIG-J50），ϕ2.5；保护气体：氩气。

图 4-40　管对接水平固定 TIG 焊施工图

二、任务分析

在石油化工、电站锅炉、输油管线等需要大量的管道对接，并要求单面焊双面成形。在生产中 V 形坡口管对接水平固定焊是最为常见的情形之一。

根据图样可知，本试件为 V 形坡口管对接水平固定钨极氩弧焊，要求单面焊双面成形。用钨极氩弧焊将两件长度 100mm，坡口面角度为 30°的 ϕ60mm × 5mm 的管对接焊成。其中坡口角度为 60°，间隙和钝边自定。

由于试件处于水平位置，固定焊接时，经历仰焊、仰爬坡焊、立焊、爬坡焊、平焊五种位置的焊接，使焊接难度增大。ϕ60mm × 5mm 管对接由于管径较小，管壁较薄，特别是作为焊接起始部位的仰焊位置，选择焊接电流较小时，熔池温度上升较慢，熔滴不易过渡，造成背面焊缝凹陷，正面焊缝下坠，甚至产生焊瘤；而处于平位时背面又容易产生下坠，余高过大，正面焊缝凹陷，熔合不良等缺陷；当选择焊接电流较大时，双手配合不好，易产生烧穿或焊瘤等。所以，应使用较合适的电流，并通过随焊缝位置的不断变化而改变焊枪角度，调节焊接速度，进行合理的操作。既保证焊透，又不致使熔池温度升高产生焊瘤。

填写焊缝分析表（附录 A）。

三、任务实施

1. 安全检查

同本章项目之一。

2. 焊前准备

母材为 20 钢管 ϕ60mm × 5mm × 100mm，坡口 30°，检查钢管圆度，并修整。为保证焊接质量，必须在坡口两侧正反面 10 ~ 25mm 内除锈、除油打磨干净，露出金属光泽，避免产生气孔、裂纹等缺陷。并修磨钝边。

根据管子母材型号，选择 ER50-6（TIG-J50）、直径 ϕ2. 5mm 焊丝。

其他参考本章项目一。

3. 选择焊接参数

焊接参数见表 4-15。

表 4-15　小管对接水平固定 TIG 焊焊接参数

层次	钨极直径/mm	喷嘴直径/mm	伸出长度/mm	氩气流量/(L/min)	焊丝直径/mm	焊接电流/A
打底层	2. 5	10 ~ 14	5 ~ 8	8 ~ 10	2. 5	100 ~ 120
盖面层	2. 5	10 ~ 14	5 ~ 8	8 ~ 10	2. 5	100 ~ 120

4. 实施装配与焊接

（1）装配与定位焊　为保证焊接质量，装配定位很重要。为了既保证焊透又不能烧穿，必须留有合适的对接间隙和合理的钝边。根据试件板厚和焊丝直径大小，确定钝边 p 为 0 ~ 0. 5mm，间隙 b 为 2. 5 ~ 3mm（始端 2. 5mm、终端 3mm），反变形角度约 2°，错边量 ≤ 0. 5mm。由于管径较小，固定一点即可。定位焊时，用对口钳或小槽钢对口，如图 4-41 所示，在试件两端坡口内侧进行定位焊，定位焊缝长度 10mm 左右，高度 2 ~ 3mm。

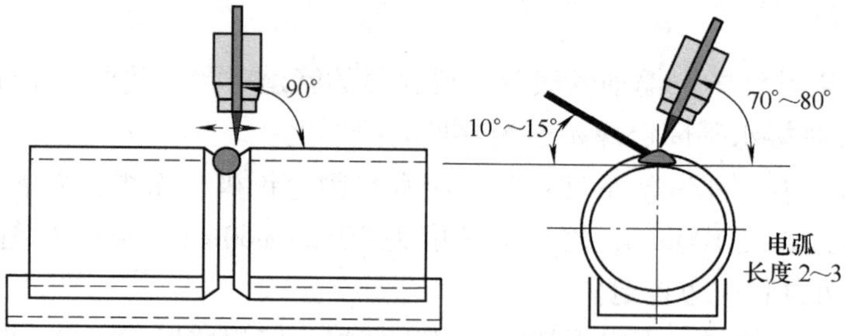

图 4-41　试件组装

定位焊前，在焊机面板选择收弧方式（4 步），调整焊接电流、收弧电流、上坡时间、下坡时间。戴好头盔面罩，左手握焊丝，右手握焊枪。喷嘴接触试件端部坡口处，按动引弧按钮引燃电弧，不松手，利用电弧光亮找到定位焊缝位置，松开引弧按钮，电流开始上升，调整喷嘴高度，电弧长度 2 ~ 3mm，加热坡口一侧，待形成熔池，填加一滴熔滴，移动电弧到坡口另一侧，待形成熔池，再填加一滴熔滴，两侧搭桥后锯齿形摆动电弧，将坡口钝边熔化，熔滴一滴一滴地填加到熔池，达到定位焊缝长度后，右手按动引弧按钮，电流开始衰减，等熔池完全冷却后再移开焊枪。将试件固定在焊接变位器上，高度据个人习惯而定，固定点置于 10 点位置，6 点和 12 点位置不允许有固定点。

（2）打底焊　管子对接水平固定焊，要求焊工能够双手操作，焊接分左右两个半圆先后完成。先焊接右半圆，从6点半位置开始焊接，12点半位置收弧。焊枪、焊丝角度如图4-42所示。

戴好头盔面罩，左手握焊丝，右手握焊枪，分开两腿弯腰低头，喷嘴接触试件6点半位置坡口处，按动引弧按钮引燃电弧，不松手，利用电弧光亮找到点焊位置，松开引弧按钮，电流开始上升，调整喷嘴高度，此时，焊枪工作角为90°角，前进角为80～90°，电弧长度2～3mm，加热坡口一侧，待坡口棱边熔化并形成熔池，填加一滴熔滴，移动电弧到坡口另一侧，待棱边熔化并形成熔池，再填加一滴熔滴，两侧搭桥后锯齿形向上摆动电弧，将坡口棱边熔化0.5～1mm，焊丝与电弧交替一滴一滴填加到熔池，电弧在坡口两侧适当停顿，使熔滴与坡口良好熔合。注意填加焊丝一定要准确填入根部熔池，否则，会出现焊缝背面凹陷，甚至产生未熔合，焊丝进退要利落，退出不离氩气保范围，利用电弧外围热量预热焊丝，避免焊丝与钨极接触，出现夹钨缺陷。随着焊缝位置的变化逐渐直腰，并相应调整焊枪角度、焊丝角度，超过12点位置时，焊枪角度应与焊接方向成75°～85°角，即改变电弧指向，以控制液态金属下流。到达12点半位置开始收弧，右手按动引弧按钮，电流开始衰减，等熔池完全冷却后再移开焊枪。如果采用2步操作则应回拉电弧，并逐渐提高喷嘴高度，缩小熔池。

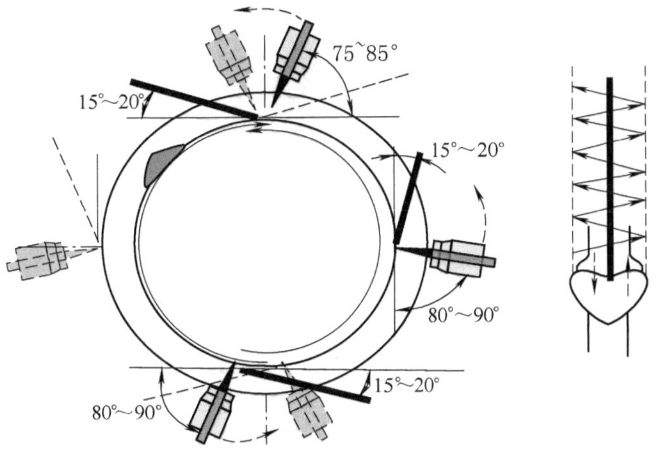

图4-42　打底焊时焊枪焊丝角度

焊接左半圈时，管子位置不动，应用钢丝刷清理仰位起头处，右手持焊丝，左手握焊枪，在6点位置处引燃电弧，焊丝进入氩气保护范围。缓慢移动电弧到坡口根部，熔化坡口棱边0.5～1mm，并在根部形成熔池，将焊丝送进根部熔池，电弧小锯齿摆动向7点移动，与右半圈相同。当焊接到距离定位焊缝1～2mm时（一个熔孔长度），电弧大步向前移动一个来回，对定位焊缝预热，如图4-43所示，然后再回到正常焊接的部位，此时不需填加焊丝，待形成新的熔池后再填送焊丝，与固定点熔合，后填加少量焊丝，到达固定点高端时电弧可加快步伐，不加焊丝，至定位焊缝低端熔化根部后，再填加焊丝，正常焊接。封口时的方法与之相同，超过接头5～10mm开始收弧。同时注意逐渐调整焊枪焊丝角度，直起身体。特别注意，整个焊接过程保证钨极端部形状，随时修磨钨极。

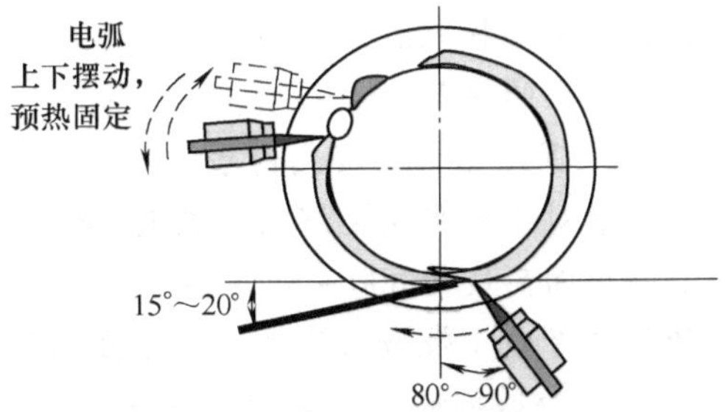

图4-43　仰位接头时起焊位置及定位焊缝处电弧运弧方法

（3）盖面焊　用钢丝刷清理打底层氧化皮，与打底层焊接方法基本相同。注意，焊接起头与底层接头稍微错开5～10mm，电弧横向摆动幅度稍大，熔化棱边0.5～1mm为好，前移步伐不宜太大，填丝方法为两点式，填丝频率稍快，使焊缝饱满，避免咬边，电弧在坡口两侧应适当停顿，保证良好熔合，如图 4-44 所示。

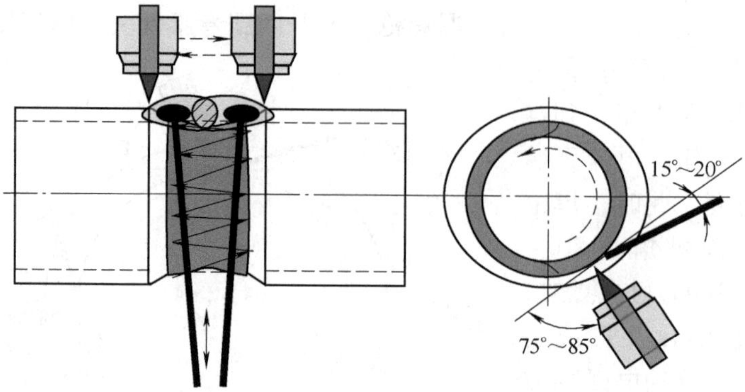

图 4-44　盖面焊起点位置、电弧摆动幅度及送丝方法

5. 试件与现场清理

练习结束后，首先关闭氩气瓶阀门，点动焊枪开关，或点动焊机面板焊接检气开关，放掉减压器里面余气，然后关闭焊接电源。将焊好的试件用钢丝刷反复拉刷焊道，除去焊缝氧化层。注意不得破坏试件原始表面，不得用水冷却。清扫场地，摆放工件，整理焊接电缆，确认无安全隐患，并做好交班记录。

关键技术点拨

1. 焊接参数和操作手法随焊接位置的变化而变化

管对接水平固定手工钨极氩弧焊时，起焊处的间隙要大于定位处的间隙（0.5～1mm）；由于是全位置（平、立、仰）焊接操作，所以要时刻注意从起始点仰焊处开始，上行至立焊处、再到平焊处时，手形、电弧、熔池状态等控制技巧的综合运用；必要时，可分段进行焊接电流的调节；如焊接全过程无电流调节，可利用操作手形的变化，使焊接电流处于顶弧、飘弧、压弧的渐进变化中，以达到控制熔池、获得良好焊缝成形的目的。

2. 高度恰当、姿态舒展

管对接水平固定焊首先应选择一个合适的工件放置高度，以方便操作（管子下端距地面高度为 800～850mm）。在条件允许的情况下，任何焊接位置的操作，都应使操作者处于较好的位置和舒适灵活的姿势，这也是保证焊接质量的重要基础。

3. 快速判断氩弧焊的气体保护效果

在生产实践中，孔径为 12～20mm 的喷嘴，氩气流量范围为 8～16L/min。气体流量过小，容易产生气孔、焊缝氧化等缺陷；气体流量过大，则会产生紊流，使空气卷入焊接区，从而降低保护效果。在生产中，可通过观察焊缝的表面色泽和是否存在气孔来判断氩气的保护效果。焊接不锈钢时，表面显银白色或金黄色时为最好；蓝色为良好；红灰色为一般；黑色表示保护效果差。焊接铝合金时，表面银白色时表示保护效果好；黑灰色时表示保护效果差。

四、项目评价与总结

参照评分标准（表4-16）进行质量检查。由学生自检、互检和教师检查，并填写质量检查记录卡（附录C）；每天留出部分时间分小组交流讨论，分享各自的学习成果，共同进步。

表4-16　ϕ60mm×5mm管对接试件评分标准

学号			评分人		得分		
检查项目		标准、分数	焊缝等级				实际得分
			Ⅰ	Ⅱ	Ⅲ	Ⅳ	
正面	焊缝余高	标准/mm	0～1	>1，≤1.5	>1.5，≤2	>2.5	
		分数	5	3	1	0	
	焊缝高低差	标准/mm	≤1	>1，≤2	>2，≤3	>3	
		分数	5	3	1	0	
	焊缝宽度	标准/mm	>9，≤10	>11，≤12	>12，≤13	>14，<9	
		分数	5	3	1	0	
	焊缝宽窄差	标准/mm	≤1	>1，≤1.5	>1.5，≤2	>2	
		分数	5	3	1	0	
	咬边	标准/mm	0	深度≤0.5 且≤10	深度≤0.5 长度≤20	深度>0.5 或长度>20	
		分数	10	7	5	0	
	气孔	标准/mm	无气孔	气孔≤0.5 数目：1个	气孔≤0.5 数目：2个	气孔>0.5 数目：>2个	
		分数	10	6	2	0	
	焊缝外表成形	标准	优	良	一般	差	
			成形美观，鱼鳞均匀细密，高低宽窄一致	成形较好，鱼鳞均匀，焊缝平整	成形尚可，焊缝平直	焊缝弯曲，高低宽窄明显，有表面缺陷	
		分数	10	7	4	0	
反面	焊缝高度	0～3mm　5分		>3mm或<0　0分			
	咬边	无咬边　5分		有咬边　0分			
	气孔	无气孔　5分		有气孔　0分			
	未焊透	无未焊透　10分　有未焊透　0分					
	凹陷	无内凹　10分	深度≤0.5mm，每4mm长扣1分（最多扣10分） 深度>0.5mm　0分				
	焊瘤	无焊瘤　10分　有焊瘤　0分					
	焊缝外表成形	标准	优	良	一般	差	
			成形美观，鱼鳞均匀细密，高低宽窄一致	成形较好，鱼鳞均匀，焊缝平整	成形尚可，焊缝平直	焊缝弯曲，高低宽窄明显，有表面缺陷	
		分数	5	3	2	0	

项目七　骑坐式管板垂直俯位焊

一、项目任务

按照图4-45的要求，学习骑坐式管板垂直俯位焊（手工钨极氩弧焊）的基本操作技能，完成工件实作任务。

具体要求：掌握骑坐式管板垂直俯位焊（手工钨极氩弧焊）的技术要求及操作要领；会制定骑坐式管板垂直俯位焊（手工钨极氩弧焊）的装焊方案，会选择骑坐式管板垂直俯位焊（手工钨极氩弧焊）的焊接参数，并编制简单的工艺卡（附录B）；按焊接安全、清洁和环境要求及焊接工艺完成焊接操作，制作出合格的骑坐式管板垂直俯位焊（手工钨极氩弧焊）工件，并达到评分标准的相关质量要求。

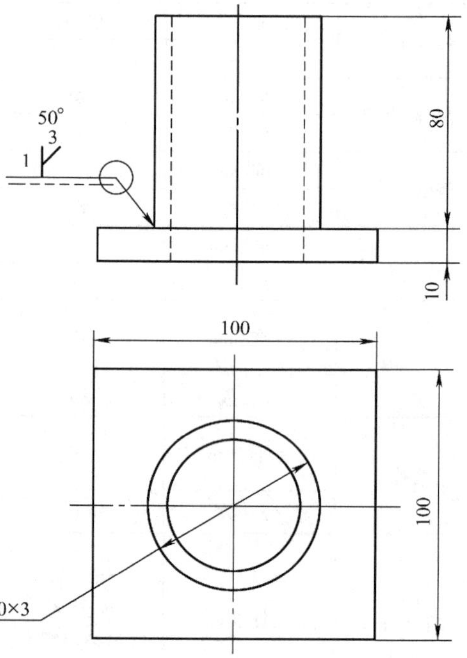

技术要求

1. 焊接方法：手工钨极氩弧焊；材质：Q235；焊丝牌号：H08Mn2SiA（直径为2.5）；接头形式：骑坐式管板角接接头；板件规格：100×100×10；管件规格：ϕ60×3×80；焊接位置：平角焊。

2. 采用单面焊双面成形；焊脚尺寸 $K=8\pm1$；钢板孔与钢管同心装配。

图4-45　骑坐式管板垂直俯位焊施工图

二、项目分析

骑坐式管板垂直俯位焊操作时，液态金属受重力的作用下坠，容易在管子的焊趾处产生咬边；板的焊趾处成形不良，甚至出现焊瘤或未熔合等缺陷；且由于坡口角度较小，焊炬伸入根部困难，因此应选择小直径的喷嘴，采用小的焊接电流（较小的热输入）。焊接时，速度要快，采用不摆动（或小幅摆动）直线焊接。

填写焊缝分析表（附录A）。

三、项目实施

1. 安全检查

同本章项目一。

2. 焊前准备

参考本章项目五。

3. 选择焊接参数

焊接参数见表4-17。

表4-17　管板垂直俯位焊焊接参数

焊接层次	焊丝直径/mm	焊接电流/A	电弧电压/V	钨极直径/mm	气体流量/(L/min)
打底(1)	2.5(H08Mn2SiA)	90~100	12~14	2.5	6~10
盖面(2、3)		85~95			
		80~90	12~16		

4. 实施装配与焊接

操作要领如下：

（1）装配与定位焊

1）采取一点定位焊。将焊件放在焊接工作台上，采用与正式焊接相同牌号的焊丝进行定位焊，定位焊焊缝长度 10～15mm，要求焊透，焊脚不能过高。定位焊如图 4-46 所示。

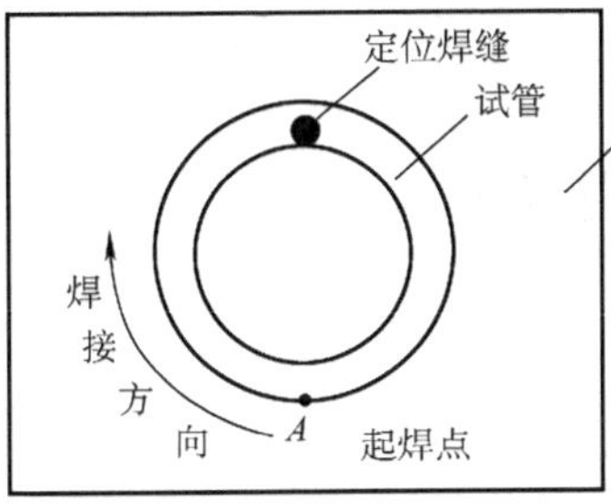

图 4-46　待焊试件位置示意图（管板垂直俯位焊）

2）定位焊后，管子应垂直于孔板，并对装配位置和定位焊质量进行检查。

（2）打底焊

1）焊枪的角度如图 4-47 所示。采用外送丝左焊法。焊前用锉刀或角向砂轮机将定位焊缝两头打磨成斜坡状，并调整钨极伸出喷嘴的长度。当焊至定位焊缝时，应少加焊丝或不填丝（定位焊缝是打底焊道的组成部分）。

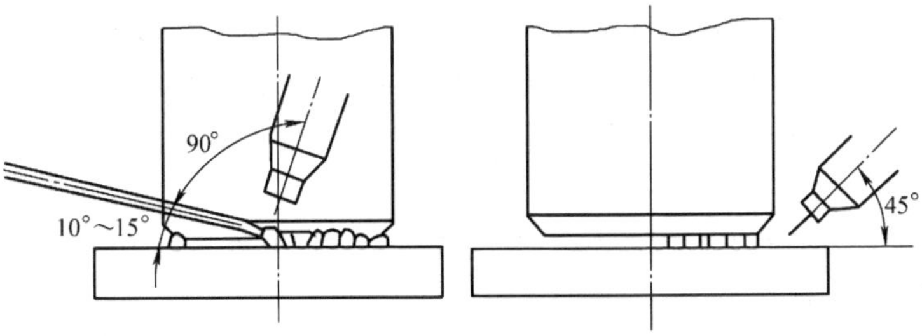

图 4-47　打底焊焊枪的角度与焊丝的相对位置（管板垂直俯位焊）

2）注意观察熔池的状况和熔孔的大小，熔孔应深入母材 0.5mm 左右，熔池金属应清晰明亮。为保证根部熔透，应压低电弧操作。打底焊道的厚度不小于 2mm，如图 4-48 所示。

3）焊完打底层后，应用角向砂轮清理焊趾处的氧化物，然后才进行盖面焊接。

（3）盖面焊

1）采用一层两道焊，左焊法。如图 4-49 所示，第一道焊缝应保证焊脚尺寸为 5～6mm。最后一道焊缝的焊脚应在 5～6mm 范围内，并注意管的焊趾处的咬边深度不应大于 0.5mm。

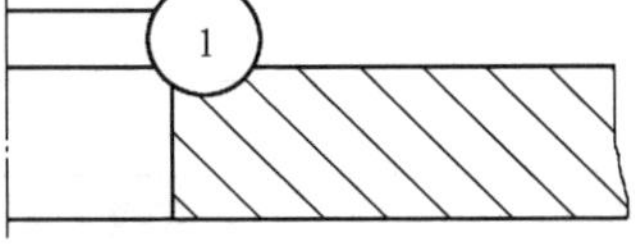

图 4-48　打底焊焊道示意图（管板垂直俯位焊）

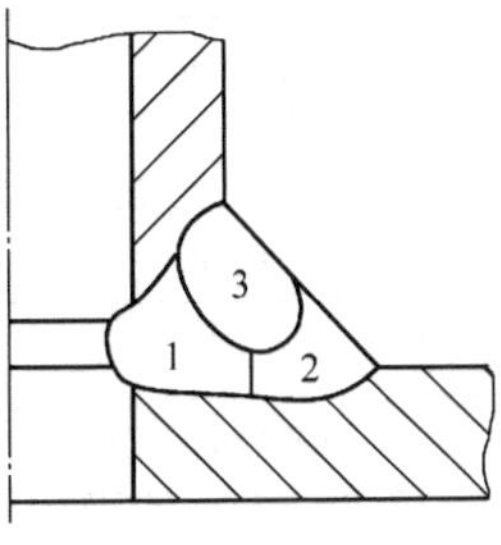

图 4-49　盖面焊接示意图（管板垂直俯位焊）

2）盖面焊接时，焊道接头应错开，焊接速度适当加快，送丝频率也要加快，但要适当减少送丝量。整条焊缝应呈凹形圆滑过渡，焊缝厚度为3.5～4mm。

5. 清理现场

练习结束后，必须整理工具设备，关闭电源，清理打扫场地，做到“工完场清”；并由值日生或指导教师检查，作好记录。

关键技术点拨

“三盯”

（1）盯间隙　焊接过程中时刻保持焊接间隙的存在。起焊处的间隙应大于定位处的间隙（0.5～1mm），并预留焊接收缩量，给后续焊接提供方便，以保证焊透、均匀。

（2）盯钝边　焊接过程中时刻保持焊接钝边的熔化。焊接时，要紧盯孔板待焊处的直角边和管件待焊处的坡口钝边，待其充分熔化且出现孔板直角边凹陷和管件坡口出现豁口时，再进行填丝焊接。

（3）盯熔池　焊接过程中始终保持焊接熔池的饱满。由孔板待焊处起焊时，先将孔板处直角边充分熔化后，填丝饱满并上带至管件坡口钝边处，再进行压带（时间不宜过长）。后续各点均在两边出现稍许豁口时，迅速填丝以使熔池处于饱满状态，防止背面产生咬边。

四、项目评价与总结

参照评分标准（表4-18）进行检查。由学生自检、互检以及教师检查（或专职质检员进行），并填写质量检查记录卡（附录C）；每天留出部分时间，分小组交流讨论，分享各自的学习成果，共同进步。

表4-18　碳钢骑坐式管板垂直俯位TIG焊评分标准

学号			评分人		合计分		
检查项目		标准、分数	焊缝等级				实际得分
			Ⅰ	Ⅱ	Ⅲ	Ⅳ	
正面	管侧焊脚尺寸K_1	标准/mm	>7，≤8	>8，≤9	>9，≤10	>10，<7	
		分　数	4	3	1	0	
	管侧焊角差	标准/mm	≤1	>1，≤1.5	>1.5，≤2	>2	
		分　数	4	3	2	0	
	板侧焊脚尺寸K_2	标准/mm	>4，≤5	>5，≤6	>6，≤7	>7，<4	
		分　数	4	3	1	0	
	板侧焊角差	标准/mm	≤1	>1，≤1.5	>1.5，≤2	>2	
		分　数	4	3	2	0	
	焊缝凸度	标准/mm	≤1	>1，≤2	>2，≤3	>3	
		分　数	10	8	6	0	

（续）

学号			评分人		合计分		
检查项目		标准、分数	焊　缝　等　级				实际得分
			Ⅰ	Ⅱ	Ⅲ	Ⅳ	
正面	垂直度	标准/mm	≤1	≤2	≤3	>3	
		分　数	4	3	2	0	
	表面气孔	标准：（个）	无	有	有	有	
		分　数	5	0	0	0	
	咬　边	标准/mm	0	深度≤0.5 且长度≤15	深度≤0.5 长度≤15，≤30	深度>0.5 或长度>30	
		分　数	15 分	10 分	5 分	0 分	
反面	焊缝高度	0～3mm　5 分		>3mm 或<0　0 分			
	咬　边	无咬边　5 分		有咬边　0 分			
	气　孔	无气孔　5 分		有气孔　0 分			
	未焊透	无未焊透　10 分　　有未焊透　0 分					
	凹陷	无内凹　10 分	深度≤0.5mm，每 4mm 长扣 1 分（最多扣 10 分） 深度>0.5mm　0 分				
	焊瘤	无焊瘤　10 分　有焊瘤　0 分					
	焊缝外表成形	标准	优	良	一般	差	
			成形美观，鱼鳞均匀细密，高低宽窄一致	成形较好，鱼鳞均匀，焊缝平整	成形尚可，焊缝平直	焊缝弯曲，高低宽窄明显，有表面缺陷	
		分数	5	3	2	0	

【工程实践及应用案例】

一、吊环吊耳的多层氩弧焊

在起吊各种产品时，需要用到不同类型的吊环吊耳，它们都是用圆棒加热弯曲成形的，在对接处用焊接方法连接，所有焊缝都要经过 X 射线探伤合格后方可使用。用氩弧焊焊接，可使接头合格率大为提高，效果良好。

1. 吊环吊耳的结构类型

吊环吊耳一般采用 20、25 圆钢棒弯制成形，有特殊要求的用 30CrMnSiA 制作，钢棒直径为 10～20mm，并采用焊接连接。直径大于 20mm 的，均采用锻造成形。其形状如图 4-50 所示。

在计算好所需形状的展开料尺寸后，要对两端头进行焊接坡口加工，形状尺寸如图 4-51

所示。图中 $\alpha=60°\sim70°$，$D=10\sim20$mm，$p=1.5\sim2$mm，$b=1.5\sim2$mm。

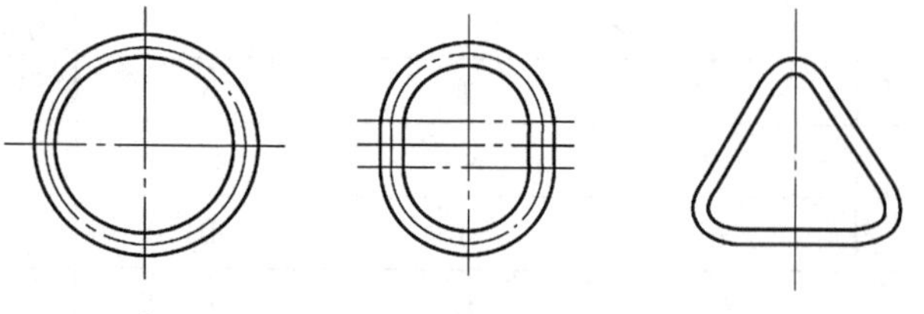

图 4-50　吊环吊耳的形状

a）圆形　b）椭圆形　c）三角形

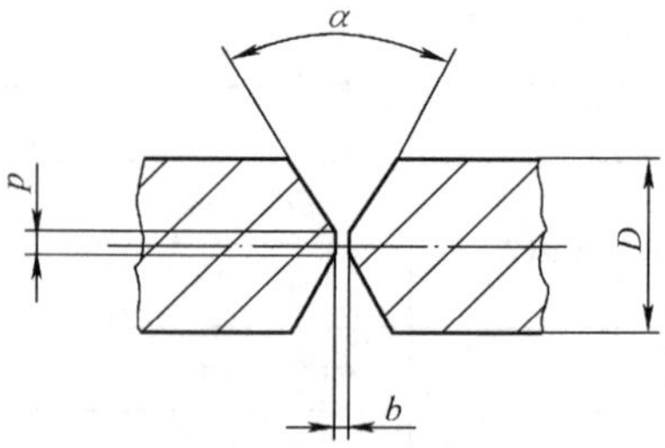

图 4-51　坡口示意图

2. 焊前准备

焊接前，坡口处必须清理干净。经过热弯成形的焊件表面及坡口存有许多氧化皮、铁锈等，应清理干净，以避免焊接时产生气孔、夹渣等。

清理时，可用锉刀进行打磨，直至露出金属光泽。打磨范围为：离焊缝周围 10mm 内都必须清理干净。

3. 焊接参数

一般在焊接 20 钢、25 钢时，不需加热保温，操作现场环境应无强烈对流穿堂风，室温应保证在 10℃以上。如材料为 30CrMnSiA 时，必须进行焊前预热及焊后缓冷等措施。其中钨极为铈钨极，并磨削成平底尖锥形。和焊件相匹配的焊丝见表 4-19，焊接参数见表 4-20。

表 4-19　焊件与焊丝预热缓冷表

材　料	焊　丝	预热温度	缓冷温度
20 钢、25 钢	H08Mn2Si	无	无
30CrMnSiA	H18CrMoA	150～200℃	400℃

表 4-20　焊接参数

焊接电流	极　性	焊丝直径	钨极直径	喷嘴直径	氩气流量
70～120A	直流正接	1.6～2mm	1.5～2mm	8～12mm	8～12L/min

4. 操作方法

在圆锥中心、焊缝中心开始一层一层地焊接，如图 4-52 所示。

首先在圆锥中心根部加热熔化焊接，使其根部中心处确保焊透；可加少量焊丝填充，不可多焊；翻转位置再从根部焊透熔合好第一层。翻转位置方向可按顺时针方向进行，以便观察熔池和操作。因为是圆棒，焊接位置要发生变化，焊接处应处于水平位置，焊一段翻转一个角度或变换一个位置。每焊一层，厚度应为 1～2mm，不宜焊得过高或过厚。如果焊得过厚，堆积在一面，焊下一段时容易产生夹渣。焊好一层后再焊第二层，其操作方法同第一层。第一、第二层为根部打底焊，焊缝较窄，焊枪可不做摆动，焊枪与焊丝的位置如图 4-53 所示。

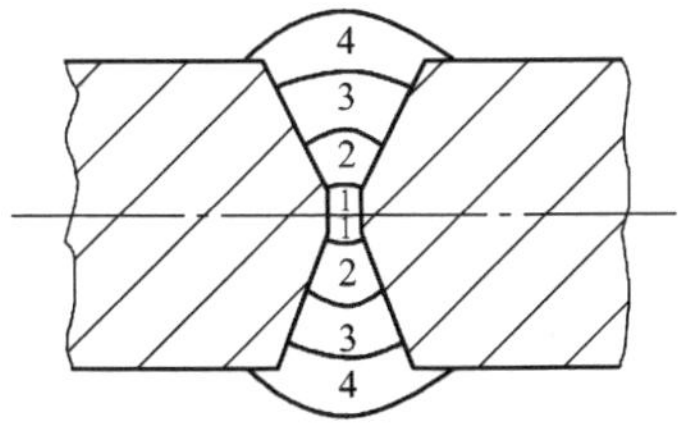

图 4-52　焊缝层次

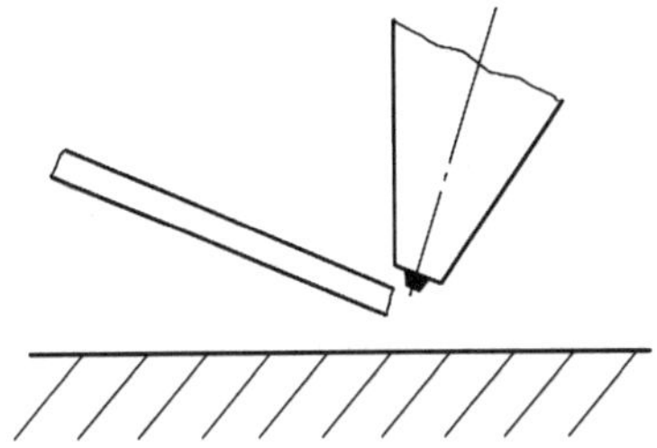

图 4-53　焊枪与焊丝的位置

当第一、第二层焊好后，要控制焊件的层间温度，以避免连续焊接温度过高，产生过烧现象。同时，要用扁铲和钢丝刷清理焊缝上的氧化皮及夹渣物。清理后，焊件的温度也降下来了，把电流调小 10～20A 再焊第三、第四层。由于坡口为 V 形，焊到第三、第四层时，焊缝的宽度有所增加，这时焊枪可进行横向摆动，并采用锯齿形运枪。焊完第三、第四层后，同样要控制层间温度和清理焊缝，方法同第一、第二层。

在焊第五层及最后一层时，一定要控制好焊件的温度，这是一个关键。温度太高会引起焊缝组织成分过烧和严重的咬边现象，并会影响使用要求；温度过低会形成未熔合，使焊缝敷在下一层形成夹层，X 射线探伤不合格。最后一层的焊缝可采用月牙形摆动，以保证焊缝高度和不产生咬边现象。焊缝要圆滑过渡，表面不能有凹凸不平现象，如有局部咬边，可进行局部补焊，以免咬边处引起应力集中，造成不良后果。

如果在焊接时产生了气孔、夹渣、夹钨等缺陷，要马上停止焊接，待焊件冷却后及时打磨清理干净以上缺陷，然后再进行焊接。

焊接 30CrMnSiA 材料时，操作方法基本相同，重点是焊件要充分进行焊前预热，焊后马上进行缓冷或随炉冷却。即将炉温升至 400℃，把焊好的焊件及时放入炉内，保温 2h，后随炉冷却至室温即可。

5. 结论

实践证实，采用钨极氩弧焊可使产品的 X 射线探伤合格率增高，不仅提高了效率，省时、省力，也减少了以往用电、气焊时容易产生的未焊透、气孔、夹渣、过烧等焊接缺陷。

二、薄壁零件的补焊

对于金属材料的薄壁零件，厚度一般在 0.3mm 以下，焊接时，无论是带工装夹具或是不带工装夹具进行焊接，受焊接过程中各种波动的影响，在电弧热作用下易产生烧洞、烧豁等现象，需进行补焊。补焊时，如操作方法不正确，可造成焊缝正面余高过高，背面凹陷等缺陷，给焊缝返修带来困难。为避免上述现象的产生，应采用如下方法：

1）制备一个适用于结构补焊的引弧铜垫板。

2）将工件倾斜放置，使工件处于下坡焊状态，坡度越大效果越好。

3）采用比正常焊接电流稍大的电流进行不间断连续侧填丝补焊；焊接时，尽量减小焊枪与工件之间的夹角（40°～50°），适当加大气体流量（10～12mL/min），利用电弧热量和吹力，使补焊部位获得平整光滑的接头。

三、异种接头的焊接

两种或两种以上不同性能和种类材料的焊接称为异种接头的焊接。

1）焊缝区域可形成合金的异种接头的焊接。对于这种焊接接头，填充材料的选用原则是：就高不就低，即在两种材料中选用与综合力学性能好、材料级别高的一种材料相适应的焊接填充材料做为填充金属。焊接时应注意过渡层和焊缝熔合比的控制，一般地，选择大电流、快速度可最大限度地减薄过渡层的厚度，避免淬性组织的形成，可保证获得性能优良的焊接接头。如不锈钢（12Cr19Ni9）与碳钢（Q235）的焊接，可选用316L焊丝或H00Cr21Ni10焊丝做填充材料。根据工件厚度进行大电流、快速度焊接，在碳钢熔合线附近形成的过渡层中的马氏体等淬硬组织可被最大限度地消除。

2）焊缝区域不能形成合金的异种接头的焊接。如纯铜（T1）与不锈钢（12Cr19Ni9）零件的焊接，焊丝的选用原则为：以与两种材料中熔点低、润湿性好的一种材料相适应的填充材料作为填充金属，可选用S201、S211。焊接时，电弧压往纯铜一侧（薄件厚度在3mm以下）并沿焊缝方向前后摆动进行预热，待其达到熔化温度后，进行填丝施焊。由于两种金属的熔点和导热性差异很大，给熔池的控制带来困难，需要结合拖、压、带、抖等综合操作技巧，才能合理有效地控制熔池，以获得良好的焊缝成形。

四、纯铜板（T1）的氩弧钎焊技术

随着科学技术的普及与发展，各种相同或异种材料接头的氩弧钎焊技术和结构大量涌现。氩弧钎焊——即利用氩气保护下的电弧加热，焊件母材不熔化，而低温熔融填充材料只在焊件表面进行润湿连接的一种焊接方法。纯铜板的氩弧钎焊技术是最基本、最常用的结构之一。选用纯铜板（T1，厚度为5mm）对接试板一对，钎料201，焊接时，先在试板起始端30～50mm处做循环往复加热，待加热区域的焊件母材基础温度达到一定的积累后，用钎料201稍许填丝进行测试，以能产生润湿连接为准；在送丝的同时，迅速进行拖、带、抖等手法的操作与运条，以保证获得良好的钎焊缝接头。

【榜样的故事】

“我行，我能行”——“独手焊侠卢仁峰”的故事之一（卢仁峰，男，1964年生，中共党员，汉族，2008年第九届中华技能大奖获得者）

“16岁的时候，我就参加了工作，每每看到我的前辈们在工作中取得的成绩时，那种成功价值的体现，让我羡慕不已。一下子就让我喜欢上了焊工。我深知自己的文化水平低，如果再不钻研技术，一辈子就一事无成了。我不想这样度过我的人生之路，我也渴望着成功，我也想让耀眼的光芒照射到我的头顶。为此，我给自己进行人生定位，就一个坐标。定位点拿准以后，就按着这个目标去做，风雨无阻地坚持着。”这是卢仁峰这位“独手焊侠”从事焊接工作的一个“初衷”。为了这个目标，为了这个喜欢，为了这个坚守，他付出了血的代价。

人生都有转折点。1986年的金秋，新婚在即的卢仁峰为了完成某一项科研攻关项目，他冒着风险搞试验，不幸将左手致残。当时大多数人认为，他不会再从事这个职业了。而此时的他也陷入了深深的痛苦抉择中：一个失去手的人还能再干吗？还能干好吗？在理想与现实的交战中，他一次次扪心自问后，还是觉得自己离不开那个他所热爱的岗位。那个人生的目标支撑着他，并告诉他：坚守！再坚守！面对着突如其来的打击，卢仁峰没有趴下，妻子的不离不弃、父母的鼓励、组织的关爱，给了他莫大的精神安慰和动力。他拒绝了组织的照顾——当一名保管员，周围的工友们用不解与怀疑的眼光审视着他，"你还可以吗?"……。倔强的卢仁峰再一次拿起他心爱的焊枪，重返他所挚爱的焊接岗位。

回忆起那时，卢仁峰说，他记得说过的最多的一句话就是："我行！我能行!"尽管他如此自信，可别人一次能完成的活儿，他却要两次、三次，甚至无数次才能干完。可他愣是不服气，给自己定下了每天要练习焊完50根焊条的底线，常常练到一蹲就是数小时，厂房里空无一人，一连几个月吃住在车间……正是凭着这股拼劲儿，让卢仁峰最终练就了一身绝活儿，跨越了一道又一道的焊接技术难题。为此，他的家人在他的影响下有8人干起了电焊工。

"知识改变命运"——"独手焊侠卢仁峰"的故事之二

卢仁峰清醒地认识到：自己想要在焊接事业上获得成功，就必须付出数倍于健全人的努力；要想成为复合型的焊接专家，不仅要靠埋头苦干，更需要先进的技术理论作指导才行。

知识改变命运，学习成就未来。卢仁峰始终把学习知识与创新焊接技术当作第一目标。他潜心钻研新技术，不断创造新工艺、新方法，始终站在焊接技术领域的前沿阵地，成为了一名攻克焊接技术难题的尖兵。

参加工作30年来，卢仁峰始终行进在艰辛跋涉和执着探索的山路上，且从未停歇。他说："干焊接这一行，要善于在操作中发现问题，更要善于在理论指导下解决问题。"秉承这个理念，他不仅自学了大量有关焊接技术的理论书籍，做了20余万字的读书笔记，而且还把技术要点记录在本子上，并先后撰写了《金属材料与焊接材料的选用匹配法》、《电极杆与电极板异种钢焊接初探》、《短段逆向带压操作法》、《特种车辆焊接变形控制》等论文，得到了国家和地区有关专家的高度赞誉。目前，他的"HT火花塞异种钢焊接技术"正在申报国家专利。

对于保证某军工产品科研项目的顺利完成和产品质量的持续改进提高，焊接变形一直是困扰该产品质量的"瓶颈"问题，而常规工艺焊接根本达不到设计要求。卢仁峰反复试验，一次次地摸索，凭借着扎实的理论知识和丰富的实践经验，他大胆创新采用"短段逆向操作法"和"富氩混合气体保护焊"相结合的方法，将焊接变形控制在3mm以下，得到了设计专家和技术人员的肯定。同时，他对空气等离子弧切割机割嘴进行改造，并将自制弓形夹具应用到生产实践中。在高新重点科研项目上，他先后提出QC成果、合理化建议83项。此外，他还采用我国高新技术环保产品使锅炉压力容器的热效率提高3.2倍，年创造经济效益1600余万元，节约资金110余万元。

面对大型水压机高压泵体突然出现裂纹而无更换备件的情况，卢仁峰临危受命，通过采取独特的焊接工艺，严格控制焊接层间温度、以减少焊接的熔合比，经52h的连续奋战，成功修复了高压泵体并一次试车成功，为生产正常、稳定的运行赢得了宝贵的时间，挽回了损失40余万元。

第五单元

自 动 焊

【相关知识】

焊接过程的机械化和自动化，不仅可以获得更高的焊接生产效率和更好的焊接质量，而且可以大大改善劳动生产条件。如果焊接动作由机器自动完成，则称为自动焊。

自动焊按照焊接过程中电弧是否可见可以分为暗弧和明弧两种。暗弧自动焊包括埋弧焊和电渣焊等。明弧自动焊包括自动 CO_2 焊、自动 TIG 焊、自动 MIG 焊、弧焊机器人等。本章主要介绍埋弧焊和弧焊机器人。

一、埋弧焊概述

1. 埋弧焊的焊接过程及原理

埋弧焊是利用焊剂层下的电弧加热熔化焊丝及其周围的焊剂和工件，实现焊接的一种方法，又叫做焊剂层下电弧焊。埋弧焊焊缝的成形过程如图 5-1 所示。焊丝末端和工件之间产生电弧，电弧使焊丝末端及周围的焊剂熔化，部分焊剂分解，形成高温气体，这部分气体将电弧周围的熔化焊剂（熔渣）排开而形成一个封闭空穴，加上外层焊剂的机械保护作用，使得电弧与外界空气隔绝。电弧在此空间不断熔化焊丝，使之与被熔化的母材金属混合形成熔池。与此同时，焊剂也不断地撒在电弧周围，使电弧埋在焊剂中燃烧。随着焊接过程的进行，电弧向前移动，焊接熔池也随之冷却凝固，形成焊缝。熔渣浮在熔池表面，冷却后形成渣壳。

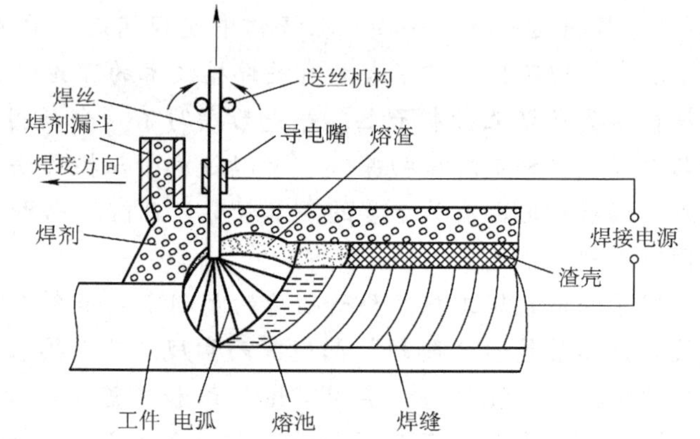

图 5-1 埋弧焊纵向截面图

埋弧焊的焊接过程如图 5-2 所示，焊接开始时，焊接电弧在焊丝与工件之间燃烧，送丝机构将焊丝经过导电嘴送入到电弧燃烧区，并保持焊

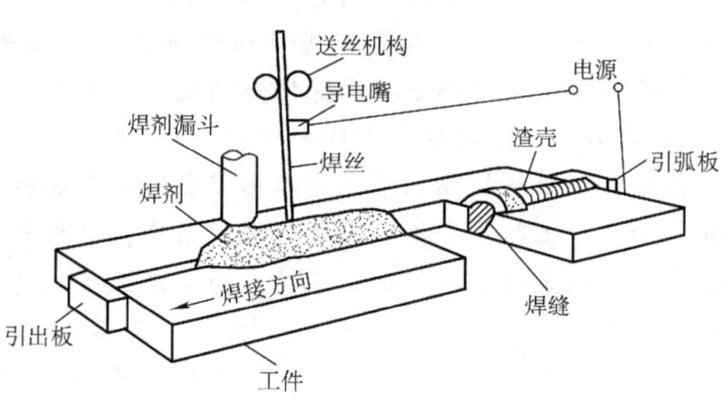

图 5-2 埋弧焊的焊接过程示意图

丝的下送速度与熔化速度相等；同时，焊剂从焊剂漏斗送到电弧区周围，堆积成 40～60mm 的焊剂带，焊接电弧就在焊剂层下燃烧。完成焊接后，形成焊缝和坚硬的渣壳，未熔化的焊剂壳可回收使用。焊接时，焊机的起动、引弧送丝、机头（或焊件）的移动等全过程由焊机进行机械化控制，焊工只需按动相应的按钮即可完成工作。

2. 埋弧焊的特点及应用范围

与焊条电弧焊相比，埋弧焊有以下特点：

（1）生产效率高　埋弧焊可以使用较大的电流，焊接熔敷率和焊接速度要比其他焊接方法高。特别是多丝埋弧焊，生产效率提高更明显。

（2）焊缝质量好　由于焊接过程中的参数稳定，且焊接电弧及焊接区域受到良好的保护，所以焊缝外观平整光滑，成形美观。

（3）焊接成本低　由于焊接时的热输入较大，焊接 30mm 以下的对接接头可以不开坡口或开浅坡口而焊成全焊透的焊缝，既减少了坡口的加工量和焊丝的填充量，又节约了焊丝和电能。

（4）劳动条件好　由于电弧在焊剂层下燃烧，焊接时看不见弧光，焊接烟雾和有害气体也较少，故焊工的劳动条件大为改善。

（5）装配质量要求高　埋弧焊焊接时，焊接区域不可见，电弧与坡口的相对位置无法观察，焊件装配质量不好时则易焊偏，影响焊接质量。

（6）难以实现空间位置的焊接　受到焊剂自身重力的影响，埋弧焊只适合于平焊或倾斜度不大于 15°的位置的焊接。对于其他位置的埋弧焊，必须采用特殊措施来保证焊剂能覆盖焊接区域方可使用。

（7）不适宜焊薄板和短焊缝　埋弧焊的焊接电流小于 100A 时，电弧不稳定，焊接薄板时易焊穿；同时，埋弧焊的机动灵活性较差，一般只适合焊接长焊缝或大圆弧焊缝，对于弯曲、不规则或短焊缝则比较困难。

埋弧焊是工业生产中最常用的一种焊接方法，适于批量较大、较厚、较长的直焊缝及较大直径的环形焊缝的焊接，广泛应用于化工容器、锅炉、造船、桥梁等金属结构的制造。

3. 埋弧焊焊接材料

埋弧焊的焊接材料包括焊丝和焊剂，它们相当于焊条的焊芯和药皮。国产埋弧焊用碳钢焊丝和焊剂已列入国家标准 GB/T 5293—1999。

（1）焊丝　对埋弧焊所用焊丝的要求，与焊条的焊芯基本相同，此处不再重述。

埋弧焊常用焊丝规格有 2mm、3mm、4mm、5mm、6mm 等几种。使用时，要求将焊丝表面的油、锈等清理干净，以免影响焊接质量。焊丝表面镀有一薄层铜，可防止焊丝生锈并使导电嘴与焊丝间的导电更为可靠，提高电弧的稳定性。

（2）焊剂　在焊接过程中，焊剂起着与焊条药皮类似的作用，它不仅可以防止空气中的有害气体侵入熔池，而且还有稳弧、造渣、脱氧和渗合金、减少硫和磷等杂质的作用。焊剂焊后形成的熔渣覆盖在焊缝上，降低了焊缝金属的冷却速度，有利于气体逸出和改善焊缝金属的性能及表面成形。

1）焊剂的分类。焊剂可按制造方法和化学成分进行分类。

按制造方法分类：可分为熔炼焊剂和烧结焊剂两类。

①熔炼焊剂。熔炼焊剂是将一定比例的各种配料干混均匀后在炉内熔炼，随后经水冷粒

化、烘干而成的。目前，熔炼焊剂应用最多，主要用于碳钢、低合金钢的焊接。

②烧结焊剂。烧结焊剂是在原料中加入粘结剂混合搅拌后烧结而成的。烧结焊剂主要用于高合金钢的焊接或堆焊。

按化学成分分类：可分为高锰焊剂、中锰焊剂、低锰焊剂和无锰焊剂。根据焊剂中氧化锰、二氧化硅和氟化钙的含量高低，还可分成不同的焊剂类型。

2）焊剂的牌号。

①熔炼焊剂的牌号。熔炼焊剂的牌号表示为“HJ X X X”，HJ 后面的三位数字含义如下：

1	2	3	x

1——氧化锰的平均含量；2——二氧化硅、氟化钙的平均含量；3——同一类焊剂的不同牌号，对细颗粒焊剂，该数字后加“x”。

例如：HJ　4　3　1　x

HJ——埋弧焊用熔炼焊剂；4——焊剂为高锰型；3——焊剂为高硅低氟型；1——牌号编号为1；x——细颗粒焊剂。

②烧结焊剂的牌号。烧结焊剂的牌号表示为“SJX X X”，SJ 后面的三位数字含义如下：

1	2	3

1——焊剂熔渣的渣系类型；2、3——同一渣系类型焊剂的不同牌号。

例如：SJ　5　01

SJ——埋弧焊用烧结焊剂；5——焊剂熔渣系为铝钛型；01——牌号的编号为01。

（3）焊剂及焊丝的选配　焊剂和焊丝的正确选用及二者之间的合理配合，是获得优质焊缝的关键，也是埋弧焊工艺过程的重要环节，所以必须按焊件的成分、性能和要求，正确合理地选配焊丝和焊剂。例如，焊接低碳钢时，为了保证焊缝金属的力学性能，可选用高锰高硅焊剂（如 HJ430、HJ431），配合低锰焊丝（H08A）或含锰焊丝（H08MnA）；也可选用无锰高硅或低锰高硅焊剂，配合高锰焊丝（H10Mn2）。常用焊剂与焊丝的选配及其用途见表5-1。

表 5-1　常用焊剂与焊丝的选配及其用途

焊剂牌号	焊剂类型	配用焊丝	焊接材料
HJ130	无锰高硅低氟	H10Mn2	低碳钢、低合金钢
HJ230	低锰高硅低氟	H08MnA，H10Mn2	低碳钢、低合金钢
HJ260	低锰高硅中氟	不锈钢焊丝	不锈钢、轧辊堆焊
HJ330	中锰高硅低氟	H08MnA，H10Mn2	重要低碳钢、低合金钢
HJ430	高锰高硅低氟	H08A，H08MnA	重要低碳钢、低合金钢
HJ431	高锰高硅低氟	H08A，H08MnA	重要低碳钢、低合金钢
HJ433	高锰高硅低氟	H08A	低碳钢
SJ401	硅锰型	H08A	低碳钢、低合金钢
SJ501	铝钛型	H08MnA	低碳钢、低合金钢
SJ502	铝钛型	H08A	重要低碳钢、低合金钢

4. 埋弧焊机

埋弧焊机按送丝方式可分为等速送丝式和变速送丝式焊机；按焊丝数目可分为单丝、双丝和多丝焊机；按行走机构形式可分为小车式、门架式和伸缩臂式焊机三类。等速送丝是利用电弧自身的调节作用来进行弧长调节的：当弧长增加时，焊丝熔化速度下降，使弧长减小；反之，当弧长减小时，焊丝熔化速度增大，使弧长增加。变速送丝是利用电弧电压的变化来控制送丝速度的：当弧长增加时，电弧电压增高，控制系统使送丝速度提高，使弧长恢复；反之，当弧长减小时，电弧电压减小，使送丝速度降低，使弧长恢复。等速送丝系统在埋弧半自动焊机和部分埋弧自动焊机中采用。变速送丝系统适用于大直径焊丝的埋弧焊等。

（1）埋弧焊电源　埋弧焊电源可以采用交流，直流或交、直流两用电源，见表5-2。

表5-2　埋弧焊电源的选用

焊接电流/A	焊接速度/(cm/min)	电 源 类 型
300～500	>100	直流
600～1000	3.8～75	交流、直流
≥1200	12.5～38	交流

（2）MZ-1000型埋弧焊机用焊接小车　MZ-1000型埋弧焊机是典型的变速送丝式埋弧焊机，其配套使用的焊接小车如图5-3所示。小车的横臂上悬挂着机头、焊剂漏斗、焊丝盘和控制盘。机头的功能是送给焊丝，它由一台直流电动机、减速机构和滚轮组成，焊丝从滚轮中送出，经过导电嘴进入焊接区。控制盘和焊丝盘安装在横臂的另一端，控制盘上有电流表、电压表、用来调节小车行走速度和焊丝送给速度的电位器、控制焊丝上下的按钮、控制电流增大和减小的按钮等。为适应不同形式的焊缝，焊接小车的结构可在一定的方位上转动。

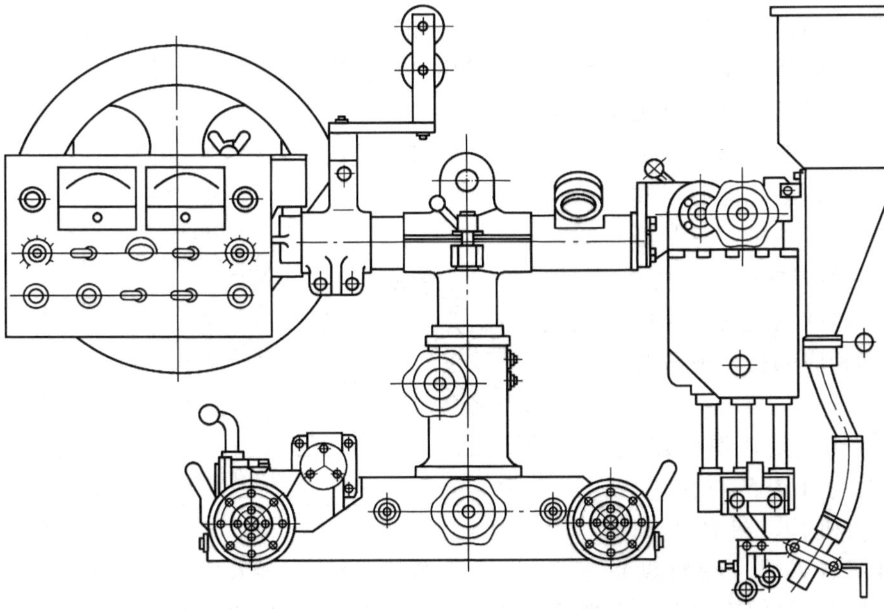

图5-3　MZ-1000型埋弧焊小车

（3）控制系统　埋弧自动焊机的控制系统由电源接触器、中间继电器、降压变压器、电流互感器等电气元件及各种控制开关组成。主要用于控制埋弧焊机的自动焊接。

（4）辅助设备　常用的埋弧自动焊辅助设备主要由改变焊件焊接位置的装置、焊机变位装置、保证焊缝背面成形的焊接衬垫等组成。

二、弧焊机器人简介

1. 弧焊机器人的特点及应用范围

弧焊机器人是从事电弧焊接的工业机器人，是一种多用途的、可重复编程的自动控制操作机（Manipulator），具有三个或更多可编程的轴，用于工业自动化领域。为了适应不同的用途，机器人最后一个轴的机械接口通常是一个连接法兰，可接装不同工具（或称末端执行器）。弧焊机器人就是在工业机器人的末轴法兰装接焊钳或焊（割）枪，使之能进行焊接、切割或热喷涂。

随着电子技术、计算机技术、数控及机器人技术的发展，弧焊机器人工作站从 20 世纪 60 年代开始用于生产以来，其技术已日益成熟，主要有以下优点：

1）稳定和提高焊接质量，保证其均匀性。

2）提高劳动生产率，一天可 24h 连续生产。

3）改善工人的劳动条件，可在有害环境下工作。

4）降低对工人操作技术的要求。

5）缩短产品改型换代的准备周期，减少相应的设备投资。

6）可实现小批量产品的焊接自动化。

7）能在空间站建设、核能设备维修、深水焊接等极限条件下完成人工难以进行的焊接作业。

8）为焊接柔性生产线提供技术基础。

弧焊机器人目前已广泛应用在汽车制造业，如汽车底盘、座椅骨架、导轨、消声器以及液力变矩器等的焊接，尤其在汽车底盘的焊接生产中得到了广泛的应用。

2. 弧焊机器人系统的组成及其功能

机器人要完成焊接作业，必须依赖于控制系统与辅助设备的支持和配合。完整的弧焊机器人系统一般由以下几部分组成：机器人操作机、变位机、控制器、焊接系统（专用焊接电源、焊枪或焊钳等）、焊接传感器、中央控制计算机和相应的安全设备等，如图 5-4 所示。

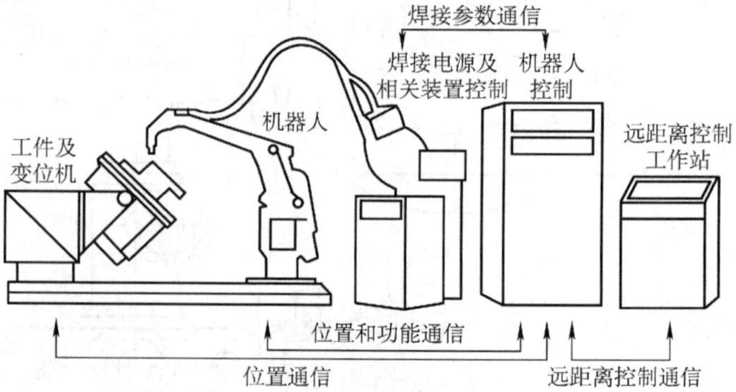

图 5-4　弧焊机器人的系统原理图

机器人操作机是弧焊机器人系统的执行机构（图 5-5），它由驱动器、传动机构、机器人臂、关节以及内部传感器（编码盘）等组成。它的任务是精确地保证末端操作器所要求的位置、姿态和实现其运动。根据定义，工业机器人操作机从结构上应具有三个以上的可自由编程的运动关节，可将其分为主要关节和次要关节两个层次，不同数目和层次的关节的组合决定了相应的机器人的工作空间。由于具有六个旋转关节的铰接开链式机器人操作机从运动学上已被证明能以最小的结构尺寸为代价，获取最大的工作空间，并且能以较高的位置精度和最优的路径到达指定位置，因而这种类型的机器人操作机在焊接领域得到了广泛的运用。

变位机作为机器人焊接生产线及焊接柔性加工单元的重要组成部分，其作用是将被焊工件旋转（平移）到最佳的焊接位置。在焊接作业前和焊接过程中，变位机通过夹具来装卡和定位被焊工件，对工件的不同要求决定了变位机的负载能力及其运动方式。为了使机器人操作能充分发挥效能，弧焊机器人系统通常采用两台变位机，当在其中一台上进行焊接作业时，另一台则完成工件的上装和卸载，从而使整个系统获得最高的费用效能比。

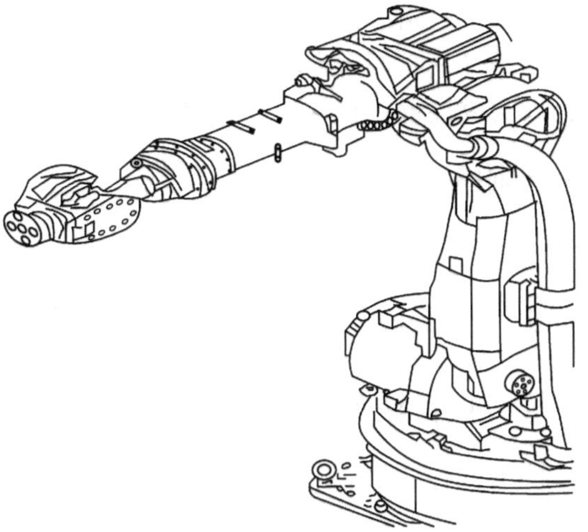
图 5-5 弧焊机器人操作机

控制器是整个机器人系统的神经中枢，它由计算机硬件、软件和一些专用电路构成，其软件包括控制器系统软件、机器人专用语言、机器人运动学及动力学软件、机器人控制软件、机器人自诊断及自保护软件等。控制器负责处理弧焊机器人在工作过程中的全部信息，并控制其全部动作。所有现代机器人的控制器都是基于多处理器的，即根据操作系统的指令，中央控制计算机通过系统总线实现对不同组件的驱动及协调控制。典型的弧焊机器人控制器的系统原理如图 5-6 所示。

焊接系统是弧焊机器人完成作业的核心装备，主要由焊枪（弧焊机器人）、焊接控制器及水、电、气等辅助部分组成。焊接控制器是由微处理器及部分外围接口芯片组成的控制系统，它可根据预定的焊接监控程序完成焊接参数的输入、焊接程序的控制及焊接系统的故障自诊断，并实现与本地计算机及手控盒的通信联系。用于弧焊机器人的焊接电源及送丝设备由于参数选择的需要，必须由机器人控制器直接控制，电源在其功率和接通时间上必须与自动过程相符。

在焊接过程中，尽管机器人操作机、变位机、装卡设备和工具能达到很高的精度，但由于存在被焊工件的几何尺寸和位置误差，以及焊接过程中热输入能引起工件的变形，这时传感器将捕捉误差信息，为计算机控制系统适时调整参数提供依据。

中央控制计算机在工业机器人向系统化、PC 化和网络化的发展过程中发挥着重要的作用。通过串行接口与机器人

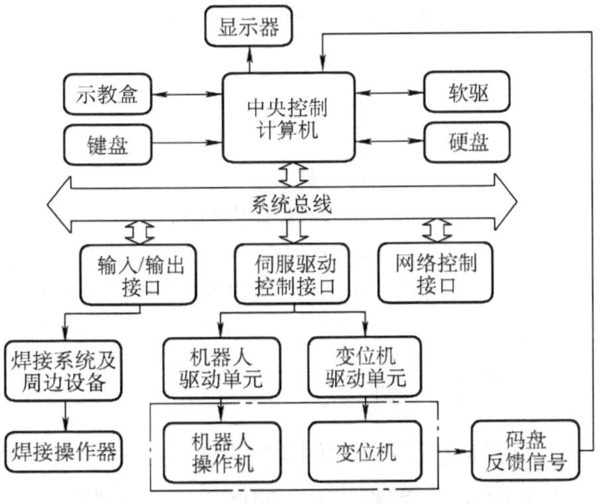

图 5-6 弧焊机器人控制器的系统原理图

控制器相连接，中央控制计算机主要用于在同一层次或不同层次的计算机间形成通信网络，同时与传感系统相配合，实现焊接路径和参数的离线编程、焊接专家系统的应用及生产数据的管理。

安全设备是弧焊机器人系统安全运行的重要保障，主要包括驱动系统过热自断电保护、动作超限位自断电保护、超速自断电保护、机器人系统工作空间干涉自断电保护及人工急停断电保护等，它们起到防止机器人伤人或影响周边设备的作用。在机器人的工作部分还装有各类触觉或接近传感器，可以使机器人在过分接近工件或发生碰撞时停止工作。

【基础训练】

项目一　板对接水平双面埋弧焊

一、项目任务

按图 5-7 的要求，学习板对接水平双面焊（埋弧焊）的基本操作技能，完成工件实作任务。

具体要求：掌握板对接水平双面焊（埋弧焊）的技术要求及操作要领；会制定板对接水平双面焊（埋弧焊）的装焊方案，会选择板对接水平双面焊（埋弧焊）的焊接参数，并编制简单的工艺卡（附录 B）；按焊接安全、清洁和环境要求及焊接工艺完成焊接操作，制作出合格的板对接水平双面焊（埋弧焊）工件，并达到评分标准的相关质量要求。

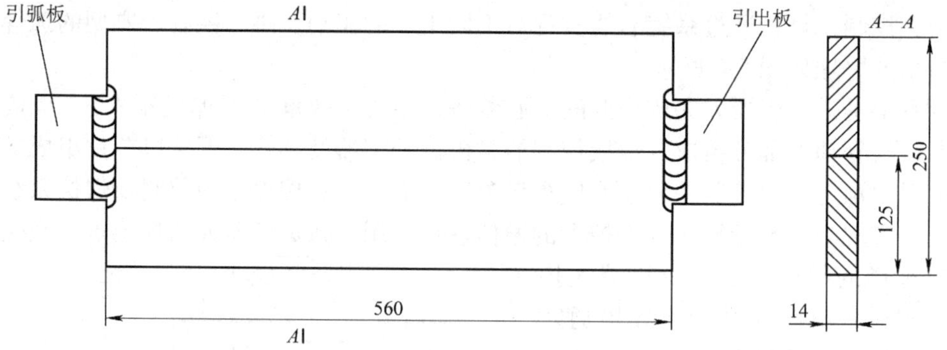

图 5-7　板对接水平双面焊施工图

技术要求

1. 对接双面焊缝要焊透。
2. 根部间隙不大于 0.8，错边量不大于 0.5。
3. 正、背面焊缝的焊缝宽度 $c=20\pm2$，焊缝余高 $h=2\pm1$。
4. 引弧板、引出板的尺寸均为 $100\times60\times14$，焊前用焊条电弧焊定位焊。

二、项目分析

双面焊是埋弧焊对接接头的最主要焊接技术，适用于中厚板的焊接。在焊接双面埋弧焊的第一面时，既要保证一定的熔深，又要防止熔化金属的流溢或烧穿焊件。焊接时必须采取一些必要的工艺措施，以保证焊接过程的顺利进行。按采取的不同措施，可将双面埋弧焊分为以下几种：

1. 不留间隙双面焊

这种焊接方法就是在焊第一面时焊件背面不加任何衬垫或辅助装置，因此也叫悬空焊接法。为防止液态金属从间隙中流失或引起烧穿，要求焊件在装配时不留间隙或只留很小的间隙（一般不超过1mm）。

2. 预留间隙双面焊

这种焊接方法是在装配时根据焊件的厚度预留一定的装配间隙，为防止熔化金属流溢，接缝背面应衬以焊剂垫，如图5-8所示，并须采取措施使其在焊缝全长都与焊件贴合，且压力均匀。

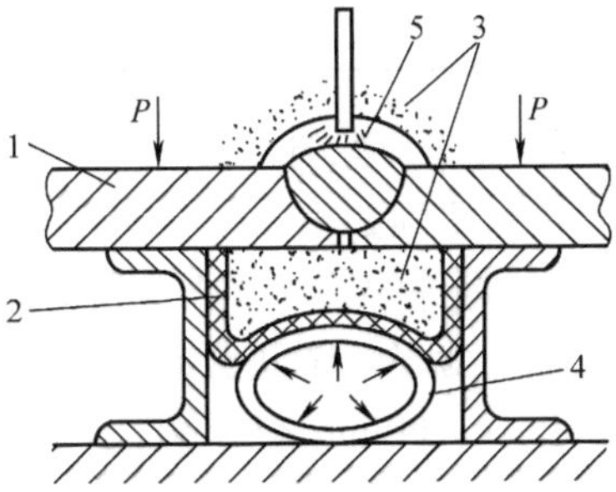

图5-8　焊剂垫结构
1—焊件　2—石棉板　3—焊剂
4—充气橡皮管　5—熔渣

3. 开坡口双面焊

对于不宜采用较大热输入焊接的钢材或厚度较大的焊件，可采用开坡口双面焊。对于开坡口的焊件，焊接第一面时，可采用焊剂垫。当无法采用焊剂垫时，可采用悬空焊，此时坡口应加工平整，同时保证坡口间隙不大于1mm，以防止熔化金属流溢。

4. 焊条电弧焊封底双面焊

当不能翻身进行双面焊又不便采用其他单面焊工艺时，往往采用焊条电弧焊先仰焊封底再用埋弧焊焊正面焊缝的方法。这种方法主要用于船体建造总段合拢时甲板接缝和双层底接缝。此外，对于重要的构件，常采用TIG焊打底、再用埋弧焊焊接的方法，以确保底层焊缝的质量。

填写焊缝分析表（附录A）。

三、项目实施

1. 安全检查

1）正确穿戴劳保用品，劳保用品必须完好无损。

2）电源和控制箱的壳体必须可靠接地。

3）清除焊车行走通道上可能造成与焊件短路的金属物件，避免因短路中断焊接。

4）按“起动”按钮前，应放好焊剂，以免出现明弧。

5）接通电源后，不可触及电缆接头、焊丝、导电嘴、焊丝盘及支架等带电体，防止触电。

6）焊接时，应能及时排除烟尘、粉尘等有害气体。

7）在实作过程中督促、检查劳保用品的穿戴和安全操作规程的执行情况。

2. 焊前操作准备

（1）焊接要求　不清根双面焊、焊透；焊接位置为平焊。

（2）焊前清理　清理干净焊件坡口面及其正反两侧20～30mm范围内的油、锈及其他污物，直至露出金属光泽，并将焊缝处修理平整。最后对试板的清洁度、试板的尺寸进行检查（按图样及技术要求）。

3. 选择焊接参数

焊接参数可以参考表5-3。

表5-3 板对接水平双面焊焊接参数

焊缝位置	焊丝直径/mm	焊接电流/A	电弧电压/V	焊接速度/(m/h)
反面	4	650～700	34～36	30
正面		700～750		

4. 实施装配与焊接

操作要领如下：

1）焊件的装配要求如图5-7所示。工件的装配间隙为2～3mm，错边量不大于1.4mm，反变形量为3°。先进行定位焊，后在试板两端焊引弧板与引出板。引弧板与引出板的尺寸为100mm×60mm×14mm。焊后对装配位置和定位焊质量进行检查。

2）背面焊缝焊接。

①安放焊件。将装配好的焊件水平放置在焊剂垫上。然后再将二者安放在埋弧焊工作台上，并确保焊件坡口与焊接台车导轨平行。焊剂垫所使用的焊剂为HJ431。在焊接过程中，应保证焊件正面贴紧焊剂，防止焊件因变形而与焊剂脱离后产生焊接缺陷。

②焊丝对中检查。调节焊机机头，使焊丝伸出端处于焊件坡口的中心线上。松开焊接小车离合器，往返拉动焊接小车，使焊丝始终处于整条焊缝坡口的中心线上；若有偏离，应调整焊机机头或焊件的位置。

③引弧。将小车推至引弧板端，锁紧小车行走离合器；接通焊接设备电源，按动控制盘上的“送丝”按钮，使焊丝与引弧板可靠接触；给送焊剂，让焊剂覆盖住焊丝伸出部分的起焊部位。在空载状态下调节焊接参数，并达到要求值。按下起动开关，引燃电弧。

④焊接。引弧后，便开始焊接。焊接过程中应注意观察焊接电流表与电压表的读数是否与选定参数相符，如不符，应及时调整到规定值。同时要注意焊剂的覆盖情况，要求焊剂在焊接过程中必须覆盖均匀，不应过厚，也不应过薄而露出弧光。小车行走速度应均匀，注意防止电缆缠绕而阻碍小车的行走。

⑤收弧。焊接过程进行到熔池全部到达引出板后，分两步收弧。第一步，先关闭焊剂漏斗，再按下一半“停止”按钮，使焊丝停止送进，小车停止前进，但电弧仍在燃烧，以使焊丝继续熔化来填满弧坑；第二步，估计弧坑将要填满时，全部按下“停止”按钮，电弧完全熄灭，结束焊接。

⑥清渣。松开小车离合器，将小车推离焊件；回收焊剂，清除渣壳，并检查焊缝外观质量，要求背面焊缝的熔深应达40%～50%，否则应加大焊缝间隙或增大焊接电流，适当减小焊接速度，直至满足条件。

3）正面焊缝焊接。将焊件翻转180°，进行正面焊缝的焊接。其方法和步骤与背面焊缝的焊接完全相同。

5. 清理现场

练习结束后，必须整理工具设备，关闭电源，清理打扫场地，做到“工完场清”；并由值日生或指导教师检查，作好记录。

关键技术点拨

1. 采用悬空焊接

焊正面焊道时，可不用焊剂垫，进行悬空焊接，这样可在焊接过程中通过观察背面焊道的加热颜色来估计熔深；也可仍在焊剂垫上进行焊接。

2. 防止未焊透或夹渣

要求正面焊缝的熔深能达到板厚的60%～70%，为此通常以加大电流的方法来实现较为简便。可通过观察熔池背面的颜色来判断、估计熔池的深度，从而及时调整焊接参数。若熔池背面为红色或淡黄色，则表示熔深符合要求；若熔池背面接近白亮色，说明有烧穿的危险，应立即减小焊接电流；若熔池背面看不见颜色变化或为暗红色，则表明熔深不够，应增加焊接电流。

四、项目评价与总结

参照评分标准（表5-4）进行检查。由学生自检、互检以及教师检查（或专职质检员进行），并填写质量检查记录卡（附录C）；每天留出部分时间，分小组交流讨论，分享各自的学习成果，共同进步。

表5-4 14mm板对接试件评分标准

学号			评分人		得分		
检查项目		标准、分数	焊缝等级				实际得分
			Ⅰ	Ⅱ	Ⅲ	Ⅳ	
正面	焊缝余高	标准/mm	>0，≤2	>2，≤3	>3，≤4	>4，<0	
		分　数	2.5	1.5	0.5	0	
	焊缝高低差	标准/mm	≤1	>1，≤2	>2，≤3	>3	
		分　数	2.5	1.5	0.5	0	
	焊缝宽度	标准/mm	>18，≤19	>19，≤20	>20，≤21	>21，<18	
		分　数	2.5	1.5	0.5	0	
	焊缝宽窄差	标准/mm	≤1.5	>1.5，≤2	>2，≤3	>3	
		分　数	2.5	1.5	0.5	0	
	咬　边	标准/mm	0	深度≤0.5 且长度≤10	深度≤0.5 长度≤20	深度>0.5 或长度>20	
		分　数	5	3.5	2.5	0	
	气孔	标准/mm	无气孔	气孔≤0.5 数目：1个	气孔≤0.5 数目：2个	气孔>0.5 数目：>2个	
		分　数	5	3	1	0	
	错边量	标准/mm	0	≤0.5	>0.5，≤1	>1	
		分　数	2.5	1.5	0.5	0	
	角变形	标准/mm	0～1	>1，≤3	>3，≤5	>5	
		分　数	2.5	1.5	0.5	0	

（续）

学号			评分人		得分		
检查项目		标准、分数	焊　缝　等　级				实际得分
			Ⅰ	Ⅱ	Ⅲ	Ⅳ	
正面	焊缝外表成形		优	良	一般	差	
		标准	成形美观，鱼鳞均匀细密，高低宽窄一致	成形较好，鱼鳞均匀，焊缝平整	成形尚可，焊缝平直	焊缝弯曲，高低宽窄明显，有表面焊接缺陷	
		分数	2.5	1.5	0.5	0	
反面	焊缝高度	0～3mm　2.5分		>3mm或<0　0分			
	咬　边	无咬边　2.5分		有咬边　0分			
	气　孔	无气孔　2.5分		有气孔　0分			
	未焊透	无未焊透　5分　　有未焊透　0分					
	凹陷	无内凹　10分	深度≤0.5mm，每2mm长扣0.5分（最多扣10分） 深度>0.5mm　0分				
射线探伤			一级50分	二级35分	三级15分	四级0分	

项目二　T形接头平角埋弧焊

一、T形接头平角焊

（一）项目任务

按图5-9的要求，学习T形接头平角焊（埋弧焊）的基本操作技能，完成工件实作任务。

具体要求：掌握T形接头平角焊（埋弧焊）的技术要求及操作要领；会制订T形接头平角焊（埋弧焊）的装焊方案，会选择T形接头平角焊（埋弧焊）的焊接参数，并编制简单的工艺卡（附录B）；按焊接安全、清洁和环境要求及焊接工艺完成焊接操作，制作出合格的T形接头平角焊（埋弧焊）工件，并达到评分标准的相关质量要求。

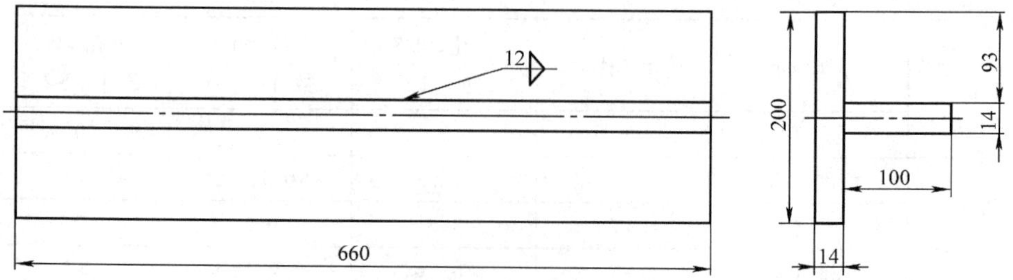

图5-9　T形接头平角焊施工图

（二）项目分析

T 形接头和搭接接头的焊缝均是角焊缝。大焊件及焊件不易翻转时则用平角焊。

当采用 T 形接头和搭接接头的焊件太大、不便翻转或因其他原因不能进行船形焊时，可采用焊丝倾斜布置的平角焊来完成。为保证焊缝的良好成形，焊丝与立板的夹角 α 应保持在 15°～45°范围内（一般为 20°～30°）。平角焊缝埋弧焊示意图如图 5-10 所示。

填写焊缝分析表（见附录 A）。

（三）项目实施

1. 安全检查

同本章项目一。

2. 焊前操作准备

参考本章项目一。

3. 焊接参数

焊接参数见表 5-5。

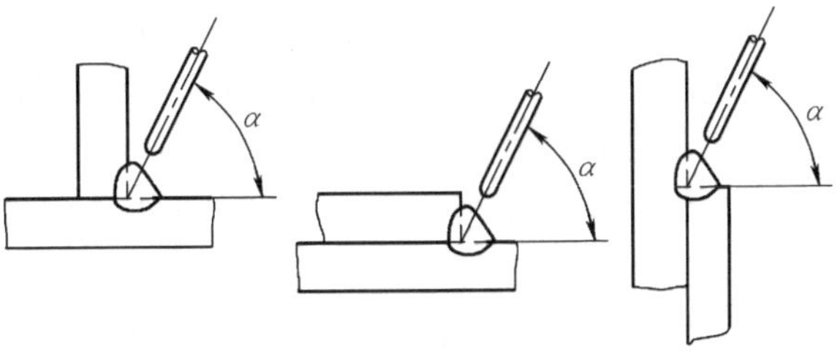

图 5-10　平角焊缝埋弧焊示意图

表 5-5　T 形接头平角焊焊接参数

焊 缝 道 数	焊丝直径/mm	焊接电流/A	电弧电压/V	焊接速度/(m/h)
1	4	700～750	36～39	25～30
2		650～700	36～38	

4. 实施装配与焊接

操作要领如下：

（1）装配与定位焊　焊件装配要求如图 5-9 所示。划装配线，工件的根部装配间隙为 1～1.5mm。先在试板两面进行定位焊，定位焊缝长 10～15mm；后在试板两端焊引弧板与引出板，引弧板与引出板的尺寸为 100mm×60mm×14mm，如图 5-11 所示。焊后对装配位置和定位焊质量进行检查。

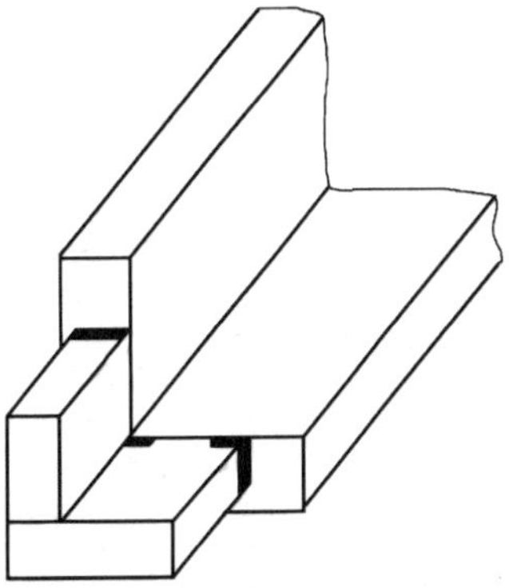
图 5-11　平角焊定位焊示意图

（2）焊接

1）安放焊件。使用的焊剂为 HJ431。先在焊缝起焊处和收尾处堆放足够的焊剂。在焊接过程中，应保证焊件正面贴紧焊剂，防止焊件因变形而与焊剂脱离后产生焊接缺陷。

2）焊丝对中检查。调节焊机机头，使焊丝伸出端处于焊件坡口的中心线上。松开焊接小车离合器，往返拉动焊接小车，使焊丝始终处于整条焊缝的中心线上；若有偏离，应调整焊机机头或焊件的位置。焊丝与立板的夹角 α 应保持在 15°～45°范围内（一般为 20°～30°），如图 5-12 所示。

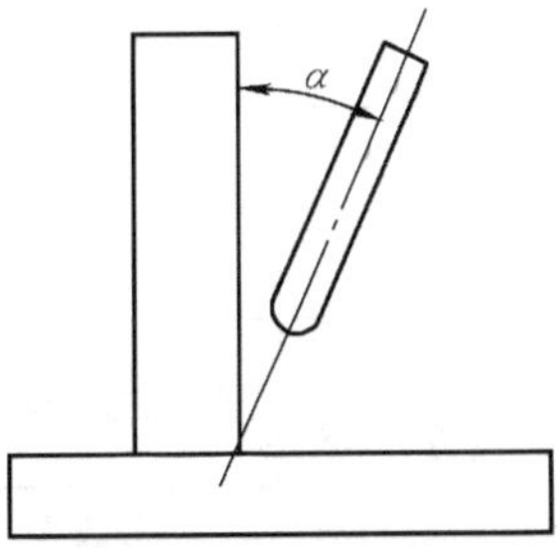

图 5-12　平角焊时焊丝的角度

3）引弧。将小车推至引弧板端，锁紧小车行走离合器；接通焊接设备电源，按动控制盘上的“送丝”按钮，使焊丝与引弧板可靠接触；给送焊剂，让焊剂覆盖住焊丝伸出部分的起焊部位。在空载状态下调节焊接参数，达到要求值。按下起动开关，引燃电弧。

4）焊接。引弧后，便开始焊接。焊接过程中应注意观察焊接电流表与电压表的读数是否与选定参数相符；如不相符，应及时调整到规定值。同时要注意焊剂的覆盖情况，要求焊剂在焊接过程中必须覆盖均匀，不应过厚，也不应过薄而露出弧光。小车走速应均匀，注意防止电缆缠绕而阻碍小车的行走。

5）收弧。焊接过程进行到熔池全部到达引出板后，分两步收弧。第一步，先关闭焊剂漏斗，再按下一半“停止”按钮，使焊丝停止送进，小车停止前进，但电弧仍在燃烧，以使焊丝继续熔化来填满弧坑；第二步，估计弧坑将要填满时，全部按下“停止”按钮，电弧完全熄灭，结束焊接。

6）清渣。松开小车离合器，将小车推离焊件；回收焊剂，清除渣壳，并检查焊缝外观质量。

（3）用同样的方法完成另一条焊缝的焊接

5. 清理现场

练习结束后，必须整理工具设备，关闭电源，清理打扫场地，做到“工完场清”，养成良好职业习惯；并由值日生或指导教师检查，作好记录。

（四）项目评价与总结

参照评分标准（表5-6）进行检查。由学生自检、互检以及教师检查（或专职质检员进行），并填写质量检查记录卡（附录C）；每天留出部分时间，分小组交流讨论，分享各自的学习成果，共同进步。

表5-6　14mm板T形接头试件评分标准

学号		评分人		合计分		
检查项目	标准、分数	焊缝等级				实际得分
		Ⅰ	Ⅱ	Ⅲ	Ⅳ	
焊脚尺寸	标准/mm	10	>9，≤11	>11，≤12或>8，≤9	<8，>12	
	分数	10	8	6	0	
焊缝凸度	标准/mm	≤1	>1，≤2	>2，≤3	>3	
	分数	10	8	6	0	
垂直度	标准/mm	≤1	≤2	≤3	>3	
	分数	5	3	2	0	
表面气孔	标准：（个）	无	有	有	有	
	分数	5	0	0	0	
焊道层数	标准：（道）	3	2或4			
	分数	5	0			
咬边	标准/mm	0	深度≤0.5且长度≤15	深度≤0.5长度>15，≤30	深度>0.5或长度>30	
	分数	15	10	5	0	

（续）

<table>
<tr><td colspan="2">学号</td><td></td><td>评分人</td><td></td><td colspan="2">合计分</td><td></td></tr>
<tr><td colspan="2" rowspan="2">检查项目</td><td rowspan="2">标准、分数</td><td colspan="4">焊　缝　等　级</td><td rowspan="2">实际得分</td></tr>
<tr><td>Ⅰ</td><td>Ⅱ</td><td>Ⅲ</td><td>Ⅳ</td></tr>
<tr><td rowspan="6">折断试验</td><td rowspan="2">根部熔深</td><td>标准/mm</td><td>≥1</td><td>≥0.5</td><td>≥0</td><td><0</td><td rowspan="6"></td></tr>
<tr><td>分数</td><td>20</td><td>15</td><td>10</td><td>0</td></tr>
<tr><td rowspan="2">条状缺陷</td><td>标准/mm</td><td>0</td><td>≤2</td><td>≤3</td><td>>3</td></tr>
<tr><td>分数</td><td>15</td><td>10</td><td>6</td><td>0</td></tr>
<tr><td rowspan="2">点状缺陷</td><td>标准/个</td><td>0</td><td>≤ϕ1
数目：2 个</td><td>≤ϕ1
数目：4 个</td><td>>ϕ1
或数目>4 个</td></tr>
<tr><td>分数</td><td>15</td><td>10</td><td>6</td><td>0</td></tr>
</table>

二、T 形接头船形焊

（一）项目任务

按图 5-9 的要求，学习 T 形接头船形焊（埋弧焊）的基本操作技能，完成工件实作任务。

具体要求：掌握 T 形接头船形焊（埋弧焊）的技术要求及操作要领；会制订 T 形接头船形焊（埋弧焊）的装焊方案，会选择 T 形接头船形焊（埋弧焊）的焊接参数，并编制简单的工艺卡（见附录 B）；按焊接安全、清洁和环境要求及焊接工艺完成焊接操作，制作出合格的 T 形接头船形焊（埋弧焊）工件，并达到评分标准的相关质量要求。

（二）项目分析

船形焊是将装配好的焊件旋转一定角度，相当于在成 90°角的 V 形坡口内进行对接平焊。小焊件及焊件易翻转时，则用船形焊。目前船形焊用得较多。船形埋弧角焊有如下特点：

（1）熔池水平，焊缝成形好　船形位置角焊缝焊接时，熔池处在水平位置，焊缝成形好，可以避免咬边及焊脚单边的缺陷。

（2）可用大电流，生产率高　船形角焊类似 90°V 形坡口对接的填充层焊接，可用粗焊丝、大电流，生产率显著提高。

当板厚相等，即 $\delta_1=\delta_2$ 时，可取 $\alpha=\beta_1=\beta_2=45°$，为对称船形焊；当板厚不相等，即 $\delta_1<\delta_2$ 时，取 $\alpha<45°$，为不对称船形焊，焊丝与接头中心线不重合，且焊丝端头偏向厚板，因而熔合区偏向厚板的一侧。船形焊对接头的装配质量要求较高，要求接头的装配间隙不得超过 1～1.5mm；否则，便需采取工艺措施，如预填焊丝、预封底或在接缝背面设置衬垫等，以防止熔化金属从装配间隙中流失。

填写焊缝分析表（见附录 A）。

（三）项目实施

1. 安全检查

同本章项目一。

2. 焊前操作准备

参考本章项目一。

3. 焊接参数

焊接参数参见表5-7。

表5-7　不开坡口船形焊焊接参数

焊脚 K/mm	焊丝直径 ϕ/mm	焊接电流/A	电弧电压/V	焊接速度/(m/h)
6	2	400～475	34～36	40～42
8	2	475～525	34～36	28～30
	3	550～600	34～36	30～32
	4	575～625	34～36	31～33
	5	675～725	36～38	33～35
10	3	600～650	33～35	21～23
	4	650～700	34～36	23～25
	5	725～775	34～36	24～26
12	3	600～650	34～36	15～17
	4	725～755	36～38	17～19
	5	775～825	36～38	18～20

4. 操作要领

（1）焊丝位置　当T形接头的两板厚度相等时，焊丝应置于垂直位置，和两板均成45°，如图5-13a所示。若两板厚度不等，则焊丝应向薄板倾斜，即电弧偏向厚板。不对称船形焊(焊件和水平线不成45°角)时，可能在一板上产生咬边，而另一板上出现焊瘤。为避免这种缺陷，焊丝仍可处于垂直位置，但做少量偏移，如图5-13b、c、d所示。

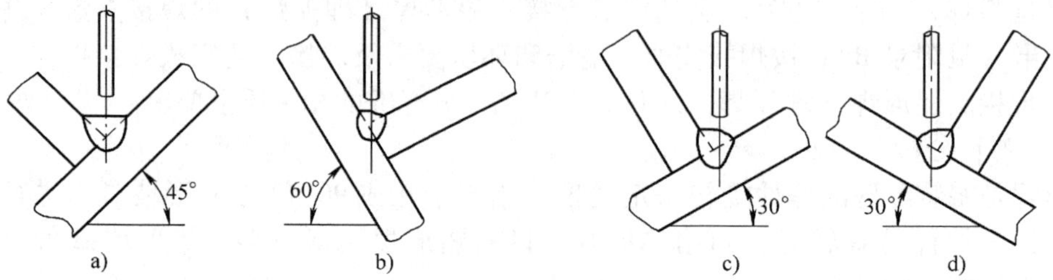

图5-13　船形焊时焊丝的位置

（2）焊件位置　对于开坡口T形接头的船形焊，由于两板的焊脚要求是不等的，通常翼板的焊脚为1/4的腹板厚度，且不大于10mm，为了获得良好的焊缝成形，焊前应将T形焊件转成合适的位置，将要焊成的焊缝表面置于水平位置，如图5-14所示，这时焊丝是垂直的，熔池是水平的。

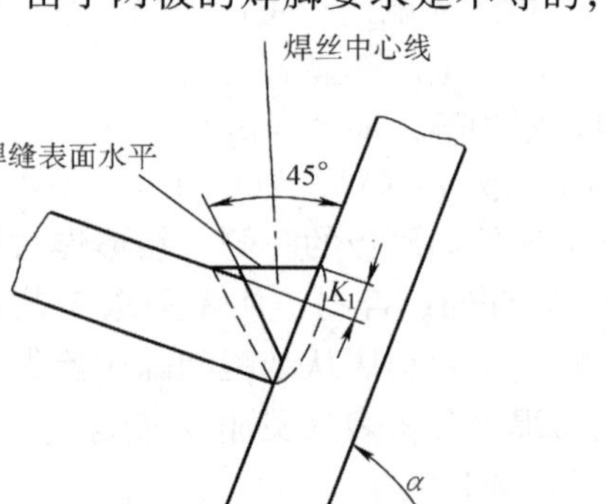

图5-14　开坡口T形接头船形焊的焊件位置

（3）间隙要求高　船形焊时，间隙要求不大于1.5mm，否则熔化金属易从间隙中流失，甚至可能烧穿；这时应在反面加上临时衬垫。

（4）粗焊丝、大电流、慢焊速，可焊大焊脚　由于熔池处于水平位置，焊缝成形好，不易产生焊脚单边，所以船形焊可以使用大电流、粗焊丝和慢焊速。

（5）工件的安置和翻转　船形焊广泛应用于焊接T形构件、工字梁及箱形梁。在批量生产中，工件的安置和翻转影响着生产率。可以制做一个简单的胎架，如图5-15所示，将工字梁安置在胎架上，用MZ—1000型或MZ—630型埋弧自动焊机装上导向滚轮，实施船形焊；也可在胎架旁设置轨道，焊机沿轨道前进，以完成船形焊。利用四根升降杆可以制成可调节角度的胎架，如图5-16所示，这种胎架可以调节焊件的倾斜角度，以适应焊件倾斜的需要。

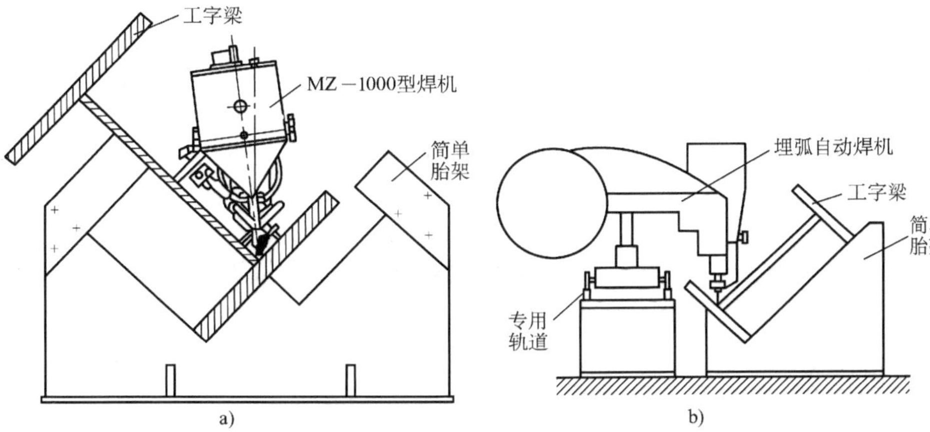

图5-15　船形焊用工字梁的简单胎架

a）焊机用　b）轨道用

（6）减小焊接变形　工字梁多采用船形焊，为了减小工字梁的焊接变形，根据工字梁焊缝的不同形式，可采用图5-17所示的几种焊接顺序。焊脚为12mm以下的工字梁，可用单层焊缝焊成，其焊接顺序如图5-17a所示。工字梁的每条焊缝需两焊道焊成时，可采用图5-17b所示的焊接顺序。当工字梁采用多层多道焊时，可参照图5-17c、d所示的焊接顺序来焊接。这些焊接顺序的基本原则是对称焊接和两面交替的对称焊接。

5. 清理现场

练习结束后，必须整理工具设备，关闭电源，清理打扫场地，做到“工完场清”，养成良好职业习惯；并由值日生或指导教师检查，作好记录。

（四）项目评价与总结

参照评分标准（表5-6）进行检查。

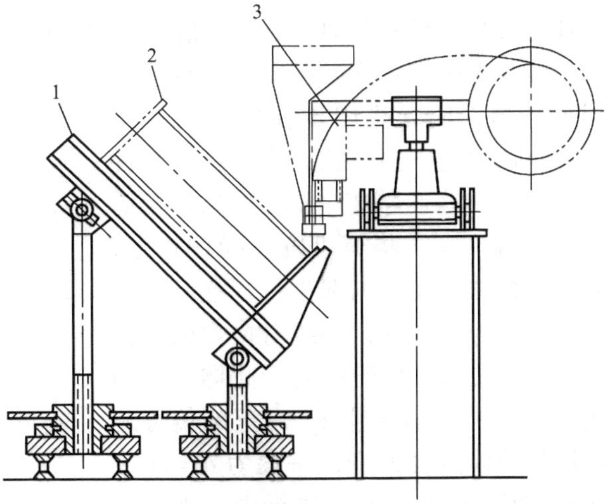

图5-16　船形焊用可调节角度的胎架

1—可调节胎架　2—焊件　3—焊接小车

由学生自检、互检以及教师检查（或专职质检员进行），并填写质量检查记录卡（附录 C）；每天留出部分时间，分小组交流讨论，分享各自的学习成果，共同进步。

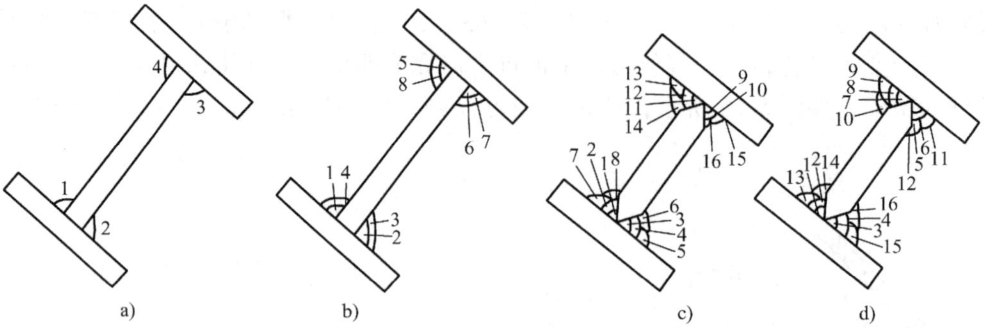

图 5-17 工字梁焊接顺序示意图

项目三 对接接头环缝埋弧焊

一、项目任务

按图 5-18 的要求，学习对接接头环缝埋弧焊的基本操作技能，完成工件实作任务。

具体要求：掌握对接接头环缝埋弧焊的技术要求及操作要领；会制订对接接头环缝埋弧焊的装焊方案，会选择对接接头环缝埋弧焊的焊接参数，并编制简单的工艺卡（附录 B）；按焊接安全、清洁和环境要求及焊接工艺完成焊接操作，制作出合格的对接接头环缝埋弧焊工件，并达到评分标准的相关质量要求。

二、项目分析

环缝埋弧焊是制造圆柱形容器最常用的一种焊接形式。圆柱形筒体筒节的对接焊缝称为环缝。环缝焊接与直缝焊接最大的不同点是：焊接时必须将焊件置于滚轮架上，由滚轮架带动焊件旋转，而焊机固定在操作机上不动，仅有焊丝向下输送的动作。因此焊件旋转的线速度就是焊接速度。如果焊接筒体的内环缝，则需将焊机置于操作机上，然后操作机伸入筒体内部进行焊接。为了得到良好的焊缝成形，环缝对接焊的焊接位置为平焊位置，焊丝相对于筒体中心的旋转方向有一个偏移量 a，焊丝的偏置距离随所焊筒体直径而变，一般为 $a = 50 \sim 70$mm，如图 5-19 所示，进行内、外环缝焊接时，焊接熔池能基本上保持在水平位置凝固。

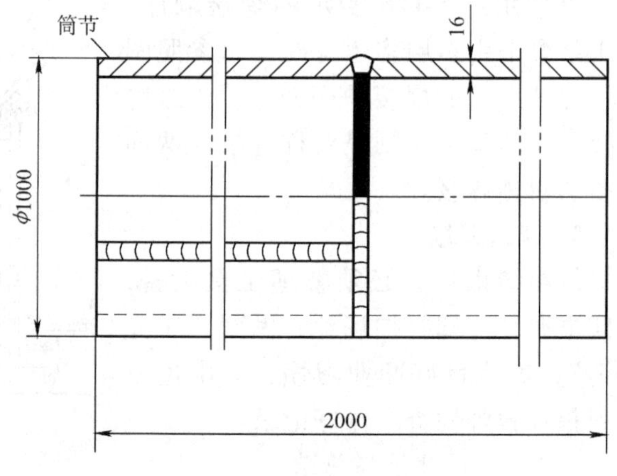

图 5-18 环缝埋弧焊施工图

填写焊缝分析表（附录A）。

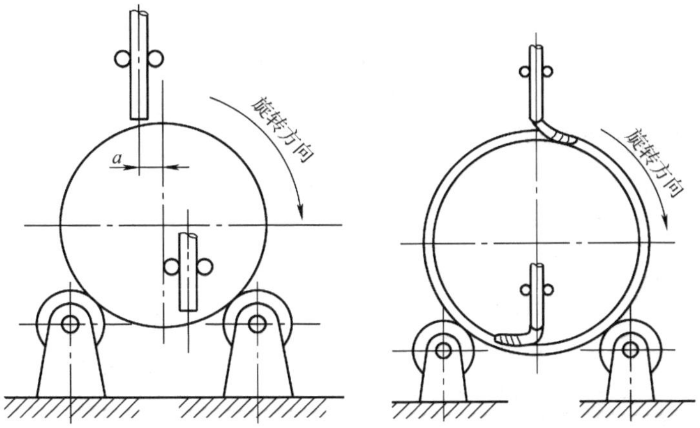

图5-19 环缝埋弧焊焊丝偏移位置示意图

三、项目实施

1. 安全技术

同本章项目一。

2. 焊前操作准备

（1）装配定位焊　首先将坡口及两侧的铁锈、油污等用角向磨光机打磨干净，直至露出金属光泽，再进行装配定位。装配时，要保证对接处的错边量在2mm以内，对接处不留间隙，局部间隙应小于1mm。筒体装配时要避免出现十字焊缝，相邻筒节与筒节、筒节与封头的纵缝要错开，错开距离大于筒体壁厚的3倍且不小于100mm。定位焊采用直径为4mm的E4303焊条，定位焊缝长20～30mm，间隔300～400mm，直接焊在筒体外表。定位焊结束后，应清除定位焊缝表面渣壳，并用钢丝刷清除定位焊缝两侧飞溅物。

（2）装设焊剂垫和保留盒　焊接内环缝时需使用焊剂垫。常用焊剂垫有如下三种：

1）连续带式焊剂垫。其构造如图5-20所示。带宽200mm，绕在两个带轮上，一只带轮固定，另一只带轮通过丝杠调节机构做横向移动，以放松或拉紧带。使用前，在带的表面撒上焊剂，将筒体压在带上，然后拉紧可移带轮，使焊剂垫对筒体产生承托力。焊接时，由于筒体的转动带动带旋转，使熔池外侧始终有焊剂承托。焊剂垫上的焊剂在焊接过程中会部分撒落，这时应添加一些焊剂，以保证焊剂垫上始终有一层焊剂存在。连续带式焊剂垫的结构简单，使用方便，已得到大量推广和应用。

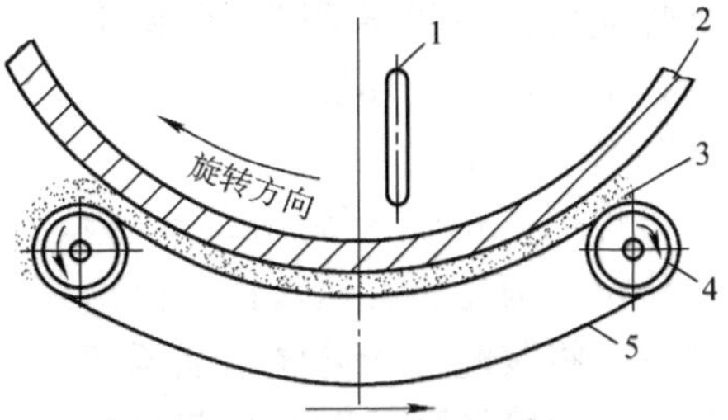

图5-20 连续带式焊剂垫

1—焊丝 2—筒体 3—焊剂 4—带轮 5—带

2）圆盘式焊剂垫。焊剂垫的构造如图5-21所示。工作时，将焊剂装在圆盘内，圆盘与水平面成45°角。摇动手柄5即可转动丝杠6，使圆盘上、下升降。焊剂垫应压在待焊筒体环缝的下面，焊接时，由于筒体的旋转带动圆盘随之转动，焊剂便不断进到焊接部位。由于圆盘倾角较小，焊剂一般不会流失，但焊接时仍应注意经常在圆盘里保持有足够的焊剂，且升降丝杠必须有足够的行程，以适应不同直径筒体的需要。圆盘式焊剂垫的主要优点是焊剂始终可靠地压向焊缝，且体积较小，使用时比较方便、灵活。

3）对于直径小于500mm的筒体，进行外环缝焊接时，由于筒体表面的曲率较大，焊剂往往不能停留在焊接区域周围，而容易向两侧散失，使焊接过程无法进行。在生产中通常采用保留盒将焊接区域周围的焊剂保护起来，如图5-22所示。焊接时，保留盒轻轻靠在筒体上，不随筒体转动，待焊接结束后，再将保留盒去掉。

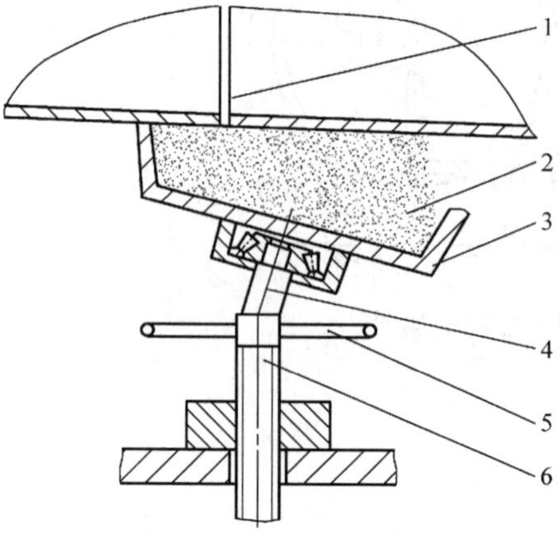

图5-21　圆盘式焊剂垫
1—筒体环缝　2—焊剂　3—圆盘
4—轴　5—手柄　6—丝杠

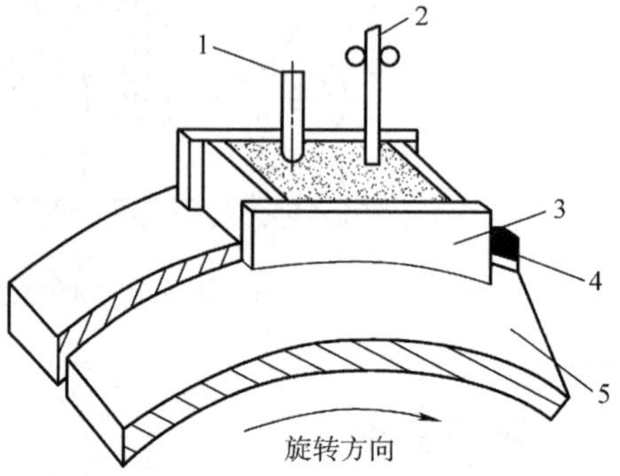

图5-22　焊剂保留盒
1—焊剂输送管　2—焊丝　3—焊剂保留盒
4—焊缝渣壳　5—筒体

3. 焊接参数

焊接参数见表5-8。

表5-8　环缝埋弧焊焊接参数

焊丝	直径	焊剂	焊接电流	焊接电压	焊接速度	焊丝偏移量
H08A	5mm	431	700～720A	38～40V	28～30m/h	35mm

4. 焊接顺序

筒体内、外环缝的焊接顺序一般是先焊内环缝，后焊外环缝。双面埋弧焊焊接内环缝时，可使用内伸式焊接小车（图5-23）或立柱式操作机；焊接外环缝时，可使用立柱式操作机或平台式、龙门式操作机。内环缝焊完后，一般要用碳弧气刨清根，打磨后再焊外环缝。

5. 操作要领

将焊剂垫安放在待焊部位；检查操作机、滚轮架的运转情况全部正常后，将装配好的筒体吊运至滚轮架上，使筒体环缝对准焊剂垫并压在上面。驱动内环缝操作机，使悬臂伸入筒体内部，并调整焊机的

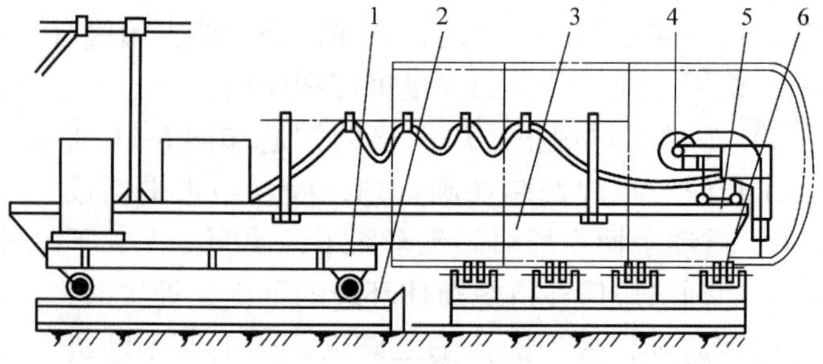

图5-23　内伸式焊接小车
1—行车　2—行车导轨　3—悬臂梁　4—焊接小车　5—小车导轨　6—滚轮架

送丝机构，将焊丝调整到偏离筒体中心35mm的地方，处于上坡焊位置，并使焊剂对准环缝的拼接处。为了使焊机的起动和筒体旋转同步，事先应将滚轮架驱动电动机的开关接在焊机的起动按钮上。焊接收尾时，焊缝必须首层相接，并重叠一定长度，重叠长度至少要达到一个熔池的长度。内环缝焊完后，从筒体外面对接处用碳弧气刨清理焊根。刨槽深6~7mm，宽12~19mm。碳弧气刨的工艺参数为：圆形实心碳棒，直径为8mm，刨削电流为300~350A，压缩空气的压力为0.5MPa，刨削速度控制为32~40m/h。气刨时，可随时转动滚轮架，以达到气刨的合理位置。刨槽力求深浅、宽窄均匀。气刨结束后，应彻底清除刨槽内及两侧的焊渣，并用钢丝刷刷干净。松开焊剂垫，使其脱离筒体，然后将操作机置于筒体上方，调节焊丝对准环缝的拼接处，使焊丝偏离中心约35mm，相当于下坡位置，准备焊接外环缝，其他焊接参数不变。

层间清渣操作时，一般应有两人同时进行，一人操作焊机，另一人负责清渣。焊层较多时，每层焊道的排列应平满、均匀，焊缝与坡口边缘熔合良好，避免出现死角，防止未熔合和夹渣。层间清渣较困难时，可使用风铲协助清渣。

焊接结束时，环缝始端与尾端应重合30~50mm。焊完后，应清除焊缝表面的渣壳，并检查焊缝外表质量。

6. 清理现场

练习结束后，必须整理工具设备，关闭电源，清理打扫场地，做到“工完场清”；并由值日生或指导教师检查，作好记录。

关键技术点拨

埋弧焊时的注意事项

1）在焊接筒体的外环缝时，其操作位置都比较高，要防止摔伤。焊接筒体或其他形式的焊件时，由于焊件尺寸大、质量大，在吊装过程中，装夹要牢，动作要稳。焊件放置在滚轮架上时，应仔细调节，将焊件的重心调到两个滚轮中心至焊件中心连线夹角允许的范围内。

2）应多人联合操作，每次焊接时必须要有2~3人同时进行，1人操纵焊机，1人添加焊剂，1人负责清渣（或后两者由同1人负责）。操作时，应互相密切配合，并由操纵焊机的焊工指挥。

3）尽量安排在室内进行。由于焊件大、笨重、移动不便等，必须在室外进行焊接时，若出现下列情况之一，建议停止焊接：

①风速大于1m/s时。

②相对湿度大于90%时。

③下雨或下雪时。

④当焊件温度低于0℃时，建议在始焊处的10~30cm范围内先预热至15~50℃，然后再开始焊接。

四、项目评价与总结

参照评分标准（表5-9）进行检查。由学生自检、互检以及教师检查（或专职质检员进行)，并填写质量检查记录卡（见附录C）；每天留出部分时间，分小组交流讨论，分享各自的学习成果，共同进步。

表5-9 16mm板对接试件评分标准

学号			评分人		得分		
检查项目		标准、分数	焊缝等级 I	焊缝等级 Ⅱ	焊缝等级 Ⅲ	焊缝等级 Ⅳ	实际得分
正面	焊缝余高	标准/mm	>0，≤2	>2，≤3	>3，≤4	>4，<0	
正面	焊缝余高	分　数	2.5	1.5	0.5	0	
正面	焊缝高低差	标准/mm	≤1	>1，≤2	>2，≤3	>3	
正面	焊缝高低差	分　数	2.5	1.5	0.5	0	
正面	焊缝宽度	标准/mm	>18，≤19	>19，≤20	>20，≤21	>21，<18	
正面	焊缝宽度	分　数	2.5	1.5	0.5	0	
正面	焊缝宽窄差	标准/mm	≤1.5	>1.5，≤2	>2，≤3	>3	
正面	焊缝宽窄差	分　数	2.5	1.5	0.5	0	
正面	咬　边	标准/mm	0	深度≤0.5 且长度≤10	深度≤0.5 长度≤20	深度>0.5 或长度>20	
正面	咬　边	分　数	5	3.5	2.5	0	
正面	气孔	标准/mm	无气孔	气孔≤0.5 数目：1个	气孔≤0.5 数目：2个	气孔>0.5 数目：>2个	
正面	气孔	分　数	5	3	1	0	
正面	错边量	标准/mm	0	≤0.5	>0.5，≤1	>1	
正面	错边量	分　数	2.5	1.5	0.5	0	
正面	角变形	标准/mm	0~1	>1，≤3	>3，≤5	>5	
正面	角变形	分　数	2.5	1.5	0.5	0	
正面	焊缝外表成形		优	良	一般	差	
正面	焊缝外表成形	标准	成形美观，鱼鳞均匀细密，高低宽窄一致	成形较好，鱼鳞均匀，焊缝平整	成形尚可，焊缝平直	焊缝弯曲，高低宽窄明显，有表面焊接缺陷	
正面	焊缝外表成形	分数	2.5	1.5	0.5	0	
反面	焊缝高度	0~3mm　2.5分		>3mm或<0　0分			
反面	咬　边	无咬边　2.5分		有咬边　0分			
反面	气　孔	无气孔　2.5分		有气孔　0分			
反面	未焊透	无未焊透　5分　有未焊透　0分					
反面	凹陷	无内凹　10分	深度≤0.5mm，每2mm长扣0.5分（最多扣10分） 深度>0.5mm　0分				
射线探伤			一级50分	二级35分	三级15分	四级0分	

项目四 弧焊机器人操作

一、项目的具体要求

1）确定起弧参数。在机器人焊接过程中，焊接开始起弧属于独立的参数状态，应根据焊件的材料和尺寸确定焊接起弧参数。

2）确定焊接参数。在机器人焊接过程中，焊接参数的控制方式分为两种，一种为一元控制，另一种为个别控制。在一元控制方式中，只对焊接电流进行输入，焊接过程当中的电弧电压则通过焊接条件进行匹配；在个别的焊接参数控制中，焊接电流和电弧电压都通过输入人为控制。

3）确定收弧参数。焊接结束时，必须进行收弧，可根据已有的知识和经验设置收弧参数。

4）焊缝接头过程的训练。在机器人焊接过程中，焊缝的接头过程比较复杂，包含焊接接头时位置的确定、接头前焊缝的熄弧过程和接头后焊缝的起弧过程。在实训过程中，应能够编写完成合格的焊接接头的程序。

二、项目分析

弧焊机器人工作站对焊接件的焊接过程是一个复杂的自动控制过程，在这个过程中，控制系统最关键，也是人机对话的主要窗口，所以，要对机器人工作站进行操作，必须掌握机器人工作站的控制系统指令的输入。现从以下环节来分析机器人工作站的人机对话窗口：

1. 各种操作开关、按键的功能

在 AX-C 控制装置的前面装有电源开关及操作面板，控制装置连接有悬式示教作业操纵按钮台和控制箱，如图 5-24 所示。

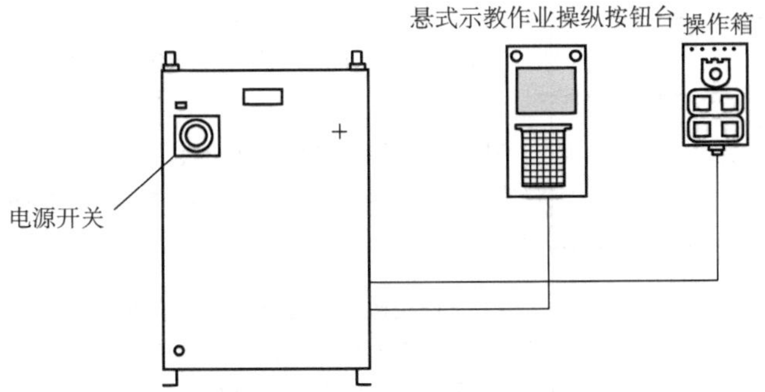

图 5-24 AX-C 控制装置

（1）电源开关 即控制装置的电源（ON/OFF）。

（2）操作箱 装有基本的机器人控制所需的最低限度的按钮，可执行如运转准备、自动运转的起动/停止、紧急停止等，如图 5-25 所示。具体的功能参见表 5-10。

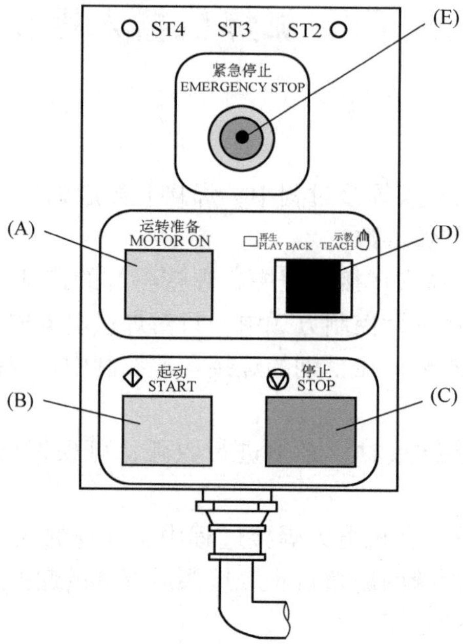

图 5-25　操作箱

表 5-10　操作箱功能

在图中的标记及名称		功　能
(A)	运转准备按钮	使其成为进入运转准备的状态。一旦进入准备状态,机器人即将开始动作
(B)	起动按钮	于“再生”模式下,起动指定的作业程序
(C)	停止按钮	于“再生”模式下,停止起动中的作业程序
(D)	模式转换开关	切换模式,可切换为“示教/再生”模式 此开关与悬式示教作业操纵按钮台的“TP 作动开关”组合使用
(E)	紧急停止按钮	当按下此按钮时,机器人就紧急停止。不论按下操作箱或悬式示教作业操纵按钮台上的任何一个,都可使机器人紧急停止 若要取消紧急停止,则将按钮向右旋转(按钮回归原位)

(3) 悬式示教作业操纵按钮台(示教盒)　装有操作键、按钮及开关等装置,如图 5-26 所示,可执行程序的编制或各种设定。其各种按键及按钮的功能见表 5-11。

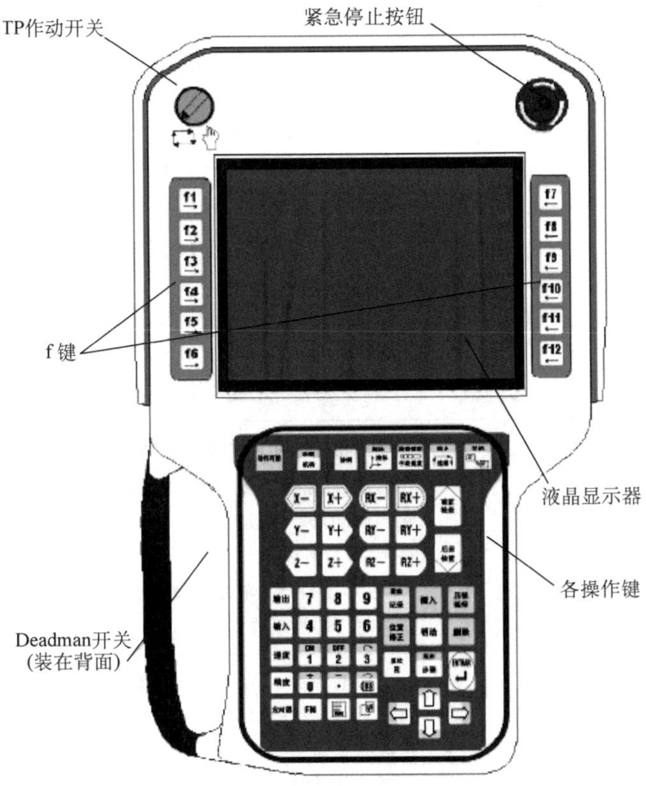

图 5-26　悬挂式示教作业操纵按钮台（示教盒）

表 5-11　示教盒各按键及按钮功能

外　观	标　记	功能与备注
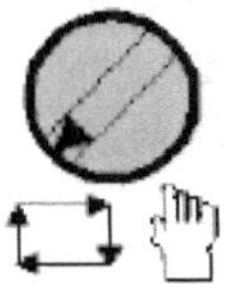	TP 作动开关	与操作面板或操作箱的“模式转换开关”相组合，切换为示教模式或再生模式
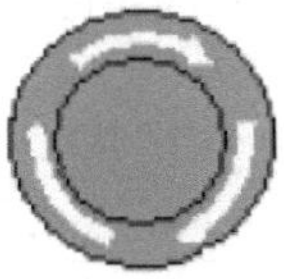	紧急停止按钮	一按此按钮，机器人就紧急停止 若要取消紧急停止，则将按钮向右旋转（按钮回归原位）
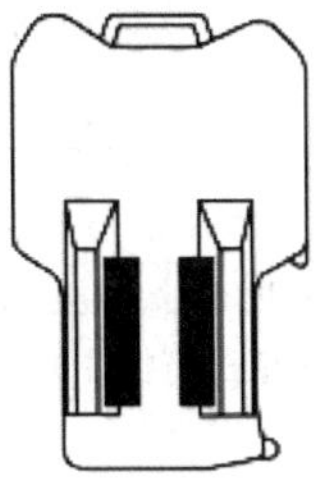	Deadman 开关	装在背面的开关，在示教模式下及手动操作机器人的情况下使用。通常仅装在左手侧，也有左、右均装设的 一旦握住 Deadman 开关，即可供应动力给机器人（运转准备变为 ON），但仅在握住 Deadman 开关期间可进行手动操作。一旦发生危险，赶紧把手放开，机器人立即停止动作 （只在示教模式下用）

（续）

外　观	标　记	功能与备注
	动作可能	与其他按键同时按下，执行各种功能 （按下此按钮，在按钮盒上的上半部绿色的功能才能实现）
	系统/机构	机构的切换：在系统内有多个机构被连接的情形下，可切换成手动操作机构 系统的切换：在系统内定义有多个系统的情形下，可切换成操作对象的系统 （这个按钮的功能是对多个系统的设定，例如有几个焊机时）
	协调	为连接多个机构的系统所使用的按键，具有以下功能：①协调手动操作的选择/解除；②协调动作的选择/解除；③在示教模式下时，选择/解除协调动作。一旦针对移动命令指定协调动作时，在步进号码之前会显示“H” （在多个机器人有不同动作或者加了更多的外部轴的情况下，这个按钮可用于协调动作关系）
	插补/坐标	坐标的切换：手动操作时，切换成以动作为基准的坐标系。每次按下时，即切换成各轴单独的直角坐标（或使用者坐标）及工具坐标，并显示于液晶画面 插补种类的切换：切换记录状态的插补种类（接点插补/直线插补/圆弧插补）
	检查速度/手动速度	手动速度的变更：切换手动操作时机器人的动作速度。每次按下时，可切换 1 ~5 的动作速度（数字越大，速度越快；示教速度） 除此之外，合并具备以下的功能：依此按键所选择的手动速度，也决定记录于步进的再生速度；未作上述的设定；请在移动命令的示教时设定再生速度（一般在示教过程中都设定了再生速度） 检查速度的变更：切换前进检查/后退检查动作时的速度。每次按下时，可切换 1 ~5 的动作速度（数字越大，速度越快）
	停止/连续	连续、非连续的切换：切换前进检查/后退检查动作时的连续、非连续。如选择连续动作，在各步进中机器人的动作即不会停止（在检查过程中，设定机器人是否按步骤运行或连续运行整个动作） 再生的停止：停止再生中的作业程序（具有与“停止”按钮相同的功能）
	关闭/画面移动	画面的切换、移动：在监视画面有多种显示的情形下，切换为成为操作对象的画面。同时按下“动作可能”将关闭画面，并关闭所选择的监视画面（关闭或者使监视画面相互切换）
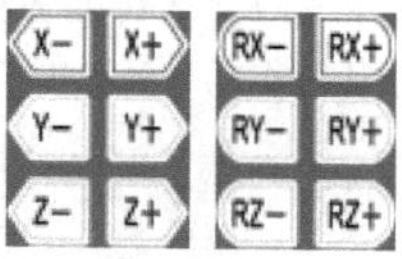	轴操作键	轴操作以手动方式使机器人移动。要移动辅助轴时，预先通过“组件/机构”切换操作的对象（是对已经设置好的对象进行操作）

（续）

外　　观	标　　记	功能与备注
	前进检查 后退检查	前进检查/后退检查：执行前进检查/后退检查的动作。通常每次在记录位置（步进）上使机器人停止下来，但也可使机器人连续动作。切换步进/连续时，使用“停止/连续”（检查过程是每一步检查或是整个程序连续动作而没有停顿）
	覆盖/记录	移动命令的记录：在示教时，执行移动命令的记录。仅可在作业程序的最后步进被选择的情形下使用 同时按下“动作可能”，则移动命令覆盖在目前的记录状态（位置、速度、插补种类、精度）上，覆盖已完成记录的移动命令 但是，只有在变更移动命令的记录内容时才可覆盖。不可在应用命令上写入移动命令，或在别的应用命令上写入应用命令。可使用“位置修正”、“速度”、“精度”，分别修正已完成记录的移动命令的记录位置、速度、精度
	插入	同时按下“动作可能”，可实现移动命令的插入
	压板/弧焊	定位焊用途时，定位焊命令设定适用于设定定位焊命令的情形。每次按键，则切换记录状态的 ON/OFF。同时按下“动作可能”，定位焊手动加压将定位焊枪以手动方式加压（定位焊时，此按钮可设置定位焊的加压过程） 弧焊用途时，可实现命令的简易选择，可将移动命令、焊接开始、结束命令及常用的应用命令以简单的操作方式进行选择，并可选择“简易示教模式”（在弧焊状态下，用于两种不同编程方式的选择） 注意：此按键的功能根据应用（用途）而有所差异
	位置修正	同时按下“动作可能”，位置的修正将选择的移动命令所记忆的位置变更到目前的机器人的位置（对单条命令修正位置）
	帮助	对操作或功能有不清楚的地方时，将其按下即可调用内置的示范功能（帮助功能）（按下此按钮，显示机器人操作的文字说明）
	删除	同时按下“动作可能”，可实现步进的删除，即删除选择的步进（移动命令或应用命令）（删除一条指令）
	复位/R	取消输入，或将设定画面恢复原状。此外，可输入 R 代码（快捷方式代码）。当输入 R 代码时，立即可调用想使用的功能（在某种设定状态下，按下此按钮，在没有任何变化的情况下返回机器人示教界面）
	程序/步骤	步进的指定（要调用作业程序内所指定的步进时使用）。步进指的是在程序中有编号的指令 同时按下“动作可能”，可实现程序的指定，即调用所指定的作业程序；可调出一定编号的程序（编写好的或者没编写的）
	Enter	确定菜单或输入数值的内容（在示教过程中，用于每一个输入值或者修改内容的确定）

（续）

外　观	标　记	功能与备注
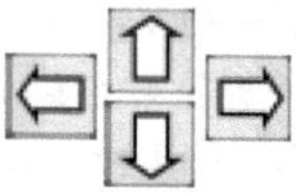	箭号键	移动光标 同时按下“动作可能”，可实现移动、变更：在设定内容为多页所构成的画面上，执行页的移动 在程序编辑画面上，可执行以多行为单位的移动
	输出	进入应用命令 SETM 的快捷方式 在示教中，调用输出信号命令（应用命令 SETM < FN105 >）的快捷方式 同时按下“动作可能”，手动信号输出，以手动方式使外部信号置于 ON/OFF （需要输出信号时使用，此时有外部设备参与示教过程）
	输入	在示教中，调用输入信号等待［正逻辑］命令（应用命令 WAITI < FN525 >）的快捷方式（是在外部有信号输入、机器人处于等待状态时，信号结束恢复运行的按钮。此时有外部设备参与示教过程）
	速度	修正已完成记录的移动命令的速度 设定移动命令的速度（设定内容被反映在记录状态上）
	精度	修正已完成记录的移动命令的精度。设定此后要记录的移动命令的精度（设定内容被反映在记录状态上）（对示教过程中精度的修正）
	定时器	在示教中记录定时器命令（应用命令 DELAY < FN50 >）的快捷方式
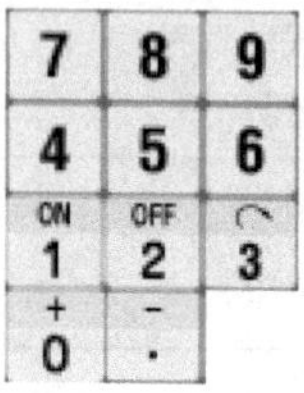	数值输入键 ［0］～［9］/［·］	数值输入（0～9、小数点），即输入数值或小数点 同时按下“动作可能＋ON”（同时按下“1”）以设定画面等，在检查箱内投入检查 同时按下“动作可能＋OFF”（同时按下“2”），以设定画面等，取消检查箱的投入检查（设定或者取消检查画面） 同时按下“动作可能＋重作（Re-do）”（同时按下“3”），取消刚才的操作（Undo），以恢复原状或重新操作。仅在作业程序的新编制或编辑中有效
	BS（后退）	数值、字符的删除，可删除光标位置之前的一数值或字符。文件操作时也可用来解除选择 同时按下“动作可能”，取消刚才的操作，恢复变更前的状态。仅在作业程序的新编制或编辑中有效
	FN （功能）	适用于选择应用时（输入程序时，可用于功能键的选择）
	编辑	打开程序编辑画面。程序编辑画面主要执行应用命令的变更、追加、删除，或移动命令的各参数的变更
	I/F （界面）	在使用触摸面板规格的悬式示教作业操纵按钮台时，打开界面面板窗口
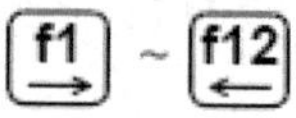	f 键	在选择显示于液晶画面两端的图标时使用（按显示的功能选择）

2. 示教

（1）示教前的准备　输入作业程序号码。开始新的示教时，对此后将要编制的作业程序应加以编号。号码的输入范围是 0～9999。

第一步，选择示教模式。将操作箱和示教盒上的“示教/再生”按钮都打到“示教”状态。

第二步，输入程序编码。一边按住“动作可能”，一边按下“程序/步骤”，“程序选择”画面打开，利用数值输入键在“调用程序”栏输入作业程序号码，再按下“Enter”。例如，指定“1”作为作业程序号码时，应按下数值输入键“1”，再按下“Enter”。

按图 5-27 所示 1、2、3、4、5 的顺序，进入“示教”界面。

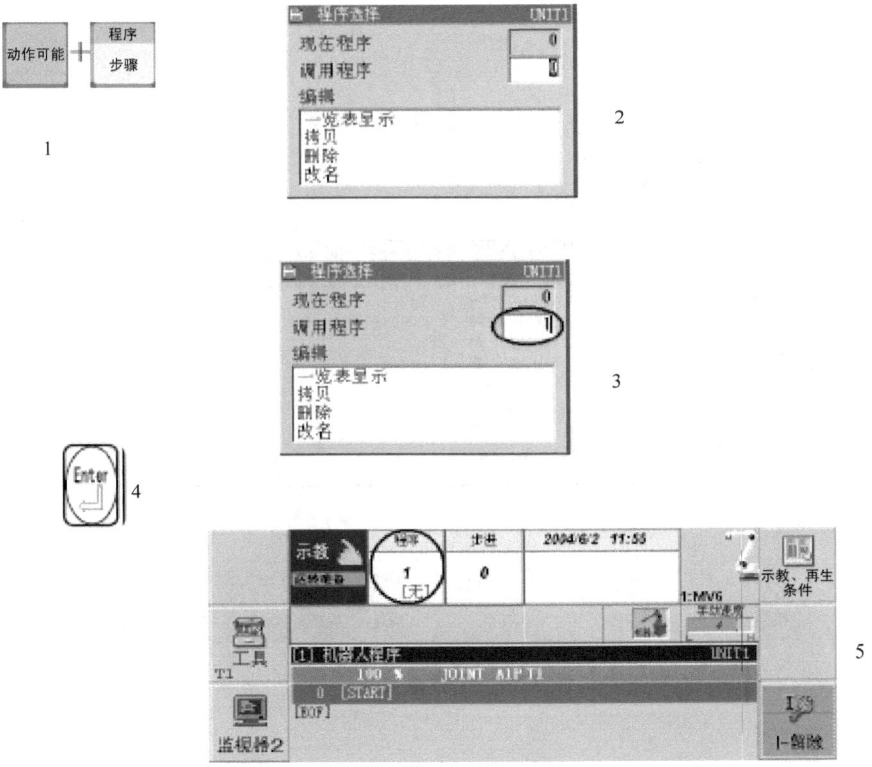

图 5-27　示教准备过程图示

（2）进行示教　示教盒显示窗口如图 5-28 所示。

示教盒显示窗口中的内容主要包括以下几项：

1——程序号码：显示当前所选程序的号码。此外，未记录任何步骤时显示“无”，只要记录有一个或者更多，则显示“有”。

2——步进号码：显示当前所选步骤的号码。

3——评注：作业程序的步骤 1 所记录的评注（应用命令 REM <FN99>），其内容被显示作为作业程序本身的评注。应用命令 REM 的最大字符数为半角 230 字，而其开头 3 个字符（半角）的评注被显示。

4——手动速度：面向 NACHI 用户的机器人，这里所设定的速度也被作为移动命令的速度反映出来。每次按下“检查速度/手动速度”，即可切换记录状态的速度。

5——记录状态：当前所设定速度或内插方法在此显示。按下“覆盖/记录”时，即以记录状态所显示的条件记录移动命令。

6——光标：是表示操作对象的光标。以绿色棒条显示。

7——程序的内容：显示所记录的步骤。步骤号码附加于移动命令以及应用命令。最大可记录至 9999 步骤。

可以通过实际窗口观察和认识弧焊机器人工作站的人机对话窗口，并了解示教盒上每个按键、按钮的功能，且能够掌握这些按钮、按键的使用方法，以便在下一步的实训中应用这些按钮、按键，编写示教程序。

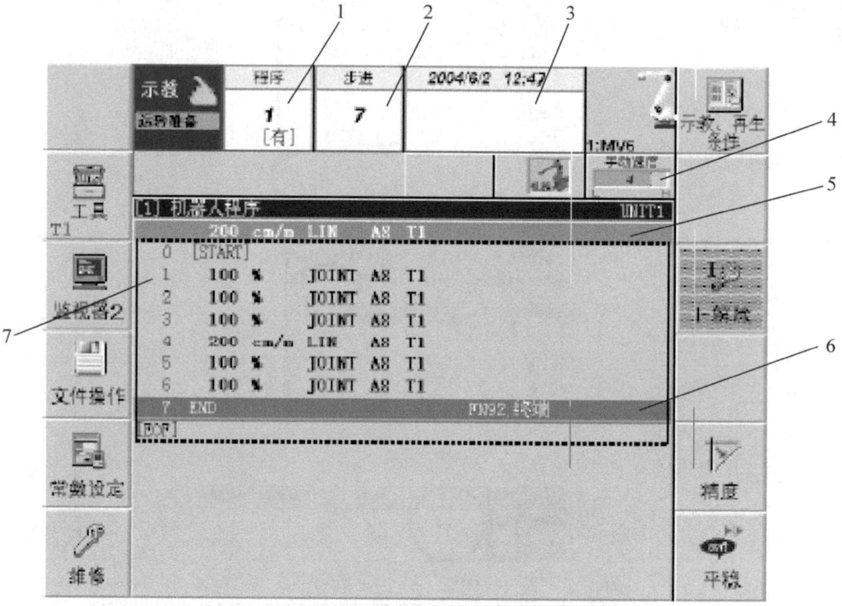

图 5-28　示教盒显示窗口

三、项目的实施

本环节要求通过实作掌握弧焊机器人示教程序的编写，并实施检查。

1. 示教过程

第一步，选择示教的程序。一边按住“动作可能”，一边按下“程序/步骤”（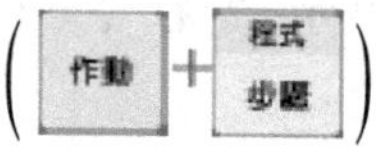），“程序选择”画面被打开。输入要编写的程序号码（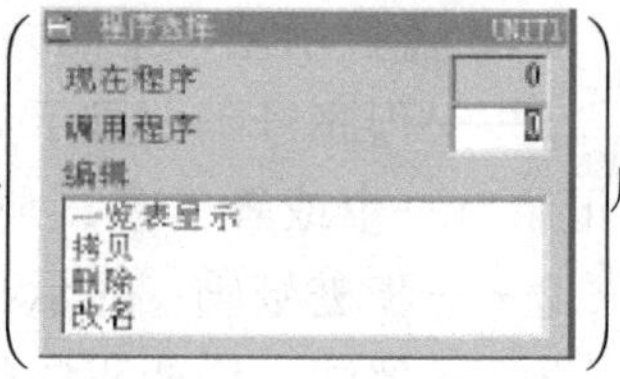）后按下“Enter”键。

第二步，选择适当的手动速度。使用轴操作键使机器人工具移动至所需的位置，再调整弧焊机器人工具的姿态，使其达到所需要的焊接或移动位置；并进行位置记录（按键见图5-29）。如果需要更改焊接的插补方式，按下“插补”按键进行选择，并不断地重复，使得焊接工具能够通过一定的方式进行移动并完成焊接。焊接编程过程中的显示及显示的内容和含义如图5-30所示。

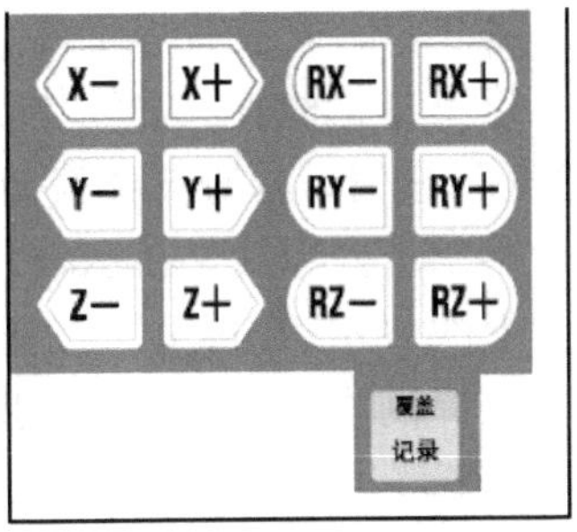

图5-29　位置移动按键图

第三步，焊接过程程序示教结束，所有步骤的记录也结束。作业程序的最后记录是终端命令，以便系统确认程序结束。终端命令可以指定功能号码FN92，或自程序一览中选择应用命令END而加以记录（终端命令请务必加以记录）。

第四步，前进及后退检查。调出编写好的程序，一边握住“Deadman开关”，一边按下“前进检查”或“后退检查”（持续按住至机器人停止为止）。注意：在此过程中，如果示教过程比较理想，就可使用“连续”检查；如果初次写入示教程序，请使用“非连续”检查，在“非连续”检查没有任何障碍的情况下，再次采用“连续”检查。在连续检查的时候，弧焊机器人在检查运行过程中不会在示教过程中的任意一个节点做停顿，而是持续地、连续不间断地走完整个运动及焊接轨迹的过程。

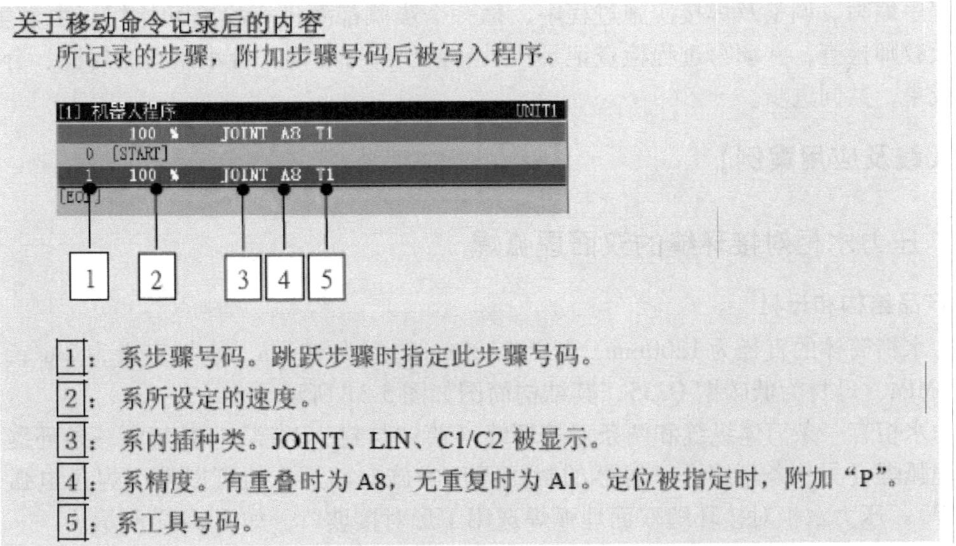

图5-30　示教语句及各参数含义图

第五步，焊接程序再生过程检验。在工件和外围设备状态良好、焊接环境安全的条件下，通过示教盒将编写好的示教程序写入再生工序。同时，将机器人示教盒上的“示教/再生”按钮设置到“再生”挡；将机器人操作箱上的“示教/再生”按钮设置到“再生”挡。再次检查弧焊机器人的工作环境，在示教盒上关闭焊接工作状态，按下操作箱上的“起动”按钮，使弧焊机器人在不焊接的状态下运行一周；如果没有问题（如空间不发生碰撞、焊枪姿态符合焊接要求、焊枪摆动均匀等），则弧焊机器人对某一工件的焊接示教过程结束。

2. 焊接

第一步，检查弧焊机器人的工作条件是否达到焊接的工艺要求。具体检查焊丝的装配是否正常，焊丝是否符合焊接工艺要求，焊丝送进是否流畅，保护气体管道是否通畅，冷却系统工作是否正常等。

第二步，安装待焊工件。将待焊工件按照装配要求装配到夹具上。

第三步，检查保护气体流量。打开保护气瓶或保护气体管道阀门，按下示教盒上的“通气”按钮，检查气体流量是否符合焊接工艺要求。

第四步，焊接。在示教盒上选定焊接程序，使焊接状态处于“ON”状态；操作箱和示教盒上的“示教/再生”按钮都处在“再生”状态下的时候，按下操作箱上的“起动”按钮，弧焊机器人开始进行焊接。

第五步，焊接完成。在弧焊机器人焊接工件的过程中，从示教盒显示面板上观察弧焊机器人是否运行完整个程序；在弧焊机器人运行完整个程序以后，按下“急停”按钮，并取下工件。

第六步，继续焊接。松开弧焊机器人控制系统的“急停”按钮，然后重复第二步及第三步，再重复第四步及第五步的工作。

四、项目总结

在本项目中，示教过程是掌握机器人焊接的重点，焊接工艺是弧焊机器人施焊的关键。在整个实训过程中，可以通过对不同焊缝在不同位置的焊接来掌握机器人焊接的重点和关键。

在程序编写、调整及焊接实施过程中，每一个步骤都要进行检查和比较。由学生自检、互检以及教师检查，并填写过程检查记录；最后留出部分时间，分小组交流讨论，分享各自的学习成果，共同进步。

【工程实践及应用案例】

一、压力水柜对接环缝的双面埋弧焊

1. 产品结构和母材

压力水柜筒体的直径为1200mm，长为2120mm，厚为10mm，水柜容量为$2m^3$，工作压力为0.6MPa，母材为低碳钢Q235，其结构简图如图5-31所示。

压力水柜有一条筒体纵缝和两条对接环缝（筒体与封头对接）。对其中一条环缝可以施行双面埋弧焊（另一条环缝由于容器的封闭无法实施双面焊，但可以使用焊条电弧焊封底的埋弧焊）。压力水柜对接环缝双面埋弧焊选用I形对接坡口，如图5-32所示。

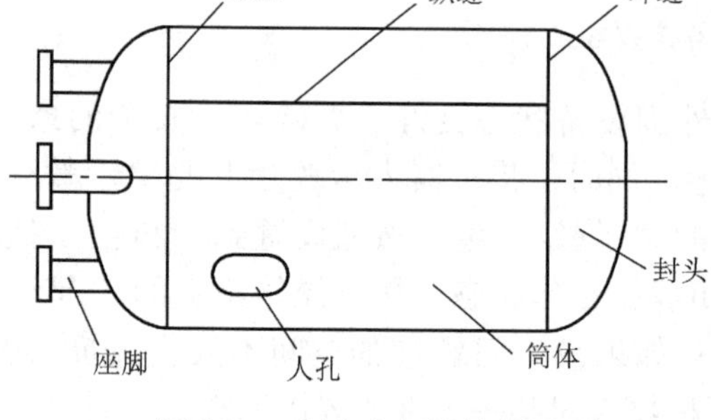

图5-31　压力水柜结构简图

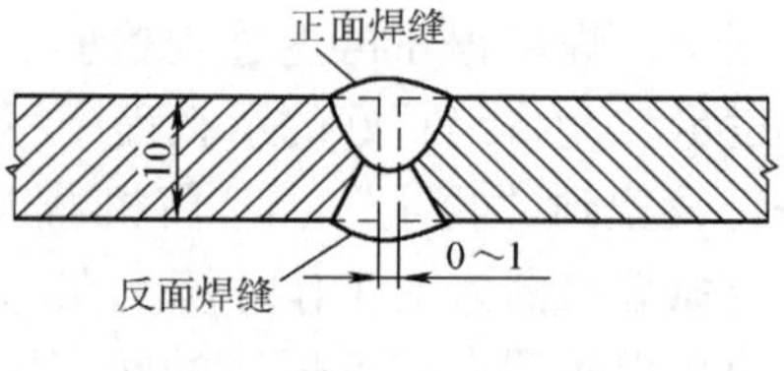

图5-32　压力水柜环缝双面埋弧焊I形坡口

2. 焊接材料

（1）焊条电弧焊材料　焊条 E5015（ϕ4mm）。

（2）埋弧焊材料　焊丝 H08A（ϕ4mm）和焊剂 HJ431。

3. 焊接工艺

1）焊前清理环缝坡口及其两侧 20mm 范围内的水、锈、油等污物。

2）将筒体（纵缝已焊好）竖立在平台上，封头安装在筒体上，用 ϕ4mm 的焊条（E5015）进行定位焊，定位焊缝长度为 50mm，间距为 200mm。

3）将装配好的筒体和封头组件吊上滚轮架，并在一端安装防轴向移动的装置。

4）将埋弧焊机伸入到筒体内接缝处，调整好焊机位置和焊丝位置（偏移距离）。

5）焊内环缝，焊接参数见表 5-12。

6）将埋弧焊机移到筒体外上方，置于外环缝处，并调整好焊丝位置。

7）焊外环缝，焊接参数见表 5-12。焊接电流稍大，以保证两面熔深有 2mm 的交搭。

8）继后装配并焊接另一条环缝（使用焊条电弧焊封底的埋弧焊）。

9）焊后进行压力水柜焊缝外表检验，然后进行液压密性试验，试验压力为 0.875MPa。

表 5-12　压力水柜双面埋弧焊焊接参数

板厚/mm	间隙/mm	焊缝	焊接电流/A	焊接电压/V	焊接速度/(m/h)	焊丝偏移距离/mm
10	0~1	内环缝	600~650	33~35	37~38	45
		外环缝	650~700	34~36	34~35	45

二、容器环缝焊条电弧焊封底的埋弧焊

1. 产品结构和母材

一压力容器筒体直径为 2400mm，有两条筒体和封头连接的环缝，一端环缝对接用双面埋弧焊已焊好，另一端环缝由于埋弧焊机无法进入容器内部而选用焊条电弧焊封底的埋弧焊。筒体和封头的厚度均为 46mm，母材为低合金结构钢 14MnMoVg，坡口形式如图 5-33 所示，容器内侧环缝开浅的 V 形坡口并施行焊条电弧焊，容器外侧环缝开 U 形坡口并施行埋弧焊。由于母材的强度等级高、厚度较大，焊前需要预热并保持层间温度。

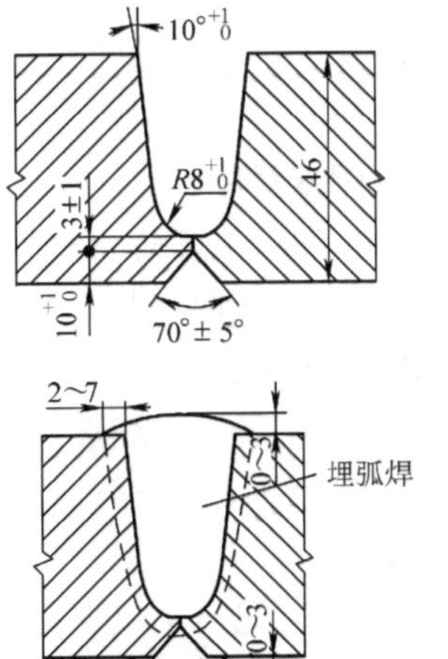

图 5-33　环缝焊条电弧焊封底埋弧焊的坡口及焊缝

2. 焊接材料

（1）焊条电弧焊材料　E6015（ϕ4mm 和 ϕ5mm）焊条。

（2）埋弧焊材料　焊丝 H08A（ϕ4mm）和焊剂 HJ431。

3. 焊接工艺

1）焊前清理环缝坡口及其两侧 20mm 范围内的水、锈、油等污物。

2）对环缝进行局部加热，加热范围为坡口两侧各 200mm，温度为 150~200℃。

3）用 E6015（ϕ4mm）焊条在容器外侧进行定位焊，焊接电流为 170~190A。定位焊缝长约 30mm，间距约 150mm。

4）定位焊后，继续对环缝局部加热，温度保持为150～200℃。

5）焊工进入容器，用焊条焊接V形坡口内环缝。第一层用ϕ4mm焊条，焊接电流为170～190A；第二层以上用ϕ5mm焊条，焊接电流为200～240A；焊满V形坡口后，余高为0～3mm，层间需清渣。

6）在容器外用碳弧气刨清根并打磨。

7）继续对容器环缝加热，温度保持为150～200℃。

8）将埋弧焊机置于操作机上，焊接U形外环缝。调整好焊丝和坡口的相对位置及焊丝偏移距离后，按表5-13中的焊接参数进行埋弧焊。焊第一层时，焊接电流略小，焊后续层时则应增大焊接电流。多层焊焊满坡口，焊缝余高达0～3mm。

表5-13 容器环缝焊条电弧焊封底的埋弧焊焊接参数

板厚/mm	坡口	焊接方法	焊接层序	焊条或焊丝直径/mm	电流/A	电压/V	焊丝偏移距离/mm
46	内环缝V形坡口	焊条电弧焊	第一层	4	170～190	—	—
			后续层	5	200～240	—	—
	外环缝U形坡口	埋弧焊	第一层	4	550～570	22～25	50
			后续层	4	600～650	25～30	50

9）层间需清渣，层间温度为150～300℃。

10）焊后立即进行后热处理，在150℃～200℃保温2h。

11）焊后进行X射线探伤。局部缺陷可由焊条电弧焊修补。

三、工字梁角焊缝船形位置埋弧焊

1. 产品结构和母材

某钢结构中的工字梁，其翼板厚为16mm，腹板厚为12mm，梁高为800mm，梁宽为600mm。腹板与翼板组成不开坡口的T形接头，焊脚为10mm。工字梁母材为低合金结构钢Q345（16Mn钢）。

2. 焊接材料

（1）焊条电弧焊材料　焊条E5015（ϕ4mm）。

（2）埋弧焊材料　焊丝H10Mn2（ϕ5mm）和焊剂HJ431。

3. 焊接工艺

1）焊前清理环缝坡口及其两侧20mm范围内的水、锈、油等污物。

2）用E5015（ϕ4mm）焊条进行装配与定位焊，并在接缝两端焊上T形接头引弧板和引出板。

3）将装配与定位焊好的工字梁放置在工字梁船形焊胎架上，如图5-15所示。

4）将MZ-1000型自动焊机的焊车直接放置在工字梁上，使用其导向滚轮引导焊丝对准坡口中心，并沿接缝线向前焊接。

5）为了使腹板获得较深的熔透深度，焊丝位置可向翼板倾斜，并使电弧稍偏向腹板。

6）按表5-14中的焊接参数进行埋弧焊。4条角焊缝的焊接顺序如图5-17所示。两相背的角焊缝的焊接方向应是同方向的。

7）焊后进行外观检验和磁粉探伤。

表 5-14 工字梁船形位置埋弧焊焊接参数

焊缝位置	焊脚/mm	焊丝直径/mm	焊接电流/A	电弧电压/V	焊接速度/(m/h)	焊丝伸出长度/mm
船形焊	10	5	725 ~ 775	24 ~ 36	24 ~ 25	35 ~ 40

【榜样的故事】

"勤学、勤问、勤想、勤练"的时代工人——武永合

（哈尔滨建成集团有限公司焊工，高级技师）

武永合 1981 年从部队复员到工厂从事电焊工作。面对全新的领域，他懂得学好技术必须掌握更多的知识。在学徒时，他就给自己规定了"勤学、勤问、勤想、勤练"的四原则。只要是与焊接有关的书，他总是一本接一本地"啃"，并用六年多的时间自学了中专到大学本科的全部焊接课程。在国家机械部与德国共同举办的国际焊工班上，武永合是来自世界各国 80 多名学员中最勤奋的一个，早晨他骑车到十几公里外的动力区上课，晚上别人休息时，他回到工厂去练习操作，他把这称为"复习功课"。技能考试前两天，角向磨光机飞出的铁屑崩伤了他的右眼，医生要求他必须住院治疗，可他却戴着眼罩走进考场。经过努力，他终于成为唯一一名 40 道理论题满分，13 项技术操作全优的学员。

在作为焊工的 24 年里，武永合师傅不但技术过硬，而且爱岗敬业，不断挖潜革新，解决了许多技术难题，为企业节约了巨额资金。他曾获得全国劳动模范、全国"五一"劳动奖章、第七届中华技能大奖。他，堪称时代工人。

第六单元

组合接头与返修焊接

【基础训练】

项目一　组合接头电弧焊

一、组合接头的定义

这里所描述的组合接头，是指在一个焊接结构的局部位置同时存在两种或两种以上焊接接头形式的组合构件。

二、几组典型组合接头的焊接实作

1. 板-板组合接头的焊接

图6-1为一工字梁拼接时的接头，在该接头中存在板-板对接和板-板角接两种接头形式。材料为Q235。

(1) 项目分析　该组合接头焊接时的关键是通过正确选择焊接顺序来减小焊接应力和变形。从减小应力的角度分析，正确的焊接顺序应为先焊翼板对接焊缝，然后焊接腹板对接焊缝，最后焊接腹板与翼板的角接焊缝。从减小焊接变形方面分析，主要是通过反变形或刚性固定法来减小角变形及纵向弯曲变形。

(2) 焊接操作要求

1) 翼板对接焊缝要求采用焊条电弧焊平焊位置焊接。

2) 腹板对接焊缝要求采用CO_2焊立位向上焊接。

3) 腹板与翼板角接焊缝

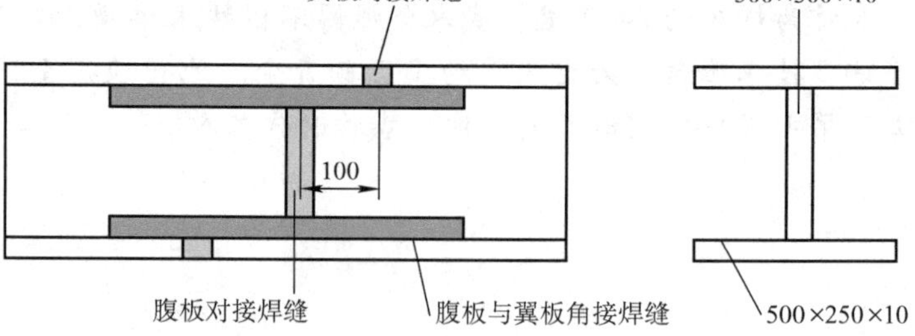

图6-1　板-板组合接头

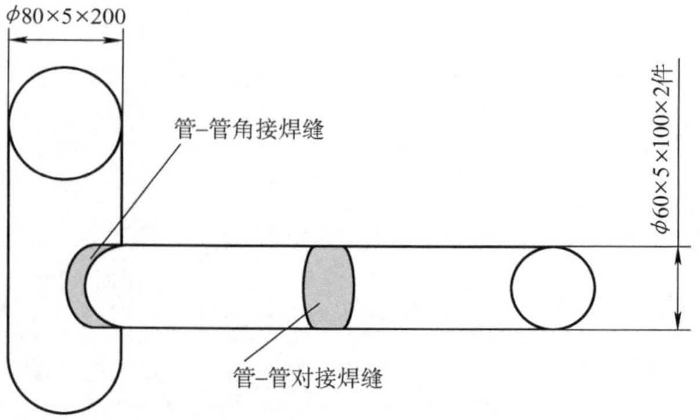

图6-2　管-管组合接头

要求采用焊条电弧焊平角焊或船形位置埋弧焊。

（3）焊接操作　翼板对接焊缝的焊接操作参见第二章中的板对接平焊实作；腹板对接焊缝的焊接操作参见第三章中的板对接立焊实作（向上立焊）；腹板与翼板角接焊缝的焊接操作参见第二章中的T形接头平角焊实作或第五章中的T形接头角焊实作。

（4）考核评分标准　参见表2-9。

2. 管-管组合接头的焊接

图6-2为管-管拼接结构，在该结构中存在管-管对接和管-管角接两种接头形式的组合。材料为20g。

（1）项目分析　该组合接头在焊接时，从应力与变形的角度上考虑不存在严格的焊接顺序问题，故先焊哪个接头均可。

（2）焊接操作要求

1）管-管对接焊缝要求采用钨极氩弧焊平位固定全位置焊接。

2）管-管角接焊缝要求采用焊条电弧焊立位焊接。

（3）焊接操作　管-管对接焊缝的焊接操作参见第三章中的管对接水平固定焊接实作；管-管角接焊缝的焊接操作参见第二章中的T形接头立角焊实作，且焊接时应注意焊条角度的调整。

（4）考核评分标准　参见表2-20。

3. 管-板组合接头的焊接

图6-3为管-管、管-板拼接结构，在该结构中存在管-管对接和骑坐式管-板角接两种接头形式的组合。在管-管对接接头形式中，又分为斜45°对接和垂直对接两种位置，而在骑坐式管-板角接接头形式中，又分为平位和仰位两种位置。（材料：板Q235，管20g）

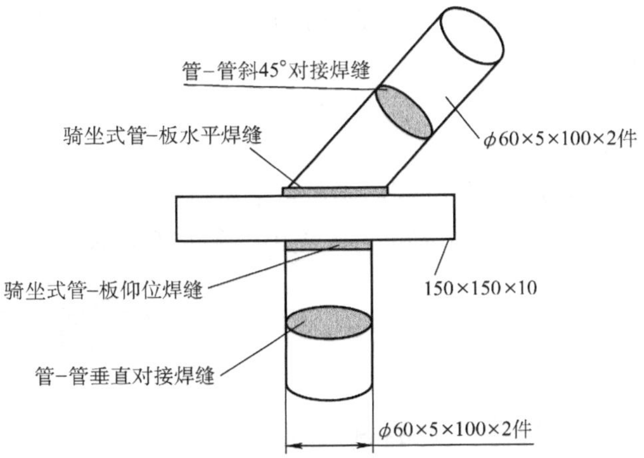

图6-3　管-板组合接头

（1）项目分析　对于该结构中的组合接头，焊接时，从应力与变形的角度考虑不存在严格的焊接顺序问题，但是从焊工的操作条件与方便性来看（比如下一条焊缝焊接时受到前面所焊焊缝的产热而使操作条件变差，影响焊工的操作等），应适当考虑焊接顺序。

（2）焊接操作要求

1）管-管斜45°对接焊缝要求采用钨极氩弧焊固定全位置焊接。

2）管-管垂直对接焊缝要求采用钨极氩弧焊垂直固定焊接。

3）骑坐式管板水平焊缝要求采用CO_2焊俯位焊接。

4）骑坐式管板仰位焊缝要求采用焊条电弧焊仰角焊接。

（3）焊接操作　管-管斜45°对接焊缝的焊接操作参见第二章中的管对接45°倾斜固定焊实作；管-管垂直对接焊缝的焊接操作参见第四章中的管对接垂直固定焊实作；骑坐式管板

水平焊缝的焊接操作参见第三章中的骑坐式管板垂直俯位焊实作；骑坐式管板仰位焊缝的焊接操作参见第二章中的板对接仰焊实作。

（4）评分标准　参见表4-18。

4. 小型容器组合接头的焊接

图6-4为一小型压力容器（该图是2003年全国工程建设系统焊工技术比赛项目），它由板-板对接接头（5号对接横焊缝、6号对接右斜立焊缝、8号对接平焊缝）、板-板角接接头（4号焊缝共4条、7号焊缝共4条、9号焊缝共4条）、管-管对接接头（11号焊缝）和管-板角接接头（1号、2号、3号、10号、12号焊缝）等四种接头形式组成。所有管板接头在装配时均要求管与板的中心线相重合。（材料：板Q235，管20g）。

（1）项目分析　该结构尺寸比较小，组合接头形式比较多，焊缝分布比较集中。在装配与焊接时，应认真分析装配与焊接的顺序，以减小焊接应力与变形（留给学员自己思考）。

（2）焊接操作要求

1）1号、3号、11号、12号焊缝要求采用钨极氩弧焊焊接。

2）2号、5号、6号、9号、10号焊缝要求采用焊条电弧焊焊接。

3）4号、7号、8号焊缝要求采用CO_2焊焊接。

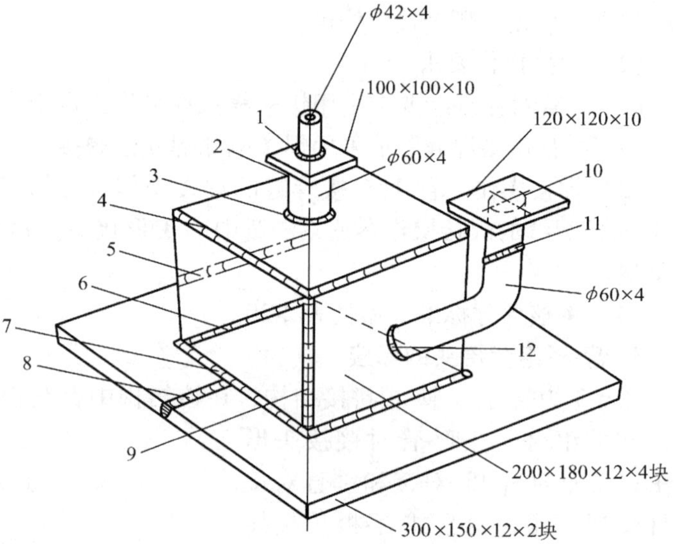

图6-4　容器

（3）焊接操作(留给学员自己思考)

（4）考核评分标准　参见第二单元评分表。

项目二　焊缝返修

一、焊缝返修的意义和条件

1）由于制造过程中影响质量的因素很多，焊接产品存在诸多不可定量的因素，导致焊接接头的性能具有不确定性。焊接产品的焊缝存在缺陷时，在不影响产品的使用和不损坏材料性能的前提下，可以对其进行返修，即将有缺陷的焊缝切开，重新进行焊接。通过返修，可以避免产品或设备因缺陷导致报废而造成的浪费，可以避免因带缺陷继续满负荷运行而引发重大事故所造成的经济损失。焊缝返修对保证产品的制造质量及设备的安全运行有着很大的意义。

2）焊接产品的焊缝表面若存在裂纹、气孔，收弧处大于0.5mm深的气孔，深度大于0.5mm的咬边等，均应进行返修。返修由考试合格的焊工进行，并采用经过评定验证的焊接工艺。注意同一位置的返修不能超过三次。

二、常见的焊接缺陷

常见的焊接缺陷有裂纹、气孔、夹渣、未熔合、咬边、焊接变形等，详见第一章第五节。

三、焊缝返修的基本步骤

确定缺陷的种类、位置→制定返修工艺→清除焊缝缺陷（碳弧气刨、手工铲磨、机械加工等）→补焊→焊缝检验以及后热处理。

四、碳弧气刨的使用

1. 碳弧气刨的概念

碳弧气刨是指使用石磨棒或碳棒与工件间产生的电弧将金属熔化，并用压缩空气将其吹掉，以实现在金属表面上加工沟槽的方法。

2. 碳弧气刨的过程

如图6-5所示。

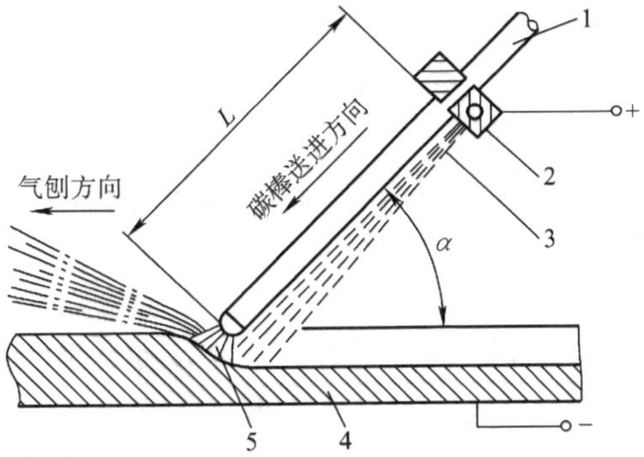

图6-5　碳弧气刨示意图

1—碳棒　2—气刨钳　3—压缩空气

4—工件　5—碳极电弧

3. 碳弧气刨的特点

（1）优点

1）与采用风铲相比，采用碳弧气刨可提高效率4倍，在仰焊位置及垂直俯焊位置时其优越性更大。

2）与用风铲比较，采用碳弧气刨没有震耳的噪声，并减轻了劳动强度。

3）在狭窄的位置使用风铲有困难，而碳弧气刨仍可以适用。对于封底焊缝，用碳弧气刨刨槽时容易发现各种细小的缺陷。

（2）缺点

1）碳弧有烟雾、粉尘污染和弧光辐射，对健康有影响。

2）操作不当时容易引起槽道增碳。

3）目前多采用直流电源，设备费用较高。

4. 碳弧气刨的应用

碳弧气刨这种方法已广泛应用于造船、机械制造、锅炉、压力容器等金属结构制造部门。具体包括以下几方面：

1）主要用于双面焊时清理背面焊根。

2）清除焊缝中的缺陷。

3）自动碳弧气刨用来为较长的焊缝和环焊缝加工坡口；手工碳弧气刨用来为单件、不规则的焊缝加工坡口（如“U”形坡口）。

4）清除铸件的毛边，清除浇冒口和铸件中的缺陷。

5）切割高合金钢、铝、铜及其合金等。

5. 碳弧气刨使用的工具、材料及电源设备

碳弧气刨系统由电源、气刨枪、碳棒、电缆气管和压缩空气源等组成，如图6-6所示。

（1）电源　碳弧气刨一般采用具有陡降外特性且动特性较好的手工直流电弧焊机作为电源。由于碳弧气刨一般使用的电流较大，且连续工作时间较长，因此，应选用功率较大的焊机。例如，当使用 ϕ7mm 的碳棒时，碳弧气刨电流为350A，故宜选用额定电流为500A 的手工直流电弧焊机作为电源。使用工频交流焊接电源进行碳弧气刨时，由于电流过零时间较长会引起电弧不稳定，故在实际生产中一般并不使用。近年来研制成功的交流方波焊接电源，尤其是逆变式交流方波焊接电源的过零时间极短，且动态特性和控制性能优良，可应用于碳弧气刨。

（2）气刨枪　碳弧气刨枪的电极夹头应导电性良好、夹持牢固，外壳的绝缘及绝热性能良好，且更换碳棒方便，压缩空气喷射集中而准确，重量轻和使用方便。碳弧气刨枪就是在焊条电弧焊钳的基础上增加了压缩空气的进气管和喷嘴而制成的。碳弧气刨枪有侧面送气和圆周送气两种类型。

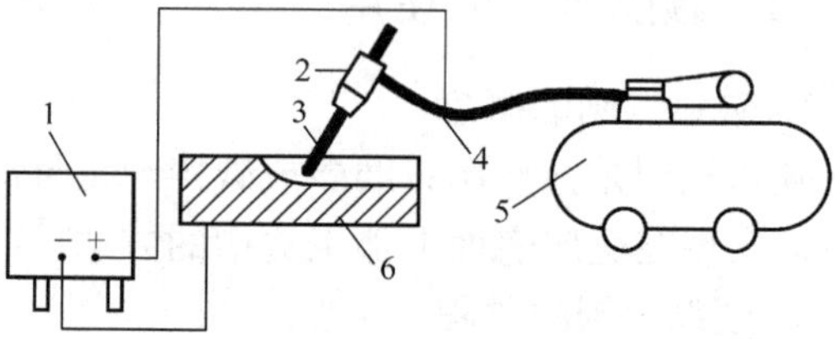

图6-6　碳弧气刨系统示意图
1—电源　2—气刨枪　3—碳棒　4—电缆气管
5—空气压缩机　6—工件

1）侧面送气气刨枪。侧面送气气刨枪的结构如图6-7 所示。侧面送气气刨枪的枪嘴结构如图6-8 所示。

侧面送气气刨枪的优点是：结构简单，压缩空气紧贴碳棒喷出，碳棒长度调节方便。缺点是：只能向左或向右单一方向进行气刨。

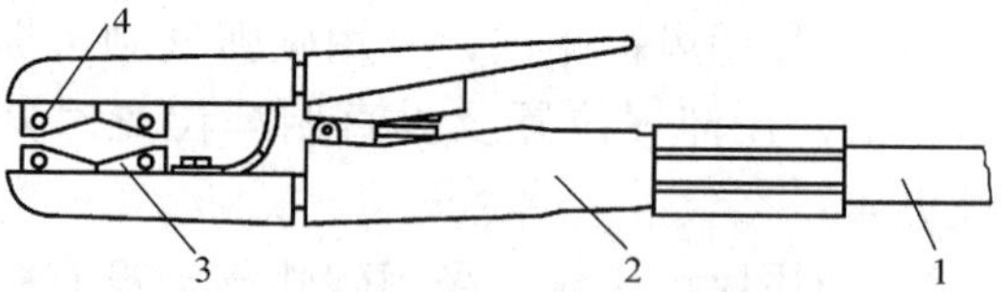

图6-7　侧面送气气刨枪的结构示意图
1—电缆气管　2—气刨枪体
3—喷嘴　4—喷气孔

2）圆周送气气刨枪。圆周送气气刨枪只是枪嘴的结构与侧面送气气刨枪有所不同。圆周送气气刨枪的枪嘴结构如图6-9所示。圆周送气气刨枪的优点：喷嘴外部与工件绝缘，压缩空气由碳棒四周喷出。碳棒冷却均匀，适合在各个方向操作。缺点：结构比较复杂。

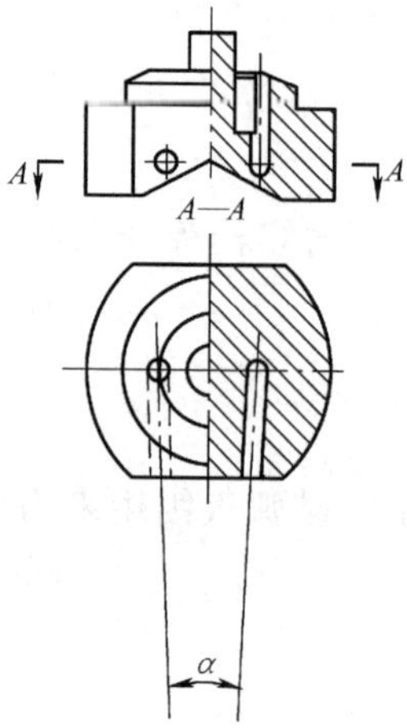

图6-8　侧面送气气刨枪的
枪嘴结构示意图

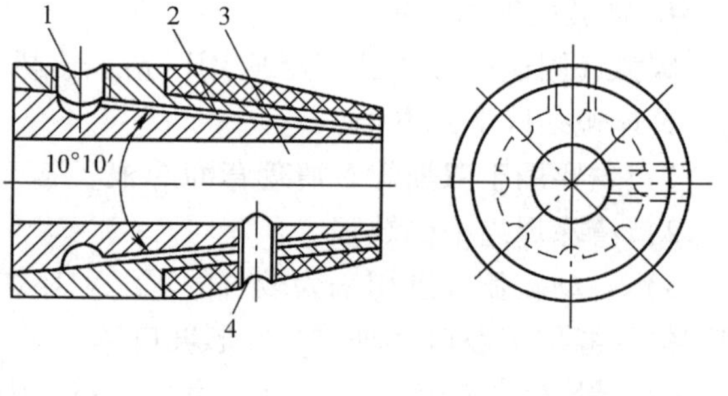

图6-9　圆周送气气刨枪的枪嘴结构示意图
1—电缆气管的螺孔　2—气道
3—碳棒孔　4—紧固碳棒的螺孔

（3）电缆气管　一般碳弧气刨枪上部需连接电源导线和压缩空气橡皮管。为了使压缩空气能冷却发热的导线，同时便于操作，可以采用电风合一的软管，这样不但解决了导线在大电流时的发热问题，而且使导线的截面减小。软管结构如图6-10所示。这种电风合一的气刨枪软管具有重量轻、使用方便、节省材料等优点。

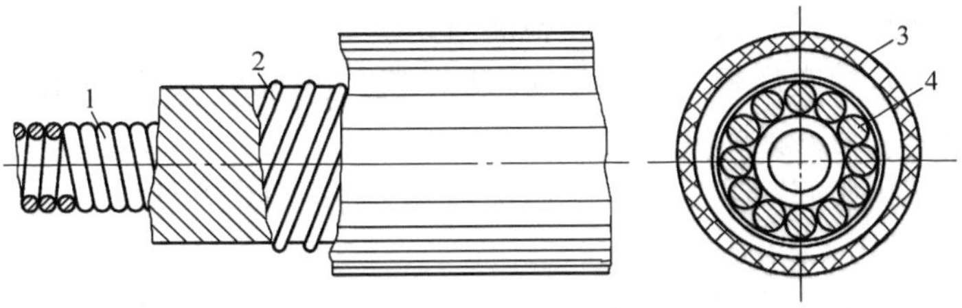

图6-10　电风合一软管的结构
1—弹簧管　2—外附钢丝　3—胶管　4—多股导线

（4）碳棒　碳棒是由碳、石墨加上适当的粘结剂，通过挤压成形、焙烤后镀一层铜而制成的。碳棒主要分为圆碳棒、扁碳棒和半圆碳棒三种，其中圆碳棒最常用。对碳棒的要求是耐高温、导电性良好、不易断裂、使用时散发的烟雾及粉尘少。碳弧气刨的碳棒规格及适用电流见表6-1。

表6-1　碳弧气刨的碳棒规格及适用电流

断面形状	规格/(mm×mm)	适用电流/A	断面形状	规格/(mm×mm)	适用电流/A
圆形	$\phi3\times355$（长度）	150～180	扁形	$3\times12\times355$（长度）	200～300
	$\phi4\times355$	150～200		$4\times8\times355$	180～270
	$\phi5\times355$	150～250		$4\times12\times355$	200～400
	$\phi6\times355$	180～300		$5\times10\times355$	300～400
	$\phi7\times355$	200～350		$5\times12\times355$	350～450
	$\phi8\times355$	250～400		$5\times15\times355$	400～500
	$\phi9\times355$	350～450		$5\times18\times355$	450～550
	$\phi10\times355$	350～500		$5\times20\times355$	500～600

6. 碳弧气刨的工艺条件

（1）电源极性　采用直流反接。

（2）气刨电流与碳棒直径　气刨电流和碳棒直径成正比，一般可参照经验公式选择电流$I=(30\sim50)d$。

（3）刨削速度　一般以0.5～1.2m/min为宜。

（4）压缩空气的压力　一般为0.4～0.6MPa。

（5）碳棒伸出长度　以80～100mm为宜。

7. 碳弧气刨的安全技术

1）遵守常规的焊工安全操作规程。

2）露天作业时，尽可能顺着风操作，防止吹出的熔渣烧伤周围其他作业人员，并作好现场安全防火工作。

3）在容器内操作时，必须有通风、排烟措施。

4）气刨电流较大时，连续使用应防止焊机过载发热。

5）碳弧气刨产生的粉尘、烟雾对人体有较大的危害，操作时最好戴特制的防护口罩。

8. 碳弧气刨的操作过程

1）连接设备，送风并检测风量。

2）检查焊机的接地，起动焊机，按杆伸长度要求装好碳棒（80～100mm，最短为40mm，避免烧坏气刨枪）。

3）戴好面罩，起刨。刨削过程中应不断调节杆伸长度，并随时清除熔渣，检查刨削质量。

4）刨削结束后，关闭电源、风源，并整理设备、工具，清扫场地。

9. 常见缺陷及排除措施

（1）夹碳　刨削速度和碳棒的送进速度不稳时，易造成短路熄弧，使碳棒粘在未熔化的金属上，从而产生夹碳缺陷。夹碳缺陷处会形成一层含碳量高达6.7%（质量分数）的硬脆的碳化铁。若夹碳残存在坡口中，则焊后易产生气孔和裂纹。

排除措施：夹碳主要是因操作不熟练而造成的，因此应提高操作技术水平。在操作过程中要细心观察，及时调整刨削速度和碳棒的送进速度。发生夹碳后，可用砂轮、风铲或重新用气刨将夹碳部分清除干净。

（2）粘渣　碳弧气刨吹出的物质俗称为渣，它实质上主要是氧化铁和碳化铁等化合物，易粘在刨槽的两侧而形成粘渣，焊接时容易形成气孔。

排除措施：粘渣的主要原因是压缩空气压力偏小。发生粘渣后，可用钢丝刷、砂轮或风铲等工具将其清除。

（3）铜斑　碳棒表面的铜皮成块剥落、熔化后，集中熔敷到刨槽表面某处而形成铜斑。焊接时，该部位焊缝金属的含铜量可能增加很多，从而引起热裂纹。

排除措施：碳棒镀铜的质量不好、电流过大都会造成铜皮成块剥落而形成铜斑，因此，应选用质量好的碳棒和选择合适的电流。发生铜斑后，可用钢丝刷、砂轮或重新用气刨将铜斑消除干净。

（4）刨槽尺寸和形状不规则　在碳弧气刨操作过程中，有时会产生刨槽不正、深浅不匀，甚至刨偏的缺陷。

排除措施：产生以上缺陷的主要原因是操作技术不熟练。因此，应从以下几个方面改善操作技术：①保持刨削速度和碳棒的送进速度稳定。②在刨削过程中，碳棒的空间位置，尤其是碳棒的夹角，应合理且保持稳定。③刨削时应集中注意力，使碳棒对准预定的刨削路径。在清焊根时，应将碳棒对准装配间隙。

五、铸件返修工艺

焊条电弧焊补焊铸件的方法有：冷焊法、热焊法和半热焊法三种。补焊方法要根据铸件的具体形状、尺寸、大小、缺陷类型、缺陷位置及焊后要求来选择。一般采用冷焊及热焊法的情况较多，半热焊法通常用于缺陷较集中的大件。

1. 电弧冷焊法工艺

焊前不预热或预热温度不超过300℃的焊接方法称为冷焊法。

（1）焊前准备　焊前将铸件缺陷周围的型砂、油污等清除干净，直至露出金属光泽。补焊裂纹时，须在裂纹两端钻止裂孔。

用铲、砂轮或气刨等方法将缺陷处加工成合适形状的坡口。

（2）补焊焊接参数　补焊铸件时，为了减小补焊区与整体之间的温差，防止热应力过大而产生裂纹，要选用小的焊接参数。铸件补焊冷焊法的焊接参数见表6-2。深坡口补焊时，要采用多层焊。

表6-2　铸件补焊冷焊法的焊接参数

焊条牌号	焊条直径/mm	焊接电流/A	电源极性	备注
Z116	3.2	98～105	直流反接	高强度灰铸铁件及球墨铸铁件的补焊
Z117	4	120～125		
Z308	4	115～125	交流或直流反接	重要灰铸铁薄壁件和加工面的补焊
	3.2	90～100		
Z612	4	120～130	交流或直流反接	一般灰铸铁件非加工面的补焊
	3.2	95～100		

（3）冷焊法操作要领　冷焊法补焊宜采用分段退焊法和分散焊法，每段焊缝长约10～15mm。每段焊缝焊完后要等到完全冷却，才能焊下一段。补焊时，要尽量压低电弧，焊速稍快，焊条不摆动。其操作要领是：细焊条、小电流、浅熔深，短段、断续、退步焊，每段应锤击以消除应力等。

2. 电弧热焊法工艺

焊前将铸件预热至650～700℃，并在400℃以上进行焊接，焊后在650～700℃保温，然后缓慢冷却，这种补焊法称为热焊法。

（1）焊前准备

1）补焊前将铸件缺陷部位清理干净，直至露出金属光泽。

2）根据缺陷的性质，用钻孔、錾挖等方法将缺陷处修制成必要的坡口。为保证焊后的几何形状，不使熔融金属外流，可在铸件待补焊处简单造型。

3）小尺寸铸件可以采用整体预热，大铸件可以采用局部预热。

（2）补焊操作

1）热焊时采用铸铁芯焊条（Z248），要用大电流（焊接电流是焊条直径的55倍）焊接。

2）焊接时最好选用平焊位置，要始终保持工件的温度不低于400～500℃。

3）焊接过程中可根据坡口的大小采用锯齿形、圆圈形和直线形运条法。

4）每条焊缝应一次焊完，不可断续。

5）不要在有风的地方进行焊接。

6）焊后焊件要用石棉网盖上或在炉中随炉缓冷。

六、产品返修的工艺制定

正确的返修工艺是返修工作顺利实施、取得成功的保证，并作为该产品今后运行和检查的重要历史资料保存。

返修工艺的编制根据实际情况可繁可简，但基本上包括以下几方面的内容：

（1）产品的基本情况　即以产品类型、运行历史、材料种类、工况参数作为分析的基础。

（2）缺陷状况　即说明缺陷的种类、性质、大小、位置及严重程度等。

（3）分析原因　即分析缺陷产生的原因。这点对于确保返修成功是非常重要的一环。

（4）处理方案　科学合理的返修方案是返修工作中的重要指导性文件，其具体内容包括以下方面：

1）缺陷的消除方法及坡口的加工。

2）返修区域缺陷清除后的复验方法及要求。

3）返修焊补工艺。包括采用的设备、焊接材料的选取；返修的焊接方法及工艺；预热和后热及层间温度的确定和控制；焊后热处理方法的确定和焊后热处理规范的制订；补焊次数及补焊规范的确定和控制等。

4）焊后检验方法的确定与检验方案的实施。包括合格验收标准的确定和补焊后的验收等。

（5）切实可靠的安全防护措施

关键技术点拨

铸件补焊的关键是采取一切手段减小焊接应力、防止裂纹。铸件材料通常较脆硬、塑性差，且铸件一般都较厚重，刚性大，补焊往往限于局部，使其四周非焊区对补焊区的约束更大，极易开裂。冷焊法是为了缩小焊接区与非焊区的温差，减小应力；热焊法也同样是为了缩小温差，减小应力，从而预防开裂。

注意：冷焊法焊接时，每一小段焊完后，一定要及时用圆头锤锤击焊缝，使焊缝金属在冷却过程中沿平面延展，弥补焊后的收缩。热焊结束后，一定要采取保温措施，使其缓慢冷却，这有利于应力释放、氢的逸出和组织转变，从而达到防裂的目的。

【工程实践及应用案例】

铸铁冷焊栽丝加固法的操作技巧

某厂两台 $2m^3$ 水煤气发生炉底盘的灰渣、水混合仓，由于长期处于煤炭燃烧基本完成形成灰渣、后迅速加水产生煤气的恶劣工作环境下（材料 HT150 灰铸铁），经过像淬火似的淬硬经历，材料变质，并在混合仓自来水进口处炸开裂纹，每台炉的裂纹长度为 2m 左右，壁厚为 20 ~ 50mm。该厂曾多次请人焊修和机械加固，但都因有煤气泄漏的危险，不能达到厂家要求。

一、焊前准备

（1）栽螺钉　将原焊缝全部铲除和打磨，铲磨至没有焊接缺陷。每间隔 40mm 攻深 10mm 螺纹孔，栽 M10 ×20mm 螺钉 6 ~ 7 个。焊完后，螺钉埋在焊缝内部，就像在铸铁里埋入多个钢柱，使大面积焊缝通过每个螺钉与母材牢固抓住，不易剥离；再与外部钢焊缝相结合，将铸铁变成钢的组织，强度大大提高，如图 6-11 所示。

（2）开坡口　用铲、磨、钻、电弧切割或其他方法开“U”形坡口，坡口尽量窄而深，宽度最好不超过 25mm。对于薄壁铸铁件，宽度≤10mm，其加固方法是在坡口两侧上部的斜面上，每间隔20mm钻一个直径为6mm、深5～6mm的浅孔，用ϕ2mm焊条将浅孔焊满，等于在铸件上埋入一个M6的螺钉。

（3）开加强槽、栽螺钉　坡口垂直方向每间隔80mm开一加强槽，能埋入一对M10～M16、长80mm左右的螺钉，如图6-12所示。

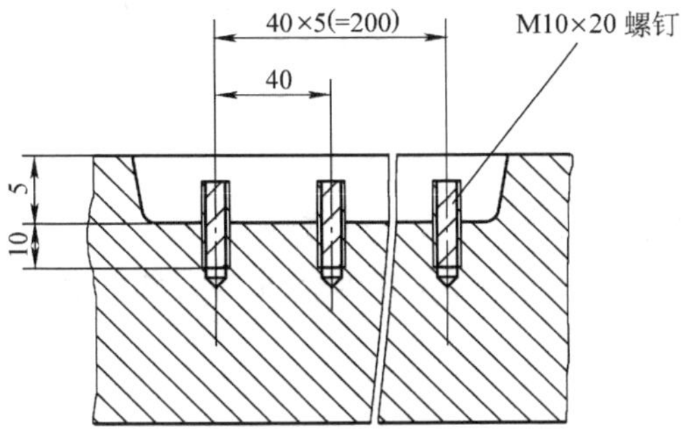

图6-11　螺钉栽入示意图

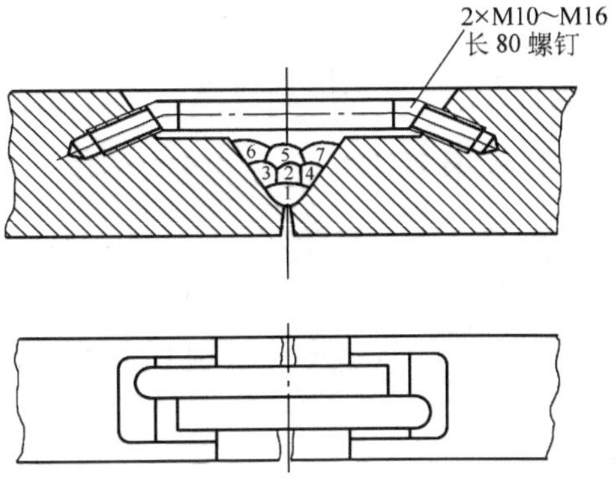

图6-12　加强槽及长螺钉栽入示意图

每对螺钉搭接焊后，起到拉紧裂纹、增加焊接强度的作用。铸铁的焊接加固是必须的，如果没有加固，接头强度一般只能达到母材强度的70%左右，所以，要根据各种情况巧妙、灵活地采用各种机械加固方法，以保证焊件的使用性能。加固方法有栽螺钉、钻浅孔、埋钢筋、冷热镶加强板、热镶半圆头组合键等。

（4）焊条选择　只有焊后需机械加工的工件，才用Z308等镍基铸铁焊条，其他铸件可采用J427（J426、J507、J506），若条件允许，也可用不锈钢焊条。因碱性低氢型焊条容易找到，且与铸铁熔合性好，尤其是那些组织粗大或长期在高温下工作的变质铸铁，仍具有较好的熔合性。与镍基铸铁焊条相比，碱性低氢型焊条价格便宜，成本大大降低；其抗裂性比酸性焊条也强很多。铸铁本身强度很低，所以有J427就不选J507，更不能选J422焊条。

（5）加热保温　以上工作完成后，支好2～3个1500W的电炉，通电加温，用石棉布将底盘包起来保温，将主要件升温60～80℃，并在此温度下进行焊接。

二、焊接

（1）打底焊　用ϕ2mm（2.5mm）焊条进行打底焊。每根焊条分2～3次焊完。每段焊完后立即锤击焊缝（用尖锤或风冲，锤击焊缝在铸铁焊接中也是必须的）。采用较小直径的焊条、较小的焊接电流、回火焊法，可使熔深浅，白口薄，焊接应力小，产生裂纹的可能性就很小；再用合适的锤击工具，适当用力，迅速锤击，使焊缝上产生很多麻点，焊接应力就更小，因此可有效地防止裂纹的产生。

（2）凹陷处的堆焊　先用ϕ2mm焊条将每条栽丝的根部焊满一圈，后迅速锤击，然后再用ϕ2mm或ϕ3.2mm焊条分散、分段堆焊。注意不要用大电流将螺钉过烧。

（3）加强槽栽丝的焊接　将一对M10～M16的螺钉拧死在螺钉孔内一动不动，然后用ϕ2mm焊条将螺钉与基体铸铁焊上半圈，用氧乙炔火焰将螺钉根部加热到800～900℃，再将螺钉打弯，然后将一对螺钉搭接焊牢，最后用ϕ3.2mm焊条将槽填平。

三、焊后检查

焊后用角向砂轮机打磨所有焊缝，并用肉眼检查。若发现有个别气孔，将其打磨下几毫米深，用 ϕ2mm 焊条修补，再交付使用，以满足使用要求。用此方法不卸底盘焊接，大大缩短了补焊周期，减少了经济损失，解决了该厂困惑很久的技术难题。该方法所用设备简单，操作方便，可全位置焊接，是一种很有发展前途、易于推广的工艺方法。

【榜样的故事】

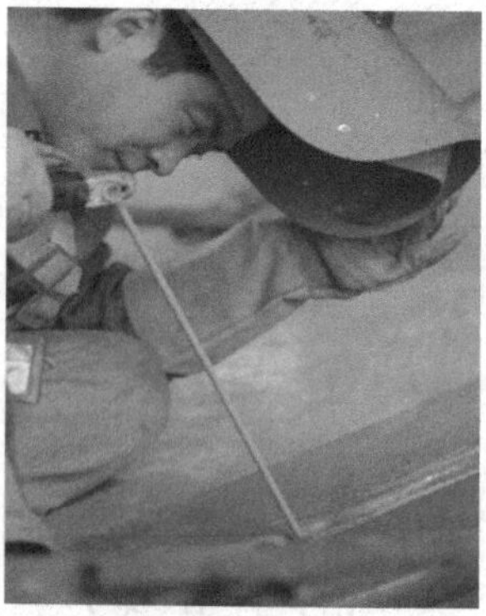

“每一条焊缝，罗卫东都像对工艺品一样精雕细琢”——记“全国技术能手”、葛洲坝集团机电建设有限公司三峡机电金结制安项目部焊接队副队长罗卫东

6 月 23 日，骄阳似火，地表温度 36℃。记者在三峡右岸压力钢管斜支段的焊接现场看到，正在忙碌的罗卫东被飞溅的焊花包裹着，汗水湿透了厚厚的防护服。见到记者，罗卫东说，压力钢管焊接要在 80 ~ 100℃ 的加热保温过程中进行，赶上高温的天气，衣服湿成这样很正常！

这就是罗卫东——第七届“全国技术能手”获得者、葛洲坝集团机电建设有限公司三峡机电金结制安项目部焊接队副队长。在葛洲坝集团公司，罗卫东经常说的有三句话：“自己既然选择了，就得对得起自己的选择。”“要么不焊，要焊就要焊得最好。”“我想让更多的人站到光荣的授奖台上！”

正是这三句话，成为罗卫东创造一系列业绩的源动力。2001 年，罗卫东所在的泄洪坝段项目部完成了金属结构安装 1. 82 万 t；其中，导流底孔、深孔弧形工作门下闸挡水后“滴水不漏”。2004 年 10 月，在三峡三期工程施工中，他所在的项目部创造了月焊接 20 条焊缝、计约 800m 的三峡工程新纪录；同年 12 月，又实现了压力钢管制作 27 节、吊装 21 节的重大突破，刷新了三峡左岸电站压力钢管制作、吊装的月工程量纪录！而罗卫东自己，也在技术上不断脱颖而出：2000 年，在水利部主办的首届全国水利水电焊工大赛中获得第一名，同年被湖北省劳动厅授予“湖北省青年岗位能手”；2001 年 4 月，被全国劳动社会保障部授予“全国优秀焊工”光荣称号；2004 年 12 月，又被国家劳动和社会保障部授予“全国技术能手”称号。

*第七单元

气焊与气割

项目一 气焊

本节介绍气焊的目的主要是帮助学生建立熔池的概念，学会观察熔池状况，并控制熔池的形状和大小，这对电弧焊的操作很关键。建议将本节内容安排在第二章之前学习。

一、气焊的特点及应用

气焊是利用可燃气体燃烧释放出的热能作为热源，熔化金属进行焊接的一种方法。多为手工操作。

气焊由于设备简单，操作方便，适合于野外和无电的地方施工。但是，由于其温度较低，热影响区大，焊接变形大，故多数情况下被电弧焊取代。

气焊目前主要应用于薄板焊接、维修、铸铁补焊和有色金属的焊接。

二、气焊工具的特点及应用

气焊的工具主要是氧气瓶、乙炔瓶、气体减压器、回火保险器和焊枪（焊炬）。

1. 气瓶

（1）氧气瓶　氧气瓶是一种用来存储和运输氧气的高压容器，如图 7-1a 所示。通常将从空气中制取的纯氧压入气瓶内。

由于氧气瓶的压力高，而且氧气是极为活泼的助燃气体。因此，必须严格按照气瓶安全使用注意事项使用。

（2）乙炔瓶　目前，在我国乙炔发生器正在被相对安全、卫生的乙炔瓶所代替。乙炔瓶是一种储存和运输乙炔的容器，如图 7-1b 所示。乙炔能大量溶解于丙酮溶液中，所以乙炔瓶内装有丙酮溶液和活性炭，可使乙炔安全方便地储存、运输和使用。瓶口装有乙炔瓶阀，但阀体旁侧没有侧接头，因此，必须使用带有夹环的乙炔减压器。乙炔瓶肩部装有易熔合金保险栓，当乙炔瓶受热温度超过(105 ± 5)℃时，合金便熔化，乙炔便能缓慢逸出，以免乙炔瓶爆炸。由于乙炔是易燃、易爆的气体，因此，必须严格按照安全使用注意事项使用。

（3）气瓶安全使用注意事项

1）气瓶严禁接触、靠近油品、易燃物品；开启时，身体和面部应避开出气口及减压器表盘。

2）夏季使用、运输及储放时应防暴晒，应远离热源。空、实瓶应分开放置。

3）现场使用的钢瓶应直立地面或放置到专用瓶架上，防止倾倒。

4）储运时，瓶阀上应戴安全帽；瓶身上应装防振圈；装、卸车及运输时，应避免撞击，要轻装轻卸。

5）冬季使用时，若发生冻结或出气不畅，严禁用明火加热，只能用热水或蒸汽解冻。

2. 减压器

减压器是将气瓶中的高压气体的压力减到气焊、气割所需的工作压力的一种调节装置。氧气、乙炔的减压器如图7-2所示。

（1）减压器的作用与分类

1）减压器的作用。

①减压作用。由于储存在气瓶内的气体都是高压气体，氧气瓶内的最高压力可达15MPa，乙炔瓶内的最高压力可达1.5MPa，而气焊、气割工作中所需的气体工作压力一般要求氧气为0.1～0.4MPa，乙炔在0.15MPa以下，所以气焊、气割工作中必须使用减压器将压力减小至合适值。

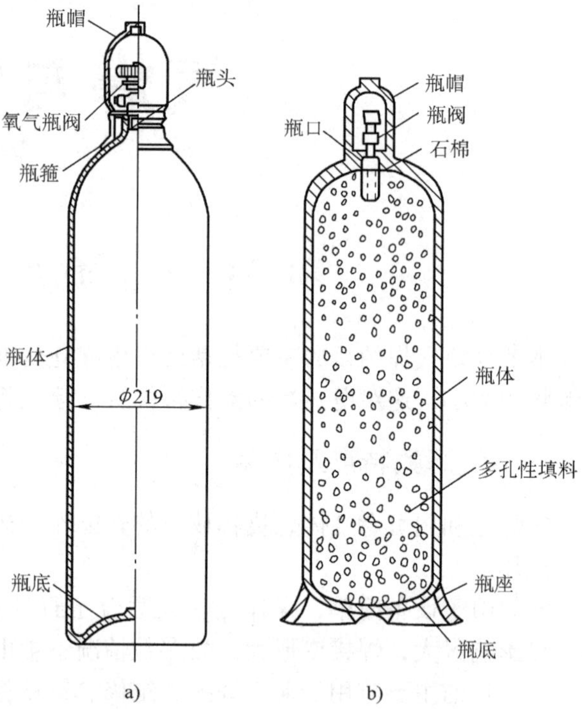

图7-1 氧气瓶和乙炔瓶

a）氧气瓶 b）乙炔瓶

②稳压作用。气瓶内气体的压力是随着气体的消耗而逐渐下降的，但在气焊、气割工作中的气体工作压力必须稳定不变，这就需要减压器来稳定气体的工作压力，使气体在工作中的压力不随气瓶内气体压力的下降而下降。

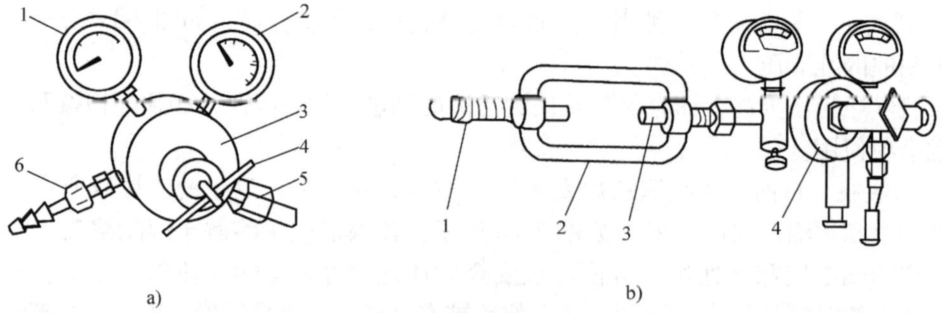

图7-2 氧气减压器和乙炔减压器

a）氧气减压器

1—低压表 2—高压表 3—外壳 4—调节螺钉 5—进气接头 6—出气接头

b）乙炔减压器

1—固定螺钉 2—夹环 3—连接管 4—乙炔减压器外壳

2）减压器的分类。减压器按用途分为氧气减压器、乙炔减压器、液化石油气减压器等；按构造分为单级式和双级式；按工作原理分为正作用式和反作用式。目前常用的是单级反作用式减压器。

乙炔减压器与氧气减压器的区别在于：乙炔减压器与乙炔瓶的连接是用特殊的夹环并借助紧固螺钉加以固定的（图 7-2b）。

（2）减压器使用注意事项

1）安装减压器前，应将气瓶阀门迅速开启后再关闭，将瓶口处的灰尘及污物吹去。注意瓶口不要对着人。

2）出气口与胶管的连接处要用专用夹具或铁丝扎紧。

3）减压器不得沾有油和油脂。

4）减压器停止工作时，必须把调压手柄完全放松。结束焊接工作时，应将减压器卸下并妥善保管。

5）在打开气瓶阀门前，必须松开减压器的调节螺杆。打开气瓶阀门时，人不可站在减压器正面或背面，而应站在侧面，并缓开阀门，以防高压气体损坏减压器和压力表。

6）把减压器连接到气瓶出气口时，要使用尺寸合适的扳手，拧紧力不要过大，以保证设备的使用寿命。

7）减压器的压力表应定期检查。

3. 焊枪

目前普遍应用的是射吸式焊炬，如图 7-3 所示。射吸式焊炬配有五个规格不同的焊嘴，焊接时可根据不同厚度的焊件选用不同号码的焊嘴。

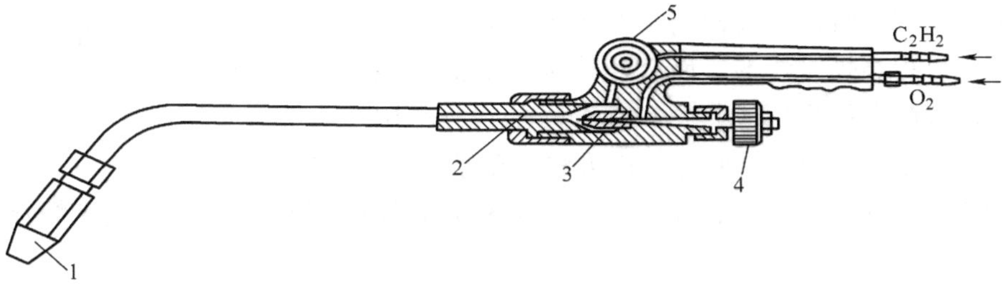

图 7-3　射吸式焊枪

1—焊嘴　2—射吸管　3—喷嘴　4—氧气阀　5—乙炔阀

三、气焊安全技术

1）气焊场地内应无易燃、易爆物品，必须清理干净或进行有效隔离后方可动火；注意穿戴好劳保用品。

2）每套减压器上只能安装一把焊枪；新胶管使用前必须清理干净里面的灰尘及杂物，保证畅通。使用时，防止胶管沾上油脂或接触红热的金属。

3）氧气瓶与乙炔瓶应间隔 5m 以上，气瓶距明火的距离必须保持 6～10m，并避免在阳光下暴晒和剧烈碰撞。

4）减压器（主要是氧气减压器）在冬天使用时，在温度太低的情况下易结冰，此时，不能用明火烤或用榔头敲击，可用热水捂化或用水蒸气进行处理。

5）用气焊焊接油箱或其他易燃、易爆介质的储存容器时，必须将容器上的孔盖全部打开，并先用碱水冲洗干净，再用水蒸气或压缩空气吹干后方可施焊；或将容器内充满水后进行施焊。

6）乙炔能和氯或次氯酸盐等化合而发生燃烧和爆炸，因此，当乙炔燃烧发生火灾时，绝对禁止用四氯化碳灭火器灭火。

7）发生回火时，应及时关闭乙炔阀门。

四、气焊的操作

1. 氧乙炔焰的性质及应用

乙炔和氧气燃烧的火焰称之为氧乙炔焰，如图7-4所示。当 $O_2/C_2H_2=1.1\sim1.2$ 时，火焰为中性焰。大部分金属在气焊时采用中性焰；当 $O_2/C_2H_2<1.1$ 时，火焰为碳化焰。碳化焰具有还原性，故常用于易氧化金属的气焊；当 $O_2/C_2H_2>1.2$ 时，火焰为氧化焰，其温度最高，适用于青铜、黄铜等金属的焊接。

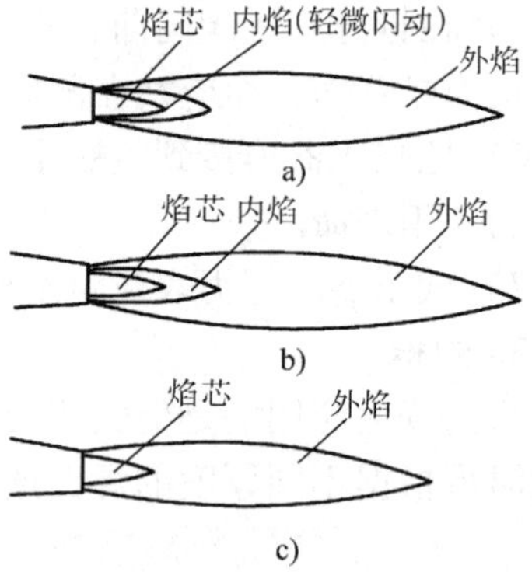

图7-4　氧乙炔焰

a）中性焰　b）碳化焰　c）氧化焰

2. 气焊的操作

气焊的操作分左焊法（焊枪自右向左焊接）和右焊法（焊枪自左向右焊接），如图7-5所示。采用右焊法时，焊枪在焊丝前面，并指向已焊焊道，对焊缝起一定的保护作用，有利于改善焊缝的组织和性能；该方法的火焰能量集中，热效率高，易使熔池增宽，适用于厚板的焊接。采用左焊法时，焊枪指向未焊焊道，对焊缝起预热的作用，可提高焊接效率，而且便于观察焊缝；该方法对已焊焊缝的保护作用较差，且焊缝冷却快，适用于薄板和低熔点金属的焊接，此外，该方法易于掌握，应用较广泛。

气焊操作的步骤为：焊前准备→点火→预热（在钢板上形成熔池）→填充焊丝→连续焊接→收尾。

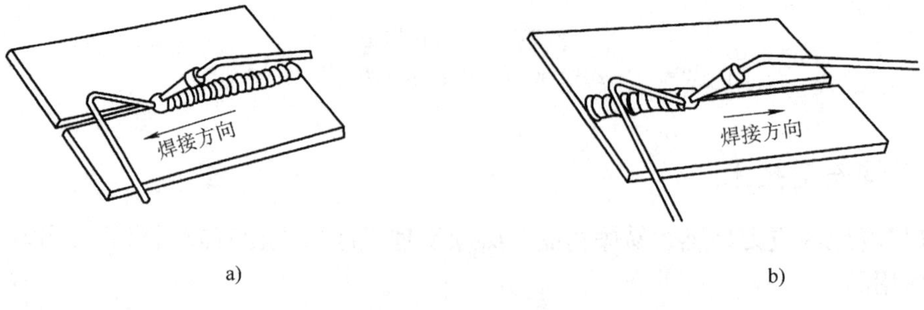

图7-5　气焊的左、右焊法示意图

a）左焊法　b）右焊法

3. 平敷焊的操作

（1）焊前准备　熟悉工艺要求和技术条件。准备焊丝、焊件，清除焊丝与焊件表面的油污、铁锈等污物。准备设备和工具（气体、焊炬等），选择火焰性质，点火并调整火焰能率。

（2）焊接过程

1）起焊。由于钢板温度低，可用火焰往复移动几次进行预热，然后回到起焊处，使焰芯距工件表面2～4mm。当工件表面由红色半熔化状态变为白亮而清晰的熔池时（钢板“出汗”），便可填充焊丝。

2）连续焊接。在焊接过程中注意控制熔池的形状、大小和温度，焊炬的摆动和焊丝的添加应有节奏。为调节熔池的温度和控制焊道的尺寸，焊嘴与焊件的角度要适时变化，焊丝的角度也要随之变化。

焊件与焊炬角度的大小主要取决于焊件的厚度，不同厚度的焊件与焊炬之间的参考角度见表7-1。

表7-1　焊件与焊炬之间的参考角度

板厚/mm	角　度	板厚/mm	角　度
≤1	20°	8～10	60°
1～3	30°	9～15	70°
4～5	40°	≥15	80°
6～7	50°		

（3）收尾　接近终点时，金属易产生过热，这时应适当加快焊接速度或者改变焊炬与焊件的角度。收尾时应填满熔池，可采取多次反复填充焊丝。同时，焊完时，焊炬不能马上离开熔池，以防止空气进入熔池；可用外焰作为保护，随着熔池的凝固，保护火焰缓慢离开收尾处。

项目二　气　割

一、气割的原理

气割是利用气体火焰的热能，将工件切割处预热到一定温度后（燃点），喷出高速切割氧流，使其燃烧并放出热量，并利用切割氧的高压吹走燃烧产物，从而实现切割的加工方法。

1. 氧气切割的三个过程

（1）预热　用预热火焰将切割处的金属加热到燃点。

（2）燃烧　向被切割处金属喷射切割氧，使其燃烧。

（3）吹渣　金属燃烧生成氧化物熔渣并产生反应热，熔渣被切割气流吹走。在吹渣的同时，火焰仍在进行着预热、燃烧的过程，直至将金属逐渐割穿，形成分离。

2. 氧气切割的条件

1）金属在氧气中的燃点应低于它的熔点。

2）金属气割时形成氧化物的熔点应低于金属本身的熔点。

3）金属在切割氧射流中的燃烧应该是放热反应。

4）金属的导热性不应太高。

5）金属中阻碍气割过程和提高钢的可淬性的杂质要少。碳、铬、硅等元素的含量应较少；随着含碳量的增加，气割变得困难。

二、气割设备及其工具

气割的工具主要包括氧气瓶、乙炔瓶、气体减压器、回火保险器和割枪（割炬）。氧气瓶、乙炔瓶、气体减压器、回火保险器与气焊实作中的相同。

1. 割炬

割炬的作用是将可燃气体与氧气以一定的比例和方式混合后，形成具有一定热量和形状的预热火焰，并在预热火焰的中心喷射切割氧气进行金属的气割。

按可燃气体与氧气混合方式的不同，割炬分为射吸式割炬和等压式割炬。目前，常用的是射吸式割炬，如图 7-6 所示。

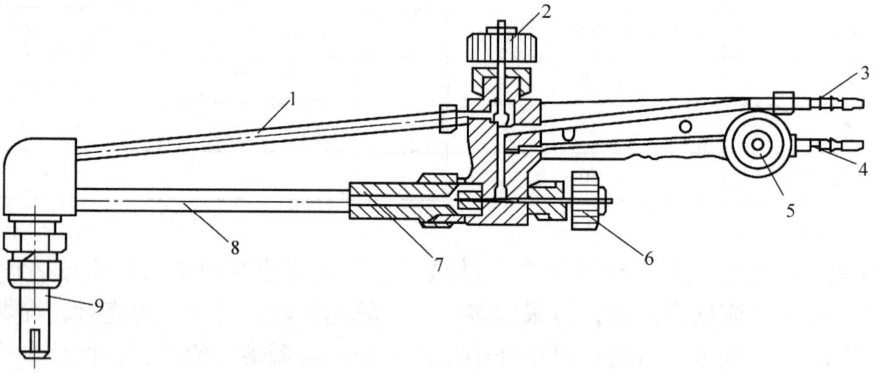

图 7-6　射吸式割炬

1—切割氧气管　2—切割氧气阀　3—氧气管　4—乙炔管　5—乙炔调节器
6—氧气调节器　7—射吸管　8—混合气管　9—割嘴

每种型号的割炬都配有 3～4 个不同孔径的割嘴。割嘴按结构分为环形（组合式）和梅花形（整体式）割嘴，割嘴的形状如图 7-7 所示。

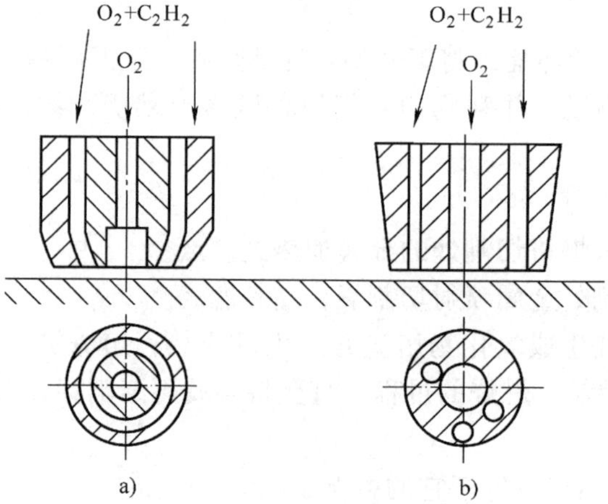

图 7-7　割嘴的形状

a）环形　b）梅花形

常用的手工射吸式割炬的主要技术数据见表7-2。

表7-2　射吸式割炬主要技术数据表

型　号	G01-30			G01-100			G01-300			
割嘴号码	1	2	3	1	2	3	1	2	3	4
割嘴孔径/mm	φ0.6	φ0.8	φ1.0	φ1.0	φ1.3	φ1.6	φ1.8	φ2.2	φ2.6	φ3.0
切割厚度/mm	2~10	10~20	20~30	10~25	25~30	50~100	100~150	150~200	200~250	250~300
氧气压力/MPa	0.20	0.25	0.30	0.20	0.35	0.50	0.50	0.65	0.80	1.00
乙炔压力/MPa	0.001~0.1			0.001~0.1			0.001~0.1			
氧气消耗量/(m^3/h)	0.8	1.4	2.2	2.2~2.7	3.5~4.2	5.5~7.3	9.0~10.8	11~14	14.5~18	19~26
乙炔消耗量/(L/h)	210	240	310	350~400	400~500	500~610	680~780	800~1100	1150~1200	1250~1600
割嘴形状	环形			环形、梅花形			梅花形			

2. CG1-30型半自动气割机

CG1-30型半自动气割机是目前常用的半自动气割机，如图7-8所示。它适应于工作量大而又集中的气割工作，是一种结构简单、操作方便的小车式半自动气割机。切割时，小车带动割嘴在专用轨道上自动地移动，轨道的轨迹可由人工调整。当轨道是直线时，割嘴可进行直线切割；当轨道呈一定的曲率时，割嘴可以进行一定曲率的曲线气割。

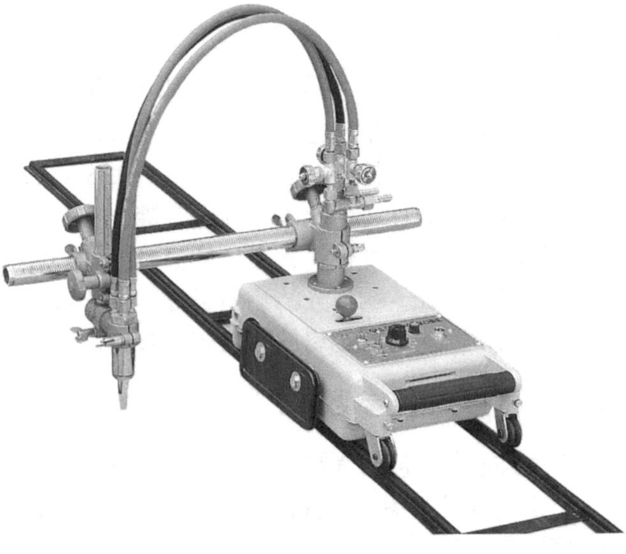

图7-8　CG1-30型半自动气割机

3. 气割辅助工具

（1）橡胶管　氧气管为黑色，乙炔管为红色。氧气管允许的工作压力为1.5MPa，乙炔管为1.5MPa，二者强度不同，严禁交换使用。橡胶管的长度不得小于5m，一般以10~15m为宜。通常氧气管内径为8mm，乙炔管内径为10mm。

（2）护目镜　主要用于保护眼睛不受亮光刺激和防止金属粒溅入。镜片的颜色和深浅用色号区分，一般宜用3~7号的黄绿色镜片。

（3）点火枪　使用点火枪点火最为安全和方便。当使用打火机或火柴时，必须将火种从割嘴（或焊嘴）的后面送入，以免被烧伤。

4. 其他工具

1）清理割缝的工具有钢丝刷、锤子、锉刀。

2）连接和启闭气体通路的工具有钢丝钳、铁丝、皮管夹头、扳手等。

3）钢质通针用于清理焊嘴和割嘴，以便清除堵塞。

三、气割所用材料及安全事项

1. 氧气

氧气是气割时必须使用的气体。氧在常温和标准大气压下是无色、无嗅的气体，密度为1.43kg/m^3，比空气略重。当温度降到－183℃时，氧气变成淡蓝色的液体。气焊和气割对氧气的要求是纯度越高越好。一般工业用气体氧的纯度分为两级：一级纯度的质量分数不低于99.5%，常用于质量要求较高的气焊（气割）；二级纯度的质量分数不低于98.5%，常用于没有严格要求的气焊（气割）。

2. 乙炔

乙炔在常温和大气压下为无色气体，是一种带有特殊臭味的碳氢化合物，在标准状态下的密度为1.179kg/m^3，比空气略轻。工业用的乙炔主要由水分解电石而得到。乙炔是可燃性气体，与空气混合时所产生的火焰温度为2350℃，而与氧气混合燃烧时产生的火焰温度为3000～3300℃，因此，足以迅速熔化金属而进行焊接和切割。

乙炔是一种具有爆炸性的危险气体，当压力为0.15MPa、温度达到580～600℃时就会自行爆炸。乙炔与铜或银长期接触后会生成一种爆炸性的化合物。因此，使用乙炔必须注意安全。

3. 液化石油气

液化石油气的主要成分是丙烷（C_3H_8）、丁烷（C_4H_{10}）、丙烯（C_3H_6）等碳氢化合物。石油气在标准大气压下呈气态，当压力升到0.8～1.5MPa时变为液态，即液化石油气。石油气气态时略带臭味，标准状态下的密度为1.8～2.5kg/m^3，比空气重；与空气或氧气形成的混合气体具有爆炸性，但比乙炔安全。液化石油气在氧气中燃烧的速度和温度都比乙炔在氧气中燃烧的速度和温度低，其燃烧的温度为2800～2850℃，用于气割时的预热时间稍长，但切割质量容易保证，割口光洁、质量好。由于液化石油气价格低廉，比乙炔安全，质量又较好，用它代替乙炔进行金属的切割较为普遍。

四、气割的工艺参数

气割的工艺参数包括气割氧的压力、预热火焰的性质与能率、割嘴距工件表面的距离、切（气）割速度及割嘴与工件的倾角等。工艺参数的选择主要取决于工件的厚度。

1. 气割氧的压力

压力的选择是在一定范围内随着工件厚度的增加而增加的，或随着割嘴号码的增大而增大。

若选择的压力过高，过剩的氧气会有冷却作用，使工件的预热时间变长，造成氧气的浪费，还会产生切割表面粗糙、气割速度变慢和割缝加大的不良结果。而压力过低时，金属不能迅速充分燃烧，降低了切割速度，并会在割缝背面产生很难清理干净的挂渣，严重时则出现割不透现象。

2. 预热火焰的性质与能率

氧乙炔焰气割时的预热火焰采用中性焰或轻微氧化焰。碳化焰会给割缝处增碳，使气割的效果变坏，所以不能采用。气割时要随时注意火焰性质的调节。

预热火焰的能率与工件的厚度有关。一般厚度越大，火焰能率越大；反之，火焰能率应越小。气割厚钢板时，由于气割速度较慢，较大的火焰能率会使割缝的上缘熔化，这时可采用较弱些的火焰能率。气割薄板时，若气割速度较快，可选择稍大些的火焰能率，只要使割嘴与工件的距离稍大些，并保证一定的角度，也可得到较好质量的割缝。

3. 割嘴距工件表面的距离

割嘴距工件表面的距离要根据预热火焰的长度和工件的厚度来确定。中心焰的火焰温度最高处是离焰芯 2～4mm 处，所以割嘴与工件的距离 $h=L+2$（L 是焰芯的长度）。距离过小，预热不充分，切割氧流动能力下降，使排渣困难。距离过大，飞溅时易堵塞割嘴，造成回火。

4. 切（气）割速度

切割速度与工件的厚度和割嘴的形状有关。工件越厚，切割速度越慢；反之，切割速度越快。具体切割速度的选择是根据切割后拖量 Z 确定的。所谓后拖量，是指切割面上的切割气流轨迹的始点与终点在水平方向上的距离，如图 7-9 所示。切割的后拖量是不可避免的，但应以切口产生的后拖量较小为原则来选择切割速度。当后拖量值为 1/10 割板厚度时，为正常切割速度。环形割嘴比梅花形割嘴的切割速度快些。

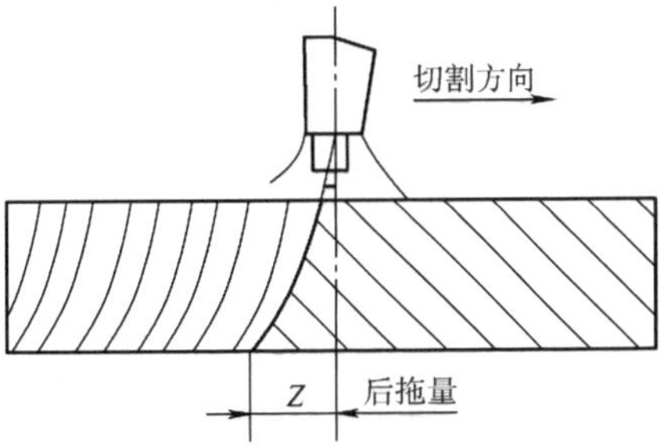

图 7-9　后拖量

5. 割嘴与工件的倾角

（1）割嘴沿切割方向的倾斜角　在气割过程中，该角度是可调节的。

（2）割嘴与割缝两侧的夹角　该角度在整个气割过程中都应保持 90°，不应做调整。

割嘴的倾角可根据工件的厚度来确定，它直接影响切割速度和后拖量。割嘴沿切割相反方向倾斜一定角度时，能使氧化燃烧而产生的熔渣吹向切割线的前缘，这样可以充分地利用燃烧反应产生的热量来减少后拖量，从而促使切割速度的提高。直线切割时，应充分利用这一特性。

1）当工件厚度为 20mm 以下时，割嘴可沿切割相反方向倾斜 5°～10°。

2）当工件厚度为 20～30mm 时，割嘴应垂直工件。

3）当工件厚度为 30mm 以上时，开始气割时应将割嘴沿切割方向倾斜 5°～10°；割穿后割嘴应垂直工件；快割完时，割嘴逐渐沿切割相反方向倾斜 5°～10°。

五、手工气割的操作

1. 手工气割操作要领

1）划线（线条在清楚的前提下要细，留有切割余量），样冲眼的打制。

2）割嘴距工件表面的距离在切割过程中应保持一致。

3）割嘴风线与切口两侧工件表面在切割过程中应保持垂直。

4）先切割长缝、圆弧段，再切割短缝和直线段。

5）切割速度应均匀、连续，在割透的情况下，尽可能地采用较快的速度进行切割，以提高工作效率。

6）薄板的切割速度要快，厚板的切割速度要慢。

2. 切割质量的分析和检查

包括切割零件的外观尺寸检查、切面的质量和割缝是否符合图样要求。

常见的气割缺陷及防止措施见表7-3。

表7-3 常见的气割缺陷及防止措施

<table>
<tr><th colspan="2">缺陷种类</th><th>产生原因</th><th>防止措施</th></tr>
<tr><td rowspan="8">切口偏离切割线</td><td rowspan="6">直线切口不直</td><td>材料放置不平</td><td>对切割平台加以检查，并把钢材放平</td></tr>
<tr><td>钢板变形</td><td>割前将钢板校平，切割中采取减小变形的措施</td></tr>
<tr><td>风线不正</td><td>检查割炬是否垂直板面并固紧，切割氧孔道是否通畅</td></tr>
<tr><td>手握割炬不稳</td><td>采用辅助工具（如直线导板），或改用半自动气割机</td></tr>
<tr><td>半自动气割机轨道不直</td><td>对轨道定期检查，发现直线度超差应立即加以修整</td></tr>
<tr><td>导板或轨道对线不准</td><td>对准预先划好的切割线或基准线</td></tr>
<tr><td rowspan="2">曲线切口偏离位置</td><td>割炬掌握不稳</td><td>割圆时要用半径样板；提高操作技能，使用手扶式气割机前要先培训</td></tr>
<tr><td>设备精度不高</td><td>找出影响精度的因素，排除故障</td></tr>
<tr><td rowspan="12">切口断面形状不良</td><td rowspan="4">切口过宽</td><td>氧气压力过高</td><td>按工艺参数规定调整压力</td></tr>
<tr><td>割嘴号码偏大</td><td>更换为小号割嘴</td></tr>
<tr><td>切割速度过慢</td><td>调整切割速度</td></tr>
<tr><td>切割氧流过粗</td><td>用通针清除孔内脏物或更换割嘴</td></tr>
<tr><td rowspan="4">上棱角被熔化（熔塌）</td><td>预热火焰功率过大</td><td>把火焰调小</td></tr>
<tr><td>切割氧压力过高</td><td>按工艺参数规定调整压力</td></tr>
<tr><td>切割速度过慢</td><td>适当加快切割速度</td></tr>
<tr><td>割嘴高度过小或偏大</td><td>调整割嘴高度至合适值</td></tr>
<tr><td rowspan="2">切口中凹心大</td><td>切割氧压力过高</td><td>调低压力至合适值</td></tr>
<tr><td>切割速度过快</td><td>放慢切割速度</td></tr>
<tr><td rowspan="2">厚板切口下部呈喇叭状</td><td>切割速度过慢</td><td>加快切割速度</td></tr>
<tr><td>风线不好</td><td>用通针修正切割氧孔，使风线恢复挺直和圆柱形，或更换割嘴</td></tr>
<tr><td>切割线断面不良</td><td>切割面粗糙（即格纹深度大）</td><td>氧气压力过高</td><td>适当降低氧气压力</td></tr>
</table>

【榜样的故事】

"平凡彰显伟大，梦想在弧光中放飞"——青年焊工赵毓忠（男，1975 年生，哈尔滨电机厂有限责任公司冷作分厂七工段电焊二班班长，高级技师）

赵毓忠也有着自己的梦想，那就是成为一名焊接技师。为了这个梦想，他不懈地努力着。1993 年，赵毓忠从技工学校电焊专业毕业，进入哈尔滨电机厂有限责任公司冷作分厂，当上了一名焊工。10 多年来，他在飞溅的焊花中刻苦钻研，不懈追求，也正是因为有了这份执著，赵毓忠便在成为电焊工不久就因工作勤奋、踏实而被"全国五一劳动奖章"获得者、全国劳模、焊接高级技师杨迪林收为徒弟。为了尽快掌握焊接技术，赵毓忠利用一切机会练习技术，每天下班后他都手握焊枪，利用废弃的工件反复进行练习。汗水湿透了衣衫，飞溅的焊花在他的手上、腿上留下了数不清的烙印。功夫不负有心人，赵毓忠的技术不断得到提高，1998 年以来，他连续在公司的青工技术比武中夺冠；特别是 2003 年 12 月，在全省青工技术比武上，赵毓忠技压群雄，经黑龙江省劳动部门批准被破格晋升为焊工技师；2005 年 10 月，在哈尔滨市第九届职工技术运动会上，他再次以优异的成绩晋升为高级技师。

赵毓忠视产品质量如生命，工作起来极其认真，精益求精，甚至有些苛刻，但出自他手的每道焊缝都是那样的完美。三峡工程举世瞩目，赵毓忠以其严谨的工作态度和高超的技术，在三峡部套的焊接中屡创佳绩。2001 年，哈尔滨电机厂制造的首台三峡机组座环在冷作分厂进行焊接，该座环的探伤要求非常严格，不能有一点缺陷，甚至不能产生一个气孔，分厂决定将 4 个最厚导叶的焊接任务交给赵毓忠所在班组完成。面对厚达 200mm 的叶片，他在借鉴以往工作经验的基础上，认真制定工作程序，最终使产品一次交检合格，就连现场的外国监造人员都竖起了大拇指，说道："中国的技术工人，OK！"

2003 年 6 月末，直径 10 余米的三峡转轮要在葫芦岛滨海大件厂进行焊接加工，赵毓忠接到任务后立即赶往现场。为了防止焊后产生裂纹，工艺要求焊接前要将转轮叶片加热到 100℃，并且要在整个焊接过程中保持这个温度；焊接时还要穿上厚厚的工作服，戴上防护面罩，额头上的汗水顺着脸颊不断地向下淌，热气和着汗水很快就在面罩上形成了层层雾气……就是在这样艰苦的环境下，赵毓忠整整工作了 4 个月，创造了世界上最大转轮整体焊接的奇迹。

最后一个点拨

当你在操作技术上停滞不前，且解决实际问题的能力亟待提高时，建议你：

1. 向书本学习

通过多种途径学习基础理论知识（包括公共基础理论知识、专业基础理论知识和专业理论知识）。理论知识不够，技能人才难以做到高端。

2. 向他人学习

虚心是一种品格，在与人沟通和交流的过程中，容易产生思想火花和新的解决方案。在向别人学习的过程中，也要保持一种开放、宽广的心胸，勇于阐述自己的思想和观点，相互启发。如果大家都保守封闭，大家都将是低水平。只有我们大家都是高水平了，我们的国家和民族才能更加强大！

3. 向自己学习

即在实践中，向自己的经验教训学习。要勇于迎接挑战、直面困难和矛盾。没有难题，就不会有创新。只有将导致某个问题的关键原因找准后，才会产生出创新的解决思路。因此，创新的过程就是解决矛盾和困难的过程。

附录

附录A 焊缝分析表

姓名		学号		班级		填写日期	
工 件 概 况							
名称		材料		坡口形式		焊接位置	
1. 确定工序，画出工序流程图							
2. 装配工艺分析（装配要求、参数、反变形、定位焊要求等）							
3. 焊接参数选择							
备注							

附录B 装—焊工艺卡

（施工单位）	装—焊工艺卡	工件名称		零（部）件图号		共 页
		学生姓名		材 料		第 页
工步图：						

工序号	工 序 内 容	设备	工艺装备	电压	电流	焊条、焊丝、电极		焊剂	其他规范	工时
						型号	直径			

附录C 工件质量检查记录卡

焊接工件名称	材料	工件编号	操作者姓名	时间
考 核 项 目	自检评分	专检评分	复检评分	备注
裂纹				
表面单个气孔				
弧坑未填满				
未熔合				
咬边				
焊缝余高（正/背）				
高低差及表面成形				
夹渣				
熔穿				
角变形				
错边				
未焊透				
焊缝增宽单侧				
总差				
通球 85/Di				
角焊缝不对称，喉深不足				
断裂试验 ISO 9017				
射线探伤 GB/T 3323				
执行 WPS				
安全文明				
合计				

胸怀大志、脚踏实地

（代后记）

经历过许多日夜，终于完成了本书的编写。

掩卷沉思，我又一次想到了本书主审高凤林。

2007 年 11 月的一天，我到北京出差时，约见高凤林交流切磋业务。在我们彻夜长谈时，他不经意打开电脑给我介绍一个他的技术成果，他设计制作的 PPT 让我情不自禁赞叹道：漂亮大气！

PPT 的每一页左上角都飘扬着五星红旗。

跃然于外的一个 PPT 模板的设计，反映出的却是他对祖国与人民的拳拳赤子心与眷眷报效志！

胸怀大志者，心无旁骛、勇往直前；淡泊名利者，行端思深、无私大气；脚踏实地者，求真出新、成就卓越。

2009 年初，我与高凤林交流传统文化对育人的作用时，他说："我正在组织我的班组学习《论语》。"我问他那是为什么？他回答："半部《论语》能治天下，我用其皮毛总可以治班组吧。"

进而我们又谈到道家哲学。

我问："道家认为'道生一，一生二，二生三，三生万物'，在您的班组管理中如何应用?"

他回答："我们的'道'就是为中国航天事业的发展做出自己的贡献，由此制定出班组的奋斗目标，这是'生一'；为实现这个目标制定出大家的具体任务和管理程序与制度，这是'生二'；为完成这些任务，大家努力去创造性地工作，这是'生三'；当大家都在创造性地工作了，就必能攻克许多技术难关，取得更多的成果，此为'生万物'……"

我为之感叹！这才是真正的高素质、高技能人才！他把技能、技术上升到了文化和精神的高度，所以他能取得那么大的成就。他是工人，但在我的心中，他堪称"大师"！

十多年来，我一直在思考一个问题：焊接技能训练需要花费大量的钢材、焊接材料、电能和时间，也就是说，这是一个高成本的训练项目。那么，有没有"多、快、好、省"的训练途径和方法呢?

手捆砖头用毛笔画直线以成就臂力、学习太极以练蹲功和腿劲、我们与某公司合作开发焊接操作模拟机以降低入门训练的资源成本、请名师指点少走弯路以减少时间成本……，这些对学习技术一定有用。

但我最终感悟到的是：比学会做事更为重要的是学会做人，比劳其筋骨更重要的是开启心智，比改进教学方法和手段更为重要的是激发学生内在的动力！这既有利于当前训练的"多、快、好、省"，更着眼于学生长远的"持续发展"。

子曰："知之者不如好之者，好之者不如乐之者。"从本书"榜样的故事"中，我们不难看到，高技能人才楷模和技术能手们之所以能成就卓越，是因为他们不仅胸怀理想和信念，而且还能将理想和信念化为孜孜不倦的学习、思考和实践。

真正的高技能人才，一定是胸怀大志、思想先行、努力践行、知行合一的探索者。

本书虽力求从多角度探索焊接高技能人才培养的方法，但才力所限，瑕疵必存，望诸君斧正。

路漫漫其修远兮，吾将上下而求索。

——胸怀大志、脚踏实地。

杨跃

参 考 文 献

［1］ 徐继达. 金属焊接与切割作业［M］. 北京：气象出版社，2007.

［2］ 钟诚. 金属焊接工［M］. 北京：煤炭工业出版社，2006.

［3］ 朱兆华. 焊接与热切割作业（初训）［M］. 北京：中国矿业大学出版社，2006.

［4］ 朱兆华. 焊接与热切割作业（复训）［M］. 北京：中国矿业大学出版社，2006.

［5］ 雷世明. 焊接方法与设备［M］. 2 版. 北京：机械工业出版社，2009.

［6］ 沈惠塘. 焊接技术与高招［M］. 北京：机械工业出版社，2004.

［7］ 弗兰克 M 马洛. 焊接制造与维修问答［M］. 李亚江，王娟，沈孝芹，等译. 北京：化学工业出版社，2005.

［8］ 许志安. 焊接实训［M］. 北京：机械工业出版社，2008.

［9］ 张梦欣. 焊接工艺与技能训练［M］. 北京：中国劳动社会保障出版社，2007.

［10］ 高凤林. 焊接技术精粹［R］. 北京：中国运载火箭研究院技师协会，2006.

［11］ 王新民. 焊接技能实训［M］. 北京：机械工业出版社，2006.

［12］ 陈倩清. 焊接实训指导［M］. 哈尔滨：哈尔滨工程大学出版社，2007.

［13］ 吴国志. 实用焊接安全技术［M］. 太原：山西人民出版社，2004.

［14］ 俞灿明，黄祖源. 焊工（技师高级技师职业技能鉴定考试指南）［M］. 杭州. 浙江科学技术出版社，2006.

［15］ 王大志. 焊接技术与焊接工艺问答［M］. 北京：机械工业出版社，2006.

［16］ 劳动和社会保障部，中国就业培训技术指导中心. 焊工（初级技能　中级技能　高级技能）［M］. 北京：中国劳动社会保障出版社，2002.

［17］ 劳动和社会保障部. 中国高技能人才楷模事迹读本［M］. 北京：中国劳动社会保障出版社，2006.

［18］ 许小平，陈长江. 焊接实训指导［M］. 武汉：武汉理工大学出版社，2003.

［19］ 劳动和社会保障部教材办公室，上海市职业培训指导中心. 电焊工［M］. 北京：中国劳动社会保障出版社，2004.

［20］ 孙景荣. 实用焊工手册［M］. 北京：化学工业出版社，2008.

［21］ 赵伟兴. 埋弧自动焊焊工培训教材［M］. 哈尔滨：哈尔滨工程大学出版社，2005.

［22］ 杨跃. 典型焊接接头电弧焊实作［M］. 北京：机械工业出版社，2012.